湖北省高校人文社会科学重点研究基地汉水文化研究基地 2015 年重点招标项目“汉水食俗文化研究”（2015A08）成果

湖北省高校人文社会科学重点研究基地汉水文化研究基地 2016 年度横向“汉水文化多媒体库（二期）——汉水民俗”[项目编号:SYGPC16225（B）]项目成果之一

汉江师范学院重点学科“中国语言文学”建设经费资助成果

饮食汉江

汉水食俗文化论略

何道明　著

中国出版集团　全国百佳图书
中国民主法制出版社　出版单位

图书在版编目(CIP)数据

饮食汉江：汉水食俗文化论略 / 何道明著．—北京：中国民主法制出版社，2022.5

ISBN 978-7-5162-2833-3

Ⅰ．①饮… Ⅱ．①何… Ⅲ．①汉水—流域—饮食—文化—研究 Ⅳ．① TS971.202.6

中国版本图书馆 CIP 数据核字（2022）第 074492 号

图书出品人： 刘海涛
出 版 统 筹： 石 松
责 任 编 辑： 张佳彬 刘险涛

书　　名 / 饮食汉江：汉水食俗文化论略
作　　者 / 何道明 著

出版·发行 / 中国民主法制出版社
地址 / 北京市丰台区右安门外玉林里 7 号（100069）
电话 /（010）63055259（总编室） 63058068 63057714（营销中心）
传真 /（010）63055259
http: // www.npcpub.com
E-mail: mzfz@npcpub.com
经销 / 新华书店
开本 / 16 开 710 毫米 ×1000 毫米
印张 / 21.5 **字数** / 361 千字
版本 / 2022 年 7 月第 1 版 2022 年 7 月第 1 次印刷
印刷 / 三河市龙大印装有限公司

书号 / ISBN 978-7-5162-2833-3
定价 / 78.00 元

丛书顾问：

总　序

汉水文化是我国流域文化中具有典型意义的特殊文化范型，是国内外学术界特别关注的学术焦点。早在1956年，赖家度撰写的《明代郧阳农民起义》就从土地兼并和流民生计问题论证了流民起义的原因。20世纪90年代以来，关于该领域的研究异彩纷呈。王光德与杨立志著的《武当道教史略》，对中国道教在汉水中游的武当山异军突起做了全面系统的梳理，成为研究汉水文化历史较早的史学专著。张国雄通过大量族谱资料完成的名为《明清时期的两湖移民》的学术论文，对持续数百年的“江西填湖广”“湖广填四川”做了初步梳理。牛建强的《明代人口流动与社会变迁》对汉水上游的地理、物产和人口概况做了详细的介绍，总结流民在该地区的活动及朝廷由暴力到安抚的策略变化过程，指出其作为内陆型移民代表的典型意义。葛剑雄主编的《中国移民史》（第五卷）按府级政区记述汉水下游的洪武大移民和中上游的荆襄流民运动过程并对移民人口做了初步估算，可以看作是对20世纪该领域研究的系统总结。这一时期关于明代汉水流域经济开发的研究也已起步，具有代表性的著作是吕卓民的《明代陕南地区农业经济开发》、张国雄的《江汉平原垸田的特征及其在明清时期的发展演变》等。21世纪以来，跨学科研究方法被广泛运用到对该领域的研究上。受年鉴学派影响，武汉大学的一批学者不再把移民、经济、社会看成独立的研究单元，而是以长时段、多学科相结合的方式综合研究。2000年，鲁西奇的《区域历史地理研究：对象与方法——汉水流域的个案考察》出版，为区域历史地理创立了全新的研究范式。晏昌贵的《丹江口水库区域历史地理研究》将先秦至明清时期该地的政区、人口、聚落、经济研究结合起来，全面展示古代社会的生存状态。2007 年，张建民的《明清长江流域山区资源开发与环境演变：以秦岭—大巴山区为中心》出版。潘世东的《汉水文化论纲》，刘清河的《汉水文化史》和柳长毅、匡裕从主编的《郧阳文化论纲》等著作则从大文化史观的角度对汉水文化进行纵横梳理与务实探索。

此外，章开沅、张正明等《湖北通史》，张正明《楚史》，蔡靖泉《楚文学史》，刘玉堂《荆楚文化志》，冯天瑜《汉水文化研究论文集》，刘玉堂《楚文化研究丛书》，刘克《汉水流域民俗文化》《长江文化史》《商洛民俗文化述论》，左鹏《汉水》，夏鲁奇《古代汉水流域城市的形态与空间布局》，陈良民《明清川陕大移民》，刘大祥《汉水流域汉文化》，王生铁《荆楚文化普及丛书》，巫其祥《汉水流域的民居和民居风俗说略》，梁中效《汉水流域历史文化的和谐特色》，刘克勤《文化襄阳》，王美英《明清长江中游地区的风俗与社会变迁》，周积明《湖北文化史》，章开沅等《湖北通史》，杜棣生、杜汉华《汉江文化研究》，王雄《汉水文化探源》，徐少华《荆楚历史地理与考古研究》，刘玉堂、张硕《长江流域服饰文化》，夏日新《长江流域岁时节令》，顾久幸《长江流域的婚俗文化》，姚伟均《长江流域的饮食文化》，赵殿增、李明斌《长江流域的巴蜀文化》，刘绍军《楚地精魂》，方孝文《魅力汉中》，杨光才等《南阳宗教文化》，戴承元、蔡晓林《壬辰文存》，赊店历史文化研究会《赊店》等，都有开一时风气之先的贡献。

2014 年 10 月 15 日，习近平总书记在文艺工作座谈会上讲话指出："历史和现实都证明，中华民族有着强大的文化创造力。每到重大历史关头，文化都能感国运之变化、立时代之潮头、发时代之先声，为亿万人民、为伟大祖国鼓与呼。""没有中华文化繁荣昌盛，就没有中华民族伟大复兴。"习近平总书记 2013 年 11 月在山东考察工作时强调："中华优秀传统文化是中华民族的突出优势，中华民族伟大复兴需要以中华文化发展繁荣为条件。"2013 年 12 月，习近平总书记在中共中央政治局第十二次集体学习时强调："要系统梳理传统文化资源，让收藏在禁宫里的文物、陈列在广阔大地上的遗产、书写在古籍里的文字都活起来。"正是基于这种认识，汉江师范学院立足于文化历史学、文化社会学、文化哲学和文化地理学等学科背景，着眼于历史性、时代性、全面性、典型性、学术性和普及性等学术定位，运用现代学术规范，从全流域的角度，系统地梳理了汉江流域经济社会、历史文化发展的辉煌历程，汉水文化形成和发展的古今概貌，揭示了汉水文化的基本内涵和特征，全面描绘了汉水流域具有典型意义、五彩纷呈的文化事象和民风民俗，形成了《流域文明力量与乡村振兴战略研究》独具特色的地域文化研究、流域与河流文化研究系列丛书。

“流域文明力量与乡村振兴战略研究丛书”是一个涉及文化自信、社会主义核心价值观的构筑和乡村振兴战略的实施、生态保护、文化扶贫等多个领域的综合性选题，是对党的十九大提出的乡村振兴战略、文化自信和社会主义核心价值观如何落地实施的前沿探索，是在特定背景（习近平总书记提出长江大保护）、特定时期（新时代）、特定区域（汉江流域），针对特定对象（乡村与基层），采用特定方式（乡村文化振兴）为解决文化自信、社会主义核心价值观的构筑和乡村振兴战略的实施，建设发展产业兴旺、生态宜居、乡风文明、治理有效、生活富裕的新农村，构筑“农业强大、农民富裕、农村美丽”的辉煌绚丽明天而提供的思考与理论、启示与借鉴、思路与方案，以及目标任务和创造性举措。

“汉水流域文明之文化自信丛书”是“流域文明力量与乡村振兴战略研究”书系的一个子项目，本丛书的研究置于史论一体、宏微结合的纵横坐标上，进行立体透视和系统把握，主要是采用史论结合，即历史与逻辑相结合、理论思辨与实证分析相结合、宏观研究与微观研究相结合的方法和比较研究方法，以及美学和心理学研究方法，采取思想发展逻辑与社会文化语境相统一、理论分析与田野调查相统一、真理诉求与价值评判相统一的视角和研究路向，融原典阐述和现代阐发于一体，讲求研究方法的科学性和实效性。本丛书由十本书构成，即《古老汉江：汉水流域历史文明巡礼》《汉江风神：汉水文化概论》《文化汉江：汉江文化考察与研究》《饮食汉江：汉水食俗文化论略》《人类的故乡：一座千古沧桑的汉江府城之郧阳春秋》《十星汉江：一个汉江山村的文明发现之旅》《歌谣汉江：一个千年歌唱的汉江古镇》《乡愁汉江：一个汉江游子的故乡古镇方志》《童谣汉江：汉江流域儿童歌谣辑注》《水利汉江：东方莱茵河》。该丛书着眼于文化自信、社会主义核心价值观的构筑和乡村振兴战略的实施，以汉江流域为着眼点，通过对流域内一条大江、一群人、一个村、一个镇、一座城、一组歌谣、一种文明形态、一种文化等十个个案（十本书）的历史展开阐释，揭示一方山川大地富饶壮美、历史文化博大精深、社会经济富丽繁荣背后的文明的涵养力、支撑力、规范力和推动力的深远根源。

大略统揽上述十本书，我认为“汉水流域文明之文化自信丛书”具有四个方面的实践与理论价值：

其一，该系列丛书具有较高的政治与学术理论站位，聚焦乡村振兴战略中六大振兴的乡村文化振兴，聚焦汉江流域乡村文化的本色、底色、成色和特色，围绕流域乡村文明的传承、保护与创新，分别从乡村文化的实践与探索、乡村文化的温馨与浪漫、乡村文化的情怀与梦想、乡村文化的创新与发展、乡村文化的奇迹与贡献等展现汉水流域乡村文明特有的博大精深、伟大辉煌，展现流域乡村文化在历史发展变革中坚实而持久的蕴含滋养作用、规范约束作用、支撑推动作用、激励引领作用，凸显乡村文化的价值与力量，着眼重塑乡村文化自信，凸显核心价值观，助推文化小康和文化精准扶贫，助推乡村文化振兴战略，将习近平总书记“要对传统文化进行创造性转化、创新性发展，让收藏在禁宫里的文物、陈列在广阔大地上的遗产、书写在古籍里的文字都活起来”的指示落到了实处。

其二，研究主题重大而紧迫，不仅紧跟时代，贴近现实，还直接关乎物质文明、政治文明、精神文明、社会文明、生态文明五大文明建设，属当前急需破题且强力推进的重大社会文化历史课题的主要内容。当前，正值习近平总书记系统重申长江大保护、国家推出长江和汉江生态经济带建设战略，以及“一带一路”倡议的关键时期，该书系的推出，可以说是从文化的角度对习近平总书记的指示和国家战略做出了最迅速、最积极、最主动、最有力的回应，体现了文化界的积极作为与勇于担当。

其三，可以丰富汉水流域社会史、地方史研究的内容，拓宽研究范围，纠正前人研究的部分偏见。本课题将在收集官方、民间资料的基础上，全面总结和思考已有的研究成果，综合考察移民开发、国家治理、文化建树之间的关系，将汉水流域社会历史文化研究引向深入。将习近平总书记强调的“对古代的成功经验，我们要本着‘择其善者而从之，其不善者而去之’的科学态度，牢记历史经验、牢记历史教训、牢记历史警示，为推进国家治理体系和治理能力现代化提供有益的借鉴”指示落到了实处。

其四，将汉水流域的“历史流域学”推向繁荣，参与创设新的研究范式，推进人文社科重点研究基地建设。近年来，以流域为研究对象的“历史流域学”方兴未艾，该课题将全面参与这种全新研究范式的创建，以汉水为例丰富“历史流域学”的理论与方法。此外，本课题的研究具有较为重要的学术价值和区域经济社会发展等方面的现实意义。

此外，作为特异型的流域文化，汉水文化在自身的历史进程中处于南北文化激荡交锋的锋面，融合黄河文化和长江文化的优长，具有兼容会通的特色，独树一帜、别具一格，是得天独厚、不可代替的流域文化范型。对汉水文化的观照和审视，从某种意义上说，就是对中华文化的重心和关节点的观照和审视。真正学术意义上的汉水文化研究依然任重道远。关于汉水文化赋存资源现代转型的研究和开发，对于中西部地区的经济、政治、文化、社会和生态建设，对于流域文化、城市文化和文化学的学科建设，对于进一步振兴中华民族文化，都具有重要的理论意义和现实意义；对于全流域地区的文化资源优势转化为文化产业优势、对于推进文化强国建设和文化产业跨越式发展、对于鄂西生态文化旅游圈的开发和建设、对于南水北调中线工程实施和文化生态保护，都具有重要的参考借鉴与促进推动作用。

“好雨知时节，当春乃发生。”“汉水流域文明之文化自信丛书”是一组应节起舞、应运而生的地域历史文化丛书，我们诚挚地期待她能落地生根、开花结果，正如丛书总主编潘世东教授的初衷设定：“首次运用文化人类学方法、现代生态学和价值理论，立足哲学和社会学的理论背景，调查走访、科学论证和理论演绎并重，力求从理论和实践两个方面双管齐下，力求实现对汉水传统历史文化和经济社会发展模式的全面透视，解析汉水流域千年政治经济和社会文化和谐发展的成功奥秘，以达到总结历史经验教训、传播优秀思想文化和先进科学技术的目的。”

不废江河万古流。最后，我衷心祝愿汉水文化研究行稳致远、根深蒂固、生机勃勃！热切期待汉水文化研究基地成果丰硕、人才济济、兴旺发达！

汉江师范学院党委书记、博士生导师　杨鲜兰

2020 年 9 月 19 日

序

汉水食俗文化是我国传统饮食文化的重要组成部分，也是汉水文化极具特色的重要板块。

研究汉水食俗文化要先研究汉水文化和我国的饮食文化。汉水文化是我国典型的流域文化，富含优秀传统文化因子。学术界对其历史文化、文学艺术等领域研究，已产出丰硕成果，充分展现出该流域的文明高度、文化厚度、历史深度和现实维度。

明确指出饮食为“文化”的，当首推伟大的中国民主革命先行者孙中山先生。先生在他的著作《建国方略》《三民主义》等书中，曾对我国的饮食文化做了精辟的论述。他指出：“是烹调之术本于文明而生，非孕乎文明之种族，则辨味不精；辨味不精，则烹调之术不妙。中国烹调之妙，亦只是表明进化之深也。”[①]肯定了我国饮食烹饪技艺发展是我国文明进化的表现之一。孙先生之后，诸如，蔡元培、林语堂、郭沫若等文化名人，也不乏此类论点。中国饮食文化研究在近现代产生了雨森兼次郎《食物大观》、林巳奈夫《汉代饮食》、筱田统《中国食物史》《中世食经考》《近世食经考》等诸多成果。20世纪70年代以来，中国饮食文化的研究进入了以中国人自己研究为重心的深化阶段。自20世纪80年代初起，陆续出版了一些烹饪专业大中专教材和饮食文化方面的书籍，如，饮食史、饮食风俗、饮食艺术等，饮食文化研究呈现繁盛局面。

---

① 孙中山．建国方略［M］．武汉：武汉出版社，2011：008.

2013年12月30日，习近平总书记在中共中央政治局第十二次集体学习时的讲话中指出："提高国家文化软实力，要努力展示中华文化的独特魅力。在5000多年的文明发展进程中，中华民族创造了博大精深的灿烂文化，要使中华民族最基本的文化基因与当代文化相适应、与现代社会相协调，以人们喜闻乐见、具有广泛参与性的方式推广开来，把跨越时空、超越国度、富有永恒魅力、具有当代价值的文化精神弘扬起来，把继承传统优秀文化又弘扬时代精神、立足本国又面向世界的当代中国文化创新成果传播出去。"① 习近平总书记的讲话为我们研究汉水饮食文化提供了根本遵循和指导思想，也充分显示出探研汉水食俗文化当下的意义和价值，不仅合理合义，而且关乎普罗大众，意义重大长远。汉水食俗文化源于汉水流域人们的创造，不仅能传承发扬优秀传统文化、民族文化和特色汉水文化，能活跃汉水流域旅游经济社会发展，还可以助力推动国家乡村振兴战略的实施，以及鄂西生态文化旅游圈、十堰"三区一中心""汉江生态经济带"等项目的建设。应该深入探索挖掘，传承和开发，让其发挥真正的价值和意义。

著作采用了实地调查法、跨文化比较研究法、历史文献研究法、跨学科综合研究法、结构研究法和文化人类学理论法等。实地调查法就是到现场调查、记录现场情况，并询问汉水流域熟知食俗素材的有关人员的情况并记录下来，厘清汉水流域食俗文化内涵的要素。采用跨文化比较法，了解汉水流域不同地区食俗文化之间或多或少存在的差异，从食物到餐具，从主、副食搭配到饮食习俗，从调味品到饮酒方式，从日常饮食到节日请客，几乎处处不同。在不同地方吃不同的饭菜，可以感受到区域性的差异。采用历史文献研究法，了解汉水流域不同历史时期食俗文化的发展演变和传承情况。采用综合研究法能更好地研究汉水食俗文化与汉水文化、风俗文化、饮食文化之间的关系。采用结构研究法从空间角度分析汉水食俗文化的构成形式和存在状态。此外，还采用了文化系统理论和文化生态理论等社会学科理论研究方法。这些不同研究方法的大胆使用，不仅使研究的技术与角度随时随处出彩出奇、推陈出新，同时，也折射出作者学术研究与理论探索的勇气与锐气。

著述首次着眼于汉江全流域的宏观视野，首次运用文化人类学方法、现代食俗学和价值理论，立足哲学和社会学的理论背景，调查走访、科学论证和理论演

① 习近平．习近平谈治国理政［M］．北京：外文出版社，2014：161.

绎并重，力求从理论和实践两个方面双管齐下，力求实现对汉水传统食俗文化和食俗文化传承模式的全面透视，解析汉水流域千年食俗文化与经济社会和谐发展的成功奥秘，以达到总结历史经验教训、传播先进思想文化和传统遗产精华、为鄂西生态文化旅游添彩增色的目的。该书的最大文化价值在于：著者将为全流域再现和永久保存汉水流域已经消失的，或者濒临失传的发生于这一特定地域的文化现象，为汉水流域留下亘古不灭的历史记忆。这不仅是学术耕耘游历过程中的一次跑马圈地、开疆拓土，更是一种赤子情怀的怡然敞开和学术责任使命的毅然担当。

道明研究汉水文化，与我志同道合，不仅历经磨难坎坷、挫折委屈，也不乏光风霁月、阳光雨露，如此经年，艰难坚实前行，一言难尽。如今新书甫成，我有幸先睹为快，并受嘱为之作序，实为学涯难得快事、盛事，拉杂如许，是为存念。

十堰市政协副主席、汉江师范学院二级教授　潘世东

2020 年 9 月 20 日

目录

Contents

第一章　放饭流歠

——食俗文化与汉水食俗文化 …… 1

一、食俗文化的界定 …… 2

二、食俗文化的本质属性与特点 …… 6

三、食俗文化的分类 …… 12

四、汉水食俗文化的界定及区域划分 …… 15

五、汉水食俗文化的特征 …… 22

第二章　五谷杂粮

——汉水食源 …… 29

一、汉水食源的发展历程 …… 30

二、汉水食源的多姿形态 …… 36

三、汉水食源的保护开发 …… 72

第三章　重裀列鼎

——汉水食具 …… 79

一、食具文化概述 …… 80

二、汉水耕作农具 …… 87

三、汉水制食炊具 …… 90
四、汉水用餐食具 …… 93

第四章 薪尽火传
——汉水食技 …… 101

一、食技文化概述 …… 102
二、汉水食技文化的多姿样态 …… 108
三、汉水食技文化的区域特征 …… 120

第五章 齿颊生香
——汉水食型 …… 124

一、汉水名菜辑录 …… 126
二、汉水小吃盘点 …… 136
三、汉水饮品概览 …… 139
四、汉水食型的文化特征 …… 149

第六章 鲜衣美食
——汉水食庆 …… 156

一、汉水春令节日食庆 …… 159
二、汉水夏令节日食庆 …… 169
三、汉水秋令节日食庆 …… 172
四、汉水冬令节日食庆 …… 178
五、汉水食庆的文化意蕴 …… 182

第七章　杀鸡为黍
——汉水食礼 …………………………………………………………… 185
一、汉水诞生食礼 ………………………………………………… 187
二、汉水婚嫁食礼 ………………………………………………… 190
三、汉水寿庆食礼 ………………………………………………… 193
四、汉水丧葬食礼 ………………………………………………… 203
五、汉水食礼的文化内涵 ………………………………………… 206

第八章　脍炙人口
——汉水食语 …………………………………………………………… 212
一、汉水食源卜语 ………………………………………………… 214
二、汉水食习愿语 ………………………………………………… 221
三、《荆楚岁时记》与汉水食语 ………………………………… 229
四、汉水食语的文化意义 ………………………………………… 233

第九章　食无求饱
——汉水食忌 …………………………………………………………… 240
一、汉水与食源关联的天象禁忌 ………………………………… 241
二、汉水节庆饮食禁忌 …………………………………………… 245
三、汉水食忌与养生 ……………………………………………… 247
四、汉水日常生活食忌与其他民俗禁忌 ………………………… 249
五、汉水食忌的文化价值 ………………………………………… 262

第十章 细嚼慢咽
——汉水食尚 …… 267
一、汉水道教崇尚食俗 …… 268
二、汉水佛教崇尚食俗 …… 273
三、汉水民间其他信仰食俗 …… 279

第十一章 以食为天
——汉水食思 …… 282
一、求存——汉水楚文化食俗思想 …… 283
二、养生——汉水道教文化食俗思想 …… 286
三、弘德——汉水传统孝文化食俗思想 …… 288
四、融合——汉水移民文化食俗思想 …… 294

第十二章 天人相应
——汉水食义 …… 299
一、汉水食俗文化与民族传统 …… 300
二、汉水食俗文化与旅游产业 …… 304
三、汉水食俗文化传承与开发 …… 309

后 记 …… 321

第一章 放饭流歠

——食俗文化与汉水食俗文化

"民以食为天。"无饮食便无人类社会，更无人类社会文明。"万物土地生"，人类饮食随着地理环境的变迁而变迁，随着人类社会的发展而发展。人类社会在长期的历史变迁和发展过程中，由于社会生产力的发展，经济生活和文化生活的不断改善，人们的食源结构、食具形态、饮食技法、饮食观念及其行为风尚也在不断丰富和发展，形成博大精深的食俗文化，是民俗文化与饮食文化研究专家学者的探寻焦点。

放饭流歠出自《礼记·曲礼上》："毋放饭，毋流歠。"放饭，即放开思想包袱，不再注意吃的行为，大口大口吃饭；同理，流歠为大口大口喝汤。古人认为在尊者、长者面前大口吃喝，发出声响是很不礼貌也很不文明的行为。《孟子·尽心上》中亦记载："放饭流歠，而问无齿决，是之谓不知务。"齿决，就是用牙齿来咬断肉干。这样的大吃大喝，行为粗放，失去文雅，却又强调不用牙齿咬肉干，可以说是不明礼仪，不识大体。放饭流歠在古代尽管被视为饮食不雅之行为，却体现出古之饮食行为乃至食俗思想最本真的一面。《礼记·礼运》中记载："饮食男女，人之大欲存焉；死亡贫苦，人之大恶存焉。"意思是：人的最基本的欲望是食欲和性欲；人的最厌恶的情状是死亡和贫苦。基于此，在移风易俗的今天，谈及食俗文化乃至汉水食俗文化，具有"大吃大喝"之意的放饭流歠，反映出"食"是人类最原始欲求的表现，折射出食俗文化源远流长的根脉和博大精深的内涵。

一、食俗文化的界定

（一）食俗文化

关于“文化”一词的解读，梳理近年来国内外文化理论研究界的研究成果，具有代表性的有“立体层次说”“平行的两分法（物质文化和精神文化）”“三分法（物质文化、精神文化和制度文化）”“四分法（物质文化、精神文化、制度文化和行为文化）”，以及软文化和硬文化等有关文化含义的界定。这些阐述文化含义的观点对研究文化理论起着一定的积极作用，然而由于其角度和方法各异，并不一定适用所有学科关注的学科内文化的理想界定。值得参照的是，现代文化学将文化概念定义为社会群体精神及其表现形式，论证了社会群体精神作为文化本质的根据。① 这种从本质上界定文化含义的方法较为契合文化发展和文化研究的内在逻辑轨迹。

食俗亦称食风、食性、食礼或食规，即饮食民俗。食俗本身是一种文化，它不仅涵盖了人类社会居家饮膳、人生仪礼、原始信仰等饮食习俗所折射出的社会群体精神，还囊括了人类社会食源结构、食具形态、食法技巧等饮食习俗的物质形态和智慧表现。对于食俗文化，饮食与民俗学界对其界定的讨论不多，多以大文化概念和现存的食俗文化事象来解读确认乃至研究。按照现代文化学抓本质的方法对食俗文化进行界定较为科学。基于此，食俗文化可界定为：人类社会饮食行为主体基于其对象（所食用的有关食物和饮用的有关饮料），在制食、饮食过程中所使用的原料、辅料、工具等可视要素所展现的物质体系，以及由此形成的在居家膳食、人生仪礼、原始信仰等特定领域的制食技法理念、饮食行为传统、饮食习俗思想和饮食哲学等内涵所形成的群体精神。

食俗文化的孕育生长发展与社会发展同步，附着于人类社会的产生而孕育，伴随着经济文化的发展而生长，紧跟着科技的进步而发展。研究食俗文化的诞生缘由，可结合我国饮食文化史来考察。我国饮食文化精深博大，源远流长。我国饮食文化与我国的自然地理环境和社会人文环境，包括政治、经济的元素始终紧密地联系在一起。比如，图腾崇拜的生食尝试，火神信仰的熟食产生，氏族心态

① 周德海．对文化概念的几点思考［J］．巢湖学院学报，2003，5：19—23.

的烹饪草创，巫术媚神的原始祭祀，原料研制后的食物品味，语俗传承下的菜点命名，游艺民俗对饮食的传播，工艺美术催生下的筵席陪器，文学精神追求中的诗酒酬酢，乡土气息中风味流派的碰撞，营养养生逻辑中的科学烹调诉求，凡此种种，在人类饮食发展历程中，从物质到精神，由低级到高级，基于感性而上升为理性，在饮食研究中，产生饮食理论、饮食实践等成果，融入语言学、文学、民族学、文化学、美学、经济学等学科，折射出民间文化、旅游文化、地域文化的光芒。具而言之，食俗文化的产生原因主要归结于以下几个方面。

一是地理环境的制约。地理环境不同，文化表现各异，文化个性呈现出很强的适应性和选择性，文化张力更是随地缘和气候差异而异彩纷呈。我国疆域辽阔，南北地理环境的差异自然造成文化上的不同。如，南矮北高、南炎北黄、南瘦北胖、南江北河、南繁北齐、南老北孔、南骚北风、南柔北刚、南细北爽、南拳北腿、南骗北抢、南船北马、南敞北封、南轻北重、南经北政、南下北上、南米北面、南甜北咸等，这些词语充分展示出我国南北包括饮食文化在内的各种文化思维、民族个性的不同。人类的饮食个性与趣向就被地理环境所左右，于是“因时制菜”“就地取食”的生存选择就不难理解了。

二是科技发展的催生。科学技术是第一生产力，科技的进步必然推动生产力的发展，饮食习俗的孕育发展受科技进步和社会生产力发展程度的制约非常明显。不同的物质条件下自然产生不同的饮食结构和菜肴风格。石器时代的茹毛饮血，铜器时代的列鼎而食，农耕时代的刀耕火种，工业时代的机械耕作，信息时代的订餐配送，乃至智能时代的能量储存，时代不同，科技水平和生产力程度也不同，人类的饮食行为和思维也就各异。

三是行为风尚的导向。行为风尚是人类行为经过调试认知后趋同于一致而流行的行为，行为风尚的导向功能非常明显。食俗受风尚导向影响不言而喻。而行为风尚的产生又受到上层建筑施政的影响。以道为尊的唐代，以“李”为国姓，视鲤鱼为上仙坐骑，于是避而不食。而在民族融合的元代，“南番食品”“高丽食品”“女真食品”“蒙古食品”“西夏食品”“西天食品”等得以流传到中原，促进了地区间的经济文化交流融合。而明代的八仙桌享誉后世，清代王公则以能吃到御赐的“福肉”为荣幸，上行下效，蔚然成风。

四是宗教信仰的定型。宗教退化而为民俗，宗教信仰制约人的行为习惯，饮食习俗很多就是来自原始信仰崇拜，抑或是宗教仪式的演变。如，蒙古族以白马奶为贵而尚白，荆楚大地端午祭屈原而食粽，道教信徒忌荤而食素，凡此种种，此类饮食习俗一旦形成便难以改变。

五是语言流变的塑成。语言是人类思想感情交流的载体，是饮食习俗世代传承的工具，更是民俗乃至食俗文化事象之一。像煎、炒、焖、炸、卤、炖、熬等烹饪术语的问世即是如此；饮食旅游业中常见的菜名、台名、席名、店名及楹联、字幌、厨谚和歇后语的流传也是其表现；还有某些食品的文化典故，一些地区的饮馔民歌、童谣、土语方言，名师名厨的美称、雅号均具有这种属性。这些词语通过慢慢流传和传播，其折射出的食俗文化意蕴亦是渐入人心。

要全面准确地把握食俗文化，还要区分好食俗文化与饮食文化，以及食俗文化与风俗文化的关系。饮食文化与风俗文化已被学术界作为独立课题进行广泛而热切的解读，产生了大量成果，然而食俗文化多数情况下作为饮食文化或风俗文化的组成因子，被学者们顺而言之。探究食俗文化的独特魅力，区分其与饮食文化、风俗文化的关系就显得迫切而又必要。

（二）食俗文化与饮食文化

对于饮食文化的认知，饮食学界有多种界定。陈苏华认为："饮食文化是人类为了生存，在饮食生活中产生的饮食观念、行为、技术及其饮食产品的总和，是人类通过自然选择、约定俗成的与环境相适应的饮食生活方式。"[①]将饮食文化归结为饮食生活方式。而蔡晓梅认为："饮食文化是在特定的自然环境和历史人文环境的相互作用下，人们围绕饮食所产生的系列行为和规范。它包括与饮食有关的物质层面和精神层面的所有内容。"[②]强调了饮食文化是由饮食物质和饮食精神构成的。何宏则认为："饮食文化是指特定社会群体食物原料开发利用、食品制作和饮食消费过程中的技术、科学、艺术，以及以饮食为基础的习俗、传统、思想和哲学，即由人们食生产和食生活的方式、过程、功能等结构组合而成的全部食事总和。"[③]归纳了饮食文化的立体构成要素。朱基富则指出："饮食文化是人

---

① 陈苏华．试论饮食文化的性质与学科地位［J］．扬州大学烹饪学报，2006，4：6—10.

② 蔡晓梅．中国地理学视角的饮食文化研究回顾与展望［J］. 云南地理环境研究，2006,5：83—87.

③ 何宏．中外饮食文化［M］．北京：北京大学出版社，2006：6.

类为了生存和提高生命质量，在长期饮食历史实践中创造和积累的一切物质和精神财富。”[①] 点明了饮食文化的功能。这些对于饮食文化的界定和解读，各有侧重、各有亮点，讨论氛围之热烈程度已尽显学者们对饮食文化的认知所做的努力，同时在彰显饮食文化特征和功能的探讨上，尽管也存在表述不一的情况，但取得了较为一致的看法，即饮食文化既表现为人类共通性、民族性、历史传承性、社会层次性、交流变异性等特征，又具备满足人类营养补给、激发艺术思维、陶冶性情、和谐人际关系等功能。

通过梳理饮食文化的含义可以看出，尽管食俗文化与饮食文化在其含义上基本一致，然而食俗文化强调的是居家膳食、人生仪礼、原始信仰等特定领域事象承载的群体精神，是一种独特的饮食文化。食俗文化是饮食文化的构成要素，是饮食文化的特色部分，略微强调了“食”的部分而稍微减弱了“饮”的成分，与烹饪的对接关系密切。在食俗文化界定里，不仅强调了烹饪原料的择取、膳食组成的搭配、饮食器具的讲究、工艺技法的传承、养生食疗的探索、筵席礼仪的规则、风味流派的传播和烹饪理论的构建等要素会受到饮食习俗的影响，还蕴含了烹饪思维中的乡土情，厨房设施里的人情味，酒楼的商业宣传，厨师的行话术语，乡规民约、民间忌讳，日常节庆的菜肴和品点，地域性肴馔的审美品位等成分。

（三）食俗文化与风俗文化

“风俗”一词，我国古已有之，且有“风物”“风土”“民风”“民俗”“方俗”等相近词。“风俗”是由“风”与“俗”两个独立意向合并而成的。“风”在古代，有动词、名词两种属性。《诗经》十五国风，是对当时全国十五个地区的民歌搜集记录，“命大师陈诗，以观民风”[②] 中“民风”即歌谣。《说文》“风动虫生，故虫八日而化，从虫凡声”[③]，风的原始意义是指春天的气。“动物曰风”，即风能动物，亦能化人。《尚书》：“四海之内，咸仰朕德，时乃风。”这里的风即化导之

① 朱基富．浅谈饮食文化的民族性与涵摄性［J］．吉林商业高等专科学校学报，2005，4：61—62.

②（清）孙希旦．礼记集解上［M］．上海：中华书局，1989：328.

③（东汉）许慎．说文解字［M］．上海：中华书局，1963：284.

义。可见，“风”之意蕴极其丰富。

“俗”在古代有习、欲二意。《说文解字》中有：“俗，习也。”习原指鸟的飞行练习，用到人事上就是指仿效、传习，有延续、习染的含义，后来延伸为民众的习性、习惯。“俗”与“欲”上古音义相同，《礼记·缁衣篇》中有“故君民者，章好以示民俗，慎恶以御民之淫”的注解，王先谦在《释名疏证补》中也认为：“俗，欲也，俗人所欲也。”足证“俗”与“欲”通用。

上述引证说明，风俗产生伊始都具有自然与社会的双重属性，汉魏六朝学者已为其做了明确的读释。班固从学术角度认为：“凡民函五常之性，而其刚柔缓急，音声不同，系水土之风气，故谓之风。好恶取舍，动静亡常，随君上之情欲，故谓之俗。”①班固已阐明“风俗”与“习性”的演变关系。应劭在《风俗通义》中也有解释：“风者，天气有寒暖，地形有险易，水泉有美恶，草木有刚柔也。俗者，含血之类，象之而生，故言语歌讴异声，鼓舞动作殊形，或直或邪，或善或淫也。圣人作而均齐之，咸归于正，圣人废则还其本俗。”②应劭将“风”“俗”与“习性”的对接应用情形予以说明。魏人阮籍进一步指出：“造子（一作始）之教谓之风，习而行之谓之俗。楚越之风好勇，故其俗轻死，郑卫之风好淫，故其俗轻荡。”③诠释了“风”的自然之因造成“俗”之社会之象，点明风俗与山川水土的联系，亦印证了俗语“一方水土养一方人”广为流传的合理性。

显而易见，食俗文化涵盖很广，折射出衣俗、居俗、旅俗、语俗、艺俗等诸多风俗文化中关于饮食文化事象内容。食俗文化隶属于生产消费风俗的范畴，是风俗中最活跃、最持久、最有特色、最具群众性和生命力的一个重要分支。

二、食俗文化的本质属性与特点

（一）食俗文化的本质属性

食俗文化有其独特的本质与特点，王焰安将其概括为两个方面：“一是由饮

① （东汉）班固．前汉书（卷28—32）［M］.82.
② （东汉）应劭．风俗通义［M］．上海：上海古籍出版社，1990：3.
③ （三国·魏）阮籍．阮籍集：卷上乐论［M］．上海：上海古籍出版社，1987：40.

食事项本身内在的属性所显示出来的；一是饮食事项在时间、空间及发展过程中所显示出来的。”①本质与特点的区别就在于本质是不以人的意志而发展改变，而特点在不同的境遇中有不同的表现。显而易见，在王焰安的两点概括中，前者属于食俗文化的本质体现，而后者自然是其特点的概说。

食俗文化的本质属性体现在两个方面。一是必需性。食俗文化成形的基础是饮食，饮食因其维持人的生命而将其功能演绎成最大化。人的营养补充、体力恢复、健康增进、体征维持、生命延续均基于饮食。不论是采集经济时代、渔猎经济时代、畜牧经济时代、农耕经济时代、工业经济时代、信息经济时代，还是将来的智能经济时代，人从一出生一直到死亡，必须依赖于饮食，并按照一定的方式进行饮食。二是发展性。在各民族的文化交流碰撞中，在各地域的文化交流融合中，一些民族化、地域化的饮食习俗逐渐为他民族、他地域所接受并被转化，乃至于国际化、全球化，成为人类共有的民俗事象。如，遍布国内各个城市角落的西餐，播撒于全球的中餐，均是如此而来。食俗文化在不同人种、不同民族、不同地域、不同国别中均已形成较为定型且可遵循的习俗惯制，显现出强烈的人类共同性，演绎着人类命运共同体的精彩。

（二）食俗文化的特点

食俗文化事象在其时间、空间及发展过程中，展现出民族性与集中性、历史性与传承性、阶级性与变异性、地方性与特殊性等特点。

1. 民族性与集中性

民族不同，其饮食习俗的特征也不同，尤其在节日、礼仪活动中，有更为集中性的表现。一是指同一种饮食文化事象在不同民族中具有的特点不同。我们来看饮茶实例，蒙古族饮的是奶茶，藏族饮的是酥油茶，而白族饮的是三道茶，这些茶选取的原料、制作的工艺、饮用的惯式都有着本民族的特点。如，蒙古族是将红茶用铜壶煮沸，过一夜，第二天把澄清的茶水倒入木桶，用木塞上下捣动，直到把浓茶捣成白色，然后倒入锅内，加入牛奶、羊奶或骆驼奶及黄油、葡

① 王焰安．中国饮食民俗特点论［J］．南宁职业技术学院学报，2007，4：10—13.

萄、蜂蜜、食盐等，煮沸后饮用。藏族是用砖茶加少许土硷，熬成很浓的茶汁，倒入一个高约1米、直径10多厘米的木质桶内，再加上盐巴和酥油，用一种活塞式的棍轴在桶内上下冲击，使水油交融。打好后倒入陶质茶壶里，放在文火上加热，随时可饮。而白族是先将小砂罐放在火盆上干烤，烤热后，再将茶叶倒入罐中，然后边烤边摇动，待茶叶略呈黄色时，即冲入微量的沸水。沸水倒进茶盅后，再在茶盅中冲入少许开水，即可品尝。此时，砂罐内再倒满开水，稍微煨烤一会儿后，再斟一轮。每斟一轮称一道，一般斟三道，故俗称“三道茶”。三道茶的茶味各有特色，头苦、二甜、三回味。[①]二是指不同的民族生活习俗中饮食民俗事象传承不同，即只在本民族传承的食俗文化事象。如，布朗族的“剁生”和景颇族的“麂血饭团”。布朗族人选取猪和兽的里脊肉剁碎，拌以猪血，将橄榄皮捣成粉末，用淘米水去掉涩味，配上酸水、盐巴、辣椒粉等作料，便可生食。而景颇族族人猎获麂子后，立即淘米用竹筒煮饭，饭煮熟后，便把麂子剖开，将护心血倒入饭盘里，再放入姜、葱、蒜等作料，趁热揉拌捏成团，即可食用。三是指饮食类型的集中彰显食俗文化的魅力。如，宋朝人庞元英所撰的《文昌杂录》中记载：“唐岁时节物，元日则有屠苏酒、五辛盘、胶牙饧，人日则有煎饼，上元则有丝笼，二月二日则有迎富贵果子，三月三日则有镂人，寒食则有假花鸡球、镂鸡子、子推蒸饼、饧粥，四月八日则有糕糜，五月五日则有百索粽子，夏至则有结杏子，七月七日则有金针织女台、乞巧果子，八月一日则有点炙杖子，九月九日则有茱萸、菊花酒、糕，腊日则有口脂、面药、澡豆，立春则有彩胜、鸡燕、生菜。”[②]解读发现，唐代节日食俗意蕴通过集中饮食类型的展示扑面而来。四是指饮食内容和饮食禁忌的集中。如，汉族的春节，一般是从腊八开始，到第二年的元宵节才结束。在这长达40多天的日子里，民众围绕着春节的主题，开展了一系列的饮食活动。除夕前的活动是为除夕与正月初一准备的，像二十七八，杀鸡杀鸭；初一以后则是延续，如初七、元宵的饮食。其中，最为集中的当数除夕。首先是选料。除了要有鸡、鱼、肉、蛋外，还要有有兆头的红枣——寓意红红火火、青菜——寓意四季常青等。其次是做法。除了要做足当天吃的以外，还要做好够二三天吃的，寓意连年有余。再次是禁忌。除了禁忌不

---

① 杨国才，龚有德．少数民族生活方式［M］．兰州：甘肃科学技术出版社，1990：42.

②（北宋）庞元英．文昌杂录［Z］．北京：中华书局，1958：26.

好名称的菜或材料外，还要禁忌说不吉利的话，如，骨头不讲骨头，而叫神福，鸡蛋不叫鸡蛋，而叫元宝；不能说吃完了、不够吃了，应在碗中留下一些饭菜。如，广东中山人吃团圆饭时的菜式主要以猪、鸡、鸭等家禽，以及鱼丸、肉丸、发菜等菜肴为主，多为九道菜式，人称“九大簋”，取其意为“长长久久”“合家团圆”“新年发财”等吉祥意义。

2. 历史性与传承性

历史性是指不同时代饮食主体在饮食民俗上所表现出的特征不同。一是在特定的时代具有特定的饮食民俗，如，唐代忌食鲤鱼，禁贩鲤鱼，以至于鲤鱼类菜谱菜名亦鲜见于酒肆。二是特定年代对某些饮食民俗事象的改革，从而烙上了时代的烙印。所谓传承性，是指不同历史时期在饮食民俗上所表现出的沿袭相承和流传的特征：其一是一些饮食民俗由于其合理性而赢得广泛认同，世世相传，不断地被继承下来。如，浙江、江苏、湖北、湖南、江西、安徽等地人每年四月初八吃的“乌米饭”，早在唐代就已见诸文字记载，杜甫的《赠李白》：“二年客东都，所历厌机巧。野人对膻腥，蔬食常不饱。岂无青精饭，使我颜色好。苦乏大药资，山林迹如扫。李侯金闺彦，脱身事幽讨。亦有梁宋游，方期拾瑶草。”诗中的青精饭即是乌米饭。屈大均的诗：“社日家家南烛饭，青精遗法在苏罗。”诗中的南烛饭也是乌米饭。林兰痴的诗：“青精益气道家风，供佛如今馈节同，习尚更关闺阁事，数枚鸡子黑参红。”[①] 乌米饭之所以能一直相传，除了便于储存、携带外，一个更重要的原因就是它具有一定的食疗作用，现代医学证明，乌米饭具有益气、补髓、强骨、明目、止泻的功用，可消灭三虫，久服还可延年益颜。其二是一些不良习俗虽具有不合理性，但往往因有传统的习惯势力支撑而传之后世。如，苗族祭祀祖先的节日——“吃牯脏”，从资源消耗的角度来说，是不良的饮食习俗，活动期间要宰杀很多的耕牛、猪羊和鸡鸭，浪费相当大。

3. 阶级性与变异性

阶级性是指不同阶级在饮食民俗上所表现出的不同特征。一是饮食民俗的内容不同。如，桓宽的《盐铁论·散不足篇》中记述的当时的富贵人家的饮食要比

---

① 王仁兴．中国年节食俗［M］．北京：中国旅游出版社，1987：68.

普通百姓奢侈得多。其载："今富者逐驱千罔置，掩捕麑鷇，眈湎沉酒，铺百川。鲜羔（羊兆），几胎肩，皮黄口。春鹅秋雏，冬葵温韭，浚茈蓼蘇，丰薷耳菜，毛果虫貉。"[①]二是饮食民俗的繁简程度有异。如，同为清朝，宫廷的春节饮食要比普通百姓的繁缛、华贵得多。三是饮食的风尚不同。即某种饮食习俗只在某一阶层的某一群体中盛行。如，魏晋南北朝时期的士族成员崇尚服用"五石散"，而服用此药，不仅花费巨大，还要有一定的规定程序。服药之后，往往通身红热，不仅要行走发散，还要用冷水浇身。因此，下层人士几乎不会问津。而变异性指的是不同历史时期在饮食民俗上所表现出的变革或变化的特征。一是对一些饮食民俗的变革，包括发展过程中的自然选择，即自然的变革，这种自然变革是自然淘汰不合理的饮食习俗的表现，如，中国大部分地区过去过端午节时有喝雄黄酒的习惯，但随着科学的进步、医药知识的普及，人们已逐步认识到了雄黄中含有的砷，极易为消化道所吸收，是一种致癌物质，因此，现在的端午节一般不再饮用了。二是人为改变或替代了一些饮食习俗，这种改变不是因为原有的饮食习俗不合理，多半是因地域或人们的饮食习惯所致。如，中秋节吃月饼是普遍的习俗，但是云南的仡佬族则要吃鸭子，江南则吃南瓜，杭州则饮桂花酒。饮食习俗变异性起因有二：一是发展过程中的人为变革，如，伊犁锡伯族人喜欢在夏季制作一种叫"米顺呼呼"的面酱用以调味，这种面酱味甜，经过发酵后，容易滋生肉毒杆菌，人们生食后往往容易中毒致死。但锡伯族人长期对此不甚了解，每当有中毒现象出现时，他们便认为是瘟疫在流行。1958年，经卫生部派出的特别检查组查明原因，广泛宣传后，现在已不再有人生食了。[②]再如，山西太原的寒食节原有一百多天，因长期吃凉食对人的身体损害较大，曹操曾下有废除寒食的《明罚令》："闻太原上党、西河、雁门，冬至后百五日皆绝火寒食，云为介子推……且北方冱寒之地，老少羸弱，将有不堪之患。令到，人不得寒食。若犯者，家长半岁刑，主吏百日刑，令长夺一月俸。"[③]经过一系列的强制性措施，寒食节到唐代便缩短为三天。二是对一些饮食民俗事象的调适。如，广州是中国比较古老的海外通商地，许多朝代都有不少的外国人在此定居，因而以广州为代表

① 王利器．盐铁论校注（定本）[M]．北京：中华书局，1992：393.

② 国世平，袁铁坚，杜平．中国人的消费风俗[M]．北京：中国社会科学出版社，1991：48.

③（三国·魏）曹操．曹操集：上下[M]．北京：中华书局，1974：64.

的粤菜中也融入了不少的西菜成分。如，果汁肉脯就是借鉴西菜中的猪（牛）扒而创制的。西菜中的猪（牛）扒，是将一块较大的肉放在西餐炉里煮制，然后在盘中淋上汁，特点是汁不入肉，适用于刀叉。粤菜中的果汁肉脯，是将一块块较小的肉放在锅内煎炸熟，在锅内烹果汁，然后再装盘。特点是汁味渗入肉中，适用于筷子。

4. 地方性与特殊性

地方性是指不同地方在饮食民俗上所表现出的不同特征。一是不同的自然地理特征生成不同的饮食民俗。《黄帝内经》中记载，“东方之域，天地之所始生也，鱼盐之地，海滨傍水，其民食鱼而嗜咸”，“西方者，金玉之域，沙石之处……水土刚强……其民华食而脂肥”，“北方者，天地所闭藏之域也，其地高陵居，风寒冰洌，其民乐野处而乳食”，“南方者，天地所长养，阳之所盛处也，其地下，水土弱，雾露之所聚也，其民嗜酸而食胕”，“中央者，其地平以湿，天地所以生万物也众，其民食杂而不劳”。[①] 如，湖南人喜欢吃辣椒，就源于两方面的原因：其一，湖南古称“卑湿之地”，多雨潮湿，吃辣椒有驱寒、祛风湿的功效；其二，湖南人一年到头以米饭为主食，吃辣椒还可以直接促使唾液分泌，开胃振食，因而吃的人日渐增多，相延日久，便形成了嗜辣的风俗。广东由于炎热的时间很长，太阳辐射又厉害，人们流汗多而体力消耗大，因而需要及时补充水分及易被吸收的营养，为适应这种需要，广东的粥品特别丰富。二是不同地区的不同生产发展状况生成不同的饮食民俗。如，鄂温克族人吃熊肉前，在“歇人柱”中齐声发出乌鸦般的叫声，并说明是乌鸦在吃肉，而不是鄂温克人在吃肉。这是因为其尚处于原始社会的狩猎经济时代的缘故。三是不同地区的社会风尚生成不同的饮食民俗。明代民间百姓以节俭为主要风尚，陆容在《菽园杂记》中记载有江西民间崇尚节俭的食风。他说，江西人吃饭时，第一碗饭不许吃菜，第二碗才可吃，称为“斋打底”。吃荤一般只买猪内脏，因为没有骨头可以扔给狗吃，所以称为“狗静坐”。酒席宴上虽摆有不少果品，但大多是用木头雕刻而成的，只有一种时令水果可供食用，称为“子孙果盒”，意为可代代相传。[②] 而特殊性，

---

① 龙伯坚 . 黄帝内经集解［M］. 天津：天津科学技术出版社，2004：182—186.

②（明）陆容 . 菽园杂记［M］. 北京：中华书局，1985：28—29.

是指有些饮食习俗仅在有关的节日、礼仪中进行，在常态化的生活情景中不仅没有，而且也不具有这种内涵。它通常与礼仪的内涵相一致。如，汉族婚姻礼仪中的主题一般有三项：第一项是夫妻生活和谐；第二项是生儿育女；第三项是孝敬公婆。在婚姻礼仪中的饮食活动都是围绕着这些主题进行的。婚姻礼仪中的交杯酒是先准备好一壶酒和两个杯子，放在新房里，酒壶上要系上红布条或缠上红纸条，表示吉庆（南方有些地方是系几根白线，线上再系红纸条，表示吉祥如意和白头偕老）。仪式开始时，新郎、新娘并立在床前，由媒人或婶娘斟好两杯酒，分别端在两只手上，念诵着"相亲相爱，白头到老，早生贵子，多子多福"之类的颂词，然后将左手上的酒杯交给新郎，右手上的酒杯交给新娘，新郎新娘向媒人或婶娘鞠躬致谢，说声"遵您金言"后，双双接过酒杯交臂而饮，各自饮了一口以后，双方交换酒杯后再饮，如都会饮酒的话，可以把酒一饮而尽，如不会饮酒，特别是新娘，稍微喝一点即可。其寓意是两人将以结永好。婚姻礼仪中的吃子孙饺子，其地点在洞房，其人物是新郎、新娘，其动作是共同举箸而食，其结果是真吃，但在吃的时候，要回答别人的提问。因饺子是半生不熟的，当别人问"生不生时"，则一定要回答"生"。其寓意是以"生熟"之"生"谐"生育"之"生"。再如，瑶族人在欢度"盘古节"时，为了祭祀盘古，有一项特殊的饮食习俗，即"叩槽而食"。据《峒溪纤志》中记载："岁首祭盘瓠，揉鱼肉于木槽，叩槽群号以为礼。"① 这是瑶族人通过模仿祖先饮食情形而进行集体认同的仪式。

三、食俗文化的分类

食俗文化的内涵表现呈多元姿态。食俗文化传承惯制在不同的场所和时间各不相同，涵盖面极大，外延宽泛，几乎波及人类饮食生活的各个层面，且进而影响到农业耕作开发、手工业生产传承、商业贸易发展、城镇规划建设、工艺美术设计、中医食疗研发、文学艺术创作、娱乐杂兴展演、人际交往传播、伦理道德构筑、社会风气酝酿、宗教信仰选择，以及民族关系处理等方面。透过这些多姿多彩的食俗事象，可以增长人们的知识，助推人们深入了解社会、陶冶情操，进

① 徐丽华．中国少数民族古籍集成：汉文版（第83册）［M］．成都：四川民族出版社，2002：550.

而改造世界。

按照食俗文化的展现形式可分为表层食俗文化和内蕴食俗文化。表层食俗文化是食俗文化成形的基础要素，主要涵盖了人类社会吃什么、用什么器具吃及怎么吃的问题，具体来讲，是人类社会的饮食构成、饮食器具、饮食技法等方面，这一点与饮食文化探讨的要素较为一致。内蕴食俗文化是其核心内容，重点展现在人们在特殊场合、固定的时间段内的饮食习俗。按照民俗学中的分类方法，内蕴食俗文化主要包括传统节日食俗、日常居家食俗、人生仪礼食俗、饮食店铺习俗、民间乡土食俗、宗教信仰食俗、少数民族食俗七个既有联系又各成体系的有机类型。

传统节日食俗，即节日期间饮食方面具有传统文化色彩的民俗事象。它既是传统节日文化的重要表现形式，也是观察节日家宴的最好窗口。由于年节起源于天文历法、生产和生活习俗，以及重大的历史事件，是一种有固定庆贺时间，有特定主题及活动方式，有众多人群踊跃参加，世代相袭、自觉自愿的社会活动日；而年节文化又是围绕着年节而产生的复杂的社群文化现象（包括岁时佳节的信仰、心理、伦理、道德、传说、礼仪、游艺、习俗、物质、食品，以及社会控制与调适等），涉及祭祀、纪念、庆贺、社交、游乐、休整、补养诸方面，故而在元旦、上元、端午、中秋、重阳、祭灶等节日里，人们大多通过相应的食俗来烘托喜庆气氛，加强亲族联系，调适家庭成员关系，弘扬民族文化和进行家风教育。这一食俗事象丰富多彩，最具研究价值。

日常居家食俗，涉及三餐调配、四季食谱、祖传名菜、养生古法、口味偏好与中馈执掌，均与各自不同的家风家教和生活习性相关。诸如，日常食俗、节令食俗、礼仪食俗、祭奠食俗等内容。

人生仪礼食俗，是指在人从出生到死亡过程中一系列重大礼仪活动的食俗，如，诞生礼、成年礼、婚嫁礼、寿庆礼、丧葬礼、守孝礼等。无论“红喜事”还是“白喜事”，只要是告知至爱亲朋，宾客无不携带重礼登门表示心意，主家在举行相应的仪礼之后，所操办的盛宴大多要讲究“逢喜成双、遇丧排中、婚庆求八、贺寿重九”的排菜规矩，并且菜名注重“口彩”，把酒席与礼仪、祝愿结合起来，以红火、风光为目的。

饮食店铺食俗，涉及店堂装潢、厨务分工、菜点制作、经销方式、服务规程、接待礼仪等皆有常例，并努力呈现鲜明的地方色彩和店家的经营气派，与乡景、乡情、乡物、乡音、乡俗、乡味、乡礼珠联璧合。

民间乡土食俗，是指不同地区呈现出的风格迥异的食源、食具、食技、食习。我国民间乡土食俗按其文化特征划分为东北、华北、西北、华东、华中南、华西六个大的自然行政区划，各地区食源相异，膳食结构与肴馔风味也相异。其食俗明显地带有经济地理的痕印，留下审美风尚的遗迹。这一食俗具体体现在各地的菜系或乡土菜品中，有着很强的诱惑力。

宗教信仰食俗，是在原始宗教或现代宗教的制约下所形成的食禁、食性、食礼与食规。它们在行动上多有某种手段或仪式，在语言文字上多有某种语汇或戒律，在心理上多有某种支配精神意识的神秘力量；其突出表现便是允许吃什么和不准吃什么，什么时候吃或不吃，以什么名义或按什么方式吃，并且对于这些“清规”都能运用宗教经典或神话传说进行有理有据的解释。这一食俗既制约出家人，也制约善男信女，日常饮食、年节饮食、祭祀饮食、礼仪饮食都概莫例外。像大乘佛教徒“只吃朝天长，不吃背朝天”；小乘佛教徒则是“只要不杀生，也不禁荤腥”；喇嘛们禁食奇蹄动物、五爪禽和鱼鲜；道教中的全真派禁绝“五辛”，注重“三厌”，荤酒回避，斋戒临坛；穆斯林奉行“五禁”，年复一年地自觉过“斋月”；基督教徒只是在“小斋”“大斋”“封斋”期间在饮食上加以控制。与其他食俗相比，宗教信仰食俗上都具有“准法律性”，教徒心甘情愿、谦恭虔诚。宗教信仰食俗还为中国食苑培育了两朵娇艳的鲜花——清丽的素菜和清真菜。

少数民族食俗，是指各有传承或祖训，特别讲究忌宜，分别流传在55个少数民族内部的特殊食俗。其始因有的是民族起源和英雄传说的影响，有的是生产方式和生活方式的限定，有的是信仰膜拜和礼俗品德的熏染，有的是文化艺术和心理感情的积淀，还有的是以上诸方面综合作用的产物。在众多食俗中，这一食俗最为复杂又最具情采。他们巧妙利用飞潜动植，食物组配顺其自然，因时而异变换餐制，就地取材制作炊具，饭菜烹调别有章法，茶酒奶汤各有妙趣，民风食俗水乳交融，宴宾待客情意拳拳，像土家族过“赶年”，高山族爱“围炉”，蒙古族新春“半月不撤席”，哈萨克族“宰羊先问客”，纳西族喜欢举办“街心酒宴”，满族正月要请“食神”，畲族娶亲常由厨师“对歌点灶火”，景颇族婚席后必给来宾赠“礼篮”，鄂伦春族迎客大摆“狍子宴”，侗族大庆又是巧烹“酸鱼席”；再如，仫佬族的“吃虫节”，布依族的“撵山礼”，瑶族的“吃笑酒”，黎族的“射牛腿”，怒族的烤“石板粑粑”，藏族的“河曲大饼”，哈萨克族用皮囊酿制的“速成酒”，京族男女谈恋爱“以歌代言，托食寄情”等，都是纯朴民风的结晶，饮馔美学的升华。

总体来看，食俗文化内蕴表现形式多样，学者们表述不一，如，陈光新将居家饮膳、人生仪礼、饮食市场、地区乡土等食俗归结为地方风情食俗，认为“地方风情食俗是以风土人情作为显著标识，流传在某一区域内的饮食民俗。它们在气候环境、物质生产、文化传统和烹调习惯的影响下产生，其特色往往通过特异的食料、食具、食技、食品、食规、食趣和食型展示出来。这一食俗中又包含活跃在千家万户的居家饮膳食俗，依附于婚寿喜庆的人生仪礼食俗，植根于茶楼饭馆的饮食市场食俗以及孕育在东西南北的地区乡土食俗”[①]。这一论断很有道理，然而地区乡土食俗涉及东北、华北、西北、华东、华中南、华西等地区的食俗，内容庞杂且各区特征不一、自成体系，居家饮膳、人生仪礼、饮食市场等食俗也随着区域地理环境及气候的变化而变化，随区域社会的变迁而变迁，且尽显各民族各地区的个性风采。

四、汉水食俗文化的界定及区域划分

（一）汉水食俗文化的背景及界定

三千里汉江，地处我国内陆腹心之地，介于黄河、长江两大水系之间，既是联系中国南北与东西的地理纽带，更是关联天下和沟通四方历史文化、政治经济、军事战略的纽带。汉水河谷自古以来就是沟通东西的走廊。流域内的汉中盆地、南阳和襄阳盆地，又是我国西部和中部地区南北交往的通道，在它们的周围是我国古代最著名的几个政治、经济和文化中心。西北是以长安为中心的关中平原，东北是以洛阳为中心的伊洛平原，东南是以武汉为中心的江汉平原，西南是以成都为中心的成都平原。不仅如此，汉江还具有举足轻重的战略地位。历史上南北对立时期，双方的征伐攻守主要在黄河、长江之间的汉水、淮河流域进行，争夺的焦点是汉中、襄樊、寿春、徐州。这四个城市分别位于古代中国北方与南

① 陈光新．中国饮食民俗初探［J］．民俗研究，1995，2：8—16.

方联系的四条主要交通干线上，是所谓“天关”“地机”“九州咽喉”。

汉江既是要地，更是一方人杰地灵、物华天宝的沃土。放眼全球文明的诞生繁育，汉江得尽天时地利、江山之助的便利：在地球的版图上，有一条神秘的北纬30°线，许多古老的河流文明正是沿着这条纬线开始了自己跨越千年的文明旅程。如，美国的密西西比河、埃及的尼罗河、伊拉克的幼发拉底河、中国的长江等，均在北纬30°入海。在这一纬度线上，奇观绝景比比皆是，自然谜团频频发生，如，中国的钱塘江大潮、安徽的黄山、江西的庐山、四川的峨眉山；北非撒哈拉大沙漠的“火神火种”壁画、加勒比海的百慕大群岛和远古玛雅文明遗址……可以说，在北纬30°线附近或在这一纬度线上，奇事怪事，数不胜数。汉江，正好处在这条黄金般的北纬30°文明线之上。汉水地域属北亚热带湿润季风气候区，秦岭是亚热带和暖温带气候的天然分界线，这里山清水秀、气候温和，古今学者以“生物资源宝库”“天然物种基因库”赞许，是“地球同一纬度生态环境最好的区域”。因而，这里既是中国地理的“龙脉”所在、南北气候的分界线所在，也是中国自然之肾、内陆腹心之所在，更是中国动植物宝库、地道中药种子的宝库所在。孟子将黄河、长江、汉水、淮河并列为中国四渎。

汉水文化是我国流域文化中具有典型意义的特殊文化范型，是国内外学术界特别关注的学术焦点。近几十年来，随着汉江流域在国家经济社会发展中地位的不断提升，关于汉水文化的研究已经全面铺开。外围研究（史前考古、农业水利、经济开发、人口演变、历史地理、环境变迁等）的成果比较可观，为其本体研究打下了初步基础。但汉水民俗文化的本体研究还处于起步阶段，起色不大，进展不快。从研究的视角来看，局限于大文化视角和宏观性的浅层次研究；从成果内容来看，重心不突出，成果质量有待提升。作为学术会结晶的系列论文集《汉水文化研究》做出了有益的尝试，涉及汉水文化的基本内涵、历史源流、重要特色等，尤其是《汉水文化论纲》尽展汉水文化特色范型和博大内涵；另有《汉江》《流动的文明》等书作为通俗知识读物，对汉水流域历史风貌、人文景观做了简约的描述；另有2000多篇学术论文以及学术专著《明代汉江文化史》《汉水战争史》等对于汉水文化的某些重要方面做了一定的探索，但缺乏全面研究、系统把握和深入开掘。各照一隅，鲜观衢路，研究格局偏小，视野不够开阔，缺乏应有的学术广度和深度，至今仍不失为汉水文化研究应该勉力突围的一个学术误区。汉水民俗文化研究方面的《商洛民俗文化述论》《郧阳民俗文化》等著作围绕某一区域展开了汉水流域民俗文化研究的有益尝试，涉猎某些民俗文化领域如汉水旅俗、衣俗、居俗、食俗等文化事象，为后人从事专题研究提供了文本、构筑了基础。基于此，可以说汉水流域诸多文化事相丛生厚重，研究汉水食俗文化可行而又必要，意义重大而影响深远。

汉水食俗文化是汉水文化的重要构成部分，是汉水流域人们在生产和生活过程中所食用的有关食物和饮用的有关饮料，在加工、制作和食用、饮用过程中所使用的原料、辅料、工具等物质表现，以及由此形成的在居家膳食、人生仪礼、原始信仰等特定领域的饮食技法理念、饮食习俗、传统思想和美学意蕴等群体精神。具体表现为食源、食具、食技、食庆、食礼、食型、食语、食忌、食尚、食思、食义等文化层面。可简单理解为从民俗学角度解读饮食学的内容，彰显汉水饮食民俗文化的魅力。

汉水食源文化，是汉水流域人们在生产生活过程中，对饮食原料名称的辨别，发展的历程，概念的认知，类别的区划、保护与开发所积累的思想认识的总和。汉水食具文化，涉及汉水流域人们对饮食器具起源与发展的关注，饮食器具等级化现象与社会价值探索，美器与美食和谐搭配的理念等。汉水食技文化是汉水流域人们在饮食制作过程中，探索饮食色香味与食源食具搭配技巧，形成的调味理论和品味理念等。汉水食庆文化是汉水流域人们四时节庆时探索形成的有关节庆饮食习俗表现。汉水食礼文化，涵盖了汉水流域人们在人生礼仪（包括婚丧嫁娶、祝寿乔迁）关键节点中饮食习俗的具体演绎。汉水食型文化是汉水流域人们在长期生产生活中品评出来的名菜、小吃和饮品及其发挥的品牌效应。汉水食语文化是汉水流域人们饮食过程中表达的与饮食有关的方言俚语及其社会价值的具体表现。汉水食忌文化是汉水流域人们在饮食过程中逐渐形成的，饮食与健康、饮食与养生、饮食与长寿之间的关系认知和禁忌行为认知。汉水食尚文化是汉水流域人们饮食行为过程中体现出的对食物、食具、食神等崇拜所形成的信仰。汉水食思文化是汉水流域人们对饮食认知过程中，探讨饮食与中国传统文化、饮食与儒家思想、饮食与道家思想、饮食与佛家思想的关系，形成的独特的饮食文化思想。汉水食义文化是汉水流域人们探索饮食与社会经济发展、饮食与社会文明进步、饮食与生态伦理思想的关系，梳理出食俗文化成形保护与推广的具体意义。

（二）汉水食俗文化的区位划分

食俗文化是饮食文化的特殊构成部分。厘清汉水食俗文化的区域划分，先要厘清中国饮食文化的区位划分，进而找准汉水食俗文化在中华饮食文化版图中的确切位置。朱永和在《中国饮食文化》一书中，将中华饮食文化区位划分为12个文化区位："经过漫长历史过程的发生、发展、整合，中国域内大致形成了东北饮食文化区、京津饮食文化区、黄河中游饮食文化区、黄河下游饮食文化区、长江中游饮食文化区、长江下游饮食文化区、中北饮食文化区、西北饮食文化区、西南饮食文化区、东南饮食文化区、青藏高原饮食文化区、素食文化区。由于人群演变和饮食生产等方面的特定历史作用，各饮食文化区的形成先后和演变时空各具特点，它们在相互补益促进、制约影响的系统结构中，始终处于生息整合的运动状态。"① 同理，由于地理与环境气候物产的地域差异、政治经济与饮食科技的落差、民族心理与宗教信仰的多元所致的中华食俗文化区位亦应该纳入这12个区位。由于汉江是长江最长的支流，地处长江与黄河之间，干流流经陕西、湖北两省，其重要支流唐白河，系唐河与白河的合称，唐河源头为河南方城县伏牛山，白河源头为河南嵩县，流域范围属于河南省南阳市，流至湖北襄阳市双沟镇汇合而成，至襄阳市东津镇注入汉江干流。显然，汉水食俗文化区位归属于黄河中下游，长江中游，西北等饮食文化区交叉地带。

食俗文化研究离不开对"菜"的研究，汉水食俗文化区位划分必须参照中国菜系划分，在中国八大菜系坐标中找准汉水食俗文化中"菜"系位置，是汉水食俗文化区位划分的重要参照。长期以来在某一地区基于地理环境、气候物产、文化传统及民族习俗等因素，形成有一定亲缘承袭关系、菜点风味相近、知名度较高，并为部分群众喜爱的地方风味著名流派称作菜系。其中，川菜、鲁菜、粤菜、闽菜、淮扬菜、浙菜、湘菜、徽菜合称为"八大菜系"。华慧在《津津有味——打造饮食文化一条街》一书中，形象地对相近菜系进行了描绘："苏、浙菜好比清秀素丽的江南美女；鲁、皖菜犹如古拙朴实的北方健汉；粤、闽菜宛如风流典雅的公子；川、湘菜就像内涵丰富充实、才艺满身的名士。由此可见，中

---

① 朱永和．中国饮食文化［M］．合肥：安徽教育出版社，2003：50.

国的饮食文化要从八大菜系来看，其烹调技艺各具一格，其菜肴各有千秋。”[①]汉水食俗中的“菜”属于哪一系呢？是“美女、健汉”还是“公子、名士”，不便准确定位。由于汉水流域沟通南北，横贯东西，是东、西、南、北文化碰撞融合的地带，主干流流经陕西、湖北，几乎三分之二的流经长度处于湖北，应该说汉水食俗中的“菜”有陕西和湖北“菜系”的影子，然而中国八大菜系中的陕西、湖北“菜”均未纳入其中，难免让人惋惜遗憾。其实“菜系”划分，是根据烹饪特色的历史传承、地理气候条件、资源特产分布和食俗文化习惯来确定的，随着历史的变迁，陕西的“陕菜”（也叫秦菜）和湖北的“鄂菜”亦慢慢且应该纳入中国大菜系之中。从地理区域来看，汉水食俗中的“菜”，受“八大菜系”中的“川菜”影响，“陕菜”“鄂菜”交汇碰撞，形成了独特的风格，既有“川菜”的“泼辣”和“陕菜”的“无华”，又有“鄂菜”的“鲜香”。

汉水文化是典型的地域文化，潘世东教授在《汉水文化论纲》中将汉水文化分为15个板块：“汉源文化；汉中地区的汉朝历史名胜文化；武当道教文化；房县、郧县（现郧阳区）、神农架的迁徙文化；炎帝神农文化；荆楚文化；汉水商旅文化；山地文化和水文化；茶文化；医药文化；盐道文化；考古文化；旅游文化；孝感的孝文化；汉水神话、民歌与民间文学等文学艺术。”[②]客观准确地展示了汉水文化的全貌，尽管没有将食俗文化囊括进去，但所涉茶、医、盐已属风俗乃至食俗文化范畴。汉水食俗文化是汉水文化的精彩构成部分。找准汉水食俗文化区位应从地域文化区位划分谈起。在《中国文化通志·地域文化典》中，就按照文化区的概念，将中国地域文化划分为10个文化区。而韩国学者权锡焕则用代表地域文化的核心词将中国地域文化划分为7个文化区。中国学者周振鹤主张根据自然区域、行政区域和文化区域三者之间的关系来划分中国的地域文化。就地域文化区的划分指标，学者曾提出了环境、时态、区位三大指标。此外，还有按照民族进行划分的汉文化区和少数民族文化区，按照生产方式划分的游牧、海滨和农耕三大文化区。[③]

然而夏志芳在其《地域文化·课程开发》一书中认为：“地域文化的划分区

---

① 华慧．津津有味——打造饮食文化一条街［M］．北京：现代出版社，2010：26.

② 潘世东．汉水文化论纲［M］．武汉：湖北人民出版社，2008：627.

③［韩］权锡焕．中国地域文化研究［M］．长沙：岳麓书社，2017：4—11.

域总是从一个范围较小、性质较一致的核心地域向着过渡带逐渐减弱，其间并无截然的分界，在整个世界范围内，划分地域文化时，为了避免划分界线时存在的一定程度上的主观性，有时便以国界来划分，如有人认为世界可划分为西南亚和北非阿拉伯文化、欧洲文化、印度及印度周边文化、中国文化、日本文化等。”[①]该书毫不客气地点明了地域文化区域划分的局限性。根据张义奎在《人文地理学概论》中的介绍，美国学者萨帕（Sapper. K）将世界文化地域划分为：日耳曼文化、拉丁文化、斯拉夫文化、西亚文化、印度文化、东亚文化、内陆文化、非洲文化、马来文化、澳大利亚文化、北极文化等。而日本三省堂出版的《地理的整理》则把世界划分为12个文化区域：东亚文化、印度文化、马来文化、印度支那文化、内陆亚洲文化、西亚文化、拉丁文化、条顿文化、斯拉夫文化、北极文化、撒哈拉以南文化、澳大利亚文化。美国学者柯达尔将世界划分为六大地域文化：西方文化、伊斯兰文化、印度文化、东亚文化、东南亚文化和非洲文化。[②]此外，还有许多分法，常常因标准不一，划分出来的文化地域大小和类型数量也不一致。但在众多划法中相似或相近的颇多，可谓大同小异。

我国地域辽阔而地理环境复杂，民族众多而风俗各异，以任何一种单一文化指标来划分地域文化都会存在很多不足。由于各自侧重点不一样，又需要兼顾历史文化传承与现实文化要素在地域上的分布特点，因此各种分法可谓大相径庭。中国古代地域文化划分主要有：南北两分说；以楚为代表的南方，以齐鲁、三晋为代表的中原和以秦为代表的黄河上游西部三分说；华夏、东夷、北狄、西戎、南蛮五分说；中原文化圈、北方文化圈、齐鲁文化圈、楚文化圈、吴越文化圈、巴蜀滇文化圈、秦文化圈七分说；九州说等。[③]当代中国地域文化的划分主要有以下几种。胡兆量等在探讨中国地域文化的对比时，根据南方与北方在饮食、语言、文艺、经济、政治等方面的差异，笼统地分为：南方与北方。南方经济文化发达，北方军事政治活跃，并总结出诸如南米北面、南甜北咸、南拳北腿、南细北爽、南腔北调等特征差异。[④]而吴必虎则将中国文化区域分为：中原文化区、关东文化区、扬子文化区、西南文化区、东南文化区、内蒙古文化区、新疆

① 夏志芳．地域文化：课程开发［M］．合肥：安徽教育出版社，2008：35.
②［美］H. M：柯达尔，李根良．现代文化区［J］．国外人文地理，1986，4：83—85.
③ 曲英杰．近年来中国古代区域文化研究概览［J］．中国史研究动态，1989，3：8—15.
④ 胡兆量．中国文化地理概述［M］．北京：北京大学出版社，2001：229—244.

文化区、青藏文化区。[①] 王会昌在《中国文化地理》的研究中，则是先沿胡焕庸线 [②] 将全国分成东西两个地域文化区，即东南部的农业文化和西北部的牧业文化，而后又细分为 16 个地域文化区：关东文化、燕赵文化、黄土高原文化、中原文化、齐鲁文化、淮河文化、巴蜀文化、荆湘文化、鄱阳文化、吴越文化、岭南文化、“台湾”文化、内蒙古文化、北疆文化、南疆文化、青藏高原文化。李勤德在《中国区域文化》中则把中国从大的区域上划分为：中原文化、南方文化、青藏高原文化、北方文化四个文化大区，同时在每个文化大区内又划分为不同的地域文化，一共有 15 个：齐鲁文化、中原文化、燕赵文化、关中文化、巴蜀文化、荆楚文化、吴越文化、岭南文化、滇黔文化、闽台文化、西藏文化、西藏亚文化、西域文化、松辽文化、蒙人草原文化。此外，从辽宁教育出版社于 1991 年陆续出版的俞映群主编的《中国地域文化丛书》来看，全国分为两淮文化、吴越文化、台湾文化、燕赵文化、荆楚文化、中州文化、齐鲁文化、三秦文化、徽州文化、黔贵文化、陈楚文化、青藏文化、岭南文化、两域文化、陇右文化、琼州文化和草原文化等 24 个地域文化区。学界对中国地域（区域）文化的划分可归纳为四类：一是以自然地域为主要依据，如黄河文化、岭南文化、西域文化等；二是以社会经济结构为主要特征，如，滨海文化、农耕文化、草原文化等，这些文化的划分主要是以物质资料的生产方式为基本依据；三是以族群为依据，如，华夏、东夷、北狄、西域、南蛮等；四是自然地域和社会结构兼顾，如，齐鲁文化、吴越文化、八闽文化等。总体而言，上述地域文化的划分形式多样、杂乱，缺乏统一的标准，难以把握。因此，夏志芳认为：“地域文化划分的含义不可过于宽泛，应专指中华文化的分域，突出地域空间的完整性，另外宜统一采用历史的‘地域’名称而非种族、经济文化类型等命名地域文化。”[③] 事实确实如此，在地域文化区位划分中，“地域”标准应该是其最本质的依据，不应因历史地理变迁、社会经济发展或族群聚居地的固定而改变划分标准。然而多元划分让我国地域文化呈现多姿样态，在一定层面上折射出地域文化研究乃至所有学术研究的良好氛围。

---

① 吴必虎．中国文化区域的形成与划分［J］．学术月刊，1996，3：10—16.

② 胡焕庸线即指从黑龙江黑河到云南腾冲之间的一条直线，该线东南半壁为人口稠密区。

③ 夏志芳．地域文化：课程开发［M］．合肥：安徽教育出版社，2008：38.

按照中国地域文化区位划分方式，汉水食俗文化区位可划分为汉水上游（陕南的汉中、安康、商洛）的三秦食俗文化区、汉水中下游（十堰、襄阳、荆门等直至汉口）的荆楚食俗文化区、汉水支流的唐白河流域（河南南阳）的中原食俗文化区，以及与汉水流域紧密相连的以巴蜀文化区为代表的外围辐射食俗文化区，同时，更进一步地表现出干流三秦与荆楚交汇食俗文化区和支流中原文化与外围巴蜀文化辐射食俗文化区。

五、汉水食俗文化的特征

作为汉水文化特色构成部分的汉水食俗文化，其特征严格从属于汉水文化特征。关于汉水文化特征，潘世东教授在《汉水文化论纲》中做了详细介绍："有地域性、古老性、时代性、自由性、开放性旧五性说和悠久性、多元性、兼容性、泥土性和杰出性新五性说等观点。"在汲取汉水文化特征新、旧五性说的基础上，进一步将汉水文化特征总结为："开放性和广适性、持久性和变化性、丰富性和生长性、过渡性和和谐性"[①]。在刘清河的《汉水文化史》中汉水文化的基本特征却为："历史悠久，源远流长；亦夏亦夷，多元共生；南北交融，东西荟萃"[②]。上述诸多观点均已开启科学视野，从文化生态系统学、文化空间理论学、文化结构学、文化发生学和文化本体学、文化哲学和文化史学、文化风格学等方面进行系统考察，对汉水文化研究的眼界开阔、思维启发、空间拓展和定性立标等工作具有重要的牵引作用和导向作用，奠定了汉水文化研究坚实的基础，做出了力所能及的卓越贡献，开掘了汉水食俗文化乃至汉水其他板块文化研究的康庄大道。受此启发，关于汉水食俗文化特征，可以文化系统工程学为基，参照文化结构学、文化发生学和文化本体学、文化哲学和文化史学，可概括为主体的创研性、客体的多元性、载体的厚重性和受体的认可性。

---

① 潘世东 . 汉水文化论纲［M］. 武汉：湖北人民出版社，2008：627—635.

② 刘清河 . 汉水文化史［M］. 西安：陕西人民出版社，2013：29—31.

（一）主体的创研性

人是文化的主体，更是文化的创造者。汉水食俗文化的主体当属自古至今生于汉水、长于汉水的人民，无论是出身于汉水而后求生求发展于流域外的人，还是来自流域外而后为汉水流域发展贡献智慧和汗水的人，他们对于汉水食源、食具、食技，或是“食语食型”，或是“食思食义”等，进行发明创造、挖掘使用、保护推广，自然不自然地扮演着汉水食俗文化的优秀主体。人类食物的主要来源是动、植物。在食物匮乏的史前社会，创研开掘食物结构和驯化原始作物已成为可能，由出土遗物考证得知，旧石器时代末期原始农业可能已出现。汉水河谷地带具有较为优越的自然环境，地理位置独特，气候条件适宜于原始农业的孕育和发展，直至新石器时代，汉水流域的原始农业得到长足发展，农业耕作提升到一个比较高的水平。汉水流域各地文化遗址出土的新石器时代各类石制或其他类材质的生产工具，发现有农作物的遗痕，这些痕迹屡见报端。就目前而言，据有关报纸刊载，汉水流域发现的水稻遗存共有 16 处，其中，中上游地区 7 处，下游地区 9 处。值得一提的是，陕西西乡李家村、何家湾遗址和湖北京山屈家岭遗址发现的水稻遗存，充分证明稻作农业是汉水流域原始农业的重要构成部分。就耕作区域的水旱性质来看，汉水中上游区域为水旱兼作区，该区域适宜生长的农作物也就不言而喻，汉水河谷地带水源可保证有稻作农业，而其他丘陵岗地和山前坡地较为干旱则以旱作农业为主。进一步来看旱作农业的具体品种，由狗尾草选育驯化而来的粟是北方常见的耐旱农作物。狗尾草在世界上分布较为普遍，据《诗经》《吕氏春秋》等古典文献中记载，狗尾草又叫莠、绿毛莠、狐尾草。农学家曾实验，将野生狗尾草与栽培粟进行杂交，获得了近似双亲的杂交种。对于粟及狗尾草选育文献记载的解读和农学实验，不仅让人猜测，汉水丘陵岗地和山前坡地旱作农业会是什么呢？通过考古发现，在汉水上游的龙岗新石器遗址有粟的遗痕，同时在龙岗新石器遗址中还发现有豆科植物的遗存，由此把大豆史由距今 4500 年前移到距今 7000 年前，这一发现在汉水流域是首次，具有深远的影响，进一步可以证明汉水流域的早期畜牧业孕育发展情况。众所周知，家畜饲养与原始农业相伴而生，大胆猜测而又较为可信的是，畜牧业孕育于先民的狩猎改进和创举，先民们在狩猎的过程中，将被打伤后的猎物蓄养起来，想吃的时候再杀，保证了猎物肉质的新鲜，于是畜牧业就萌芽了。在汉水流域众多的新石器时代遗址中，发现有家猪、家牛、家羊、家鸡等家养牲畜的遗骨。能进一步说明汉水流域畜牧业孕育发展情况的是，在湖北天门石河镇邓家湾遗址石家河文化层中，出土的大量陶制动物，造型可辨，有鸡、狗、鱼、鸟、羊、猪、龟、象等，其中猪、狗、鸡等自然为家畜，表明了当时汉水流域的畜牧业发展状况——驯化动物和饲养家畜（如，由狼驯化为狗，将野猪驯化为家猪）。先秦时期的汉水流域以"刀耕火种"的方式使农业得以大兴，刘清河研究发现，到了汉代，"汉水流域因其具有较为优越的气候和自然地理及区位交通等条件，是中国农业最先发达的区域之一。自先秦以来，汉水上游的汉中盆地、中游的南阳盆地和襄宜平原的农业经济已逐步发展起来，到了汉代，则形成三个农业经济颇为发达的区域"①。加上"神农尝百草，发明耕种"的传说及后来汉水流域医药领域和道家道教领域关于"食"与养生的探讨，大量史料乃至民间口传文学证明，汉水流域人们为食而不断进行着研究和创造、不断付出和收获。基于此，汉水食俗文化主体的创研性不言而喻。

（二）客体的多元性

汉水流域所有食源均是汉水食俗文化的客体。按照汉水食俗文化区位划分的三秦食俗文化区、荆楚食俗文化区、中原食俗文化区、外围辐射食俗文化区，仅以与汉水流域有关的菜系及其特征为例，就可以看出汉水食俗文化客体的多元性，这与汉水文化多元性同质同脉，具体表现为陕菜的"朴实"与鄂菜的"鲜香"交汇、豫菜的"适味"与川菜的"重味"交叉、鲁菜的"咸鲜"与徽菜的"酥嫩"辐射等方面。

陕西菜简称陕菜或秦菜，是我国地域性特色菜系之一。汉水上游的陕南三市（汉中、安康、商洛）是陕菜的覆盖区域。陕菜由民间菜、市井菜、宫廷官府菜、民族菜、寺院菜构成，根据各自的风味特长，又分为陕北、陕南、关中三个地方特色风味。陕南风味菜肴辐射区正是汉水上游的汉中、安康和商洛，这些地方出名菜，代表性的有"汉江八宝鳖""秦巴四珍鸡""白血海参"等。这些代表性的名菜，均以鲜香为基调，充分展示了陕菜清爽、酥烂、质地脆嫩和原汁原汤的鲜

① 刘清河 . 汉水文化史［M］. 西安：陕西人民出版社，2013：218.

味本色。陕菜在调味上，朴实无华，重视内在的味和香；其次才是色和形。其特点之一是主味突出、滋味纯正。

以水产为本、鱼馔为主的鄂菜，注重本色，香鲜较辣，汁浓芡亮，同时菜式丰富，筵席频多，尤以蒸、煨、炸、烧、炒等烹调方法体现本色，具有“滚、烂、鲜、醇、香、嫩、足”七美。鄂菜在长期的发展过程中，渐次形成了风格各异的流派。与汉水流域有关的鄂菜流派有两个。一个是辐射孝感、沔阳（今仙桃）、武汉（汉口）等鄂中区域的汉沔风味，由于其融会贯通且广泛吸纳国内外各种风味之所长而自成一派，为鄂菜之精华。汉沔风味咸鲜回甜及酸甜味突出，擅刀工、塑造型、重火候，尤以红烧、黄焖、清蒸及煨汤烹饪技艺见长，适宜烹饪海味山珍，如，甲鱼、鲴鱼、鳜（桂）鱼、武昌鱼、青鱼等较高档的水产品，其大菜工艺、冷拼花色、食疗保健菜居全省领先水平。另一个是涵盖神农架、十堰（郧阳）、襄阳等鄂西北的郧襄风味，此域为楚文化的发祥地之一，为先秦楚人从中原入鄂的第一关，该区域物产独特，兼有中原风味特色，擅长红扒、焖、炸、回锅炒等烹调技艺，干香酥脆，口味偏重，且以软烂菜较为闻名，适烹熊掌、猴头、獐、鹿、野兔、银耳、香椿等野味山珍，还可烹制羊肉、搓头鳊、猕猴桃、香菇等特色菜。

陕菜与鄂菜交汇于汉水，豫菜与川菜也碰撞于汉水，而鲁菜与徽菜辐射于汉水。“朴实”“鲜香”“适味”“重味”“咸鲜”“酥嫩”的风味菜在汉水流域均可吃到，汉水食俗文化的客体多元性可见一斑。

（三）载体的厚重性

汉水食俗文化内涵博大精深，其魅力展现主要承载于节庆之际和人生礼仪节点之中，即笔者所讲的食庆与食礼，体现出强烈浓郁的厚重性。这种厚重性的主要体现是在历史悠久的传统节日里和人生礼仪活动中食俗表现具有浓厚的文化意义和厚重的人文情怀。黄元英在《商洛民俗文化述论》中描述了汉水上游的商洛二月二节庆中的食俗情景：“二月二吃豆豆，人不害病地丰收。二月二，拍簸箕，跳蚤臭虱都过去，快到东家吃馍去。”① 寄托了人们二月二吃豆的美好心愿——“健

① 黄元英．商洛民俗文化述论［M］．西安：三秦出版社，2006：59.

康，不生病，年景丰收”，以及二月二拍拍簸箕可以“去掉跳蚤臭虫，可以到东家吃足喝饱”的善良意愿。其文化意义远远大于文化事象本身，生存观的淳朴意蕴跃然纸上。

汉水流域端午节食俗文化意蕴厚重。据《荆楚岁时记》中的记载：“五月五日，谓之浴兰节。荆楚人并蹋百草。又有斗百草之戏。采艾以为人形，悬门户上，以禳毒气。以菖蒲或镂或屑，以泛酒。”[①] 其载涉及节日习俗、食俗及其名称。据统计，端午节的名称在中国所有传统节日中的叫法达二十多个，如，端午节、重午节、端阳节、地腊节、龙日节、天中节、午日节、诗人节、夏节、五月节、菖蒲节、浴兰节、龙舟节、粽子节等。汉水流域端午食粽，以纪念相传于是日自沉汨罗江的古代爱国诗人屈原，有裹粽子及赛龙舟等风俗。端午吃粽子纪念和祭奠屈原，在汉水流域乃至中华大地传承几千年，将传统节日、粽子与一个中华名人有机统一，有机组合，超于传统端午文化、粽子文化和屈原文化，几千年来端午吃粽子行为并未有官方“发文”倡导乃至要求，而是自发自由渐次得到普遍认同的文化行为，既是文化哲学的本真体现，更是文化史学和实践美学的具体演绎。汉水流域人们好客、好酒，在诸多人生礼仪活动中，请客喝酒司空见惯，婚丧嫁娶必备酒，贺小孩满月叫“满月酒”，过人日叫“寿酒”，所有人生礼仪活动喝酒统称为“喝喜酒”。“无酒不成席”“无酒不成礼”，能够称得上筵宴的会食，酒是必不可少的饮料，所以又可称为酒席或酒筵。在很多场合，酒是筵宴上的主旋律，举杯开宴，落杯就要散宴。酒客在筵宴上品出的只有酒的味道，那些佳肴的吸引力反而不大，厨人刻意追求的色香味，醺醺酒人是无法品评得到的。我们将请客、请饭常称作请酒，赴宴称作吃酒、喝酒，酒在人们饮食生活中的位置在许多人看来，是远远高出食之上的。在汉水流域的某些地区或某些嗜酒如命的人群，他们的生活中不可一日无酒，不可一餐无酒，将酒文化演绎到了极致。按佚书《世本》中的说法是：“仪狄始作酒醪，变五味。少康作秫酒。”《吕氏春秋·勿躬》也有类似的说法。《战国策·魏策一》中的叙说更为具体：“帝女令仪狄作酒而美，进之禹。禹饮而甘之……遂疏仪狄而绝旨酒。”东汉学者许慎在《说文》中也述及仪狄和杜康作酒，他赞成《世本》上的折中说法，以为“古者仪狄作酒醪，禹尝而美，遂疏仪狄。杜康作秫酒”。田园诗人陶渊明的《集述

---

①（南北朝·梁）宗懔，姜彦稚辑校. 荆楚岁时记［M］. 长沙：岳麓书社，1986：34.

酒诗序》更有高论，他说是“仪狄造酒，杜康润色之”。探讨了酒的产生和历史渊源，汉水流域的酒文化可谓厚重悠远。

（四）受体的认可性

所有肯定研究推广乃至崇尚汉水食俗文化的群体均为汉水食俗文化的受体。研究汉水文化乃至研究汉水食俗文化者，必不惜溢美之词，尽量将汉水食俗文化最本真的一面挖掘、推广出来，尽管没有用汉水食俗专题专著的形式集中展示，但在汉水民俗文化研究数量不多的论著中，均有单独章节论述了汉水食俗文化的一面。石定乐、孙嫘合著的《楚民楚风——荆楚民俗文化》中的“楚天食府——荆楚饮食文化”专章，根据楚人的民族特性和食材特点，介绍了楚地饮食文化，描述楚人家喻户晓的清蒸武昌鱼、沔阳三蒸、排骨藕汤、腊肉炒菜薹等众多名菜，对热干面、豆皮、汤包、烧卖等许许多多名优特小吃一一道来，尤其是围绕荆楚名菜、名点铺陈展开的人物故事，让读者在欣赏美食的同时领略历史文化。而《南阳民俗文化》的饮食习俗章节中，将南阳食俗文化详尽展示：“南阳民间的饮食，以小麦、玉米、高粱、红薯、大米、小米、豆类、黄酒、米酒、茶为主，不论城乡均日食三餐，喜欢吃馍。一般是早上吃稀饭，中午吃面条，晚上吃稀饭或面条。家常便饭是稀饭、面条、米汤、干饭。四时节日、接待宾客或闲暇时候，注意细做而食，适当改善生活，如包饺子、做卤面、炸油条等。南阳民间饮食中蕴含有丰富的文化内容，特别是以小麦面粉为主料的饮食制作，更是体现出劳动人民的聪明才智。”[①] 而在《商洛民俗文化述论》第二章商洛饮食文化和第三章商洛饮酒艺术中，将商洛食俗文化演绎得淋漓极致。在饮食章节，强调商洛饮食结构：“一方水土养一方人。商洛民众的饮食结构和饮食习俗与商洛独特的地理自然环境有着质的联系。饮食结构是指日常生活中主食和菜肴（包括饮料）的搭配，即配餐方式。商洛人民的饮食结构较为简明：总体而言，面（或米）食为主，瓜菜辅之，肉类点缀。在商洛，主食有面食、米饭和包谷糊汤三大类。其中，以麦面和大米为原料的食物称为细粮，即所谓‘白米细面’；以玉米、豆类等为原料的食物称为粗粮，即所谓‘五谷杂粮’。过去，商洛人区分一个家庭生

---

① 刘克，许宛春．南阳民俗文化［M］．开封：河南大学出版社，2003：43.

活富裕还是贫穷的主要标准就是看饮食结构中细粮和粗粮所占比例的大小，吃细粮的次数多，村里人便公认其‘屋里有（富裕）’。”[1]没有认可就无法研究和推广。汉水食俗文化受体的认可性不仅体现在研究者们的著述推广，还体现在政府机构的认可和推广。以国家地理标志产品认证为例，汉水流域被认定为与饮食有关的国家地理标志产品数不胜数。房县小花菇是正宗的房县土特产，1970年，神农架自然保护区成立，林区的三分之二由房县划出来，故神农架特产与房县特产同源同质。2009年，房县小花菇被农业部认定为国家农产品地理标志。花菇是菌中翘楚，其顶面呈淡黑色，菇纹开暴花、色白，底呈淡黄色，因其顶面有花纹而得名。天气越冷，花菇的产量越高，质量越好，其肉厚、细嫩、鲜美，食之口感爽鲜。花菇素有“山珍”之誉，以朵大、菇厚、含水量低、保存期长而享誉世界，其生产保持天然纯净的特色，凭其味香质纯、冰清玉洁而享誉菇坛，又因其外形美观、爽脆可口而称为席上佳珍。郧西马头羊亦是如此，为进一步扩宽马头山羊系列加工产品的市场领域，突出马头山羊郧西特产的地位，2009年7月，郧西县畜牧业协会开始着手申请郧西马头山羊地理标志产品认证，经过国家、省、市相关部门实地考察评审，2010年1月，在网上公示后，马头山羊被认证为郧西地理标志产品。这项工作的开展巩固了马头山羊的传统优势地位，提升了马头山羊的知名度，提高了消费者的购买欲望，增加了经济效益。汉水食俗文化渐次获得世人的普遍认可，不但走出了流域，更走向全国和世界。

---

① 黄元英．商洛民俗文化述论［M］．西安：三秦出版社，2006：47.

第二章　五谷杂粮

——汉水食源

“五谷”语出《论语·微子》：“四体不勤，五谷不分。”比《论语》更早的《诗经》《书经》等文献里，只有“百谷”，而没有“五谷”。“五谷”是指五种谷类。古代典籍中对于“五谷”的解释繁多，具体所指略微不同。赵岐在《孟子·滕文公上》中注称五谷为：“稻、黍、稷、麦、菽。”郑玄在《周礼·天官·疾医》中将五谷注为：“稻、黍、麦、豆、麻。”佛教“密宗”祭祀时将五谷称为：“大麦、小麦、稻、小豆、胡麻。”而李时珍的《本草纲目》中记载的谷类有三十三种，豆类有十四种，总共四十七种之多。

其实，五谷一说，汉代以后的界定主要有两种。一种说法，五谷是稻、黍、稷、麦、菽（即大豆）；另一种说法则视麻（指大麻）、黍、稷、麦、菽为五谷。两种说法的区别在于，前一种有稻没麻，后一种有麻而没有稻。区别的焦点在于麻与稻。

“麻”虽可食用，但主要是因为其纤维可用来织布。而“稻”为“谷”，是粮食，基于此，前一种说法取“稻”去“麻”，使“五谷”统一于粮食之列，较为合理。然而后一种说的合理性也可理解。汉代以后的经济文化中心在北方，而稻是南方作物，北方栽培难度大，成活量有限，因此五谷中有麻没有稻，亦有可能，毕竟麻也是可以食用的。《史记·天官书》中记载：“凡候岁美恶，谨候岁始。……旦至食，为麦；食至日昳，为稷；昳至铺，为黍；铺至下铺，为菽；下铺至日入，为麻。”[1]其后所列作物，就是麦、稷、黍、菽、麻五种，同后一种说法完全一致。概因如此，汉人和汉以后之人对五谷就有两种略有不同的解释。将两种说法结合起来看，发现五谷有六类作物，即为稻、黍、稷、麦、菽、麻。至于其他文献关于五谷的阐释，当数《吕氏春秋》(前3世纪作品)。《吕氏春秋》里有四篇专门谈论农业的著述，其中《审时》篇谈到栽种禾、黍、稻、麻、菽、麦的得失利弊，而禾就是稷。基于此，《吕氏春秋》中所涉猎的六种作物和前面“五谷”论的两种阐释统一后所说的六种作物完全相同。而《吕氏春秋·十二纪》中说到的作物，也是这六种。显然，稻、黍、稷、麦、菽、麻即为当时的主要作物，也是主要的食物来源。而五谷就是指这些作物了，或者肯定一点说就是指六种作物中的五种。但随着种植技术的进步和社会生产力的发展，五谷的含义也在不断演变，干脆将五谷作为粮食作物的总名称，进而泛指粮食。而“杂粮”，却包括玉米、高粱、小米、大麦、荞麦、大豆、红小豆、绿豆等五谷以外的粮食作物。

独特的地理环境和气候条件为汉水流域的人们提供了丰富的食物原料，用“五谷杂粮”概述其全貌实至名归，当然，其食源构成是多样而丰富的。论述汉水食源文化，不仅要探析汉水食源的科学构成体系，更要纵剖其历史渊源和文化意义。基于此，汉水食源文化将从汉水食源的发展历程、汉水食源的多姿形态、汉水食源的保护开发、汉水食源的文化意义四个方面展开。

一、汉水食源的发展历程

人类的食源发展历程与人类渔猎畜牧业、农业发展历程和农耕文明的发展历程同根同脉。人类农业发展为人类生存提供保障，为人类饮食发展开辟了路径，为人类食俗文化发展凝体塑骨，奠定了基础。梳理中国古代农业发展历程，经历了史前时期的萌芽、夏商周时期的初步发展、秦汉至隋统一前的繁荣、隋唐至明清时期农业经济重心的南移及近代以来的新型态势五个阶段，汉水流域在这五个阶段的农业农耕文明发展状况可圈可点。

---

① (汉)司马迁著;(南朝·宋)裴马因集解,(唐)司马贞索隐,(唐)张守节正义.史记卷1—卷130[M].北京：中华书局，1959：1340.

（一）史前时期的萌芽

杨建宏在其《农耕与中国传统文化》一书中认为：“最初的农业生产，是由渔猎和采集发展而来的。原始人在长期的果实、根茎、枝叶的采集中，逐渐发现果实、根茎有再生的可能，如果能够人工种植，便可以解决奔走之劳和食物不足的问题，正是这种迫切的、现实的、功利的需要孕育了农耕的生机。”[①]将史前农业发展做出了较为科学的判断。其实史前农业，抑或是史前的渔猎和采集等与农事有关的生产活动，绕不开伏羲氏和神农氏两个传说人物。《山海经》中说：“雷泽中有雷神，龙身而人头。鼓其腹。在吴西。郭璞注‘河图曰大跻在雷泽，华胥履之而生伏羲’。”[②]关于伏羲功绩，《周易》中有载：“古者包牺氏之王天下也，仰则观象于天，俯则观法于地，观鸟兽之文与地之宜，近取诸身，远取诸物，于是始作八卦，以通神明之德，以美万物之情。……作结绳而为网罟，以佃以渔，盖取诸离。”[③]可见，伏羲氏可能是我国原始渔猎和畜牧业代表人物。而作为伏羲氏接班人的神农氏，其功绩亦很清晰，《周易》中说：“包牺氏没，神农氏作，斫木为耜，揉木为耒，耒耨之利，以教天下，盖取诸《益》。日中为市，致天下之民，聚天下之贷，交易而退，各得其所，盖取诸《噬嗑》。”[④]可见神农氏应为中国农业农耕的始祖。而伏羲氏、神农氏对于人类生存与发展的伟大功绩亦不可磨灭。在汉水流域的众多遗迹中，涉及的石制生产工具和农作物遗迹众多，其中，汉水下游京山屈家岭遗址发现的水稻遗存，充分证明了汉水流域是我国原始农业萌芽期的重要组成部分。而在天门石河镇邓家湾遗址发现的陶塑动物（鸡、狗、鱼、鸟），表明当时的人们已开始驯化动物和饲养家畜家禽。以上事实充分说明，在中华农业和渔猎畜牧业全面萌芽乃至中华文明全面萌芽的史前时期，汉水流域是其重要组成部分。原始的农业和渔猎畜牧业在汉水流域已有萌芽，汉水流域人们的食源得以不断丰富，生活条件得以不断改善。

---

① 杨建宏．农耕与中国传统文化［M］．长沙：湖南人民出版社，2003：1.

②（晋）郭璞著；（清）毕沅校，山海经［M］．上海：上海古籍出版社，1989：97.

③ 马恒君注释．周易全文注释本［M］．北京：华夏出版社，2017：58.

④ 马恒君注释．周易全文注释本［M］．北京：华夏出版社，2017：58.

（二）夏商周时期的初步发展

夏商周时期，中国农业、畜牧业呈发展态势，主要表现在以下几个方面。一是各分封诸侯国想方设法刺激农业经济发展：“如齐国拥有山东半岛、黄河入海处，兼擅鱼盐之利，富甲天下。齐桓公又用管仲为相，努力发展工商业和农业。楚庄王用吴起变法，鼓励垦荒，魏国也用吴起变法，燕国则用乐毅改革，发展农业经济，不过在各国改革中，以秦用商鞅变法最有成效，其经济也是后来居上，最为发达。春秋末期吴越诸国也加入争霸行列，长江流域经济也得到初步发展。”[①] 二是山地民族和游牧民族农耕化进一步助推农业经济发展。先秦时期的夏、商、周，国家虽然统一，但各诸侯国发展不均衡，彼此攻伐不断。楚则乘势兼并汉阳诸姬。而秦国在春秋初期还无力参与中原盟会，无力展现争霸之志，在经历长期的兼并之后，到春秋晚期，秦国实现华丽转身，以中原霸主自居，然而楚国在春秋初期还自称“我蛮夷也”[②]，到战国时代才自诩为“中原之中”。三是青铜工艺发展改进了生产工具和促进了生产力的发展，食物原料进一步丰富，生活质量进一步改善。夏、商、周时期，青铜器的产生和使用标志着中华文明进入青铜文明时代，尽管石器生产工具还广泛使用于农业生产，但是随着青铜器生产工具的加入，农业生产水平得到大幅度提高。汉水流域文化遗址出土的商代青铜器中就有农具多件。如，湖北黄陂盘龙城李家湾二号墓出土的一件铜锸，器身近方形，一面凸刃，中部有一长镂孔。湖北汉阳纱帽山采集的锸为弧刃，顶端近凹形，中空，刃两侧做弧形。而湖北随州浙河镇发现的锸銎扁圆，口沿有凸边，器身做长方形，中空，上部中央也有一圆孔，一面凸刃，刃近弧形。锸，相当于现代的铁锹，其形状亦相似，是一种挖土的工具。黄陂盘龙城楼子湾墓葬中还发现铜斨一件，楔形，直刃，有人将其判定为镬（也是一种挖掘工具）。可见，在已发现的青铜农具中，以挖掘、平整土地的农具为主，说明当时人们开辟田地的能力有了很大提高。

根据《诗经》中的相关内容和考古发掘发现的农作物遗存踪迹，可知当时的主要粮食作物有粟、黍、菽（大豆）、麦、稻和麻，汉水流域的农作物大体与此

---

① 杨建宏．农耕与中国传统文化［M］．长沙：湖南人民出版社，2003：5—6.

② 涂又光．楚国哲学史［M］．2版．武汉：华中科技大学出版社，2014：62.

一致，汉水流域平原盆地当以水稻为主，丘陵岗地山区当以粟、黍为主，并杂以其他作物，如豆类杂粮。汉水流域是中国稻作农业最先发展的区域之一，在距今7000年左右的位于汉水上游今陕西西乡境内的老官台文化李家村类型的新石器时代文化遗址中就发现了稻作遗存，其后，汉水流域河谷盆地的水稻种植延续至今。

（三）秦汉至隋统一前的繁荣

秦统一后，给经济社会发展带来了契机，然其暴政结果适得其反，至西汉建立，社会经济空前萧条。《汉书·食货志》中说："汉兴，接秦之敝，诸侯并起，民失作业，而大饥馑。凡米石五千，人相食，死者过半……天下既定，民无盖藏，自天子不能具醇驷，而将相或乘牛车。"[①] 后随着"文景之治"的休养生息，和汉光武帝时期农业经济的推动，尽管几经战乱，东汉至隋统一前农业经济发展有些迂回，但秦至西汉在春秋战国的基础上，农业经济和农耕文化整体上呈繁荣发展之态势。表现为以下几点：一是粮食品种更为丰富，除五谷外，新增的杂粮有荞麦、青稞、糜子、高粱和多种豆类。蔬菜水果因岭南的开发和西域、西南的沟通而进一步得以丰富和供给。二是农业生产经营方式渐次趋于集约经营。汉武帝推广的代田法、区田法首开集约经营先声，东汉豪族实行庄园生产，一座庄园便是一个独立的经济单位，内部分工细密，生产水平很高。三是农业理论更为成熟。夏、商、周农业理论散缀在《礼记》《尚书》《吕氏春秋》等典籍中，而秦汉时期产生了《氾胜之书》和《四民月令》农业专著。四是农业经济区域开始向岭南推进。夏、商、周的农业经济区域集中在黄河流域，秦汉时期向岭南推进。五是农业经济区域南进过渡带——汉水流域成为全国农业最为发达的区域之一。汉水流域因其较为优越的气候、自然地理、区位交通等条件，跻身中国农业最发达的区域之一。《魏书》卷八《张鲁传》中称："汉末张鲁据有汉中，汉川之民，户出十万，财富土沃，四面险固。"《史记·萧相国世家》中称，楚汉相争时，刘邦"引兵东定三秦，（萧）何以丞相留守巴蜀，填抚谕告，使给军粮"。《华阳国志·汉中志》中亦称："及高帝东伐，萧何留居汉中，足食足兵。"以上典籍记

① （东汉）班固．汉书［M］．西安：太白文艺出版社，2006：117.

载，依然说明了汉水流域的农业发展状况是食物原料充足。事实确实如此，自先秦以来，汉水上游的汉中盆地、支流唐白河流域的南阳盆地、襄宜平原等区域农业经济已逐步兴盛发展起来，至汉代，则形成三个农业经济颇为发达而享誉全国的区域。魏晋南北朝时期，中原人口南迁，而流域内蛮族的频繁活跃、人口迁徙流动，致使随枣走廊及汉水下游北岸的丘陵地区的农业经济得到较快发展，逐渐形成一个新的农业经济区域。如此种种，不一而足。

（四）隋唐至明清时期农业经济重心的南移

在自然环境与社会生产力之间的辩证发展和自然选择情况下，隋朝统一至晚清（618—1840 年）的一千多年历史中，我国农业经济重心由黄河流域渐次南移至江南。南方稻作物迅速发展，小麦种植逐步推向南方，明清时期小麦南向推广，种植尤其加快，原产于美洲的玉米、甘薯、花生、烟草在全国迅速推广。而这一时期，汉水流域人们“抓机遇，借东风”，迅速转变耕作方式，因地制宜，多种耕作方式齐下，粮食作物产量得以大幅度提高，人们的食源结构得以极大改善。一般而言，汉代及其以前，汉水流域适宜种植水稻的地方基本上属于以火耕水耨为特征的撂荒制，六朝时期则以连种制为主，但在唐中后期至宋元时期，汉水流域已开始出现稻麦轮作复种制，尽管还不普遍，只在水利及自然条件较好的地方推广实行，但已表明这种新的农业耕作方式传入了汉水流域并见到成效。水利条件较好的平原盆地地带可种植水稻，而丘陵岗地则多种植小麦等旱地作物。汉水流域的广大山区仍然实行“刀耕火种”的较为原始的耕作方式。隋唐宋元时期，汉水流域的粮食作物构成主要有稻、麦、粟等，以水稻为主，小麦的种植面积及其在居民食物结构中所占的比重逐渐扩大，杂粮作物也占有一定的比例。各类作物的地理分布受地貌、地缘、土质、气候、水利等自然条件制约。一般而言，平原和盆地等水利条件较好的地方多种植水稻，如汉水上游的汉中盆地，汉水中游的蛮河、南河流域，汉水下游的湖沼区、淡水流域等，水稻种植占据主导地位。汉水中游支流的唐白河平原在隋唐北宋时期水稻种植较为普遍，但自南宋以后，受气候变化的影响及水利灌溉条件的限制，则逐渐演变为较单纯的旱作区；襄宜平原北部和随枣走廊西端的情况与此相似。而广大的丘陵山区，则以麦、粟等旱地作物为主。其他经济作物亦有发展，蚕桑、麻、茶等在这一时期的汉水流域种植亦较为普遍。《广雅》中称“荆巴间采茶作饼”即为证。唐末汉水流域诗人皮日休作《茶中杂咏》并序，包括茶坞、茶人、茶笋、茶籝、茶舍、茶灶、茶焙、茶鼎、茶欧、煮茶十首诗。唐代汉水下游（今湖北天门）人陆羽被后人誉为茶圣。宋代的《太平广记》中记载：“南人好饮之，北人初不多饮。”据宋代《太平寰宇记》所记，汉水流域产茶的州有安州（今湖北安陆市）、荆州；《元丰九域志》记有兴元府西北和城固县麻油坝各有茶场一处。明清时期，汉水流域的农业生产结构发生了巨大变革，农业耕作方式得以进一步改进，一些新的农作物种类在这一地区普遍推广种植。可见，在农耕文明南移时期，汉水流域的食源（饮品）文化得以发展和彰显。

（五）近代以来的新型态势

近代以来，受明清时期的闭关锁国政策影响，工业革命的步伐落后于西方。我国农业生产力发展成迂回态势。农业态势呈“以小农经济为基础，家庭式作坊和官僚资本积累融合缓慢，农耕集团与弱势的工商业阶级形成鲜明对比，统治者也强力制约商业，以维持政权的稳固。西方的工业大国和工业化、全球化扩展，使得两个时空里的社会生产力形成悬殊对比，中国的缓慢发展，在与西方国家的现代化产物交锋时便失败了”。[①]农业生产、科技研发、思想解放等尽管落后于西方，但觉醒意识强烈，“迎头赶上”的成效明显。近代汉江流域开发开放，不断刺激和推动该流域的发展。近代民主革命的先行者孙中山提出了开发汉水流域的设想。他在《建国方略》中认为，武汉“略如纽约、伦敦之大”“湖北、湖南、四川、贵州四省，及河南、陕西、甘肃三省之各一部，均恃汉口以为与世界交通唯一之港”。为进一步发挥汉水的交通作用，孙中山主张开发汉水。他说：“自襄阳以上，皆为山国；其下以至沙洋，则为广大开豁之谷地；由沙洋以降，则流注湖北沼地之间，以达于江。”[②]中华人民共和国成立以后直至当下，随着南水北调中线工程的顺利实施，一江清水永续北送，汉水流域各行业态全方位展现在世

---

① 何盼锋，徐国篱，冯保魁．从中华传统农耕文化的稳定性看近代中国的落后［J］．现代妇女（理论版），2014，7：330—331.

② 孙中山．建国方略［M］．武汉：武汉出版社，2011：160.

人面前。为促进汉水流域科学持续发展，湖北省委十届三次会议提出要继续实施“两圈一带”区域发展战略，积极推进湖北长江经济带和汉江生态经济带开放开发，进一步促进长江中游城市群建设，推动“两圈一带”区域发展格局的形成，标志着湖北汉江生态经济带开放开发正式上升为省级战略。2018 年 10 月 18 日，《国务院关于汉江生态经济带的发展规划的批复》发布，标志着汉江生态经济带建设和发展正式成为国家战略。汉水生态文化魅力得以彰显，有了理由和契机，有了自信和方向。在此方针指引下，被誉为“秦巴万宝山”“中药材摇篮”“天然生物基金库”，以及内陆候鸟迁徙重要驿站和多种珍稀动植物潜在分布区的汉水流域，生态农业、生态经济、生态资源得到合理的保护利用和科学开发，一大批地标农产品被国家认证得以推广，农业生态种植与养殖、农业生态旅游、科学饮食与健康养生等观念深入人心，汉水食源文化的新态势呈现，内涵不断丰富和拓展。

二、汉水食源的多姿形态

人类食源均来自动植物。准确把握人类的食源分类，先了解动植物的分类很有必要。中国古典文献涉猎的动植物类别很多，而《尔雅》中对于动植物类型的界定值得探讨和借鉴。《尔雅》中最后七篇的具体篇目名称为《释草》《释木》《释虫》《释鱼》《释鸟》《释兽》和《释畜》，这七个篇章选录了 590 多种动物和植物，并较为详尽地指出了它们的名称，还根据它们各自形态特征的差异，将其归入一定的分类系统。例如，将植物分为草本、木本两个大类；木本又进一步区分为乔木、灌木和檄木三个小类型。把动物按照虫、鱼、鸟、兽四类进行述录，并进一步严谨提出动物分类的依据和定义，有一定的理论价值。另有《四民月令》《四时纂要》《农桑衣食撮要》等多部古代文献中均有动植物或食物分类记载。国际上习惯于按照营养学角度对食源进行分类。美国农业部于 1916 年将日常食物分为五大类：第一类是奶制品、肉、鱼、禽、蛋（主要供给蛋白质）的辅助性食物；第二类是面包和谷物（供给淀粉）等的主要食物；第三类是奶油及脂肪（供给脂肪）等的多能量性食物；第四类是简单糖类（供给糖分）；第五类是蔬菜和水果（供给无机盐和有机酸）等的营养性果蔬。随着 1942 年维生素的发现，美国政府责令国家科学院的食物与营养委员会（FNB）对食物进行进一步科学分类，基于此，七组食物分类法产生了，分别是：第一类，奶制品（含有丰富的钙）；第二类，肉鱼和蛋（供给蛋白质）；第三类，黄绿色蔬菜（富含胡萝卜素）；第四类，柑橘类水果及卷心菜（富含维生素C）；第五类，土豆及其他蔬菜（含有其他维生素）；第六类，面包和谷物（含有淀粉）；第七类，黄油等脂肪（提供热量、维生素A和D）。这些食物分类方法使得食物的类别越来越多，区分不便。于是，1957年，美国农业部又提出了简明的四组分类法：奶制品（供给蛋白质、钙和维生素B2），肉、鱼、禽、蛋（供给蛋白质、铁及多种维生素），水果和蔬菜（含有维生素C、胡萝卜素、铁），面包和谷物（含有淀粉和一些B族维生素）。这个四分法，可以说是对维生素进行的分类，是基于食物对人体营养功能而展开的。日本对食物的分类也有成果问世，厚生省保健医疗局提出了六组基础食品：鱼、肉、蛋、豆类（供给蛋白质），乳制品、海藻、带骨小鱼（供给无机盐，特别是钙），黄绿色蔬菜（主要供给胡萝卜素），水果、其他蔬菜（以供给维生素C为主），谷类和薯类（供给淀粉），油脂（供给脂肪）。基于同时考虑到食物本身的特征和食物本质营养成分的双重要素而提出的。

我国营养学会在1988年将日常食物分为五大类：第一类是主食来源食物，包括谷物、薯类和杂豆（供给淀粉、部分蛋白质和B族维生素）；第二类是辅助性的肉食食物，如，动物性食物肉、禽、蛋、鱼、奶（供给蛋白质、脂肪、无机盐和维生素A）；第三类是辅助性的植物食物，如，大豆及其制品（供给蛋白质、脂肪、膳食纤维、无机盐及B族维生素）；第四类是辅助性的食物蔬菜和水果（供给膳食纤维、无机盐、维生素C、胡萝卜素）；第五类是纯热能食品，如，植物油、精制糖及酒类（供给热能）。

在饮食学术界，关于食物包括食源和食品的分类，成果亦很丰富。基于已出版的烹饪原料层面的著作，发现很少单一采用上述某一种分类方法对食物进行分类，而大多是将几个方面全面考虑、综合归纳后，提出科学依据后对食物进行分类。但在各主要等级和次要等级、大类与小类关系的处理方法上存在很大的不同。聂凤乔主编的《烹饪原料学》中将烹饪原料分为动物性原料（家畜、家禽、野味、水产、蛋奶、昆虫及其他）、植物性原料（粮食、蔬菜、果品）、加工性原料（肉制品、水产制品、蛋奶制品、粮豆制品、蔬果制品）、调味料、作助料等五大类。[①] 这种分类依据食物来源的功能属性非常明显。黑龙江商学院编写的《烹饪原料学》中将烹饪原料分为肉品、蛋乳及制品、水产品、果蔬、粮食、油脂、调味料、香辛料、添加剂九大类。[②] 这种分类法将食物来源途径和食物本质属性囊括进去了。吉林饮食服务公司编写的《吉林烹饪原料集》中将烹饪原料分为畜肉、禽肉、蔬菜、水产品、干料、蛋类、乳类、粮食、果品、调味品、烹调药料十一大类。[③] 这种方法基于食物来源的功能类别性质明显。而李常友主编的《实用烹饪原料》中将烹饪原料分为时鲜蔬菜、菌藻地衣、水产品、养殖肉品、野生动物、常用干货、干鲜果品、花卉药草、粮食豆品、调味和油脂品十个大类。[④] 这种方法考虑食物的时间属性和功能属性。吴岱明在其《科学研究方法学》一书中提出："分类是根据事物的共同点和差异点，把事物划分为不同种类的逻辑方法。分类是在比较的基础上进行的，以共性作为归合物类的依据，以特性作为区分物类的依据，通过比较研究确立各分类级别、建立分类系统。"[⑤] 食源是人类的烹饪原料。烹饪原料的分类就是依据一定的标准对种类繁多的烹饪原料进行分门别类、排成序列。在我国两千多年前的《黄帝内经》中就已体现了烹饪原料（食物原料）分类的思想，其中所分的"谷""菜""果""畜"等类群至今仍被沿用。今天，用现代科学理论知识对烹饪原料进行分类，不仅可以使我们全面深入地认识和总结烹饪原料运用的规律、了解烹饪原料运用的资源利用情况，更重要的是，可以使"烹饪原料学"的学科体系更加科学化、系统化。可以说，烹饪原料的分类是"烹饪原料学"学科体系的核心。然而，对烹饪原料的分类始终处于众说纷纭、莫衷一是的状态。聂凤乔在其《关于中国烹饪原料的分类问题》一文中指出："在许多文献中对这一问题的解决发出了呼吁。但迄今为止，专门探讨烹饪原料分类问题的文章很少。"[⑥]

尽管国内外学术界对食物分类研究异彩纷呈，但大多按照食物大类、种类、组别和具体食物层次展开，大同小异。标准化的文件亦有出台。我国现行有效的

---

① 聂凤乔．烹饪原料学［M］．北京：中国商业出版社，1990：5—8.

② 黑龙江商学院．烹饪原料学［M］．北京：中国商业出版社，1991：7—8.

③ 吉林饮食服务公司．吉林烹饪原料集［M］．长春：吉林科技出版社，1988：1—3.

④ 李常友．实用烹饪原料［M］．西安：陕西科技出版社，1994：2—3.

⑤ 吴岱明．科学研究方法学［M］．长沙：湖南人民出版社，1987：318—320.

⑥ 聂凤乔．关于中国烹饪原料的分类问题［J］．中国烹饪研究，1986，3：55—59.

具有食品分类作用的较为系统的文件有两个，分别为2006年国家质量监督检验检疫总局食品生产监管司颁发的配合食品质量安全市场准入审查使用的《食品质量安全市场准入制度食品分类表》[①]和2014年国家卫生和计划生育委员会颁布的《食品安全国家标准食品添加剂使用标准》中的“附录E——食品分类系统”[②]。另外几个有食品分类作用的文件有原卫生部发布的《食品安全国家标准食品中污染物限量》中的“附录A——食品类别（名称）说明”[③]、《食品安全国家标准食品营养强化剂使用标准》中的“附录D——食品类别（名称）说明”[④]和《食品安全国家标准食品中真菌毒素限量》中的“附录A——食品类别（名称）说明”[⑤]。可见，现行有效的可以借鉴的有食品分类性质的文件存在各文件之间兼容性差、文件内概念模糊、分类过度、分类过于笼统、通用性差等问题。分类的关键在于基于的标准不一，表现也就各异。

关于食物分类，民俗学和饮食文化学角度均有探讨。为直接表达文化张力的需要，民俗学大多数都是从食物文化事象表现本身出发，将作物和食物放到一个层面来划分，将食物分为传统主食、传统菜肴、传统小吃等，或者干脆将作物、食物混合起来谈某一特定区域的饮食结构。饮食文化学根据其名称和功用相近标准进行分类。崔桂友在《烹饪原料的分类问题探讨》一文中给出了很好的借鉴。他指出人类的烹饪原料就是食物原料，即食源，并指出食源的分类依据和具体思路：“按原料的来源属性分为植物性原料、动物性原料、矿物性原料、人工合成原料；按加工与否分类为鲜活原料、干货原料、复制品原料；按在烹饪中的地位分为主料、配料、调味料；按商品种类分为粮食、蔬菜、果品、肉类及肉制品、蛋奶、野味、水产品、干货、调味品；按食品资源分为农产食品、畜产食品、水产食品、林产食品、其他食品。”[⑥]汉水食源品种繁多，姿态多样。在类型划分上，结合饮食文化学、营养学等多元学科划分标准，可分为粮食作物、蔬菜水产、家

---

① 国家质量监督检验检疫总局食品生产监管司.食品质量安全市场准入制度食品分类表［Z］. 2006.

② GB 2760—2014. 食品安全国家标准食品添加剂使用标准［S］.

③ GB 2762—2012. 食品安全国家标准食品中污染物限量［S］.

④ GB 14880—2012. 食品安全国家标准食品营养强化剂使用标准［S］.

⑤ GB 2761—2011. 食品安全国家标准食品中真菌毒素限量［S］.

⑥ 崔桂友.烹饪原料的分类问题探讨［J］.中国烹饪研究，1998，4：14—22.

禽家畜、水果干果、调味作料等方面。而汉水具体的食物习俗文化另有章节以“汉水食型”命名专题探研。

（一）粮食作物

粮食作物亦称“粮谷作物”“食用作物”，是谷类作物、食用豆类作物（包括大豆、蚕豆、绿豆、小豆等）及薯类作物（包括甘薯、马铃薯等）的总称，是人类的主食来源。从营养学角度看，谷类作物为人类提供淀粉、蛋白质、维生素等，而豆类作物主要为人类提供蛋白质、脂肪等，薯类作物则主要为人类提供淀粉、维生素等。薯类作物同时也是牲畜主要的精饲料，需用量庞大，需要大量栽培才能产出大量的饲料以供牲畜所需。以汉水中上游的十堰为例，据《郧阳府志》（清・同治版）记载：“郧属物产与外郡无甚异。谷之属，有稻、梁、麦、黍、稷。”[①] 当下汉水流域的粮食作物主要有稻、麦、粟、黍、菽（大豆），以及玉米、高粱、红薯、荞麦、马铃薯等杂粮。

稻：是一种一年生的草本物种，在温暖的气候下可广泛培育，人类以其种子为主食，谷壳、谷秆等其他副产品可饲养家畜，稻秆也可用来造纸。有水稻和旱稻之分，一般意义上通常专指水稻。稻秧结籽，籽实后谓之谷子，碾制去壳后方叫大米。稻有粳稻、糯稻、籼稻之分。而古人以黏者为稻，不黏者则为粳。《周礼・职方氏》中有“其谷宜稻”。《诗・小雅・白华》中有“浸彼稻田”等记载。

汉水流域的文化遗址中有稻遗存的发现。汉水上游陕南西乡李家村、何家湾遗址和汉水下游湖北京山屈家岭遗址均有新石器时代稻遗存发现。新石器时代稻遗存在汉水上下均有发现，这有力地说明汉水流域原始农业的重要构成即为稻作农业。在汉水下游发现的稻作遗存的类别也得到进一步确认。汉水下游屈家岭文化遗址发现的稻作遗存经鉴定属于粳稻，并且是颗大粒满、品种优良的粳稻，与当下长江流域普遍栽培的水稻品种极其相近。而汉水上游何家湾遗址出土的红烧土中的稻谷痕迹说明，汉水流域上游地区在新石器时代早期已有水稻栽培，而汉水下游地区，包括江汉平原北部及其北缘的涢水、澴水中上游谷地，则也是以稻作农业为主。

---

① 潘彦文，郭鹏．郧阳府志［M］．校注本．武汉：长江出版社，2012：182.

尽管水稻种植需要引水灌溉条件，但是我国水稻种植区域还是十分辽阔，南北向上，由海南岛到黑龙江省黑河地区，东西向上，由台湾地区至新疆维吾尔自治区，从海拔来看，低至海平面以下的东南沿海潮田，高达海拔2600米以上的云贵高原，均可种植水稻。然而水稻种植面积相对较为集中，90%以上分布在秦岭至淮河一线以南区域，具体包括成都平原、长江中下游平原、汉水下游江汉平原、珠江流域的河谷平原和三角洲地带，这些地带是我国水稻的主要产区。此外，云贵坝子平原、江浙沿海地区的海滨平原，以及台湾地区西部平原也是我国水稻相对集中的产区。各地自然生态环境、科技种植水平及生产力发展状况等自然与社会经济条件不同，水稻生产状况也有明显的差异。我国稻作产区划分即以自然生态环境、品种类型、栽培技术与耕作制度为基础，结合行政区划，划分为六个一级稻作区和十六个二级稻作区，二级稻作区也叫亚稻作区。汉水流域的汉中盆地、南阳盆地和江汉平原属于单双季稻作区，尤其江汉平原是我国著名的稻作产区之一。

麦：为一年生或两年生草本植物，其种类有小麦、大麦、燕麦、黑麦等。籽实主要做粮食或精饲料、酿酒、制饴糖等。秆可用于编织或造纸。《说文》中记载："麦，芒谷。"《诗·墉风·桑中》中记载："爰采麦矣。"《诗·墉风·载驰》中记载："芃芃其麦。"《聊斋志异·狼三则》中记载："野有麦场。"《满井游记》中记载："麦田浅鬣。"汉水中下游的湖北境内有麦城，为东周时期楚国重要城邑，是隋开皇十八年（593年）昭丘县治的所在地。清同治《当阳县志》中记载："麦城在县东南五十里，沮漳二水之间，传楚昭王所筑。三国时，关羽为孙权所袭，西保麦城即此。"东汉建安二十四年（219年），蜀将关羽大意失守荆州，退守麦城，在此上演了一场家喻户晓的千古悲剧，麦城因此而闻名寰宇。麦城现留有残垣断壁的遗迹，南北长600米、宽100米、高30米，似一座小山，横卧在沮水河畔，凝视着汉水波涛。

我国适宜种植小麦的区域幅员辽阔。汉水流域的小麦种植区域多为冬麦区。其地形多为较干旱的岗陵地区，如，汉水流域的鄂、豫、陕交界区域。汉中盆地内的旱地"以麦为正庄稼，麦收后种豆、种粟、种高粱，糁子。上地曰金地、银地，岁收麦亩一石二三斗，秋收杂粮七八斗"[①]。汉水上游陕南的商州、西乡、汉

①《三省边防备览》卷八《民食》.

阴和汉水中上游鄂西北的郧县（现郧阳区）、竹溪等小盆地内小麦种植情形与此大抵相同。

粟：俗称小米，中国古称“稷”，脱壳制成的粮食，因其粒小（直径2毫米左右），故得此名。原产于黄河流域，是我国古代的主要粮食作物，所以夏商时期的文化又被称为“粟文化”。粟耐旱生长，品种繁多，俗称“粟有五彩”，有白、黄、红、橙、黑、紫各种颜色的小米，也有黏性小米。用小米酿造的酒是我国最早的酒。粟适合在干旱而缺乏灌溉甚至无须灌溉的地区种植。其茎、叶较为坚硬，可以做牲畜饲料，尤其适合牛，因其坚硬茎叶粉碎后依然坚硬，不易消化，而牛的消化力较强，故而人们一般会用小米茎叶饲料喂牛。我国北方惯称“粟”为谷子。西方语言一般对粟、黍、御谷和其他一些粒小的杂粮只有一个统称，如英语均统称其为“millet”，非农业专家一般区分不了。现在人们喜欢用小米做早点、稀饭，且较为流行。粟本是我国古人用野草驯化发展成功的一种谷子，称之为“西米”，原因在于我国古代有五谷配五方的说法：“凡禾，麦居东方，黍居南方，稻居中央，粟居西方，菽居北方。”[①] 汉水流域的鄂、豫、陕交界处干旱贫瘠的岗陵山地有种植。

黍：即“稷”“糜子”，一年生草本植物。其籽实煮熟后有黏性，可以做糕，也可以酿酒用于食用和饮用。很多古典文献中有记载。《说文》中记载：“黍，禾属而黏者也（今北方之黄米）。”《礼记·月令》中记载：“天子乃以雏尝黍。”《礼记·曲礼》中记载：“黍白芗合。”《诗·魏风·硕鼠》中记载：“无食我黍。”《论语·微子》中记载：“止子路宿，杀鸡为黍而食之。”《大司马节寰袁公家庙记》中记载：“黍稷馨，祝时讴。”《过故人庄》中有“故人具鸡黍，邀我至田家”之句。从而形成了内涵丰富的黍文化。明清至今，在汉水流域丘陵地带有种植。

菽：菽是豆类的总称。古典文献多有关于菽的记载。《说文》中记载：“象菽豆生之形也。”《汉书·五行志》中记载：“菽草之难杀者也。”《春秋·考异郵》中记载：“菽者，众豆之总名。然大豆曰菽，豆苗曰藿，小豆则曰荅。”《诗·小雅·小宛》中记载：“中原有菽，小民采之。”陆游《湖堤暮归》诗中有“俗孝家家供菽水”之句。菽在我国种植历史悠久，皖北平原和黄河古道坡地多有种植。汉水流域较为干旱的盆地和坡地亦多有种植。

---

①（唐）徐坚等辑；韩放主校点．初学记下［M］．北京：京华出版社，2000：435.

玉米：玉米的别名有苞米、包粟、玉蜀黍、棒子、苞谷、玉茭、珍珠米、苞芦、大芦粟等，东北辽宁话称珍珠粒，粤语称为粟米，潮州话称薏米，闽南语称作番麦。玉米是一年生草本植物，雌雄同株异花授粉，茎叶强壮，植株高大，既是我国重要的粮食作物和饲料作物，也是全世界总产量最高的粮食作物，其种植面积和总产量仅排于水稻和小麦之后。用玉米制作的食物一直被誉为长寿食品，含有丰富的蛋白质、维生素、微量元素、纤维素、脂肪等，具有开发高生物学功能、高营养食品的巨大潜能。但由于其遗传序列较为复杂，变异种类异常丰富，在常规的育种中，有着变异系数过大、周期过长、影响子代生长发育的缺点，随着育种科技的进步，现代生物育种技术不但能够克服上述缺点和不足，同时也能进一步提高育种速度和质量。玉米适宜在温凉的环境中生长，在汉水流域的鄂、豫、陕交界处的平地山坡均有一定规模的种植。

高粱：高粱为一年生禾本科草本植物。秆直立，较粗壮，基部节上有支撑根。叶鞘无绒毛但稍有白粉；叶舌硬膜质，边缘有纤毛，先端圆。适宜温暖的环境，抗旱耐涝。高粱按用途及性状可分为糖用高粱、食用高粱、帚用高粱三类。在我国种植区域较广，又以东北各地为最多。食用高粱谷粒不仅可食用还可酿酒。糖用高粱的秆既可制糖浆也可生食。帚用高粱的穗可制炊帚或笤帚，嫩叶阴干后储存可保持色泽，或晒干后可做牲畜饲料；颖果能入药，有燥湿祛痰、宁心安神之效。高粱属于经济作物。在汉水流域的鄂、豫、陕交界处的平地山坡均有零星种植。

红薯：红薯的学名叫番薯，又名山芋、甘薯、番薯、红芋、地瓜（北方）、番芋、红苕（多地方言）、金薯、线苕、白薯、朱薯、甜薯、番葛、枕薯、白芋、茴芋地瓜、萌番薯、红皮番薯等。红薯属旋花科，管状花目的一年生草本植物，藤茎长 2 米以上，相互缠绕，平卧地面上，叶片通常为宽卵形，叶长 4 ~ 13 厘米，叶宽 3 ~ 13 厘米，花冠为粉白色、红色、淡紫色或紫色，呈漏斗状或钟状，花长 3 ~ 4 厘米，蒴果呈扁圆形或卵形，有假隔膜，分 4 室，具地下块根，块根呈纺锤形或不规则棒形，外皮土黄色或紫红色，因品种不同而色泽也有差异。红薯富含淀粉、蛋白质、纤维素、果胶、维生素、氨基酸及多种矿物质，既可生吃也可熟食，熟食可煮、可蒸、可烧烤，有“长寿食品”之美誉。富含糖量，达 15% ~ 20%。有抗癌及预防肺气肿、糖尿病、保护心脏、减肥等药效。明代李时珍的《本草纲目》中记有“甘薯补虚，健脾开胃，强肾阴”，并说海中之人食之长寿。中医视红薯为良药。西班牙于16世纪初已普遍种植红薯。西班牙水手，以大海舰船为载体，把红薯携带至菲律宾的马尼拉和摩鹿加岛，其后再传至亚洲各地乃至全世界。红薯传入我国的渠道较多，时间约为16世纪末期，明代的《农政全书》《闽书》，清代的《福州府志》《闽政全书》等文献中均有相关记载。在汉水流域的鄂、豫、陕交界处的高山坡地乃至部分平原地带均有一定规模的种植。

荞麦：荞麦的别名有甜荞、三角麦、乌麦等，为一年生草本植物，粮食作物。荞麦茎能直立，茎高30~90厘米，上部分枝为红色或绿色，有纵棱，无绒毛或于一侧沿纵棱有乳头状突起。叶三角形或卵状三角形，叶长2.5~7厘米、宽2~5厘米，顶端渐尖，基部为心形，两面沿叶脉有乳头状突起。荞麦喜凉爽湿润环境，不耐高温旱风，尤其不喜霜冻。荞麦在我国大部分地区均有种植，欧洲和亚洲国家有分布。荞麦味甘性凉，有开胃宽肠、下气消积的食疗作用，也有治疗绞肠痧、肠胃积滞、慢性泄泻之功效；同时还可以做面条、凉粉、饸饹等食品。在汉水流域的鄂、豫、陕交界处的平地山坡均有零星种植。

马铃薯：马铃薯为茄科茄属多年生草本植物，蔬菜作物，又称土豆、地蛋等。马铃薯块茎均可食用，是重要的粮食、蔬菜兼用农作物。马铃薯尽管为多年生草本植物，但可一年一季或一年两季进行栽培种植。马铃薯地下块茎呈圆形、椭圆形、卵形等，有芽眼，皮红、白、黄或紫色，品种不同而色泽各异。马铃薯的地上茎棱形，有毛，有奇数羽状复叶，有聚伞花序顶生，花红、白或紫色。马铃薯浆果呈球形，绿或紫褐色。种子呈肾形，黄色。多用块茎繁殖，育苗时可整个块茎或将块茎切成几块埋入土里。马铃薯可入药，食用时主食中偶尔掺杂，后专做蔬菜食用。在汉水流域的鄂、豫、陕交界处的高山坡地乃至部分平原地带均有一定规模的种植。

（二）蔬菜水产

1. 蔬菜

关于蔬菜的名称考析，张平真在其《中国蔬菜名称考释》中从历史发源和词语读音释义的角度做了详细考证和深刻的探讨。

“蔬菜”的统称是由“蔬”和“菜”两字组合而成的。根据东汉的文字学家许慎在《说文解字》一书中的介绍，“菜”和“蔬”的构成方式分别是“从草、采声”和“从草、从疏”。其中的“从草”首先强调从属于草本植物的基本属性；而“采”和“疏”则展现了“野生”的内涵。这是因为“采声”除了明确它的读音以外，“采”还可以进一步分解成两部分：上部的“爪”字特指人们的手指，下面的“木”字特指植物，即被采集的应为野生植物。“从疏”表达了“疏”与“蔬”两者有高度相同的含义。而对“疏”的进一步解释则为“从、从疋；疋亦声”。“㐬”与“荒”的释义近似，均有荒野或田野之意；“疋亦声”是说“疏”和“疋”的读音都和“蔬”一致，因此“疏”和“蔬”两字均可泛指那些生长在田野之中的野生草本植物。然而在界定时决不能忘记它所具有的佐餐食用之功效，所以古人曾言：“草之可食者为菜。”又说：“可食之菜为蔬。”而“菜”的称谓，早期可见于先秦儒家典籍《礼记・月令》，其载：“仲秋之月……乃命有司趋民收敛，务畜菜、多积聚。”大概的意思是，到了农历八月中秋，命令管理农业事务的官员前去催促百姓尽量多多收藏谷物，多多囤积蔬菜。而其中的“菜”泛指各种蔬菜，甚至还包括经过晾晒而成的干菜。“蔬”的称谓，早期见于古代文献汇编《逸周书・大匡》，其曰：“无播蔬，无食种。”以及古代文献《尔雅・释天》中有：“蔬不熟为谨。”这两段用今天的话来讲，就是人们不种蔬菜就没有菜吃；如果因为蔬菜的生长受到灾害而导致饥荒，就叫作“谨”。其中的“蔬”泛指各种蔬菜。“蔬菜”一起出现则较迟。战国时期的法家文献《韩非子・外储说》中称：“秦大饥，应侯请曰：‘五苑之……蔬菜……足以活民，请发之。’”战国末期秦昭襄王在位时（前306—前251年）有一次国内闹饥荒，出现吃食短缺现象，应侯范雎建议把王家园圃中的蔬菜分发给百姓度荒。看来园圃中的蔬菜一定是栽培的蔬菜了。①

由上述分析可以看出，一是蔬菜统称在《说文解字》里有清晰的注解，包括其读音和释义，有根有据。二是传统文献《礼记・月令》《逸周书・大匡》《尔雅・释天》《韩非子・外储说》中均用蔬菜统称。三是蔬菜统称泛指各种菜肴。四是蔬菜可以充饥，可以栽培。可谓将蔬菜出处，读音释义、功用，培植记录等重要内涵挖掘详尽。《黄帝内经・素问・脏气法时论》中记载：“五谷为养，五果

---

① 张平真．中国蔬菜名称考释［M］．北京：北京燕山出版社，2006：9—10.

为助，五畜为益，五菜为充。”“五菜为充”讲的是人们为了充养自己的身体必须要吃各种蔬菜。其中的“五菜”泛指的就是“蔬菜”总体。将蔬菜在人类饮食结构中的地位清晰标明。

远古先民将植物分为草本和木本两类，又将蔬菜范畴的草本植物分为“蔬”和“蓏”两类，其中“蓏”特指果实，所以古人在表示蔬菜时常以“蔬”“蓏”并称，即指“瓜”“菜”并称。南北朝时期，学者陶弘景（456—536年）在《神农本草经集注》中传承古代文献《神农本草经》的精华，把我国的药用植物归为五类。“菜”类除外，其余四类中也有今天从属蔬菜范畴的，如，“果”类中列有“藕”，“草”类中有“姜”和“百合”。《本草纲目》中将蔬菜分为“蔬部”“果部”和“谷部”三部。清代的《广群芳谱》中亦将蔬菜分为相应的三谱（部）。这对西方18世纪兴起的植物分类研究影响深远，瑞典生物学家林奈的《自然分类》受《本草纲目》思想启发而成。19世纪的德国科学家恩格勒根据“假花学说”提出恩格勒植物分类系统。20世纪的英国科学家哈欣松则根据“真花学说”、解剖学、古生物学等学科提出哈欣松分类系统。其后人们就习惯于参照植物分类学运用的门、纲、目、科、属、种、变种分类方法对各种蔬菜植物进行分类，形成蔬菜的植物学分类系统。从远古的“两分法”，到明清的“三分多类法”，蔬菜分类方法渐次科学合理。现代采用科学分类系统，形成了植物学分类法、食用器官或食用部位异同分类法、农业生物学分类法、流通领域分类法等多种蔬菜分类法，这些分类法均采用不同的学科方法探讨蔬菜的种属问题，将蔬菜种属文化演绎得淋漓尽致。

以汉水中上游的十堰为例，据《郧阳府志》（清·同治版）中记载：“蔬之属，春笋（《尔雅》曰竹萌）、白菜为最（无莲花白，有箭杆白）。其他莱菔、蔓菁、胡荽、茄、苋、菠、苣、芋、薯、葱、韭、薤、芹、姜、蒜、苦荬、瓠子、葫芦、黄瓜、丝瓜、冬瓜、番瓜（一名南瓜）、苦瓜、酱瓜、秦椒都不让他处，而西瓜、香瓜不及襄阳。”[①] 当下汉水流域的蔬菜品种繁多，按照农业生物学分类法，主要包含以下17类（每个类别选择性地介绍蔬菜及其文化内涵）。

（1）根菜类蔬菜

萝卜：萝卜为根菜类蔬菜，草本植物，以肉质根供人类食用。原产我国，由

① 潘彦文，郭鹏．郧阳府志（校注本）［M］．武汉：长江出版社，2012：382.

根部欠发达的野生种培育而成，栽培历史可追溯到周代，现已普及全国，是我国最重要的一种根菜。3000多年来，先后形成50余种称谓。上古时期称“芦”（或庐）。《诗经·小雅·信南山》中记载：“中田有庐，疆埸（音易）有瓜。是剥是菹，献之皇祖。”郭沫若先生在其《十批判书》中指出：“庐与瓜是对待着说的，下边统言剥言菹，可以知道庐必与瓜为类，断不会是居宅庐舍之庐。……和这同，与瓜为对文，而可剥可菹（摘来做咸菜）的庐，也必然是假借字。我看这一定是芦字的假借，说文云‘芦’，芦菔也。”[①] 芦菔就是萝卜。基于此，这首诗可以理解为：田里长着萝卜，地头种着瓜果，把它们整修，腌渍加工，然后敬献给祖先。秦汉时期，称“芦肥”或“芦菔”，一直沿用到隋代。元代以后诸如《农书》《农桑辑要》等农业经典中将其列为正式名称。明代李时珍在《本草纲目》中进行确认，一直沿用下来。关于萝卜在汉水流域还有一段佳话。北宋时期汉水下游鄂州崇阳（今湖北崇阳）知县张咏（946—1015年）曾引导境内乡民发展蔬菜生产，后来人们就把“芦菔”改称“张知县菜”以示怀念。

胡萝卜：胡萝卜初为野生植物，后经栽培为蔬菜。最早栽培的胡萝卜为紫色，其栽培中心地域为阿富汗，已有2000多年的演化史。胡萝卜引入我国历史上有多次记载。汉武帝时（前140—前87年）张骞出使西域开始打通我国与中亚的通道，丝绸之路得以开通。基于此，紫色胡萝卜首先传入我国。史载迟至宋末元初，胡萝卜二次入境我国，其后在我国北方得以广泛栽培种植，栽培技术改进后我国自主渐次培育出红、黄两色的长根胡萝卜，被誉为中国生态型胡萝卜。元代农书《农桑辑要》中将胡萝卜视为蔬菜正式介绍。元代熊梦祥在《析津志·物产·菜志》中明确记录了在田园中栽培的胡萝卜已有黄、白两种。元朝御医忽思慧在其《饮膳正要》中就认为胡萝卜“味甘、平，无毒”，具有“调理肠胃”之功效。明代李时珍也在《本草纲目·菜部·胡萝卜》中道出了胡萝卜有黄、赤（红）两色；而其栽培地域也已从现今的华北地区延伸到淮河流域和长江流域一带。宋涛主编的《本草纲目》中记载：“（时珍曰）胡萝卜今北土、山东多莳之，淮、楚亦有种者。八月下种，生苗如邪蒿，肥茎有白毛，辛臭如蒿，不可食。冬月掘根，生、熟皆可啖，兼果、蔬之用。”[②] 强调了胡萝卜的种植区域和食

---

① 郭沫若．十批判书［M］．北京：东方出版社，1996：27—28.

② 宋涛编．本草纲目［M］．沈阳：辽海出版社，2009：716.

用价值，今在汉水流域以胡萝卜为蔬菜较为普遍。

（2）白菜类蔬菜

普通白菜：普通白菜即为简称的白菜，其以莲座状的绿色叶片供人类蔬食或饲养牲畜。现在我国各地均有广泛栽培和种植，历经2000多年，人类依据其栽培特性、功能特点、形态特征，以及产地和人文等因素，结合运用谐音、拟物和贬褒等语言手法，先后予其命名了四五十种特色各异的称谓。基于其色泽、外观等特征有“白菜”“青菜”之称谓，而在栽培领域则直接以“白菜”为首先称谓，国家标准《蔬菜名称（一）》中把“普通白菜”列为正式名称。[①] 因“体”在古代曾用以表述草本植物其地上部位，而白菜恰以地上部位植株供人类食用，因而其又被称为“体菜”。同时根据白菜极能抗寒的特性，古人顺而将其对照“凌冬不凋”的“松”，故而又称其为“菘”或“菘菜”。西晋植物学家嵇含在其《南方草木状》中称“秦菘”，南宋饮食学家林洪在其《山家清供》中称“松玉”，武则天执政三年（703年）时，张说因获罪从首都长安被贬到岭南，顺带把“菘菜”种子也传播到韶州曲江（今广东韶关），后张说累官至中书令，积功被封为燕国公，后人为了纪念这一引种推广活动，特把“菘菜”叫为“张相公菘”。以幼嫩植株形态上市的“普通白菜”被人们称为“白菜秧”或“菜秧”，“秧”为幼苗之意。又因其体态娇小轻盈，则又称之为“鹅毛菜”“鸡毛菜”“细菜”或“小白菜”。今在汉水流域以普通白菜作为蔬菜较为普遍。

大白菜：大白菜植株个体壮硕，短茎肥大，加上其心叶多为白色或绿白色，故而称为“大白菜”。其称谓始见于清末的地方志书《（山东）平度州乡土志》，是我国的特产蔬菜。大白菜在我国各地都有广泛栽培种植，主产地位于长江以北的北方地区。明清以来，大白菜的多个称谓先后得以流传，如，“安肃菜”“安肃白菜”“京白菜”“北京白菜”“北平白菜”“玉田白菜”“天津绿白菜”“玉菜”“山东白菜”“胶州白菜”“胶菜”等。自清代始，盛产于北方的大白菜就沿着京杭运河或从海上得以源源不断地输送到南方。广东沿海等地曾把来自天津的大白菜叫作“绍菜”或“黄京白”，其中的“绍”为介绍之意，进而引申为运进、

① GB/T 8854—1988，蔬菜名称（一）[S].

引入，“京”则指京、津区域。清代的大白菜曾经成为宫廷贡品，又获“贡菜”之誉称。现在的国家标准《蔬菜名称（一）》中把“大白菜”列为正式名称。[1]在栽培领域惯于运用“结球大白菜”或“结球内菜”的称谓。今在汉水流域以大白菜作为蔬菜较为普遍。

（3）甘蓝类蔬菜

花椰菜：花椰菜为十字花甘蓝类蔬菜，俗称菜花。花椰菜以花球供人类食用。花椰菜主花茎肥大、花梗群肉质细腻，以其绒球状花枝在顶端集合而享誉甘蓝类蔬菜界。花椰菜的花球为白色，结构非常致密。约于19世纪中叶从欧美引入我国，先落户于上海、北京和台湾地区，继而在南方及其他大城市广泛培育推广和种植，因其成熟时期为秋冬季，主要供秋冬时节人类食用。花椰菜富含维生素C、维生素A，营养价值极高，适宜中餐或西餐凉拌、腌渍、烹炒及汆汤食用，具有预防肿瘤、提高人体免疫力的保健功能。在汉水流域各个城市均有食用。

（4）荠菜类蔬菜

叶用荠菜：叶用荠菜又称“荠菜缨”“荠菜经”或“毛荠菜”，简称“叶荠”“叶荠菜”“荠菜”或“花边”。这些称谓的特色体现出叶用荠菜主要是食用其“叶”。其中的“经”和“英”均指其叶片；“毛”和“花边”喻指其叶片多而细碎的形态。叶用荠菜可供煮、炒或泡渍加工。叶用荠菜的适应性极为广泛，在南方可以常年栽培种植。人们把其中专门供应春夏季和冬季市场的品种分别称为“春菜”“夏菜”和“冬菜”。“冬菜”又称为“腊菜”。据李时珍在其《本草纲目》中记载，按照蔬菜供应季节来命名蔬菜名称的习俗，早在明代就已流行。叶用荠菜的食用，今在汉水流域乡村较为普遍。

（5）茄果类蔬菜

番茄：番茄起源于南美洲的安第斯山地带。在厄瓜多尔、玻利维亚、秘鲁等地，至今仍有大面积的野生番茄。番茄于17世纪由南美传入菲律宾，其后播撒到其他亚洲国家。我国栽培的番茄或从欧洲抑或是东南亚传入。清代汪灏在其《广群芳谱》的果谱附录中有“番柿”记载：“一名六月柿，茎似蒿。高四五尺，叶似艾，花似榴，一枝结五实或三四实……草本也，来自西番，故名。”早期番茄果实有特异味道，仅作观赏栽培。关于番茄的栽培种植情况，据《番茄健康管

---

[1] GB/T 8854—1988，蔬菜名称（一）[S].

理综合技术培训指南》一书中介绍："20 世纪初期，我国当时的主要通商口岸及附近大城市开始大量进行番茄的种植。20 世纪 30 年代，我国东北及华北地区才逐渐栽培食用番茄。中华人民共和国成立之后，随着人民生活水平的不断提高及消费习惯的改变，不仅城市郊区，广大农村也开始普遍种植番茄。目前，番茄已成为我国最重要的蔬菜之一，基本上能够实现四季生产，周年供应。"[①] 今在汉水流域四季食用番茄非常普遍。

茄子：野生茄子起源于亚洲热带地区。古印度或为其最早的驯化地域。传说茄子是由暹罗（今泰国）引入我国的。而植物学界一般认为，我国有关茄子的记载始于晋代嵇含（263—306 年）的《南方草木状》。其实早于晋代 200 多年的西汉时期，我国就已经能够成功栽培茄子了。茄子的"茄"在我国古代与"加"同音，其用来专指荷梗。先秦文献《尔雅》中就有"荷……其茎茄"的释文。而西汉时期王褒的《僮约》开始有"种瓜作瓠，别茄披葱"的记录。基此昭示早在公元前，起源于亚洲热带地区的茄子已在我国被驯化成为茄果类蔬菜了。西晋文学家左思在其《蜀都赋》中写道："盛冬育笋，旧菜增'伽'。"这里透露了一个重要的信息——当时蜀中地区业已引进叫作"伽"的新型蔬菜，而其果实则被称为"伽子"。颇值一提的是，对于该种蔬菜的命名无论是直呼"伽"，还是借用"茄"，它们的读音都和现今"茄子"的"茄"相同。[②] 这实际上和古印度的梵文"伽"极为密切。另据宋代陶谷的《清异录·蔬菜门》中介绍，隋炀帝（605—618 年）时曾改"茄子"为"昆仑紫瓜"，此外茄子的别称还有"昆仑瓜""昆仑奴""昆仑紫苽""昆味"等。这些以"伽"和"昆仑"及其简称"昆"来命名的现象均反映了"茄子"原产地和引入地的地域特色。而今我国各地均有栽培，汉水流域栽培茄子和食用茄子的现象较为普遍。

（6）豆类蔬菜

豇豆：豇豆源自非洲，后由非洲传入印度和西亚。汉代张骞出使西域开通丝绸之路以后传入我国。公元 3 世纪的三国时期始有记载。到公元 6 世纪的南北朝，我国南北地区已出现少量栽培。最初人们把它归入"豆"的系列，并以其种子作为粮食而食用。在从隋至宋的漫长历史里，我国的古籍中却仅有相关"短荚

---

① 肖长坤．番茄健康管理综合技术培训指南［M］．北京：中国农业出版社，2010：3.

② 张平真．中国蔬菜名称考释［M］．北京：北京燕山出版社，2006：9—11.

豇豆”性状的录述，至元代才有关于“长荚豇豆”的记载。明代以后，随着豇豆品种类型的增多，以及栽培技术的改进和普及，豇豆逐渐成为“嫩时充菜，老则收子”“以菜为主，菜粮兼用”类型的豆类农作物。鉴于豇豆的多样性品种是在我国境内长期培育形成的，所以人们也把我国视为栽培豇豆的第二起源地。现在我国南北各地均可广泛栽培。而其称谓始见于陆法言在隋文帝仁寿二年（601 年）完成的《切韵》。该文献中说：“豇：豇豆，蔓生，白色。”随后“豇豆”的称谓便成为其主要名称。此外，各地还有用其同音或近音字替代来命名的别称和俗称，如“浆豆”“姜豆”。现在“豇豆”的称谓成为正式名称，且已列入国家蔬菜标准。汉水流域栽培豇豆和食用豇豆的现象较为普遍。

（7）瓜类蔬菜

黄瓜：黄瓜又叫青瓜，原产于喜马拉雅山南麓的印度热带雨林。西汉以后，分别从南北两路传入我国。据明代李时珍考证，黄瓜可能是由西汉张骞从中亚沿着丝绸之路带回我国的，基于此，后人把黄瓜归入“张骞植物”范畴。近代有学者研究认为，随着南亚民族的迁徙和对外输出与交往，黄瓜或又从西南地区引入我国。鉴于黄瓜口感清脆，烹炒、生食、腌渍均可，深受人们欢迎，已成为我国最重要和最常见的瓜类蔬菜。众所周知，我们曾把居住在北部和西部的少数民族统称为“胡”，汉以后又把外国人称为“胡人”，因此黄瓜引入以后又被称为“胡瓜”就不难理解。该论始见于晋代郭义恭的《广志》。十六国时期，羯人石勒在北方建立后赵政权（319—351 年），因避讳“胡”字，在其统治区域内，改“胡瓜”为“黄瓜”。再来看看与黄瓜名称有关的文献是如何表述的。贾思勰的《齐民要术》中记载：“若待色赤，则皮存面肉消。”而唐代吴兢的《贞观政要 · 慎所好第二十一》中说：“隋炀帝性好猜防，专信邪道，大忌胡人，乃至谓……‘胡瓜’为‘黄瓜’。”汉水流域栽培黄瓜和食用黄瓜的现象较为普遍。

冬瓜：冬瓜的起源地有两处，分别是我国和印度。现今我国云南省的西双版纳地区还能发现野生冬瓜的踪迹。《神农本草经》中已记及冬瓜的种子“瓜子”，并将其列为“菜”类上品。而在现代出土的汉墓遗迹里也有过冬瓜的种子发现。冬瓜从我国传入日本大致在公元 9 世纪，同期从印度传入欧洲，经过 3 个世纪，至 19 世纪才传到美洲。20 世纪 70 年代又由我国引种入非洲。现今在世界各地，冬瓜均已成为一种广泛栽培种植的蔬菜。关于冬瓜名称的由来，《广雅》中认定：“冬瓜经霜后，皮上白如粉涂，其子亦白，故名。”而李时珍则认为：“冬瓜，以其冬熟也。"并进一步推断:《齐民要术》中在总结冬瓜的栽培技术时，曾强调指出，如果在冬前直播，等到冬季降雪后再把积雪堆放在播种穴上可使冬瓜"润泽肥好，几胜春种"。贾思勰依据上述意见认为，既然"冬瓜"适宜于冬前栽培，所以才叫"冬瓜"。汉水流域栽培冬瓜和食用冬瓜的现象较为普遍。

（8）葱蒜类蔬菜

分葱:我国的西北及相邻的中亚地区是葱的野生品种起源地。古有"葱岭"之说即以其山高多葱而得名。葱岭的位置在我国今新疆的帕米尔高原。借鉴古人的研究和推测，现在栽培的葱很可能是野生菜类蔬菜"阿尔泰葱"在家养条件下培育的产物，约在汉代，葱从西北地区传入内地，经由驯化和选育，在我国各地得以广泛栽培种植，基于此，国际上有"中国葱"之称。而"分葱"却是葱的一种变种。在我国古籍如《山海经》《尔雅》《礼记》和《管子》中均有与"葱"相关的记载。南方的分葱可全年栽培，随时采食。以其可以全年生长与随时上市的特性而命名为"分葱"，分葱又获得"四季葱"和"菜葱"等略带美誉的别称，鉴于分葱有气味浓厚的辛香，在沪、穗等地还有着"香葱"美誉。汉水流域栽培分葱和食用分葱的现象较为普遍。

韭菜:韭菜是我国的特产蔬菜，其栽培历史极为悠久。韭菜在我国的文字记载可以溯源至公元前11世纪的西周。《诗经·豳风·七月》里有"四之日其蚤，献羔祭韭"的说法。此诗描述的地域大致是陕西，基于此，陕西地区可能为韭菜的发源地。分析得知，西周时期已有选用韭菜作为向帝王宗庙敬献的祭品的现象。此外，如《山海经》《夏小正》和《礼记》等先秦古籍中也有诸如"其山多韭""正月（园）囿有韭"和"庶人春荐韭"等相关述录。而据历史典籍记载，我国在历史上栽培韭菜有过两次较大规模的普及推广活动。第一次是西汉时期，时为渤海太守的龚遂曾要求其管辖域内每人种一畦韭菜以备荒年，可以推算，那时若栽种千畦韭菜，其富裕程度相当于千户侯。在露天栽培普及的同时，作为保护地的温室栽培也悄然兴起，至南北朝时，采用促成栽培的韭菜即"韭芽"已出现。第二次普及活动兴起于北宋初年。赵匡胤（960—976年）曾下令让10岁以上的人，女人也不例外，每人种植一畦韭菜，不究其因，然而此类政令极大地促进了韭菜生产的发展既成事实，至南宋时出现了"韭黄"的栽培。现在我国各地均可栽培韭菜，汉水流域也概莫能外。

（9）绿叶类蔬菜

菠菜：亦叫“波斯草”，是2000多年前波斯人栽培的蔬菜，至唐代由尼泊尔人传入我国，贞观二十一年（641年），尼泊尔国王那拉提波把菠菜从波斯拿来，以菠菜为珍贵礼品，派专使送至长安，献到唐皇案前，此说略含神秘，然而却成为菠菜从此落户我国的实证。当时我国认定菠菜产地为西域菠薐国，此为菠菜被叫作“菠薐菜”的原因，后简而化为“菠菜”；潮汕等地念作“bo ling”，译为飞龙，故此又叫飞龙菜。菠菜有很多别名，其中之一就是红根菜，是取其根之颜色而命名，还有叫鹦鹉菜的。菠菜种植在汉水流域较为普遍。

莴苣：南欧及地中海沿岸的西亚、北非等地是莴苣的原产地。古埃及的墓壁上留有清晰可见的莴苣叶形图案。古希腊和古罗马也有类似文献传于后世。难能可贵的是，在北非的阿尔及利亚及位于西亚的库尔德斯坦地区，至今还可找到野生莴苣的踪迹。据研究考证，莴苣引入我国的时间应该不迟于公元6—7世纪，约为隋代。北宋初期著名学者陶谷在其《清异录·蔬菜门》中记载：“呙国使者来汉，隋人求得菜种，酬之甚厚。故因名‘千金菜’，今‘莴苣’也。”现在我国南北各地广泛栽培。

与汉水流域有关的绿色类蔬菜还有茴香。茴香古称“怀香”。在我国文学史上有“竹林七贤”誉称之一的嵇康（223—262年）在其《怀香赋·序》中有“仰眺崇岗，俯察幽坂……‘怀香’生蒙楚之间”的记载。“蒙楚”指的是现今河南和湖北两省，应为汉水流域。

（10）薯芋类蔬菜

山药：山药的原产地和驯化地处于我国南方的亚热带和热带地区。我国栽培的山药属于亚洲种群，涵盖“普通山药”和“田薯”两个品种。山药的名称有很多：《吴普》里称“山芋”，《图经》中称“山薯”，而《衍义》中则称为“山药”，古时秦、楚交汇之地的汉水流域称山药为“玉延”。早见于春秋战国时期文献记载，现除极少数高寒地区以外，我国广大地区均可栽培，汉水流域栽培食用山药亦很普遍。

芋头：芋头原产于我国和其他南亚国家的热带沼泽地带。早在春秋时期我国就有种植。据《管子·轻重甲第八十》中记载，当朝议齐国的治国之策时，宰辅管仲曾对齐桓公（前685—前643年）说：“春曰倳耜，次曰获麦，次曰薄芋。”意思是说：应该及时抓住春耕、收麦和种芋等有利时机。其中谈到的“薄芋”即为芋头。芋头种类很多，其中“多头芋”和“多子芋”主要产于长江流域和华北地区。汉水流域亦有种植。

魔芋：魔芋种群原产于东印度和斯里兰卡的热带森林，拥有丰富野生资源的我国南方也是起源地之一。早在汉代已有记载，西晋时期已可人工栽植。现在南方各地均可栽培，主产于云南、四川和湖北等地，汉水中上游种植魔芋较为普遍。魔芋古称“蒟蒻”，西晋左思的《蜀都赋》中记载有“其圃则有‘蒟蒻’辛姜”之句。可见，在1700年前我国南方就有人在园圃中栽培魔芋了。

（11）水生类蔬菜

水芹：水芹原产地为我国和东南亚。传说上古时期先民已开始采集食用，现在长江中下游各省区、汉水中下游水边洼地广有分布。《尔雅·释草》中记载有：“芹，楚葵。”因此，水芹有“楚葵”之称。《吕氏春秋·本味篇》中有“菜之美者，……云梦之芹”的说法，云梦泽是古代楚国境内大型湖泊群体的总称，同时也是水芹的主要产区，加上水芹具有的“冷滑”属性和“葵菜（冬寒菜）”相似，于是以产地名称结合运用拟物手法而得“楚葵”之称呼，合理可信。

莲藕：莲藕起源于印度和我国。河南“仰韶文化”与浙江“河姆渡文化”遗址出土的文物中有莲子的踪迹。《诗经·陈风·泽陂》中称：“彼泽之陂，有蒲与荷。”意为：在清清的池塘边上，生长着嫩绿的蒲菜和鲜艳的荷花。《尔雅·释草》中也说：“荷……其根藕。”主要产于长江流域，包括汉水流域、珠江三角洲和台湾地区等地。

（12）多年生菜类蔬菜

竹笋：竹笋可常年采收，根据季节可分为“冬笋”“春笋”。全国各地均有采笋食用的记载。汉水流域下游的孝文化重镇孝感流传有“二十四孝”故事之一的“哭竹生笋”。晋代孟宗（湖北江夏鄂城人，今孝感）的老母卧病在床却想吃竹笋，当时已是隆冬季节，孟宗跑到竹林里遍寻竹笋而不得，只好抱着竹子大哭，从而感动天地和万物，竹子萌发了竹笋，孟宗采回竹笋立即煮熟喂孟母吃下，孟母吃了竹笋后，病情立即好转，很快就痊愈了。萧子显在其《南齐书·刘怀珍传》中也记载有类似的故事。基于此，竹笋有了“孟宗笋”“孝笋”等别称。

香椿：香椿树原产于我国。据有关专家考证，早在3700万年至6000万年前的第三纪（古近纪及新近纪的旧称）时期香椿就已出现在华北，至今在陕西、甘肃和河南等地尚有天然香椿树分布。在上古时期香椿即以“佳木”被先人利用。唐、宋以来屡见采食香椿的记录，明、清以后逐渐开始栽培。目前，在甘肃兰州到四川成都一线以东，以及山西太原经北京到辽宁辽阳一线以南的我国东部地区都有栽培。汉水流域培植香椿较为普遍。古时，“椿”以“杶”“櫄”替代。《尚书·禹贡》在载录荆州地区向中央政府贡献地方著名物产的清单中已列有“杶”（在古代，椿用杶代替）；《山海经·中山经》中也留下了“成侯之山，其上多櫄木”等珍贵史料。

（13）花菜类蔬菜

黄花菜：黄花菜起源于亚、欧两大洲。我国自古就有栽培。《诗经》中已有记载，现在我国各地均可栽培，汉水流域亦随处可见。黄花菜又名“萱草”“紫萱”和“忘忧草”。嵇康在《养生论》中说：“萱草忘忧。”再依晋代周处的《风土记》介绍，我国古代还曾有孕妇佩戴萱草则可生男孩的传说，从而使得黄花菜的“宜男”和“令草花”别称广为传颂。苏东坡有赋曰：“萱草虽微花，孤秀能自拔，亭亭乱叶中，一一芳心插。”其所述“芳心”，即是指母亲的母爱之心。白居易也有“杜康能散闷，萱草解忘忧。”的诗句，为其晚年知己刘禹锡屡遭贬谪的身世予以劝解和告慰。其实，从科学的角度看，区区一棵小花植物，本身并未含有任何解忧元素，只于观赏之际，助人转移情感，稍散一时之闷，略忘片刻之忧而已。至于“忘忧宜男”之说，更无直接严谨的科学依据。

木槿花：木槿花是一种常见于庭园的花种，原产我国中部各省，各地均有栽培。在园林中可做花篱式绿篱，孤植和丛植均可。中药学将木槿种子入药，称为“朝天子”。木槿是马来西亚和韩国的国花。而木槿属主要分布于热带和亚热带，木槿属物种起源于非洲大陆，非洲木槿属物种品种繁多，可见其丰富的遗传多样性。福建、广东、广西、云南、贵州、四川、湖南、湖北、安徽、江西、浙江、江苏、山东、河北、河南、陕西等中东部省区及台湾地区均有栽培。汉水流域亦处处可见。我国古籍《诗经》和《尔雅》中均有著录。《诗经·郑风》中称：“有女同车，颜如舜华……有女同车，颜如舜英。”其中，“舜英”即木槿花。高诱的《淮南子注》、郭璞的《尔雅注疏》、顾微的《广州记》等文献中均明确指出木槿花有食用功效。

（14）芽菜类蔬菜

豆芽菜：简称豆芽。它是利用某些豆科植物的种子，在无光、无土及适宜的温湿度等条件下培育而成的芽菜类蔬菜。豆芽菜又叫芽苗菜、巧芽、芽心、银芽、银苗、银针、如意菜、掐菜、大豆芽、清水豆芽等，是各种谷类、豆类、树的种子培育出的可以食用的"芽菜"，也称为"活体蔬菜"。其品种丰富，营养全面，是常见的常食蔬菜，主要食用其下胚轴。常见的芽苗菜有荞麦芽苗菜、香椿芽苗菜、苜蓿芽苗菜、花椒芽苗菜、相思豆芽苗菜、绿色黑豆芽苗菜、萝卜芽苗菜、葵花籽芽苗菜、龙须豆芽苗菜、蚕豆芽苗菜、花生芽苗菜等 30 多个品种。豆芽被《神农本草经》中称为"大豆黄卷"。中国发明豆芽约有 2000 多年的历史，创造发明者已不可考。最早的豆芽，是以黑大豆作为原料的。《神农本草经》中把"大豆黄卷"列为"中品"。早时豆芽首先是用于食疗；其次用于道家养生。汉水流域芽菜类蔬菜主要有黄豆芽和绿豆芽。

（15）野生菜类蔬菜

野生菜类蔬菜：是指未经人工栽培，在自然条件下生长而可供人类食用的蔬菜的统称。明代医学家朱橚的《救荒本草》中载有 414 种野生菜类蔬菜，明代鲍山的《野菜博录》中载有 438 种野生菜类蔬菜，而现代编录的《食用蔬菜和野菜》和《野菜妙用》中称有近 300 种野生菜类蔬菜。据统计，现今我国可食用的野生蔬菜有 213 科 1822 个种，[①] 常被采食的就达 100 余种。[②] 野菜是纯天然的绿色生态佳肴，多食用野生蔬菜对人体健康有益，同时也能够改善人类机体的不良功能。研究表明，很多山野菜都具有防病、治病的功效，也可入药。[③] 在神农架林区、汉水流域的秦岭南麓和武当山分布有大量野生菜类蔬菜，主要有蕨菜、紫萁、大叶碎米荠、藜菜、菊苣、鱼腥草、蔓荆子、楤木、枸杞嫩芽、蹦芝麻、广布野豌豆、何首乌等。

人们在采摘食用野菜过程中渐次形成丰富的野菜文化。通过收集记载野菜文献典籍，加深对野菜文化含义的认知。通过仔细查阅文献，发现野菜食用与灾年度荒关系紧密。灾年食野菜度荒，在中国各个历史时期均有可能发生，在明代达到峰值，其依据是产生了系列有关野生食用植物的专著，如，朱橚的《救荒本

① 江苏新医学院．中药大辞典（上）[M]．上海：上海科学技术出版社，1977：988—989.

② 卓敏，吕寒，任冰如，等．红凤菜化学成分研究 [J]．中草药，2008，1：30—32.

③ 中国科学院中国植物志编辑委员会．中国植物志（第 77 卷・第 1 分册）[M]．北京：科学出版社，1989：310—316.

草》、鲍山的《野菜博录》、王磐的《野菜谱》、屠本畯的《野菜笺》、周履靖的《茹草编》（含438种野生食用植物）、高濂的《野蔌品》。这些民族植物学著作的涌现与明代灾荒频繁紧密关联，据邓云特在其《中国救荒史》中记载："明代共历276年，灾害之多，竟达1011次，这是前所未有的纪录。"因受灾荒影响，全国逃荒流民高达200万户。[①]曾撰《救荒本草》的朱橚，生活在灾害泛滥区，曾目睹灾民遭受的苦难，甚至于亲身经历灾害，于是召集植物和药物领域的专家，发动他们并组织实施对野生食用植物资源进行广泛深入的调查，对400多种野生植物进行撰文、绘图，介绍其性态、形状、食用之法，汇集成书，使得这些知识得以广泛传播，帮助灾民度过饥荒。[②]到了清代，我国食用野菜的传统仍有传承，如顾景星著的《野菜赞》等。基于此，人们认为野菜是救荒必不可少的食品。还有人认为野菜是仙菜，与隐修道家有关，如，《野菜博录》的跋文有对隐修家鲍山的简介："歙之鲍君在斋则曾栖隐此山，或跣足石上，或双髻松间，或呼鹤而舞，或招猿而吟。饥餐野菜，渴饮涧泉，飘然若神仙中人。"隐修道家对野生食用植物均有深入的研究，并常备一些帮助服食辟谷的"仙品"，如黄精，其根具有补气养阴、润肺、健脾、宜肾之功效，而玉竹有养阴润燥、生津止渴之功能，柏子仁有养心安神、润肠、美容养颜之功效。[③]这一认识在武当山区域较为流行。吴旭的《试论我国野菜产业的发展及野菜文化遗产承传——以武当山"仙山野菜"为例》一文中，对武当山的野菜文化做了进一步梳理认为，野菜菜谱交流获得社区认同，传统野菜知识得以传承和发扬，提出武当应打造"仙菜—仙山"野菜文化综合体。[④]以武当山野菜为例，全面探讨野菜文化及其产业发展现状问题乃至发展进路，为野菜文化推广做出了积极贡献。

（16）藻类蔬菜

藻类植物：是含有叶绿素和其他辅助色素的低等自养植物，其构造简单，一

---

① 卜风贤.中国古代救荒书的传承和发展［J］.古今农业，2004，2：77—78.

② 中国营养协会.图解野菜大全［M］.海口：南海出版公司，2009：26.

③ 中国营养协会.图解野菜大全［M］.海口：南海出版公司，2009：34.

④ 吴旭.试论我国野菜产业的发展及野菜文化遗产承传——以武当山"仙山野菜"为例［J］.华东师范大学学报（哲学社会科学版），2012，6：140—146.

般由单细胞及其群体或多细胞所构成，无根、茎、叶的分化。可供人类食用的藻类植物被称为藻类蔬菜。我国食用藻类蔬菜的历史可以追溯到公元前700多年前的东周时期。《诗经·召南·采蘩》中“于以采谋，于彼行潦”的诗句所说的就是：人们可以到水深的地方去采藻。李时珍的《本草纲目》中记载：“紫菜，甘，寒，无毒。主治热气烦塞咽喉，煮汁饮之。病瘿瘤脚气者宜食之。”[①]藻类蔬菜有海藻和淡水藻之分。据《中国蔬菜名称考释》中记载：“1927年海带从日本引入我国东北的大连海区，1930年我国开始采用‘绑苗投石’的方式进行海底繁殖，1952年进行一年生‘筏式栽培’试验成功，其后栽培范围逐渐南移到浙闽沿海地区。”[②]汉水流域食用之藻类蔬菜主要有海带和紫菜等。多由我国沿海地区人工繁殖培育后营销至全国各地以供食用。

（17）食用菌类蔬菜

食用菌：是指子实体硕大而又可供食用的大型真菌，亦即我们常见、常食的蘑菇。我国已知的食用菌有350多种，以担子菌亚门类居多，常见的有香菇、蘑菇、草菇、木耳、猴头菇、银耳、竹荪、松口蘑（松茸）、红菇、口蘑、虫草、灵芝、松露、白灵菇和牛肝菌等；子囊菌亚门类居少，其中，有马鞍菌、羊肚菌、块菌等。上述真菌的生长区域和适宜环境各不相同。我国食用菌培育及食用历史悠久，据考证，在距今六七十万年前新石器时代的仰韶文化时期，先民们就已采食“蘑菇”。至唐代和元代，我国又分别掌握了人工栽培“黑木耳”“香菇”等食用菌技术。李时珍的《本草纲目》中有木耳的记载：“木耳气味甘，平，有小毒。主治益气不饥，轻身强志。断谷治痔。”[③]汉水流域食用菌类蔬菜种类较为齐全，鄂西北的房县有“耳菇之乡”之称。

2. 水产

水产简称为水里的产品，是湖泊、江河、海洋里出产的动物或藻类等的统称，以及相关的服务或加工行业的总称。狭义上的水产即指水产品。晋代张华的《博物志》卷一记载：“东南之人食水产，西北之人食陆畜。”强调了水产食用的

---

①（明）李时珍．本草纲目［M］．长春：吉林大学出版社，2009：505.
② 张平真．中国蔬菜名称考释［M］．北京：北京燕山出版社，2006：374.
③（明）李时珍．本草纲目［M］．长春：吉林大学出版社，2009：505.

范围。南朝梁王僧孺的《忏悔礼佛文》中说："天覆地养，水产陆生，咸降慈悲，悉蒙平等。"宋代曾巩在其《广德湖记》中有载："既成，而田不病旱，舟不病涸，鱼雁、茭苇、果蔬、水产之良，皆复其旧。"足可证明将水产作为食物古已有之。众所周知，地球上的水域面积约占地球总表面积的70%，水产生物资源蕴藏极其丰富。水产生物资源的种类自然很多，但可食用之品种主要是具有经济价值的水产动、植物。水产品因具有"低胆固醇、低脂肪、低热量、高蛋白"营养均衡的特点和含有对人体健康有益的生物活性物质而深受消费者青睐。我国水产资源丰富，全世界水产养殖总产量的70%来自中国。2018年，我国水产品出口量432.20万吨，同比减少0.40%，出口额223.26亿美元，同比增加5.56%。[①]我国水产资源品种齐全，人们对水产资源经济价值和文化价值的认识和利用也达到了一定的高度。

参照生物学的分类法，水产食品原料可简单分为水产动物和藻类。藻类水产品已在食源蔬菜类中论述过，这里探讨的水产主要是可食用的水产动物。水产动物包括爬行类动物、鱼类、棘皮动物、甲壳动物、软体动物及腔肠动物等。[②]汉水流域的可食用水产动物主要是鱼类。汉水流域上中游地区的多处新石器时代文化遗址中出土的网坠和骨鱼镖、鱼钩等遗迹、遗物，表明捕捞鱼类作为食物在新石器时代居民的生活中亦占有举足轻重的地位。鱼类是当时汉水流域人类的重要水产食物来源之一。

据《汉江中游鱼类资源现状》一文中介绍："2003—2004年在汉江中游江段共监测654船次，统计渔获物6914.16千克，生物学测定1682尾鱼，共采集鱼类78种，隶属18科58属。目前汉江中游的渔获物组成和结构与20世纪70年代相比发生了较大变化，翘嘴红鲌、瓦氏黄颡鱼、鳡、鲢、黄尾鲴、大鳍鳠等在渔获物中的比例已经很少；草鱼资源也明显下降；铜鱼、青鱼、蒙古红鲌、鳡、细鳞斜颌鲴、吻鮈、长吻鮠、拟尖头红鲌、鳙、鳜等在渔获物中已基本消失；而鲤、鲫、黄颡鱼、长春鳊、赤眼鳟等中小型鱼类在渔获物

① 中国水产频道．2018年我国水产品进出口总量954.42万吨［N］．http://www.fishfirst.cn/article-110839—1.html.

② 刘书成．水产食品加工学［M］．郑州：郑州大学出版社，2011，2：3.

中的比例却相对上升；渔获物中的个体大的鱼减少，低龄鱼及幼鱼个体比重增加，与70年代的资料相比，汉江中游鱼类资源已呈衰退趋势。”[①] 文章准确清晰地反映出汉水中游鱼类资源的现状，呈现出大鱼少、珍贵鱼种减少的情况。同时该文进一步比照20世纪70年代的资料，发现“口铜鱼已在汉江中游消失，铜鱼、青鱼、蒙古红鲌、鳡、细鳞斜颌鲴、吻鮈、长吻鮠、拟尖头红鲌、鳙、鳜等重要经济鱼类在汉江中游江段已很难捕到，占渔获物1.99%以上的18种鱼类，现在渔获物中能计入产量（占渔获物0.1%以上）的仅有6种，草鱼已经从过去占第1位的产量降到目前的第5位。”[②] 该结果表明，小个体的鱼类种类数量增多，捕捞规格明显下降，渔获物小型化、低龄化、幼鱼多的现象较为严重，汉江中游鱼类资源已呈衰退趋势，过度捕捞和流域内生态环境的变迁等因素是造成这种现象的主要原因。而时隔六七年之后，《黄金峡水电站建设对汉江西乡水产种质资源保护区鱼类资源的影响预测及保护措施研究》一文中对汉水上游汉中市西乡县的鱼类资源进行抽样检测研究：“2010年8月和2011年9—10月分别两次通过实地采样调查、走访了解等方式，对保护区和涉及河段中的鱼类资源及饵料生物进行了调查研究：共采集鱼类55种，1645尾，隶属4目10科，分属于7个区系复合体。在数量、种类上，中小型鱼类占优势。”[③] 显示研究结果与六年前的中游鱼类资源研究结果基本一致。两文分析鱼类资源现状令人忧虑的原因的共同点是，工程建设在一定程度上对鱼类生存环境的改变使得鱼类短期内较难适应，阻隔洄游鱼类通道并阻断上下游鱼类的有效交流，从而对保护区内鱼类遗传的多样性造成了一定的影响。可见，欲改变汉水鱼类水产资源的现状，以严格控制捕捞、修复改善鱼类生存环境为抓手，方能呈现人鱼和谐相处、顺应自然的良好局面。汉水食源文化的鱼类水产资源文化，不仅是人食鱼的单线条文化事象表现，还将人识鱼、人育鱼、人惜鱼、人爱鱼等多元素立体综合起来，营造可持续发展的文化生态系统氛围，方能展现其文化张力和彰显其文化魅力。

---

① 李修峰，等．汉江中游鱼类资源现状［J］．湖泊科学，2005，4：366—372.

② 李修峰，等．汉江中游鱼类资源现状［J］．湖泊科学，2005，4：366—372.

③ 邢娟娟．黄金峡水电站建设对汉江西乡水产种质资源保护区鱼类资源的影响预测及保护措施研究［D］．西安：西北大学，2012.

（三）家禽家畜

说到对家禽家畜的饲养，从远古时期的新石器时代就开始了。据李文杰《湖北天门市石河镇肖家屋脊和邓家湾遗址制陶工艺研究》一文中介绍，出土于邓家湾遗址的器形有："陶鸟、陶鳖、陶象、陶羊、陶猪、陶人抱鱼等，均为泥质红陶。"[①] 邓家湾遗址归属于屈家岭文化范畴。屈家岭遗址出土了大量陶制器具、作物生产工具和粳稻谷壳，表明4000年前的汉水下游江汉平原一带社会经济以农业为主，兼营饲养、纺织、渔猎等；农业和手工业已出现分工，制陶业极其发达，陶器图案美观，品种丰富。色彩艳丽的彩陶器、陶质禽鸟模型及玉饰品，生动地折射出当时人们文化生活的精神面貌。

1. 家禽

按照英国生物学家达尔文《物种起源》一书中生物进化论的相关观点，家禽由禽类通过遗传、变异和选择经过由低级到高级、由简单到复杂的过程，逐渐演变而成。而关于禽（鸟）类的起源问题，全世界公认，爬行动物始祖鸟是所有后期鸟类的共同祖先，后来随着多样环境条件的变化，尤其是植物种子和昆虫的变化，引起鸟类生活习性和身体结构的变化，鉴于生存与适应环境的需要，在进化过程中，逐渐出现了树栖飞行、涉水游泳等不同生存能力，并形成不同的种类。在动物学分类上，禽（鸟）属于脊椎动物亚门的一个纲，即鸟纲，具体类别分为走禽类、涉禽类、游禽类、鹑鸡类、鸠鸽类、猛禽类、攀禽类、鸣禽类 8 类，而家禽的祖先一般归结于鹑鸡类（鸡、鹌鹑）、游禽类（鸭、鹅）和鸠鸽类（家鸽）。人类在与禽类相处的漫长岁月里，经历了"捕捉—驯养—食用"的过程，并系统形成对于禽类驯养食用的观念、工具设施、工艺技术、方法、理论、艺术等兼有物质与精神为一体的"驯禽食禽"文化。在我国先秦史料《周礼 · 天官冢宰》中就有"庖人掌共六畜六兽六禽"。汉人郑司农注曰："六禽：雁、鹑、鷃、雉、鸠、鸽。"该文献记载的内容就是家禽文化研究的原始文本。关于我国家禽的品种，在《中国家禽品种志》中记有 52 个家禽品种，其中，鸡 27 个、鸭 12 个、

---

① 李文杰 . 湖北天门市石河镇肖家屋脊和邓家湾遗址制陶工艺研究［J］. 汉江考古，1999，1：84—93.

鹅 13 个。[1] 而国家家禽品种审定委员会认定的家禽品种有鸡 109 个、鸭 3 个、鹅 27 个，特禽 12 个。

关于汉水流域的家禽，黎寿丰在其《禽类的起源、演化及我国主要家禽品种的类型与分布》一文中记载，依其人文、地理及自然因素的不同，将我国家禽划分为 10 个家禽文化区："东北文化区、内蒙古文化区、新疆文化区、华北文化区、甘宁过渡文化区、青藏高原文化区、东南文化区、湘鄂赣文化区、闽粤文化区和西南文化区。"[2] 其分布辐射全国。而在"湘鄂赣文化区"出现的家禽关于鸡的品种赫然有"桃源鸡""双莲鸡"等 15 个，其中，"郧阳大鸡""郧阳白羽乌鸡""江汉鸡"是汉水流域家禽鸡类的代表；鸭的品种有"恩施麻鸭"等 5 个，其中，"沔阳麻鸭"是汉水流域家禽鸭类的典型；而鹅的品种有"兴国灰鹅"等 7 个，无汉水流域品种，该家禽文化区家禽品种均为固有品种而无育成品种。该文精准详尽地将我国家禽进行文化分区并点出品种分布，为家禽文化研究做出了贡献。

现将汉水流域的代表性家禽品种做以简要介绍。"郧阳大鸡"属肉蛋兼备型品种，历史悠久。相传明代武当山古刹的司晨鸡（一说斗鸡），由远近香客引种，而传于民间，与当地小型鸡杂交结合，经长期风土驯化和群众选育而成。主产于湖北省竹山县、房县、郧阳区及神农架林区，丹江口市、竹溪县有少量分布。以竹山县、神农架林区的肉蛋品质为最佳，是其中心产区。"郧阳白羽乌鸡"又名郧阳乌鸡，产于湖北省郧县（现为十堰市郧阳区），是湖北省乌鸡的优良地方品种。郧阳白羽乌鸡单冠、绿耳、片羽、白毛、翘尾、光胫、乌皮、四趾、乌肉、乌骨，具有生命力强、产蛋多、蛋形大、就巢性弱、氨基酸含量多、风味独特、药用价值高、营养丰富等特性，早在明代就被李时珍录入《本草纲日》，对其药用价值充分认可。鸡肉中富含氨基酸，是高蛋白、低胆固醇、低脂肪的营养保健食品，有"陆地甲鱼"之美誉，是极具经济药用开发价值的地方珍禽资源。2007 年 2 月，国家质检总局批准对郧阳白羽乌鸡实施国家地理标志产品进行保护。"江汉鸡"是汉川经过 300 年培育的优良种鸡。源于湖北省江汉平原上的柴鸡

---

① 中国家禽品种志编写组．中国家禽品种志［M］．上海：上海科学技术出版社，1989：1—2.

② 黎寿丰．禽类的起源、演化及我国主要家禽品种的类型与分布［J］．中国家禽，2009，3：11—14.

（又称土鸡），属地方鸡优良品种。改革开放以来，在当地保护区饲养场和养禽专家的指导下，定向选育，复纯提壮，使该品种鸡的蛋肉兼用型特性得到了进一步发展和优化，取得了明显效果，属蛋肉兼用型鸡种。该鸡具有适应能力强，耐粗饲和肉质细嫩、味美等特点。"沔阳麻鸭"也为蛋肉兼用型品种，原产于湖北省仙桃市沙湖、西流河、杨林尾、彭场等地区。沔阳麻鸭系湖北省仙桃市（原沔阳县）畜禽良种场育成，1974年经湖北省科委组织有关单位制定品种标准时，命名为沔阳麻鸭，1982年9月组织省内外专家现场鉴定，经湖北省农牧业厅畜牧局审定为育成品种。现在的养殖范围遍及仙桃市及周边的天门、洪湖、汉川、荆门等县市，以及武汉市蔡甸区、汉南区等地。汉水流域家禽品种较为丰富，家禽文化氛围浓厚，在全国家禽领域有一定的影响力。

2. 家畜

由日本学者三村耕等著，方德罗等翻译的《家畜管理学》中认为："从野生动物直到被称为人类生产的动物——家畜为止的演化路程，同时也是一万几千年的人类文化史的光辉一页。它是人类在与自然作斗争的同时，也与自然取得调和的历史。"[①] 表达了家畜演化史、人与家畜的相处史，皆为人与自然的奋斗史。事实的确如此，约于公元前1万年，人类进入了地质上的全新世时期，地球上的最后一次冰期结束。随着气候的逐渐变暖，自然环境发生了变化。在新环境下，原始人群的生产活动进而随之改变，导致旧石器时代的结束，而开始了向新石器时代的过渡。这时，新的生产工具的发明与改进，特别是弓箭的出现与使用，大大提高了人们捕获野生动物的能力和效率，从而使人们将暂时食用不了或弱小的猎物豢养起来。正是基于这样的过程，人们进一步了解了动物的习性，逐渐将野生动物驯育。基于此，家养动物即家畜开始出现了。

家畜一般是指由人类饲养驯化，且可被人主动控制其繁殖的动物，如，猪、羊、牛、马、骆驼、猫、狗、家兔等，一般用于劳役、宠物、毛皮、食用、实验等功能。我国家畜，排除野生家养品种，主要有马（驴、骡）、牛（黄牛、奶牛、

---

① [日]三村耕，森田琢磨.家畜管理学[M].方德罗，杨德祥，杨罗贞，译.杭州：浙江科学技术出版社，1989：5.

水牛、牦牛)、羊(绵羊、山羊)、骆驼、猪等，均有利于农业生产，具有劳役和经济食用价值，而猫、狗多具有观赏价值，进而慢慢演变为人类的宠物。关于家畜的价值，清代张惠言在其《书左仲甫事》一书中有这样一段记载：“君曰：‘天降吾民丰年，乐与父老食之，且彼家畜，胡以来？’则又顿首曰：‘往耶(爷)未来，吾民之猪鸡鸭鹅，率用供吏，馀者盗又取之。今视吾圈栅，数吾所育，终岁不一失，是耶为吾民畜也。’”讲的是父老乡亲趁丰年之际，带着饲养的家畜酬谢县令，客观展示了家畜的“礼用”价值。而郭沫若在其《中国史稿》第一编第三章第一节中记载：“随着畜牧业的发展，饲养家畜已经成为重要的谋生手段，在人们的经济生活中日益占据显著的地位。”①进一步强调了家畜在人们经济生活中的地位及其价值。

关于家畜的品种类别，参照《中国家畜主要品种及其生态特征》一文中的观点，根据气候与地形特点，将我国家畜分为西部及北部高原牧区家畜和东部与南部地区农区家畜两大类。②按此标准，汉水流域家畜应为农区南部家畜。汉水流域的家畜具有食用经济效益的品种主要有鄂西黑猪、江汉水牛、郧巴黄牛和郧西马头羊，现做简要介绍。

鄂西黑猪是一个古老的地方猪种，是湖北省西部山区南型黑猪的总称。据《湖北省家畜家禽品种志》记载：“鄂西黑猪土产于鄂西23个山区县市。产区东至公安县虎渡河，西北部与渝、陕接壤，南部与湘西交界，北至竹山、房县，周围省、县亦有分布。产区是汉族、土家族、苗族等混居的地方，汉、土、苗人民在祖传的礼仪习俗中，多离不开猪和肉。”③《湖北通志》《咸丰县志》上有“陈牛羊豕”祭祀和“细阴米各用膏煎水煮”做“茶饮”(即用细茶、糯米、猪油等制成的饮料)的记述。可见，产区养猪业历史悠远，主要产于汉水下游的湖北省江汉平原。鄂西黑猪具有体质紧凑结实、体躯结构匀称、体大力强、性情温驯、易于调教、耐粗性能好、对粗饲料的适应能力强、抗病力强、喜欢戏水、成熟较晚等特点。江汉平原平坦开阔、湖泊密布、河网交织、堤坝交错、气候温和湿润，

---

① 许正元.常见错读字词词典[M].北京：商务印书馆国际有限公司，2004：144.

② 郑丕留.中国家畜主要品种及其生态特征[J].自然资源，1980，4：1—9.

③《湖北省家畜家禽品种志》编辑委员会.湖北省家畜家禽品种志[M].武汉：湖北科学技术出版社，1985：43.

属亚热带季风气候，水、热、土资源都很丰富，作物生长期长，适于黑猪喜温好湿的生态特性。又由于湖沼、洲滩、江堤多，牧地辽阔，牧草生长繁茂，产草期长，草质良好，主要有湖草、芦苇、狗牙根、马鞭草、蒿草、丝毛草等，产区农业生产发达，农副产品比较丰富，如，甘薯藤、花生藤等。这些都为江汉黑猪的生长提供了良好的饲料条件。江汉黑猪分布于湖北省的江陵、石首、公安、监利、洪湖、天门、潜江、沔阳、松滋、钟祥、荆门、京山、枝江、当阳、孝感、黄陂、云梦、汉川、鄂城、嘉鱼、黄冈、新洲、浠水、蕲春、广济、黄梅、汉阳、武昌及武汉市郊区的东、西湖 29 个县、市。

郧巴黄牛原名庙垭牛，因最早发现于竹山县得胜镇庙垭，故称庙垭牛，后经全国畜禽品种志牛种编辑组更名为郧巴黄牛。郧巴黄牛原为役肉兼用品种，经过 20 多年的系统选育，形成了当前肉役兼用的品种，并正在朝肉用方向选育。1974 年，湖北省农科院畜牧兽医研究所的童碧泉研究员专程到竹山得胜对庙垭牛（郧巴黄牛）进行了详细调查，认为“庙垭牛”是一大优良地方品种，并将其调查报告发表在《湖北科技》上，引起了县农业部门的高度重视。同年，县农业局在庙垭建立庙垭牛（郧巴黄牛）配种站，派畜牧技术人员对该牛进行饲养试验、体尺测定与提纯复壮等工作。1981 年至 1982 年 3 月，省畜牧局高级畜牧师黄元涛、省农科院兽医研究所童碧泉、白眉两位研究员及华中农业大学教授蔼祥等先后对郧巴黄牛进行了详细调查，调查资料载入《湖北省家畜家禽品种志》。1982 年 6 月，全国畜禽品种志编委、黄牛品种组长、原西北农学院（今西北农林科技大学）邱怀教授带领川、陕、鄂三省畜牧专家 16 人一行亲临竹山县对郧巴黄牛进行了详细考察分析后，一致认为，该牛体型较大，粗壮结实、紧凑，肌肉丰满，行动敏捷，适合于山区饲养、耕作，是优良的役用牛，并命名为郧巴黄牛，并向农业部写出了调查报告，建议国家把该品种纳入全国地方黄牛品种培育与保护。1985 年该品种刊登在《湖北省家畜家禽品种志》上，从而使郧巴黄牛名扬省内外，引起了邻近省市的行政领导和全国畜牧同行及专家学者的关注。2002—2003 年，省畜牧局又一次组织专家教授对郧巴黄牛进行了全面普查和测定，2004 年 6 月再次登录《湖北省家畜家禽品种志》，2006 年 9 月至 2007 年 3 月又完成了第三次郧巴黄牛遗传资源调查，拟上报国家力争纳入国家畜禽品种名录。为保护郧巴黄牛这一优良基因库，竹山县县乡两级政府采取办郧巴黄牛繁育示范场的办法对该品种进行纯繁扩群发展，其目的是使郧巴黄牛品种资源得到保护、发展和开发利用，建立农民增收的长效产业。牛肉产品有鲜牛肉、牛肉干、卤牛肉。依托现有郧巴黄牛繁育场的基础，竹山县在全县建设了17个繁殖群示范场，实施良种繁育，进行提纯复壮，同时建设500个肉牛养殖场，1000个“165”模式养殖示范户，从纯繁、选育、改良实行一条龙作业。在发展壮大产业的同时，竹山县更注重品种资源的开发力度，大力发展牛肉产品深加工企业，创立了南河郧巴品牌，开发了冷鲜牛肉、卤牛肉、牛肉干、牛肉丸等产品。积极培育郧巴黄牛专业合作社，走“公司＋基地＋农户”的发展道路，做大做强郧巴黄牛产业，使之成为享誉全省的优势品牌。

据李朝霞编的《中国食材辞典》中介绍：“马头羊是新发掘的优良肉用型山羊品种，分布于湖南、湖北两省，主要产于湖南省的芷江、石门、新晃等县，因该羊无角、头似马头，群众称其为马头羊而定名，已被农业部列为‘九五’期间国家重点推广的畜禽良种之一。”[①] 准确介绍了马头羊主要产区和名称由来。其实，马头羊对生存环境的适应性非常强，农家庭院、河湖滩泊、丘陵山地、草坪牧场皆可牧养。马头羊躯体硕长、体型高大、胸部肥厚、膘肥体壮、行走似马、肉质优良，具有很高的经济开发价值，有“中国羊后”之誉，媒体对其的报道屡见不鲜。汉水中上游的十堰市郧西县建立了马头羊繁育中心，攻克其低率繁殖难关，改良了马头羊的品种。培育的马头羊新型品种为全国各地争相引进，2004年，《郧西马头山羊地方标准》研制取得突破性进展，产生多项马头羊品种培育科技创新。在研制过程中，通过对比马头羊杂交前后的效果，首次成功准确地测定出郧西马头羊杂交品种的特点，得出郧西杂交品种的马头羊亲和力强、繁殖率高、遗传性能稳定、产肉性能好、屠宰率高的结论，产生了重大反响，为推广马头羊杂交生产模式和肉羊产业规模化发展奠定了基础。马头羊羊肉产品远销伊拉克、叙利亚、黎巴嫩和科威特等国家，在国际羊肉市场上声誉很高。如，马头羊卷羊肉是我国羊肉出口产品的拳头品牌，马头羊羊皮因质地柔软、韧性强、涨幅面积大、皮质洁白、用途广，具有较高的经济价值而畅销海外。

郧西被誉为中国马头羊的故乡。关于马头羊名称的由来，以及马头羊的文化内涵，在此转录闻孝书的《郧西马头羊的传奇故事》以飨读者：

---

① 李朝霞．中国食材辞典［M］．太原：山西科学技术出版社，2012：330.

你说奇怪不奇怪，山羊身子马脑袋；你说山羊不长角，说它是马攀山岩……

传说很早以前，牛郎织女生活在天河岸边，过着男耕女织的幸福生活。一天牛郎下地干活儿，突然听到一阵阵“咩咩”的山羊惨叫声，牛郎手提锄头飞快地向山羊的叫声处跑去。近前一看，原来是一条蟒蛇正将一只山羊吸入口中即将吞下。说时迟那时快，牛郎举起手中的锄头照准蟒蛇七寸处狠狠砸了下去。只见蟒蛇一声哀号将山羊吐了出来，于是牛郎抱起受伤严重的山羊回到了家里。

在牛郎织女夫妇的精心照料下，山羊的伤很快就好了。临别时山羊三跪叩拜，以感谢牛郎织女的救命之恩。而后就回到天河深处自己的羊群里面了。

时隔不久，王母娘娘派人将织女带回天庭，面对夫妻和母子骨肉分离，织女哭得泪人儿似的，一再恳求母后准予牛郎和两个小孩也一起上天成仙。

此乃大事须经玉帝批准才行，于是王母娘娘直接禀奏玉皇大帝。当时玉帝正在万物园观看动物，听到王母娘娘禀奏，本来就对织女私自下凡有辱门风而大为恼火，又见园内一群头顶长角的山羊，便说：“如果答应她的要求，除非山羊头上不长角。”

此消息很快传到人间，当在天河深山里被救治的山羊得知玉帝口谕后，为报答牛郎织女的救命之恩便率族群前往天蓬山马王寺拜佛修炼，经过七七四百九十天苦行修炼，便改头换面，没有了双角，成了马头羊身，同时体型高大、四肢有力、性情温顺。自此就在天河流域的深山里不断繁衍生息，成为人间一支罕见而独特的无角山羊种群。

须知人间一年，天上一天。织女得知此消息后，催促母后禀报父皇尽快承诺谕旨，恩准牛郎和全家都到天上去。

俗话说：“狗头无角，羊有角。”这是亘古不变的天律。所以玉皇大帝根本不会相信山羊头上会不长角，当初才传出以上口谕。于是便亲自前往人间天河察看。一看果真如此，也就只好应允牛郎和一双儿女都留在了天上，并一同列入仙籍。[1]

抛开马头山羊的经济价值不论，它与其他山羊乃至整个家畜类的不同之处就是其名称的由来所承载的人文气息和文化内涵。郧西马头羊又称“无角山羊”“葫芦头山羊”，由其特征“头顶无角，头形似马，走时两耳向前下垂，频频点头，步态做马行之状”而得名，这是根据马头羊体型特征和行为特征而命名的，符合家畜学乃至动物学命名的参照标准。关于马头羊的由来，《兴安府志》第十一卷《山羊安安有之》中就有这样的推测：“山羊可能是汉时移民带入本区，基督教传教士将国外的无角奶羊带入中国和当地土羊杂交，无角山羊因此诞生。”而其名称的由来，民间有很多传说，如，“蛇咬说”“王母娘娘发簪打掉说”等，以神话故事赋予马头羊神秘色彩，是马头羊文化内涵丰厚的拓展和表现。

（四）水果干果

水果是指营养丰富、多汁味美、可食用的植物果实，主要有浆果类（草莓）、柑橘类（脐橙）、核果类（油桃）之别。干果是指营养丰富，成熟后为干燥状态，可食用的植物果实，有裂果（板栗）、闭果（核桃）之分。水果干果是人类食源的重要补充。

由于汉水流域独特的地形与气候条件，在中上游的丘陵缓坡地带，种植有石榴、桃类、樱桃等，盆地坡地植有柑橘，中下游平原地带适合种植西瓜等。据《郧阳府志》（清·同治版）中记载：“果之属，有桃、李、杏、栗、梨、枣、橘、蔗、柿、藕……葡萄、柑子。”[2] 现以“武当蜜橘”的历史渊源、营养价值与品牌特色为例，展示汉水流域特色水果的文化魅力。武当蜜橘以其色泽鲜艳、酸甜可口、味浓化渣、可溶性固形物含量高、产地独特等特点而闻名。武当蜜橘的主要产区以湖北省十堰市武当山特区为中心，辐射至丹江口市均县镇、习家店镇等17个乡镇。丹江口市位于汉江中上游，属“秦巴山”余脉地区，特殊的地理位置形成了独特的生态气候环境，成为中国古老的柑橘产地。唐代诗人李颀在其《送

---

① 闻孝书．郧西马头羊的传奇故事［N］．马头山羊网：http://www.matougoat.com.

② 潘彦文，郭鹏．郧阳府志［M］．校注本．武汉：长江出版社，2012：182.

皇甫曾游襄阳山水兼谒韦太守》中有“芦花独戍晚，柑实万家香”的诗句，将蜜橘成熟，人们食用的情状展现得淋漓极致。明代大修武当山之后，柑橘成为香客们朝山进贡的贡品。清代版的《均州志》《郧阳府志》中均有柑橘种植情况的记载。丹江口市六里坪镇马家岗村沿江两岸有百余年的老橘树仍然枝繁叶茂，成为该地区柑橘悠久历史的见证。中华人民共和国国成立初期，丹江口大多数农户的房前屋后都零星种植着橘树。1965 年夏，柑橘专家章文才教授带领考察组对丹江口市（当时称均县）的气候、土壤进行了实地考察，认为这里可以利用小气候资源发展柑橘，从此拉开了丹江口市发展桔橘产业的序幕。2010 年 2 月 24 日，国家质检总局批准对“武当蜜橘”实施地理标志产品保护。[①] 汉水流域水果品种很多，樱桃、猕猴桃、西瓜等在汉水两岸的山坡盆地、平原地带均有种植，每个水果品种均蕴含着丰富的文化内涵，是汉水流域人们食源的有益补充和不可或缺的组成部分。

汉水流域的陕南和神农架山林地带的干果品种分布也很丰富，核桃、板栗、柿子等均有种植，均含文化魅力。以核桃为例，据巩宏斌著的《常见食材鉴别图典》中介绍：“核桃亦称胡桃，相传为张骞出使西域带回，多在北方栽种。核坚硬，表面有凹凸，仁多油，营养丰富，供生食和加工食品用。核桃富含蛋白质、脂肪、膳食纤维、钾、钠、钙、铁、磷等矿物质元素。”[②] 全面介绍了核桃传入我国的因由和名称、我国的栽种方位、食用特点和营养价值，阅后对其产生全面理解和把握。据有关文献记载，核桃原产于阿富汗和伊朗，在我国已有 2000 余年的栽培历史。学界公认核桃由张骞从西域带回我国。据晋代张华所著《博物志》和《名医别录》等古籍中记载：“此果出羌胡，汉时张骞使西域，始得种还，植秦中，渐及东土，故名之。”“羌胡”，即今新疆、青海一带。可见，核桃由张骞带回我国，我国西北地区是其产区之一，已是事实。考古学家在山东省临朐县城东 20 里的山旺村发现的山核桃、核桃化石，说明远在 1500 万年以前，核桃已是生长于我国的古老树种。至今我国西北、东北、西南各地，以及陕南秦巴山区还生长着不少野生核桃。尤其是新疆，在伊宁、巩留南部的前山峡谷中，生长着成片的核桃林。核桃在我国各地都有种植，独有商洛生长最佳，商洛核桃因此闻

① 赵顺卿 . 丹江口“武当蜜桔”获国家地理标志产品保护［J］. 中国果业信息，2010，3：43.

② 巩宏斌 . 常见食材鉴别图典［M］. 成都：四川人民出版社，2018：220.

名全国。商洛核桃历史悠久，营养非常丰富，药用价值很高，享誉全国。据《洛南县志》中记载，早在1000多年前的汉代，核桃就为当地百姓种植。唐代已是"果之甚者，莫如核桃"。据温申武与陈步蟾主编的《商州古今》中记述："《本草衍义》上记载，'核桃风发，陕、洛之间甚多'。"[①]而李卫星与李典军编著的《珍珠流淌·长江流域的物产宝藏》中也记有："清代的《直隶商州志》也有'果之最甚者，无如核桃'的记述。"[②]可见商洛核桃的种植历史之久远。中华人民共和国成立后，商洛核桃得到了真正的发展。1958年，在毛泽东主席发出"商洛每户种一升核桃"的号召后，[③]商洛人民大力发展核桃生产。商洛核桃年年栽培、岁岁抚育，商洛已成为全国有名的核桃出口生产基地，年出口2000吨以上。除供应国内各地外，还远销我国港澳特区，以及日本、法国及意大利等国，颇有声誉。

（五）调味作料

作料是指烹调中用来增加食物味道的油、盐、酱、醋和葱、蒜、生姜、花椒、大料等调料。调料在我国古代并没有明确的分类，只要能将原本没有味道的食品变成有滋有味的物品，都能被称为调料，所以人们对其界定相对模糊，不能给人们以清晰的认识。其实，调料从其本性来说，最初被用于药材，在《神农本草经》中就有所体现，直到宋代的《证类本草》将《神农本草经》和《名医别录》等进行综合整理，整体门类不变，但在每一分类中做了具体的补充说明。然而在这些分类中，只有部分的本草会在饮食中用于调味，这时才称为调料，而这些调料的添加又能直接影响菜肴的口味。据统计，在草部、木部、米谷部及菜部的分类中，大约有876种本草，其中能够称为调料的仅有百余种。所以调料在

---

① 温申武，陈步蟾. 商州古今［M］. 西安：陕西旅游出版社，2000：147.

② 李卫星，李典军. 珍珠流淌·长江流域的物产宝藏［M］. 武汉：长江出版社，2014：107.

③ 王根宪. 商洛地区"每户种一升核桃"运动纪实［J］. 陕西林业.1994，1：20—21.［1958年1月，中央在广州召开了全国生产工作会议，张德生就商洛"每户种一升核桃"的情况向会议做了汇报，引起了毛主席的重视和与会同志的赞赏。随后，毛主席在为中央起草的《工作方法六十条（草案）》第五十八条中写道："陕西商洛专区每户种一升核桃，这个经验值得各地研究。"］

饮食中不仅具有调味功能，更有药用价值。邱飞飞在其《宋代调料研究》一文中指出："调料根据来源的不同，主要分为两大类，一类是天然调料，取源于自然界中自然生长的植物，有些是植物的种实，如花椒、豆蔻、胡椒等，有些则是植物的茎叶，如葱、姜、韭等。另一类为人工调料，是将原料经过特定的方式加工或制作而成的配料，比如盐、油、酱、豆豉、醋、糖等。天然调料和人工调料经常难以区分，因为自然生成的调料有些也需经过一定的加工方可使用，而人工调制酿造的调料，虽然其主要原料多不作调味品使用，但在加工过程中也需要添加一些天然生成的调味之物，并且动、植、矿物各类调料常常混合加工。此外，如果根据其性质的不同进行划分，调料还可划分为酸、甜、咸、苦、辣这基本的五味。如盐取其咸，蜜、糖取其甜，梅、醋取其酸，豉汁则取其苦，葱、蒜、姜、椒则取其香辛，等等。"[①]详细探讨了调味作料的类型划分及其具体品种，为调料文化研究做了启发和铺垫。

调味作料是能增加菜肴的色、香、味，促进食欲，有益于人体健康的辅助食品，每一种调味作料都有丰富的文化内涵，此处以花椒为例。花椒为中国原生性植物，古代称椴、申椒、椒聊。现代植物分类学中属芸香科，落叶灌木，我国各地均有分布，其嫩叶、成熟的果实可作为烹饪作料使用。此外，在传统中医药中，也作为中药材使用。中医学认为，花椒性热，味辛，功能温中止痛，杀虫，主治脘腹冷痛，吐泻及蛔虫病等。实籽（籽核）称"椒目"，有行水消肿之功效。除此之外，花椒用于祭祀、养生和清洁之功效历史悠久。以花椒为原料所酿之酒称为"椒酒"或"椒浆"，可用于祭祀。《诗经·周颂·载芟》中记载："有椒其馨，胡考之宁。"郑玄笺："宁，安也。以芬芳之（椒）酒醴祭于祖妣，则多得其福右。"以"椒酒"辟邪养生，古典文献亦有记载。《神农本草经》中记载："（秦椒）味辛温，主风邪气，温中除寒痹，坚齿发，明目。久服身轻，好颜色，耐老增年，通神。"[②]关于花椒的清洁熏香功能，《楚辞·离骚》中记载："杂申椒与菌桂兮，岂维纫夫蕙茝？"王逸注："椒，香木也。"五臣云："椒、菌桂皆香木。"[③]可见，花椒作为烹饪调味作料，兼具药用、食用价值，有关文献多有记载。汉水

① 邱飞飞．宋代调料研究［D］．保定：河北大学，2018.

② 裘庆元．珍本医书集成［M］．精校本．北京：中国医药科技出版社，2016：293.

③ 姜亮夫．姜亮夫全集：楚辞通故第三辑［M］．昆明：云南人民出版社，2002：475.

流域调味作料品种较多，八角、茴香、花椒、桂皮、生姜多有种植，尤其是花椒，在汉水上游的陕南、安康等地种植已粗具规模。

三、汉水食源的保护开发

人类食源源于自然，然而人类无节制地开发自然，加之气候变化和人类社会工业化发展过程中的破坏，使人类食源面临危机，许多可食用的动植物面临灭绝。20世纪六七十年代，作为我国“四大经济海产”的大黄鱼和小黄鱼现已产量锐减；民间盛传的“长江三鲜”中的鲥鱼在长江已灭绝，刀鱼和河豚也濒临绝迹；作为饮食原料的中华绒螯蟹因蟹苗被过度捕捞，产量大减。据2017年8月15日发表在《中国生态文明》上的《第6次物种大灭绝，真发生了》一文中介绍：“美国研究人员的一项研究表明，地球可能正在经历第6次物种大灭绝事件，其规模之大，是自大约6600万年前恐龙灭绝以来未曾有过的。来自世界自然保护联盟的数据显示，约41%的两栖动物物种和26%的哺乳动物物种濒临灭绝。”[①] 汉水作为南水北调的中线水源，保护食源，科学开发食源，显得更为必要且意义重大。汉水食源的保护开发要厘清食源的自然生存和发展规律，认清人与自然和谐相处的关系，利用科技手段保护已有的食源品种和开发培养新型食源品种，借助战略大力提升国家“地标产品”的培育力度，塑造“地标产品”国家品牌，彰显其文化魅力，发挥其社会经济和精神文化的双重效益。

（一）加强生态环境保护力度，营造食源健康种植环境

切实加强汉水流域生态环境的保护力度，营造汉水食源的健康生存环境。历史上的汉江以其“山清水秀”的姿态展示在世人面前。据记载，春秋末年，有孺子歌曰：“沧浪之水清兮，可以濯我缨；沧浪之水浊兮，可以濯我足。”[②] 而《汉水文化研究》一书中明确指出：“这首歌在春秋时即流行，沧浪之水是指汉水。”[③] 唐

① 马丹. 第6次物种大灭绝，真发生了［J］. 中国生态文明，2017，4：92.

② 李晨森. 孟子［M］. 北京：煤炭工业出版社，2017：108.

③ 冯天瑜，徐凯希，杨立志. 汉水文化研究［M］. 北京：中国国际广播音像出版社，2006：6.

代李白在《襄阳歌》中有“遥看汉水鸭头绿，恰似葡萄初酦醅”的诗句，把汉江的鸭绿水比作春酒，朴实而又不乏真实地反映出当时汉水的水质和生态，折射出当时汉水流域的人们与汉水和谐相处的样貌。然而，随着时代的进步和汉江的不断开发，汉水流域的生态环境亦悄然发生变化，有学者明确指出：“汉水流域的生态环境从唐宋至今呈现出一个逐渐恶化的历史大势。”[①]知名汉水文化研究专家鲁西奇采用科学的方法，通过研究明代汉江流域人口状况与地理环境的关系，来寻求汉水环境变化之因，他发现，明代汉江流域人口众多，据统计，明代汉水流域实际人口峰值约为250万人，到了清嘉庆年间，汉水流域总人口达1400余万人，19世纪后半期时已达2200余万人。[②]清代版《郧阳府志》中点明当时汉水流域的土地耕种情况：“土地开发自然而然呈热火朝天之势，明天顺年间‘县令沈畴于郧阳择荒地，令民垦殖，减租三年，成熟者数千顷’。”[③]其实，明代汉江流域整体环境尚好。潘世东先生的《明代汉江文化史》中做了中肯的分析：“明代是汉水流域接纳外来移民，开垦荒地的重要时期，但当时的移民数量尚未超过环境的承载力……明朝移民垦殖对汉水流域生态环境虽有影响，但无严重破坏，汉水流域生态恶化始于清朝移民大量涌入……”[④]由于明清时期环保制度建设的缺失，到了清代，汉水流域环境严重恶化，林则徐在《筹防襄河堤工疏》中指出，自陕南、鄂西北的山林垦种包谷后，“山土日掘日松，遇有发水，沙泥随下，以致节年淤垫……无一年不报漫溃”[⑤]。基此可言，汉水流域生态环境严重恶化为清代土地过度开垦所致。

人类的生存质量与生态环境质量是成正比的。汉水食源健康生长环境的打造，必须要切实加强对汉水流域生态环境的保护力度，使汉水流域的人们与汉水和谐相处，达到“天人合一”的境界。如何实施，应从以下几个方面入手。一是成立专门的环保治理机构，完善相关法律制度，并大力宣传，从严贯彻。目前

① 姚伟钧．从天人和谐到生态文明——汉水流域生态环境变迁的启示［J］．决策与信息，2016，6：10—15.

② 鲁西奇．区域历史地理研究：对象与方法——汉水流域个案的考察［M］．南宁：广西人民出版社，2000：418—435.

③ 潘彦文，郭鹏．郧阳府志［M］．武汉：长江出版社，2012：186.

④ 潘世东．明代汉江文化史［M］．北京：九州出版社，2018：142.

⑤（清）林则徐．林文忠公政书［M］．北京：中国书店，1991：77.

汉水流域生态环境治理政出多门，各行其是，难以基于全流域的角度建立对水资源的开发利用与保护的统一管理体系。为结束“九龙治水”的乱局，建议成立以经济社会综合发展部门为主体，由资源与环境保护部门参加的汉水流域管理委员会。该委员会的职责是为全流域经济社会发展中水资源的合理利用与保护制定政策，加强生态环保法律法规的宣传与贯彻力度，培育树立民众自发自觉的环保意识，实现全流域的和谐发展。二是科学规划汉水流域水利工程的实施，尤其要加强南水北调中线水源区的生态保护和水体保护。统筹规划南水北调中线水源区分级保护，合理构筑生态林、生态农业、农田林网、园林绿地等建设，尽量消除南水北调可能产生的对汉水流域生态环境的影响。三是借助汉江生态经济带国家战略的实施，重新定位设计汉水流域的产业发展模式，整合资源，转型发展，调整产业结构，以构建生态型产业体系（生态种植、生态养殖、生态旅游等）为主，建设和谐文明的汉江生态经济带。2018 年 4 月，习近平总书记考察长江经济带发展时指出：“‘共抓大保护、不搞大开发’不是不要大的发展，而是要立下生态优先的规矩，倒逼产业转型升级，实现高质量发展。”[①] 习近平总书记的论述十分清晰地指出高质量发展经济与严要求保护环境的关系，唯有深入学习贯彻习近平总书记这一论断，才能实现汉江生态经济带规划建设提出的“六个汉江”——打造“美丽、畅通、创新、幸福、开放、活力”汉江的目标。

（二）重视科技培育食源新品种，维护食源生物多样性

高度重视科技发现培育食源新型品种，维护汉水食源生物多样性。人类人口规模的扩大需要更多的食物来源。生态环境的改善在一定程度上改善了现有食源品种的生存、生长环境，还需要高度重视科技，努力发现、培育、改良食源新型品种，努力保证新型安全食源品种产生的速度大于食源消亡的速度，积极维护食源品种的多样性，构建健康的食源品种有机生态系统，方能使人类社会实现可持续发展。

---

① 习近平．“共抓大保护、不搞大开发”不是不要大的发展，而是要立下生态优先的规矩，倒逼产业转型升级，实现高质量发展［N］．新华网北京 2018 年 4 月 25 日，http://www.xinhuanet.com.

2018 年 10 月 8 日，《十堰晚报》上刊登的一则报道“某高校教师在十堰境内采集到一种叫蓝紫色蘑菇的新物种”轰动全世界，该报道称：“10 月 5 日国际生物分类权威期刊 *Phytotaxa*，发表了某高校教师和中国工程院李玉院士共同署名的论文，其中描述并命名了在十堰发现的一个新物种和一个中国新纪录物种！”[①] 这种新型菌类植物叫黄蘑菇，属大型真菌新种蓝紫黄蘑菇类。报道同时介绍了该老师发现黄蘑菇的过程，是他多次率团队前往发现地及周边区域进行科学严谨的实地考察，经过两年多的坚持考察与详细研究，他们全面掌握了蓝紫黄蘑菇的真实形态特征和客观生长规律，于 2016 年首次在龙泉寺旅游区（湖北十堰张湾区的一个旅游景区）发现该物种。这则报道告诉我们，新物种的发现是生态环境改善与严谨的科研精神结合的产物。

发现新物种需要科技的力量，科学种植乃至培育改良物种更需要科技的力量。刘涛的《陕南花椒栽培管理技术》一文就充分证明了这一点。该文针对“陕南花椒种植，管理不当，病虫危害严重，枝条紊乱，产量低，品质差”等问题展开研究，为尽快解决这一问题，改变这一现状，文章对花椒栽培管理技术进行科学总结：“分为选地与整地、播种、栽植、肥水管理、保果措施、合理修剪、防虫治病、采收加工等有关科技经验。”[②] 将花椒从种植到采收全过程的科技经验毫无保留地传递给社会，引起花椒种植民众的高度赞誉。在粮食作物小麦新品种的培育上，陕南商洛市亦有新的突破。由商洛学院高级农艺师于浩世研究培育的耐旱新品种商麦 5226 问世。商麦 5226 是从 1997 年开始选育的，2008 年通过省级评定。据《中国特色农业现代化与西部大开发》一书中介绍：“商麦 5226 是以抗旱耐旱为主，兼有各种抗病害特征的高产、稳产、广适型优质中早熟小麦新品种。”[③] 同时该品种根系比较发达，入土比较深以后，根毛数量比较大，因此比较抗旱，这个品种在大面积种植以后，平均增产在 10% 左右。因此该品种深受麦农欢迎，得到大力推广。

依靠科技对食源品种尤其是粮食作物进行培育和改良，利于促进物种更好地

---

① 十堰晚报 . 汉江师范学院教师在龙泉寺采集到一种蓝紫色蘑菇，一研究竟是个稀罕物，咱们十堰又发现一个新物种［N］.http://sywb.10yan.com/html/20181011/24409.html.2018—10—11.

② 刘涛 . 陕南花椒栽培管理技术［J］. 现代园艺，2014，4：20.

③ 周远清 . 中国特色农业现代化与西部大开发［M］. 咸阳：西北农林科技大学出版社，2010：331.

生存和推广，维护其多样性效果明显。“生物多样性”是生物（动物、植物、微生物）个体与环境综合体形成的生态复合体及与此相关的各种生态过程的总和，其包括生态系统、物种个体和个体基因三个层次。生物多样性是人类生存的条件之一，是经济社会可持续发展的基础，是粮食安全、生态安全及人类生存安全的保障。“生物多样性”的维护必须靠科技进步的力量，这是不争的事实。

（三）打造食源国家“地标产品”链，彰显食源文化魅力

着力打造汉水食源国家“地标产品”链，尤其是农产品地理标志产品链，以彰显汉水食源厚实的文化魅力。根据翟玉强的《从商品学到地理标志产品》一书中界定：“农产品地理标志是指标识农产品来源于特定地域，其产品品质和相关特征主要取决于自然生态环境和历史人文因素，并以地域名称冠名的特有农产品标志。”[①] 由此表明农产品地理标志是国家基于地域特质而对消费者消费农产品的肯定担保与精神承诺。根据《与贸易有关的知识产权协议》中的有关要求，世贸组织成员要对其地理标志进行保护。1999 年 8 月 17 日，国家质量技术监督局发布《原产地域产品保护规定》，标志着有中国特色的地理标志产品保护制度的初步确立。2000 年 1 月 31 日，绍兴酒成为中国第一个受到保护的地理标志产品，即地理标志产品保护产品。2005 年 6 月，国家质检总局在总结、吸纳原有《原产地域产品保护规定》和《原产地标记管理规定》的基础上，发布《地理标志产品保护规定》，自 2005 年 7 月 15 日起施行。地理标志专门保护制度正在成为中国保护地理标志知识产权，提升特色农产品质量，促进区域特色经济发展和高质量对外贸易的有效手段。

通过查阅相关资料，现将汉水中上游（陕南的汉中、商洛、安康，湖北十堰）四市的国家“地标产品”汇总如下。

汉中（27 个）：留坝黑木耳、留坝香菇、汉中冬韭、汉中大鲵、留坝白果、留坝板栗、留坝猪苓、略阳天麻、褒河蜜橘、宁强华细辛、略阳黄精、略阳猪苓、汉中附子、镇巴腊肉、宁强雀舌、西乡牛肉干、午子仙毫、略阳乌鸡、城固元胡、汉中白猪、略阳杜仲、汉中仙毫、洋县红米、城固蜜橘、留坝蜂蜜、汉中

① 翟玉强．从商品学到地理标志产品［M］．北京：经济日报出版社，2018：149.

大米、洋县黑米。[①]

商洛（16个）：镇安大板栗、洛南核桃、商洛核桃、柞水核桃、柞水黑木耳、商洛丹参、丹凤核桃、商南茶、云盖寺挂面、镇安象园茶、孝义湾柿饼、丹凤葡萄、山阳核桃、洛南豆腐、柞水大红栗、山阳九眼莲。[②]

安康（13个）：岚皋魔芋、平利绞股蓝、平利女娲茶、紫阳富硒茶、镇坪洋芋、紫阳红、镇坪乌鸡、镇坪黄连、宁陕香菇、旬阳拐枣、紫阳蓝黑板石（装修材料）、白河木瓜、紫阳毛尖。[③]

十堰（53个）：房县黑木耳、竹溪贡米、竹山肚倍、房县北柴胡、房县香菇、均州名晒烟、丹江口翘嘴鲌、竹溪黄连、竹山绿松石（珍贵饰品）、郧阳白羽乌鸡、武当道茶、丹江口青虾、黄龙鳜鱼、龙峰茶、郧阳红薯粉条、圣水绿茶、丹江口鳙鱼、郧西马头山羊、竹溪豆腐乳、竹山郧巴黄牛、房县黄酒、房县豆油精、武当榔梅、郧阳乌鸡、郧西黄姜、房县核桃、丹江口鳡鱼、张湾汉江樱桃、郧西核桃油、房县阳荷、房县小花菇、伏龙山七叶一枝花、房县虎杖、郧阳天麻、金桩堰贡米、郧阳桑蚕茧（非食用）、景阳桐（非食用）、武当酒、梅子贡茶、房县娃娃鱼、郧西马头山羊肉、郧阳胭脂米、房县冷水红米、郧西山葡萄、房县白芨、房县绞股蓝、郧西山葡萄酒、郧县（现郧县区）米黄玉、竹山郧阳大鸡、郧西杜仲、郧阳黑猪、郧阳木瓜、武当蜜橘。[④]

以上四市国家地理标志产品总计100多个，比对发现，绝大多数都是饮食物品，而同一品种在不同地区均有分布，如核桃、茶叶等。这是各地食源特色的体现，更是“生物多样性”的具体演绎。除了少量通过原料加工后形成的饮食成品，如酒，绝大多数都是地方特色食用、药用用于充饥和治病养生的绿色生态原料。每一个地标产品都有悠久的历史，都蕴藏着丰富的文化内涵。鉴于国家地理标志产品具有“提高我国产品国际竞争力”之功能，主要表现为“促进我国农产品质量化，可以获取持续的品牌效应，获取投资促进我国农业产业化，开拓农业综合功能，实现农业可持续发展”[⑤]，那么，从战略层面来看，亦可以说汉水流

① 汉中地理标志产品，http://shop.bytravel.cn/produce/db/index528_list.html.

② 商洛地理标志产品，http://shop.bytravel.cn/produce/db/index526_list.html.

③ 安康地理标志产品，http://shop.bytravel.cn/produce/db/index527_list.html.

④ 十堰地理标志产品，http://shop.bytravel.cn/produce/db/index286_list.html.

⑤ 孟楠楠.我国农产品地理标志的发展战略研究［D］.天津：天津大学，2009.

域地标产品的发展在促进汉水流域生态农产品质量化，获取持续品牌效应，吸引域外投资，开拓汉水流域生态农业综合功能，实现生态农业可持续发展等方面均具有积极的意义。具体来说，在汉水流域内，将各地标产品打造成汉水食源国家“地标产品”链，通过举办展销、博览等活动，让来自流域内的各个地标产品同台竞技，发挥出“整体效应”，激发民众对汉水食源品种的认知，激发各地对地标产品的重视，既可以凸显各个地标产品的特色和价值，更可以彰显汉水流域的食源文化特色；既是对汉水食源品种的有效保护，更是对汉水食源文化的科学开发。

第三章　重裀列鼎

——汉水食具

“重裀列鼎”出自西汉刘向的《说苑·建本》：“累裀而坐，列鼎而食。”意思是坐着夹层的床垫，吃着丰盛（盛食的器具列满餐桌）的“大餐”，展现了豪门贵族的奢侈生活。这是一个成语，通常形容位居高位，生活富贵。其同义词有“列鼎而食”“列鼎重裀”“焚香列鼎”。《汉语成语分类：大辞典（精）》中记载其运用情况：“元代关汉卿《拜月亭》第三折有云‘忒心偏，觑重裀列鼎不值钱，把黄齑淡饭相留恋，要彻老终年’。”[①] 而元代柯丹丘的《荆钗记·绣房》中亦说：“他有雕鞍金凳，重裀列鼎，肯娶我裙布荆钗。我须房奁不整，反被那人相轻。”这些均为该成语的具体运用。西周列鼎制度规定用食器陪葬，许嘉璐先生编著的《中国古代礼俗词典》中解释为：“何休注说‘礼，祭，天子九鼎，诸侯七，大夫五，元士三也’。”[②] 说明身份不同陪葬食器数量不等。

“鼎”还有丰富的含义。查阅有关文献发现，“鼎”的意思有十。一是古代烹煮用的器物，一般三足两耳，如，铜鼎、鼎食、鼎镬、青铜鼎（古代器具，用于祭祀等）。《历代书画关系论导读》中记载：“明，陈继儒《大司马节寰袁公（袁可立）家庙记》云：‘鼎彝俅，迎神圭璧收。’”[③] 二是指炊具锅，如鼎罐、鼎锅。

① 蔡向阳，孙栋，艾家凯．汉语成语分类：大辞典（精）[M]．武汉：湖北辞书出版社，2008：1151.

② 许嘉璐．中国古代礼俗词典[M]．北京：中国友谊出版公司，1991：107.

③ 冯晓林．历代书画关系论导读[M]．北京：中国商业出版社，2016：141.

三是古代视为立国的重器，是政权的象征，如鼎彝、九鼎、定鼎、问鼎、鼎祚（国运）等。四是象征三方并立、互相对峙，鼎峙、鼎足之势等。五是大，如鼎族、鼎臣、鼎力支持。六是正当、正在，如鼎盛。七是比喻量大，形容人说话信誉极高，如一言九鼎。八是专指姓氏。九是借指王位、帝业，如定鼎、问鼎。十是可以引申为制造大量的箭头与兵器的能力，越是造鼎大而多说明军事工业越强。多数意向表明，鼎的原意是烹煮或盛放鱼肉的制食炊具或盛食器具，形状大多为圆形腹，口沿或颈上有两耳，三足，也有四足的方形鼎，是青铜器时代人类重要的食具。故此以“重裀列鼎”展开对食具文化的分析探讨。

一、食具文化概述

食具文化是食俗文化不可或缺的组成部分，它展示食具文化魅力，分析界定食具文化的含义，梳理我国历代食具的具体样态，探讨食具的具体分类，不仅仅是对食具文化的研究，更是系统研究食俗文化的具体表现。

（一）食具文化界定

饮食民俗理论界较少关注食具文化，大多以食具具体的样态来解释食具文化的内涵。研究食具文化要厘清“食”与“具”乃至“器”的有关关系。《汉语大词典》中记载：“食：指吃；人吃的东西；动物吃的饲料；供食用或调味用的；日、月亏缺现象。器：指用具的统称；生物体中具有某种生理机能的构成部分；看得起，重视；人的气量才能。食器是指盛食物的器具。”[①] 日本学者荣久庵宪司等著、杨向东等译的《不断扩展的设计》一书中曾指出：“就以我们身边的东西为例，用来吃饭的道具，如筷子、餐刀和叉子都属于棒族，称之为食具。碗和盘子属于器族，称作食器。做饭时用的菜刀之类的加工工具是棒族，而烧菜、煮饭的锅属于器族。在这里有一个很重要的现象，器族和棒族各自单独发挥功能的时

① 罗竹风.汉语大词典（第三册；第十二册）[M].上海：汉语大词典出版社，1989：477—478.

刻很多，两者配套使用的情况也不少。"[1]而在陈达夫与凌星光的《袖珍日汉词典》一书中干脆认为"食器即餐具"[2]。总之，食具就是用餐时所使用的工具。

食具文化，要看食器的发明、发展、演变，其无时无刻不反映出文化的发展与变迁。食器乃饮食文化中的重要组成部分之一，饮食文化是人类文化的重要组成部分，一定的饮食文化是一定的民族文化、时代精神及一定的社会文化在人民生活和社会政治经济领域的特殊组合。从文化生态学的角度来看，任何一种文化的产生和演变都要符合该文化本质系统的内在规律，黎德扬、孙兆刚的《论文化生态系统的演化》一文中清晰地指出了这一规律的具体表现："文化生态学是从生态学的视角，运用系统科学的方法，研究文化系统的结构和功能及其演化规律。在文化整体中，每一种文化都在与他种文化的互相作用中，不断地进行同化和异化，互相滋养，并通过遗传和变异，不断演化。"[3]可见，任何一种文化的产生和演变都是一项系统工程，这项工程包括文化的结构、功能及其演变，文化与他文化的碰撞产生的遗传变异及其演变，这是生态学的本质要求。基于此，食具文化有其独特的结构和功能，与之可能发生碰撞使之遗传变异的他文化，亦是客观清晰的存在，如，材料文化、工艺文化、礼仪文化等。食具文化应有理论界定基础。其实，以"创造说"为基础，按照"物质""精神"两分法的文化界定法，食具文化是指人类在生存与发展过程中，创造的食源耕种工具、制食炊具、用餐食具所积淀的一切物质与精神的总和。

（二）历代制食炊具和饮食器具样态

食具文化是食俗文化的组成部分，是中国传统文化元素的折射，而食具则是"食"的理念与过程的外在展现。因此，对中国历代食具的制作原料选取、制作流程设计、使用技法讲究、功能演变过程的了解，自然就成为研究传统文化的一种有益的尝试。尽管食具首先直白地告诉我们用什么来吃，但由于作为物质遗

---

① [日] 荣久庵宪司，等．不断扩展的设计 [M]．杨向东，等译．长沙：湖南科学技术出版社，2004：30.

② 陈达夫，凌星光．袖珍日汉词典 [M]．北京：商务印书馆，2002：267.

③ 黎德扬，孙兆刚．论文化生态系统的演化 [J]．武汉理工大学学报（社会科学版），2003，4：97—101.

存的食具同时也是观念的载体，承载着丰富的精神实质，其中自然亦包含了种植（养殖）什么、吃什么和用什么吃、怎么吃等方面的内容。在物质文化十分丰富的今天，吃饱喝足之余，看看人类历代用什么吃，亦是十分有益的。按照食具构成材质及所历时期，我国制食炊具和饮食器具历经了滥觞、发展、演变和兴盛四个阶段。

1. 陶制食具——原始时期食具的滥觞

我国制作陶器的历史超过了一万年。新石器时代古老的先民，将司空见惯的黏土经过一系列复杂程序的运作，创造出一种新的物质——陶器，从此改善了人类的生产与生活。在历史长河中陶器执着地伴随着我们的祖先，历经漫长岁月，饱尝曲折心酸，来到今天。我国古代陶器留给人类世界的是一份优秀的、无可替代的历史文化遗产。今天我们在博物馆里能看到的古陶器多数来自新石器时代的红山文化、大汶口文化、河姆渡文化、半坡文化等遗址。对于考古发现，在金新著的《老祖宗说饮食》中载有："在新石器时代早期的磁山、裴李岗文化出土的陶器中，属餐具的主要有碗、钵、盘、杯等，材质是泥和夹沙的红陶。"[①]新石器时代中晚期，在仰韶文化、龙山文化和其他一些文化遗址出土的饮食陶器中，主要食具为杯、钵、碗、盉、觯、觥、簋、壶（壶的形制除了早期的耀水壶、双连壶等以外。新增的有立式壶、三足壶）、豆、盘、皿、斝、尊、杯、高足杯、觚、角、爵等，材质有泥和夹沙的彩陶、灰陶、黑陶和蛋壳陶。梳理研究发现，这一时期的陶制食具，功能有了明显的区分，有烹煮食物的，如，陶制的罐、釜、鼎、鬲、鬶、斝等；有蒸煮食物的，如，陶甗、陶甑等；有烙制食物的，如，在河南省荥阳县（现荥阳市）出土于仰韶文化晚期遗址中的陶鏊；有用来烧烤食物的，如，陶制的烤箅。可见，原始时期陶制食具不仅品种多样，而且功能齐全，可以毫无争议地说，陶制食具是我国食具的滥觞。

2. 青铜食具——夏、商、周时期食具的发展

青铜饮食器具，造型别致，种类繁多，珍品无数，不胜枚举，昭示后世。其本身历史价值不可估量，然而最具历史价值的却是镌刻于其形体之上的铭文。这

① 金新. 老祖宗说饮食［M］. 杭州：浙江古籍出版社，2016：188.

些铭文既是研究我国文字起源发展的弥足珍贵的资料，更是先秦历史鲜活反映的第一手材料。除铭文外，青铜食具形体上的纹饰，如，龙纹、凤鸟纹、虎纹、象纹、云雷纹、圈带纹、夔纹等，千姿百态、造型各异，蕴含着古老的气息和丰富的历史信息。纵观夏、商、周三代，青铜饮食器具盛行一时，品种、名目繁多，主要有食具、水具和酒具。食具主要有鼎、鬲、甗、簋、簠、盨、豆、匕等；水具有匜、盘、盂、壶等；酒具有爵、角、斝等。此外，这一时期，用金银贵重金属制作的餐具逐渐出现。考古发现，在战国早期的曾侯乙墓出土的就有盏、勺、杯、器盖金质食具等。由此表明以金银贵金属制作的餐具开始进入我国的餐具序列。尽管此时期金银餐具数量不多，但其制作工艺复杂精湛，纹饰华丽，造型端庄，在我国器具工艺制作史上留有清晰的墨迹。

3. 漆器食具——秦汉时期食具的演变

秦汉时期，从文化遗迹出土的文物来看，餐具主要有箸、勺、盘、碗、盏、钟、壶、盆、钵、箪、笥、卮、杯、尊、案等。制作材料有陶、木、青铜和玉，还出现了盛食物的竹器，圆者叫箪，方的叫笥。据秦迩殊著的《彝族味道》一书中介绍：“汉代的餐具，青瓷碗盘逐渐普及，在普通百姓中逐渐取代了以前的粗陶和竹木餐具。”[①] 同期，箸的使用已普及，各地汉墓均有竹或铜箸出土，如，马王堆汉墓、湖北云梦大坟头和江陵凤凰山等地的汉墓、湖南长沙仰天湖八号汉墓等。箸甚至已随中原的食俗渐传至西北边塞，如，1959 年在新疆汉“精绝地”一座房址内，就发现有木箸。

我国古代的漆工艺在汉代得到较大发展，漆制餐具因其轻便、耐用、美观等特点，远甚于青铜和陶器器具，故漆器餐具颇受贵族欢迎，出现上流社会大量使用的耳杯、盘、壶、盆、碗、勺、筷子、食案等轻巧美观的漆器餐具等情状。从制形上看，汉代漆器餐具有凤形勺、扁壶等新型样式，还有双层漆笥（江苏邗江胡场五号汉墓出土，上层有五个小漆盒，可分别盛放不同的食物）组合式餐具。这些漆制餐具颜色多是红、黑或紫红，图案纹饰灿烂多姿，有的甚至镶嵌金边银沿，如现藏荆州博物馆出土于湖北江陵县凤凰山一六八号墓的彩绘七豹纹扁漆壶、彩绘三鱼纹漆耳杯（西汉早期）及同类的鱼纹耳杯等。湖北云梦县文化遗

① 秦迩殊 . 彝族味道［M］. 昆明：云南民族出版社，2013：132.

址还出土有秦汉时代的漆木餐勺，其形如圆棒，细柄，以黑漆绘纹饰，用红漆打底，可谓制作精良。

4. 瓷器食具——魏晋以降食具的兴盛

魏晋南北朝时期，鉴于瓷器生产技艺的发展，陶、金银、铜等器的许多形制用瓷亦可实现。瓷器的许多优越性被认可，并被逐步接受，这为日后瓷器的兴盛奠定了良好的开端，进而使瓷器开始逐渐取代陶器、金属餐具，种类主要有碗、盘、钵、箸、碟、盏、盏托、钟、篮、五盅盘等，且大小配套的成套产品的碗也已出现。

隋唐五代时期，随着瓷器工艺的不断进步和成熟，以及铜料主用于货币制作的功能变革，铜制器具被陶瓷替代，陶瓷工艺得到飞跃发展。出现了以河北邢窑为代表的白瓷和以浙江越窑为代表的青瓷，并成功烧制了釉下彩、花瓷等新型品种和影响深远的唐三彩。多姿多彩的陶瓷激发了人们的审美细胞，普遍成为我国餐桌上的饮食器具。餐具品种包括：碗、盘、洗、碟、槅、钵、杯、盆、耳杯、盏托及酒樽、酒盏、酒壶、酒杯等器具。中唐以后，盛酒器逐步向酒注过渡，然樽仍相沿使用，直至宋代。

宋代瓷器的生产规模进一步扩大，产地更加普遍，南北各地均有闻名于世的制瓷窑场，如，北方的定窑、汝窑、官窑、钧窑、磁州窑、耀州窑等，南方的龙泉窑、吉州窑、景德窑、建窑等。技术水平进一步提高，如窑炉体积的扩大、铜红釉的发现与应用、覆烧工艺的创造与推广、优质瓷土的选用及各种装饰技法的采用等，使得宋瓷在工艺造型、釉色装饰等方面都达到了我国古代陶瓷制作的一个高峰，以至于瓷质餐具成为宋代餐具的主流。

元代瓷器餐具的进步表现在于风格造型上的突破。一是瓷器造型变得厚重庞大，南北方均是如此，且大小件瓷器餐具均可烧制，大者口径可至40厘米。许多大型瓷器餐具，因某些原因流传于境外，被中东的土耳其托布卡比、萨拉伊、伊朗阿特别尔寺等博物馆收藏。瓷器餐具风格已改变南宋的细腻婉约风格而展现出粗犷豪放之气派。二是境外饮食市场需求，元代瓷器向中东地区大量出口。三是瓷器的色彩除了承接南宋的白釉、青釉、白地黑花等品种，还创造出具有北方民族风格的白底蓝花的青花瓷器，该风格的瓷器凭借其色泽洁白、瓷质细腻、彩绘幽菁、图案蕴雅涵俗，而一举成为我国瓷器生产的主流，影响至今。与此同时，釉里红及高温铜红釉、蓝釉和低温孔雀绿釉的烧制成功，也为瓷器餐具提供了新的品种，使餐具日益往精美的方向发展。四是青花餐具因在当时主要面向中东和东南亚地区出口，故在造型和图案装饰上既具有鲜明的中国风格，同时也渐含有西亚文化的特点。五是金银餐具在元代依然受到上层社会的追捧，整个社会餐具使用呈现瓷制、金银制并存的局面。

明代社会瓷器餐具的使用呈现一个高峰。景德镇以其烧制的瓷器彩瓷、青花及颜色釉瓷闻名天下、享誉后世而获“瓷都”之誉。此时创制有青花五彩瓷器，该瓷用红、黄、褐、绿、紫等釉上彩和釉下青花组合，花纹瑰丽、色彩浓艳。明中后期，五彩瓷器精品迭出，成为我国彩瓷史上的新阶段。明万历五彩云龙纹盖罐被后世鉴为五彩瓷器中的佳品。

清代的康、雍、乾三朝制瓷业臻于顶峰，进入黄金时代，达到历史最高水平。该时期的瓷器，釉质细润，胎质细密，无论釉上彩、釉下彩及色釉，皆缤纷绚丽。青花瓷器绘画精细、题材广泛、画面宏大，用整幅山水、耕织图、历史人物故事、花鸟图案装饰瓷器均取得重大成就。品种有白底青花、酒蓝底青花、豆青底青花、青花矾红、青花黄彩等，极其丰富。五彩除红、绿、紫、赭等色外，还创制了釉上蓝彩和黑彩，并加入金彩，光彩夺目，色彩多达十数种。此时烧制的一种将红釉、钧釉、青釉、哥釉等几色釉和五彩、青花、斗彩、粉彩等不同彩绘装饰集于一体的多彩釉器具，体现了清代瓷器工匠工艺之巧夺天工，反映了当时制瓷和绘瓷技艺已达到炉火纯青之完美境界。乾隆后期，我国制瓷业盛极而衰，中华民国之后更是黯然无光。但瓷器凭借其物美价廉，始终扮演着我国饮食器具之主角。而历代积累研制下来的瓷匠精品，成为中外艺术鉴赏家和收藏家难以寻觅的瑰宝，为中华文化和中华文明增添了璀璨的光芒。

（三）食具分类探讨

关于食具的分类，在陈彦堂的《人间的烟火：炊食具》一书中将炊食具分为四类：“广义地说，凡与饮食活动有关的器具都可归入炊食具的范畴，具有不同用途的所有这些器具，涉及了完整炊食活动的每一个环节。这些环节包括，为炊食活动准备原材料，对原材料进行烹饪加工，将烹饪好的食品从烹饪器中取出放入盛装的器皿，再从器皿中取出食物放入口腔，吃剩的食物及用不完的原料还需加以贮藏……每一个环节都要使用不同的器具，而且两个相连环节之间有时还需要有中介工具。在这一完整过程中，客观上已对器具的功能进行了分工，我们由此可以将它们分成炊具、盛食具、进食具和贮藏具四大类。”[①] 本书聚焦人们饮食时及饮食后与食物接触到的全部器具。而在索朗卓玛的《藏族食具分类与文化内涵》一文中，根据食具的阶段性功能将藏族食具分为“盛食器、进食器”[②]。该分类将食具研究的触角延伸至人们饮食前的阶段。而在毕翼飞的《中日陶瓷食器文化比较研究》一文中亦认为食具是：“人类用餐时所用的工具，包括装食物的盛食器和辅助进食的工具进食器。”[③] 探讨食具分类的文献和文章著作有很多，无论是将食具分为炊具、盛食具、进食具和贮藏具四大类，还是将食具分为盛食器、进食器两类，都是将人类饮食过程中关键的阶段、核心的阶段所用到的器具进行分类，这样划分无可厚非，非常科学，为人们研究食具样态乃至食具文化奠定了科学根据，指引了明确的路径。

然而，对于食具的划分，目的在于更全面深刻地研究食具文化乃至食俗文化，是否可将人类关于食（饮）的过程扩展一下，把食源的产生、食物的生成与用食（饮）的过程等阶段欲使用的工具（器具）都考虑进去，是否能够更为全面地揭示食具文化的本来样态乃至食俗文化的多姿形态呢？答案是不言而喻的。当我们穿着绫罗绸缎，是否就可以说，树叶荆藤不是原始先人的衣服呢？当我们吃着山珍海味，是否可以说树皮草根从未被认为是食物原料而可以吃呢？当我们文明的载体由甲骨、金属、木牍、绢帛、纸张到电脑中，是否可以说研究文明的载体就只有纸张呢？

所以全面划分食具分类乃至汉水食具的类型，应该将食源的产生、食物的生成与用食（饮）的过程等阶段欲使用的工具（器具）都考虑进去，食具自然就分为与食源种植有关的耕作农具（包括耕地、播种、收割、贮藏、运输等农具，渔猎农具）、制食炊具（包括净食、切食、烹食等炊具）和用餐食具（包括盛食、列食、取食、存食）等。这样的划分不仅仅还原了食具文化的全貌，更契合食俗文化的本真要义。

---

① 陈彦堂．人间的烟火：炊食具［M］．上海：上海文艺出版社，2002：15.

② 索朗卓玛．藏族食具分类与文化内涵［J］．西藏艺术研究，2010，4：45—48.

③ 毕翼飞．中日陶瓷食器文化比较研究［D］．景德镇：景德镇瓷器学院，2007.

二、汉水耕作农具

《论语·卫灵公》中记载："子贡问为仁。子曰：'工欲善其事，必先利其器。居是邦也，事其大夫之贤者，友其士之仁者。'"[①]"工欲善其事，必先利其器"的意思是要做好工作，先要使工具锋利。要做好一件事情，准备工作很重要。古人在长期的农业生产实践中，发明、改进并能熟练使用的耕作农具很多。古人将其统称为"农具""农器"或"田田器"。农具在发明初期大多为一物多用，后来演化为专门化的工具。随着生产力的发展，尤其是冶金技术的发明，制造农具之材料由最初的直接利用树木、砾石、动物骨骼和各类兽角等自然物，过渡到使用铜制和铁制等金属工具，生产工具得以改进，农业耕作效率便得以提高。在农业生产的历史长河中，古人发明并逐步改进和熟练使用耕地、播种、灌溉、中耕、收获、加工、粮食作物运输等各式各样的工具。

说起农具，首先就要提到耒耜。杨建宏所著《农耕与中国传统文化》一书认为："古代整地的农具，大都由耒耜演进而来，所以古代农业也称耒耜农业。"[②]耒耜与中国农业同时起源。耒耜的制作材料，由骨质、木料慢慢演变为青铜和铁质等金属材质，抑或是木与金属合质。关于耒耜之功用，《中国农业科学技术史稿》中提道："《管子·海王》说：'今铁官之数曰……耕者必有一耒、一耜、一铫，若（然后）其事立。'"[③]表明铁制耒耜农具为农家所必备，且数量要达到足以装备每一家农户。至于耒耜的发明，《易经·系辞》说："神农氏作，斫木为耜，揉木为耒，耒耜之利，以教天下。"神农氏除了发明耒耜教人耕种外，同时"乃求可食之物，尝百草之实，察酸苦之味，教民食五谷"[④]。神农氏对我国农耕文明的贡献不言而喻，尤其是神农氏尝百草，对汉水流域的人们及其文化影响深远。潘世东的《论炎帝神农尝百草对汉水文化的深远影响》一文认为："应该说炎帝神农是汉水流域人民最大的、最高的骄傲。汉水流域不仅是炎帝神农最早开发的地方、繁衍与发展并走向世界的主要干道，更是炎帝神农建功立业、推动历史、

---

①（春秋）孔子．中华经典解读系列：论语［M］．东篱子译注．北京：北京时代华文书局，2014：203.

② 杨建宏．农耕与中国传统文化［M］．长沙：湖南人民出版社，2003：51.

③ 梁永勉．中国农业科学技术史稿［M］．北京：农业出版社，1989：97.

④（西汉）陆贾．新语［M］．沈阳：辽宁教育出版社，1998.1.

发明创造、走向辉煌的地方——炎帝神农最大、最主要的功业和贡献都是在汉水流域完成的。尤其是炎帝神农尝百草更是对汉水流域人们在中药与中医文化、防腐技术与饮食习惯、茶叶产业与茶叶文化、地方文化精神和地方文化支撑力等方面，留下了广泛而深远的影响，至今仍然发挥着不可估量的作用，成为汉水流域人们当今建设和发展和谐社会的原动力。”[①]深入探讨和全面分析神农对中国农耕文明、汉水流域发展、中医药文化、饮食文化、养生文化等领域所做贡献，为我们研究神农及其历史功绩开阔视野，拓展领域。

按照我国南北方地形地势与降水气候条件的差异，我国农具可简单分为北方旱地系农具与南方水田系农具，汉水流域位于南北交汇地带，下游的江汉平原主要使用南方水田系农具，而中上游有汉中盆地、唐白河流域的南阳盆地，还有鄂、豫、陕、渝交汇地带的大量坡地，既使用南方水田系农具，又使用北方旱地系农具，耕作农具种类较为齐全，覆盖耕地、播种、收割、贮藏、运输整个食源产生过程，产生了博大精深的农具文化。据湖北省文物管理委员会 1960 年 3 月发掘的汉水下游京山朱家咀新石器遗址统计：“石制生产工具 70 多件，石料多为砂岩和变质泥岩。以磨制为主，有部分是半磨的。器形有斧、碘、凿、缝、钻、敲砸器和硒石等，以斧为最多。这里没有发现较大型的石器，都是中小型石器，是这个遗址中的石器特点。陶质的只有纺轮。”[②]杨郧生的《汉水流域民俗文化》一书涉猎汉水流域的农具，指出汉水流域耕作的农具主要有“犁、耙、锄头、挖镢、铁锨、十字镐、钉耙、镰刀、砍刀、扦担、扁担、扳仓、连釉、簸箕、扫帚。中华人民共和国成立后，新式农具不断增多，如双轮双铧犁、播种机（条播篓）、脱粒机、风车、拖拉机、抽水机、面粉机（含小钢磨）等”[③]，并强调旧式耕作农具仍然在偏远山区广泛使用，对汉水流域耕作农具样态的种类进行总体把握。而在全国锋绘编的《荆楚农具》一书中，全面展示了荆楚大地农具的样貌，其中包括汉水中下游平原地带的农具使用情况。该书将农具分为耕种农具、灌溉农具、收割农具、运输农具、加工农具、贮藏农具和其他农具，以图文并茂的形式介绍了荆楚农具的具体样态和功能，进一步证实了汉水流域耕种农具

① 潘世东．论炎帝神农尝百草对汉水文化的深远影响［J］．郧阳师范高等专科学校学报，2007，4：13—15.

② 王善才．湖北京山朱家咀新石器遗址第一次发掘［J］．考古，1964，5：215.

③ 杨郧生．汉水流域民俗文化［M］．武汉：湖北人民出版社，2018：45.

品种的多样性。

汉水耕种农具在下游的江汉平原主要使用南方水田系农具，主要包括犁、耙、耖及机械犁耙等，汉水上游的农具主要体现出北方旱地农具的特征，主要有犁、锄、铲等。灌溉农具主要有水车、井。收割农具有镰刀、连枷、风车等。运输农具主要有扁担、背篓、牛车、独轮车等。加工农具有石磨、铡刀等。贮藏农具主要包括板仓、席篓、坛罐等。

每一种农具均蕴含着丰富的文化。以汉水流域通用的耕地农具“铲”为例，在周昕所著的《中国农具发展史》中，将中国各种农具的起源、演变及其历代文献记载情况详细考证，关于“铲”，该书认为：“铲是由耒耜演变而来的农具之一。原始农业时代的出土文物定名为铲的农具很多。”[①]关于铲的文献记载及其注解也有很多。《说文》中记载：“铲，镤也，一曰平铁。”许灏注笺：“平铁，平木器之铁也。”镤为金属薄片。《六故书地理志》中记载：“铲，状如斧，而farm其刃，所目铲平木石者也。”《集韵》中也记载：“平木铁器。”《释名》中说：“铲，平削也。”这类文献还未注明“铲”是农具。在有些文献里记载了“铲”与“刬”“剷”通用，如《正字通》中记载：“铲与刬同，又与铲通。”《正韵》中记载：“剷音铲义同，铲与刬同。”《古今韵会举要》中记载：“剷，平也，通作铲。”种种文献不一而足。关于“铲”作为动词用已是不争的事实。真正记载“铲”的名词属性的是作为“消灭杂草农具的名称”记载于《氾胜之书》：“区间草，以刬刬之。”清楚地说明“刬”是一种“刬”草的农具。《王祯农书》中记载有：“养苗之道，锄不如耨，耨不如铲。铲柄长二尺，刃广二寸，以刬地除草。”关于铲的形状及材质，古今亦有变化。古之铲形小，主要是以石木材质而制。今之铲稍大，其材质把柄为竹木，铲为金属，具有除草松土助作物幼苗生长之功效。

在汉水流域的农具中，下游的捕鱼工具是其一大特色。常见的当数用于江河的小渔船，既方便渔民居住，又便于四处漂捞。相似的还有轻巧便捷的鹭鸶船，既可以在小河流捕鱼，又可在堰塘、库、湖作业。捕鱼桶子多用于库、湖、堰塘等静水捕鱼。渔网是一种捕鱼工具，“身子一丈一，尾巴一丈七”，网绳长便于撒网，渔民常用其捕。而拦渔网、撮子、鱼罩、鱼篓等捕鱼工具在汉水流域也很常见。总之汉水流域的耕地农具虽有南北之别，但捕鱼工具在全流域差别不大。

① 周昕．中国农具发展史［M］．济南：山东科技出版社，2005：48.

三、汉水制食炊具

炊具，简单来说就是做饭、做菜用的器具、器皿，亦即制作食物的专用工具。《现代汉语词典》中进一步注明："炊具是一个很广的统称，其内容包括炊煮及盛食。"[①]强调了炊具的功能。炊具不仅用来制作食物，还可以盛装食物，抑或说制作食物和盛装食物的器具都是炊具范畴。关于盛食器具，在"用餐食具"章节亦有讨论，按照人类进食的内在程序规则，制作食物阶段的盛食具主要涉及的是生食，如，取自食材阶段乃至制作前的阶段，盛食具主要有竹木材质的筐、篓等。这里探讨的制食炊具主要涉及的是制作食物的器具，如，灶和锅。炊具的原型产生于原始社会，人们用磨制过的石器简单加工采摘来的水果或是捕获的动物的皮肉用到的器具。《周礼》中说："夫礼之初，始诸饮食。"无论是西方还是东方，炊具的产生都直接助推了人类礼仪、文化上的发展与变革。制食炊具深刻折射出食俗文化的质朴本源。

新石器时代人类的炊具，因为科学认知与制作技术的落后，以石制、陶制品为主。现今发掘出土的陶制鼎、釜、鬲、甑、罐，石灶、地灶、砖灶即是如此。反观当时，人们用炊具仅仅出自生存需求，故而炊具都是根据自己的具体需要进行简单的手工制作。到了奴隶制社会，炊具制作有了改观，精巧轻薄的青铜食具登上舞台。我国现已出土的商周时期青铜物件4000余件，其中多为炊具。铜质炊具的出现与使用使得炊具发展进入一个全新时期，其明显的功效在于制作食物时不仅利于传热，也提高了制作功效和食物质量，更是彰显了礼仪，装点了筵席场面，展现了奴隶主贵族饮食文化的高贵气派。在我国由奴隶社会向封建社会转变的春秋战国时期，为争霸而彼此相互征伐，人们在躲避战乱灾祸、求生存之际，思想极为解放和活跃，农业生产技术受到刺激被迫得以迅速发展，炊具制作工艺也得以进步，铁质炊具应运而生。铁质炊具因其硬度和导热性能较铜质炊具更为先进，颇受人们欢迎，鉴于铁质炊具制作工艺受限尚未普及而不便普遍制作，使得铁质炊具处于少见物品的尴尬地位。

吴伟在其《史前支脚组合炊具的区域类型分布与兴衰》一文中探讨了人类

---

① 中国社会科学院语言研究所词典编辑室．现代汉语词典［M］5版．北京：商务印书馆，2005：674.

最早灶具的雏形："古人起初是利用石块支垫盛食器进行炊烧，这可能就是最初的天然支脚。后来为了获取更好的热效应，在某些史前文化中，出现了在居住遗址内挖坑后垫入石块炊烧的痕迹。同时这也是灶的滥觞。"[①]还进一步探讨了陶制组合炊具的支架特点，由"一支脚"演变为"三足器"，进而认为汉水流域的屈家岭文化遗址出土的炊具："不见支脚组合炊具，有可能转变为此时流行的釜形鼎。"事实确实如此，汉水流域的陶制炊具演变有过漫长的积淀，种类齐全。京山朱家咀新石器遗址出土的炊具主要是陶器："器形有鼎……等，均为罐形小鼎，以细泥黑陶的为多，细泥灰陶的次之。鼎足和鼎的口沿出土很多，鼎足有 300 多件。足的形式有斧形的、凿形的、鸭嘴式的及平缝式的几种。平缝式足一般较大，鸭嘴式足次之，斧形足和凿形足最小，但以斧形足及凿形足为最多。所以遗址出土的小鼎多，大鼎很少。鼎的三足是在罐形器制好后另安上去的。"[②]充分展示了汉水流域新石器时代制食炊具"鼎"的材质、样式、形状和大小，印证了汉水流域早期炊具的支架特征是以"釜形鼎"为主。

大量考古发掘的遗存文物证明，汉水流域的制食炊具，历史源远流长，文化博大精深。广泛分布于长江中游、汉水中下游、江汉交汇的平原地带，辐射至陕南地区的屈家岭文化遗存区，出土文物中就有大量制食炊具，据杨宝成、黄锡全合编的《湖北考古发现与研究》一书中介绍，江汉平原文化遗存出土就有"薄胎黑陶带盖鼎"[③]。由"鼎"到"锅"，人类制食炊具的材质使用亦不断演进，据沈红的《炊具造型设计研究——"锅釜灶烹"到现代炊具造型的沿革》一文中认为："考古学依据生产工具的质料将人类社会划分为石器时代、青铜器时代和铁器时代，这便是著名的'三期论'。一个世纪以来，这种分期的合理性已为考古学研究所证实。借以对中国古代炊具进行分期应是可行的。"并进一步指出："铁器时代是我国炊具成熟定型的时期，这个时期有两千多年的历史。"[④]大约在东周时期，釜已经开始大量出现，而锅，即为古代的釜。它的出现与铁器时代的到来同步共进，直至汉代才进一步塑型，称其为一代文化之象。锅、釜的出现有两个重大变

① 吴伟．史前支脚组合炊具的区域类型分布与兴衰［J］．长江文化论丛．2009，11：1—12.

② 王善才．湖北京山朱家咀新石器遗址第一次发掘［J］．考古，1964，5：215—219.

③ 杨宝成，黄锡全．湖北考古发现与研究［M］．武汉：武汉大学出版社，1995：49.

④ 沈红．炊具造型设计研究——"锅釜灶烹"到现代炊具造型的沿革［D］．长春：吉林大学，2009.

化：一是铁质炊具代替铜质炊具；二是把鼎食时期低矮的火坑研创成了高砌的灶台，使用后烹煮的器具颜色自然也由深变浅。锅的出现是中国炊具史上一次巨大的变革。无独有偶，王占北的《鄂西北百工开物启示录》一书中亦探讨了人类制食炊具的发展历程："从我国出土的文物看，大约一万年前，先人用黏土烧制陶鼎，用其煮食物。人类最早的锅——陶锅，其出土分布不但很广，而且很多……3000多年前，我们的老祖宗就发明了另一种容器'鼎'，用生铁铸成，或三足或四足，这是最早的铁锅。鼎本是古代烹饪之器，用其炖煮和盛放鱼肉。当时，要进行祭祀或庆典时，就要击钟列鼎……铁锅生产在中国已有3000多年的历史。"① 并于2008年8月及2009年7月两次对湖北省丹江口市丁家营镇王氏铸锅厂负责人王明国进行调研采访，以期探究汉水流域铁锅制作工艺的流程及其文化传承。

总体看来，汉水流域的制食炊具文化是整个人类食俗文化中食具文化的一个缩影，其昭示的文化意义具有普世性和普遍性，这种普世性和普遍性体现在物质、制度和观念三个层面。炊具文化从其设计及制造工艺流程上无不体现出人类实际生存中的现实发展需要；炊具设计文化的制度层面表现出器物以历史的形象成为特定社会形态的标志；炊具设计文化的观念层面则凝聚了器物以隐喻、象征、凝固在内的哲学、政治、思想、文化、宗教等观念。任何人工制作物器同时包含设计文化三层次的不同投影，由于各层次的比重分量不一，人工制作物器往往呈现出不同文化特色的倾向。后世研究者们将其侧重表现日常生活实用功能（即文化的物质层）的人工制作物器，称为"实用物"，将其侧重传达思想文化精神观念（即文化的观念层）的人工制作物器称为"观念物"。事实是，实用物与观念物并无绝对的区分，只是各自的侧重点有细微之别。大多数人工制作物器都是实用物和观念物的糅合体，随其功用变化而处在实用与观念的两极之间。沈红在《炊具造型设计研究——"锅釜灶烹"到现代炊具造型的沿革》一文中将这种观念概括为"尚礼器、轻实用，重军备、事王权，倾贵族、少民用"②。这种观念自然而然体现出食俗文化的基本要义。

① 王占北．鄂西北百工开物启示录［M］．武汉：长江出版社，2011：298.

② 沈红．炊具造型设计研究——"锅釜灶烹"到现代炊具造型的沿革［D］．长春：吉林大学，2009.

四、汉水用餐食具

用餐食具是人们在用餐过程中所使用到的食具，主要包括取餐食具和盛餐食具两类，袁佳在其《基于汉文化背景下的食用器具功能性研究》一文中认为："在还没有进食器普遍使用的年代，人们进食是将食物抟成小团来食用，然而进食器的出现改变了人们一直以来野蛮的进食方式。可谓之进食器的出现极大地推动了饮食之礼的发扬光大。"① 该文所说的进食器，应该包括了取餐食具和盛餐食具，人类进餐由用"手"到用"器"的演变，既是人类文明的进化，更是食文化乃至食俗文化的发展。取餐食具和盛餐食具的产生和演变发展，本身就是食俗文化的演变和发展。汉水流域的用餐食具主要有取餐食具勺、叉、箸，盛餐食具碗、盘、碟，以及饮品器具壶、杯等。

（一）取餐食具

汉水下游的江陵历史上是楚国的政治经济和文化中心之一，纪南城曾是楚都的所在地。在纪南城附近发掘了大量不同类型的楚基，出土了大批的青铜器，其中就包含有铜质取餐食具。现将其出土文物中记载有勺的相关遗址及其情况选摘如下。据 1973 年 9 月 28 日《文物》刊登的《湖北江陵藤店一号墓发掘简报》上记载："1973 年 3 月所发掘的藤店一号墓出土的铜礼器中有战国中期的 4 把勺。1978 年所发掘的天星观一号墓出土的文物中亦有勺；1986—1987 年在江陵秦家咀发掘小型楚墓 105 座，共出土青铜器 390 余件，其中亦有勺。在襄阳余岗东周墓地，1971—1976 年考古发掘的楚墓器具中，有勺和长勺。"②

勺的出现及其使用，使人类取餐行为习惯产生了质的变化，是人类进餐方式由野蛮向文明迈进的关键，是人类食俗文化的奠基性元素。以我们现代人的视角，餐勺的主要用途仅仅是食汤羹，其实不然，早在筷子出现以前人们就用餐勺来作为进食的工具，可以说餐勺的历史比筷子更久远。餐勺的使用其实可以追溯至早新石器时代中期，历经了 7000 年的历史。可是此"勺"非我们现在意义

① 袁佳．基于汉文化背景下的食用器具功能性研究［D］．天津：河北工业大学，2014.

② 荆州地区博物馆．湖北江陵藤店一号墓发掘简报［J］．文物，1973，9：7—17，82—85.

的“勺”，而是称为“匕”的一种取餐食具。王仁湘的《中国古代进食具匕箸叉研究》一文中研究认为：“新石器时代的遗址之中出土过一些木质或骨质的，但是当时的造型常常让人误认为是一种短小精悍的武器。餐勺的出现和人类开始进入农耕文明有极大关联。因为南北方分别种植水稻和粟做主食，其做法一是加少量的水煮成比较干燥的饭，二是加大量的水煮成粥来食用。干燥的饭粒散热比较快，还可以满足当时人们用手进食的方式，但是滚烫的半流质粥水却没有办法很快地取食。于是便催生了这种连接食物与人的介质食具——匕。”[①] 匕的形制主要有两种：一种是呈长条形，末端有比较薄的边口，此为最原始的匕形；另一种是由明显的勺状头部和持柄两部分组成的勺形。勺形的匕，头部比较大，与后来舀酒的器具“勺”极为相似，极有可能酒具中的“勺”是从勺形“匕”演化而来的。处在青铜时代的商朝不少遗址之中出土了各式各样的餐勺（此时仍称为匕），却鲜有其他的进食器出现，由此可见在古代，尤其是青铜器盛行的年代，匕的广泛用途与重要性。铜匕的匕尖比较锐，边缘也较锋利，柄略宽。在《礼仪·少年馈食礼》中郑玄注曰：“匕所以匕黍稷。”说明了匕的一种用途是挹取饭食。再有《礼仪·士昏礼》中郑玄注：“匕所以别出牲体也。”又说明匕的另一个用途是切割牲肉。再来看匕的造型：锋利的边缘正好切割肉食，尖锐的端部可以将切好的肉块叉起来送入口中，前端的浅勺体可以舀饭、舀汤。小小的匕看似简单，却综合了刀、叉、匙这三种现代常见的辅助食器。在湖北曾侯乙墓出土的两把随葬铜勺，分别为匕形和勺形。匕形有着蟠螭纹样的勺身与勺柄，顶端还刻有龙之首；勺形的那一只在柄端装饰蛇首，蛇的口中还衔着一个铜连环。两只铜勺制作精良，造型独特，充分显示出墓主人的身份地位。可见作为进食器的餐勺也荣升为重要的陪葬品，不仅在墓主人生前承担着重要的进食器的职责，更是在主人死后依旧陪伴其左右。随着时代的发展，到了战国时期，漆器开始流行，又有了漆木勺。隋唐时期国力鼎盛，金、银等贵重金属在上层社会应用广泛，于是便开始用金属银来打造餐勺，以显示身份的尊贵。餐勺的出现与使用体现着人在自然界中达到自我存在的一种本能，同时满足了人们的进食欲望，更是标志着人们的饮食活动正在朝向一种更加文明的状态发展。餐勺圆与弧的曲线、凸与凹的曲折变换，饮与食、舀与捞的取食功能都真真切切地记录了人类的饮食文明及人类历史

① 王仁湘．中国古代进食具匕箸叉研究［J］．考古学报，1990，7：267—294.

文化进程的各个阶段。

当下西餐流行的餐叉，一直被人们误认为是西方饮食文化中重要的进食器，于是人们就想当然地认为餐叉是西方人发明的。之所以会出现这样的误区，主要是由于餐叉的使用在中国的地域上并不普遍。在西方，3 世纪以前，包括贵族在内的统治阶级仍然没有发明出像样的进食器，依旧是手指抓食的阶段。直到 10 世纪在拜占庭帝国才开始有餐叉的出现。而中国却是在新石器时代就出现了餐叉。餐叉的历史可以追溯到距今 5000 多年的马家窑文化，在它的文化遗址中曾经挖掘出一件骨质的餐叉。无独有偶，在甘肃的齐家文化遗址中又出土一件类似的三齿叉，呈扁平状。此外也有两齿、四齿及多齿的器形，早些时候曾将这些餐叉归到生活用具上，因为有齿曾被误认成梳子。其实不然，餐叉并不是单独出现，发现它的同时还会有配套的箸或者餐刀、餐勺等物一同出现。起源于新石器时代的餐叉到了青铜时代，铜餐勺一样得到了继承，但是到了此后一段时期又没有得到重视。而到了战国时代餐叉又得到了贵族阶层的重视，相应的这个时代的餐叉出土量较多。在以后的各朝各代餐叉基本退出了历史舞台，很多出土的器物之中鲜有其身影。为什么餐叉渐渐退出了中国人的饮食生活呢？鉴于文字记载少之又少，我们已经无从考证。可能是由前人的使用经验来看，餐叉的实际应用并不如餐勺和筷子灵活多变。就器形而言，餐叉的使用必然伴随着肉食，这与现如今西方人普遍的饮食文化相适应，因此餐叉在西餐之中得到了继承与流传。相反中国人的饮食比较丰富，因此需要更加应手的进食器来辅助。也许这就是餐叉在中国人的饮食文化中淡出的主要原因。

尽管勺、叉是人类较早使用的取餐食具，但真正担当主流取餐食具的当属箸，箸即筷子，筷子被认为是我国饮食文化乃至食俗文化特有的符号和象征。箸这种取餐食具在中国是一种独特的存在，从某种程度上讲，它的出现标志着中国社会进入一个新的礼制文明时代。毫无疑问，筷子是中华文化乃至中华文明优秀成分的一部分，是伟大智慧的中国古人的伟大创造。关于筷子的起源和发展，如，何时何地何人发明，鲜见于我国古典文献。然而学术界基于严谨的研究观念，从未忽略对这一现象的关照。如，张明坤在其《中日两国筷子文化对比研究》一文中进行了探讨："关于筷子的发明，有很多美丽的神话传说。从神鸟救姜子牙的细丝竹枝，到商纣王的宠妃苏妲己用玉簪夹肉喂纣王的玉箸，再到'三过家门而不入'的大禹为赶时间治水，顺手折两根树枝捞取锅中滚烫的食物来吃的树枝细竹。这些虽都是神话传说，看起来也很不靠谱，但都生动形象地反映了筷子的发明过程。而实际上，筷子的发明的确是因为直接用手拿取煮熟的食物烫手的缘故。筷子的诞生是中国古代劳动人民长期生产劳动实践的产物，是劳动人民集体智慧的结晶。”[①] 然而，自从箸进入人们的用餐活动之中，它所包含的各种丰富内涵，以及它的产生和演变也从侧面反映出我国食俗文化的丰富和厚重。

一是表现为筷子的衍生及其功用沉积了食俗文化的厚重。其实在先秦时期筷子还没有真正出现，那时候人们除了借助匕匙，主要的进食方式仍然是直接“抟饭”入口。后来在人们烤制食物的时候常常需要借助一根竹枝来辅助，同时也会用它来取食肉块和汤羹中的蔬菜。久而久之，人们就习惯于用这样的小竹枝来夹取食物并送入口中，这恐怕就是箸的雏形。《史记·留侯世家》中有一段关于张良的传记中记载：“张良对汉王曰：‘臣请藉前箸为大王筹之。’”[②] 再有就是汉代许慎所著的《说文解字》中说：箸“从竹者声”，还有一句古语说“箸为挟提”，这再一次说明了最早箸是用来夹菜而非进饭。对于这种用餐习俗有很好传承的便是韩国，在韩国的餐桌上就是使用筷子夹菜放在舀好了饭的勺子上再用勺子将饭菜一同送入口中。事实上筷子的真正使用源头已经无从知晓了，但是根据人们饮食规律与烹饪技术的发展趋势来看，食物的加工多趋于小块化，对于这样小巧的造型，筷子更加有利于将食物送入口中。事实上至少在周代以前并非用作进饭，而是有其他的特定用途，并且周礼之中规定筷子的摆放位置是固定的，不可以随便使用。《礼记·曲礼上》中说：“羹之有菜者用梜，其无菜者不用梜。”《广雅·释器》中也说：“筴谓之箸。”从这些文字记载中可知筷子的用途并非进饭，而是夹取汤羹中的菜。《礼记·曲礼》中还说：“饭黍毋以箸。”注云：“贵者匕之便也。”就是说吃米饭、米粥不能用箸，一定得用匕。由此就可以推断至少在汉代以前筷子都是夹菜用的。其实已经不可考，不过在湖南长沙马王堆的西汉初期墓葬中有成套的漆器食具——筷子与卮碗。由此可以断定至少在西汉初期筷子已经开始作为进饭之用了。此后，筷子和餐勺一同协作在中国人的餐桌上扮演重要的角色。

二是筷子的设计特色折射出食俗文化的美学追求。筷子的设计十分巧妙，看似平常的两根细棍，却可以在中国古代先民的手上方便自如地夹取菜羹。筷子也

---

① 张明坤．中日两国筷子文化对比研究［J］．文学教育（下），2019，12：80—81.

② 王宁总．史记［M］．北京：商务印书馆，2018：149.

最能代表中国食具文化的发展，从最初的两根细竹枝，到后来形状略显规则的首粗圆、足细圆，最后形成了我们如今所见的首方足圆。筷首由圆变方的结构演变，既使其摆放时不会滚落，又可以在其使用时增加手与筷子之间的摩擦力，使其不会脱手。筷子下端保持圆形不变是为了在筷子与嘴唇接触时减小摩擦。据《中国传统食具——筷子的设计之道》一文中介绍："筷子的尺寸也有讲究，一般长度在 22 ~ 26 厘米之间，这一长度和前臂的长度相当，筷首直径一般在 0.5 ~ 0.8 厘米之间，筷足直径一般在 0.3 ~ 0.6 厘米之间。"① 除了上方下圆的标准型，还出现过六棱形和八棱形的筷子，以及筷首有锁链的筷子。

三是筷子的名称由来及其制作材质的演变凝聚了丰富的文化内涵。筷子一词是如何而来的呢？在此有一个小故事，一开始箸并非此名，而是根据其功能最初取名"挟"，后来又称"箸"，再后来又有"筋"这个别名，最后改名为"筷"。说到"筷"这个名字还有一个小小的由来，中国自古有同音字避讳的风俗，话说在苏州一带，行船忌讳住和翻，而"箸"又与"住"同音，从此开始改叫"筷"。在《礼记・内则》中有："子能食食，教以右手。"就是说孩子长大到可以自己进食的时候就要教他用右手使用进食器，所以套用到筷子的使用，应该也是规定右手执筷。而且筷子的握法也有规范，除了食指以外的指头要捏住筷子，食指不可以伸出来，因为会给人一种不尊重的感觉。除却这些禁忌，筷子在日常生活中还有重要的文化蕴意，在我国婚、丧、嫁、娶这样的重要日子也扮演着重要的角色，传达着我们千年来的民族风情，渐渐形成了筷子自己的独特文化。筷子本身作为一种文化形式，凝聚了中华五千多年的食礼文明，单从设计而言，两支为一双，在婚娶的时候可以寓意成双成对的美好祝福。不要小看这两支不到一寸长的小棍，它的简单形态同样内涵深远。首先看筷子的线条，笔直颀长，两支一双，主动筷为阳极，从动筷为阴极，二者合而为一象征着阴阳八卦的两仪之象。然后是筷子的形态，头方底圆，分别象征地与天，手持筷子寓意天地乾坤皆在人的掌控之中，体现了人们对于主宰世界的博大胸怀。而且筷子用起来轻巧多变，同时种类多样，但是最基本的两支一双的形式是始终不变的，可谓万变不离其宗。筷子的这种哲学易理与汉文化的传统造物思想有千丝万缕的联系，具体汉文化的造物思想如何，我们暂且不提，下文慢慢道来。就连各朝各代筷子的制作材料与工

---

① 夏进军，邵彩萍 . 中国传统食具——筷子的设计之道［J］. 民族文化，2011，5：79—84.

艺，都是与当时国家的经济实力与文化氛围相适应的。远古社会时期，食用器具的原材料匮乏，筷子更是没有正式进入进食器的行列，只有用树枝或者竹条来充当，到了新石器中晚期才开始有一些用动物的骸骨来制作的更耐用的筷子。到后来的奴隶制社会，奴隶主为了显示地位尊贵，不仅会用青铜铸筷，更有甚者用名贵的象牙雕刻筷子。春秋战国时期，战事连连，铁器大量运用，于是筷子的种类之中又增加了铁筷。到了汉代，也就是汉文化的成熟时期，筷子的种类就更为丰富了，有铜质、铁质、竹质、木质等，其中以竹木筷最为盛行，因为此时期漆器工艺十分发达，经过漆涂之后的竹木筷不似原始社会时期那么不经久耐用且易腐蚀，而且十分精美。只可惜由于内部材质仍旧是木材或竹子，经过千年的埋藏，存世量依旧稀少。但在发掘出的汉代壁画石刻之中更是有众多使用筷子的场面，如此细小的物件都被一丝不苟地刻画出来，而且使用的场景栩栩如生，这些证据都说明在汉代筷子的使用并非偶然而是十分常见且带有民族普遍性，进一步说明在食用器具之中，筷子文化是汉文化中的一大特色。隋唐时期，中国国力鼎盛，筷子的制作就更为讲究，原来的铜筷、铁筷由于长期使用会生锈而产生难闻的气味逐渐被银筷取代。银筷不仅氧化速度极慢，而且由于其遇到毒物会变色发黑的特质在士大夫贵族阶层尤其盛行。此后各朝各代的筷子工艺文化不仅在材质上做足了文章，更是衍生出各种筷子的美化工艺，使其展现出独特的审美文化，但是无论筷子如何变换花样，唯一不变的就是它灵巧简便的功能特性。

（二）盛餐食具

这里探讨的盛餐食具主要是指通过制食炊具制成熟食食物后使用的盛食具，与制食阶段的盛食具迥然不同，其蕴含的文化亦是别具风韵。汉水下游湖北的京山朱家咀新石器遗址出土的盛餐食具主要是陶器："器形有鼎、罐、缸、盆、甑、钵、碗、盘、杯、器盖、器座和盂形器等。"[①] 据杨宝成、黄锡全合编的《湖北考古发现与研究》一书中介绍，江汉平原文化遗存出土就有"蛋壳黑陶罐、盘、碗和蛋壳彩陶各式鼎、豆。"[②] 王占北的《鄂西北百工开物启示录》一书中亦探讨了

① 王善才．湖北京山朱家咀新石器遗址第一次发掘［J］．考古，1964，5：215—219.

② 杨宝成，黄锡全．湖北考古发现与研究［M］．武汉：武汉大学出版社，1995：49.

汉水盛食器具的考古发现："1985 年 10 月，丹江口博物馆工作人员确认丹江口市浪河镇薄家湾村有古代陶窑遗址，面积达 2 万平方米。2004 年，湖北省文物局专家在此进行考古发掘，确认其为东周时期遗存。发掘出陶器 19 件，有鬲、盂、罐、盆、瓮等生活用品。"① 汉水流域的盛餐食具按照时代及其材质不同，已发掘的遗址中具有大量该类器具的记载，如，青铜时代的黄陂盘龙城遗址有鬲、盘等，漆器时代的江陵拍马山楚墓有盒、豆、盘等，瓷器时代的鄂州六朝墓葬遗址有碗、盘等。

碗是人类主要的盛餐食具之一，关于碗的产生、演变及其材质使用历程，在张予林的《陶瓷碗类造型的发展演变研究》一文中有较为清晰的论述："碗的历史绵延几千年，可以说是与人类文明同步发展的，东汉以前的碗以陶质为主，东汉以后青瓷碗的出现使得碗的基本造型与质地得以固定并且沿袭下来，以瓷质为主。历史上再也没有哪种瓷器能够比瓷碗制造与应用得更多了，无论是在品种还是造型上它都逐渐形成了灿烂的碗文化。"②

分布于汉水流域湖北一带的屈家岭文化，年代大体相当于龙山文化早期。1954 年发现于湖北的京山屈家岭，故名为屈家岭文化，其出土的最具特色的文物以朱绘黑陶、彩陶纺轮和蛋壳彩陶为主。器皿造型规整美观。陶器多为黑陶、黑灰陶和磨光黑陶，器类主要有鼎、盆、豆、簋、碗、杯、器盖和环等造型，把一种形式分别运用于几种不同功用的器物上，如，部分碗、豆、鼎的体部基本一样；再按不同器物附加高矮不同的圈足或三足，以适应不同的需要，是它的主要特征。彩陶胎色橙黄，外施黑、灰陶衣，上绘彩纹。蛋壳彩陶杯的彩绘多绘于器内，陶碗的花纹内外兼施。纹饰中旋纹的构成最为突出，尤其是彩陶纺轮上的各种旋形纹饰，简练明快，生动活泼。近现代时期，屈家岭遗址群历经多次发掘，出土了大量与生产生活密切关联的石器及陶器，这充分说明在新石器时代的江汉平原上，史前先民中已经出现具有较高水平的烧陶技术的制陶工匠。在陈飞与孙艳霞合撰的《浅谈屈家岭文化中的典型陶器》一文中记载了屈家岭文化中的典型陶器——陶双腹碗："1956 年出土于京山屈家岭，高 7 厘米，口径 21 厘米，碗底有圈足，直径约 6 厘米，高 1 厘米，碗腹比较浅，但碗口较大，口径约 21 厘米，

① 王占北．鄂西北百工开物启示录［M］．武汉：长江出版社，2011：298.

② 张予林．陶瓷碗类造型的发展演变研究［D］．景德镇：景德镇陶瓷学院，2010.

约为碗高的三倍，在碗腹下部三分之一处，有一条若隐若现的凹弦纹。与现代使用的碗相比，该双腹碗的高度不算高，但口径远远大于我们日常使用的碗，或者说从它的造型比例来看，它与盘子的造型更为相似。”①

以碗为代表的屈家岭陶器是汉水流域盛食餐具文化的典型之作，在造型、制作、装饰上均蕴含着丰富的食具文化。屈家岭陶器无论是在造型装饰还是在功能及材料选取上，都有各自的独特之处，且相互之间存在着一些共性。从造型上看，无论是鼎，还是碗和豆，均强调了线条与造型的关系及实用功效的表现，它们的外观轮廓均可以用曲线来提炼，以浑厚的整体造型见长。在其装饰上，这些器物采用了凹凸弦纹或局部镂有椭圆形或圆形的孔，或者使用线条来点缀。总而言之，其装饰手法简练，线条简约而有韵味和规律。当我们细细品读屈家岭陶器中的盛餐食具历史遗存时，我们一定会更加尊重它，进而领悟它存在的真谛。

汉水流域的食具文化，无论是食源耕作工具，还是制食炊具、用餐食具，所折射的文化内涵均是中华传统文化的重要组成部分，是中华文明的有机组成部分，更是中华食俗文化中不可或缺的特色元素。研究汉水食具文化意义深远。

---

① 陈飞，孙艳霞．浅谈屈家岭文化中的典型陶器［J］．设计艺术研究，2017，12：12—17.

第四章　薪尽火传

——汉水食技

成语“薪尽火传”出自《庄子·养生主》，原文为：“指穷于为薪，火传也，不知其尽也。”意思是，柴虽烧尽，火种仍留传。我国食技文化传承久远，代代续接，内涵博大而精深。其实，食技的关键在于“烹”字。在我国最古老和权威性的字（辞）典中，对“烹”字的解释皆云：“烹”是来源于古字“亯”，而与“亨”“享”通。关于“烹”的本义，《集韵·庚韵》中记载：“烹，煮也。”可见“烹”是指烧熟食物，这也可从古代文献中得到例证。如《左传·昭公二十年》中记载：“水以醯醢盐梅，以烹鱼肉。”《史记·孝武本纪》中记载：“禹收九牧之金，铸九鼎，皆尝，烹上帝鬼神。”唐柳宗元《答周君巢饵乐久寿书》中记载：“掘草烹石，以私其筋骨，而口以益愚。”《红楼梦》第二十三回：“静夜不眠因酒渴，沉烟重拨索烹茶。”其中之“烹”皆烧、煮之意也。而在《词源》《辞海》中均将“烹”释义为“做饭做菜”。

在我国古老悠久的文明传承过程中，曾经作为里程碑的“烹”实质上就是加热。而加热要具备三个条件，分别是火、器具和方法（技巧）。可见，烹饪是人类吃熟食以后发展起来的一种民间生活技艺，是技能，又是艺术，更是文化；它有实用价值，又有美学价值；它既标志着社会物质文明的发达，同时又体现了社会的一种精神文明。我国的烹饪技艺源远流长，内涵博大精深，原始社会先民发现和使用火进而熟食，便可视为烹饪的开始。陶器的出现，加上人类在饮食制作过程中积累的经验和创造的技艺，如，切割食物的刀法工艺等，如此三者齐备，真正意义上的烹饪才算完备。本章节梳理食技文化的概况，包括食技文化的背景、界定、分类、演变，汉水食技文化的具体形态、特征，汉水食技文化的影响，以期挖掘展现汉水食技文化的别样姿态、丰富内涵和深远影响。

一、食技文化概述

人类有史以来，关于食的技巧和方法，经历了由生食到熟食、由果腹到养生的漫长历史跨越，留下了珍贵的食技记忆，积淀了丰富的食技经验，传承了精深的食技文化。文献中记载的数位人文始祖，其对于人类食技及其文化创造的贡献，让后世铭记而敬仰。

旧石器时代，人们不懂人工取火，更不能保留火种，进而根本无法实现熟食，茹毛饮血是当时饮食之状况。为使生鲜的肉食便于被咀嚼和消化进而有效吸收，传说有巢氏发明了“捣”和“脍”的肉食处理方法。“捣”是用石锤把肉捣松食用，而“脍”则是用石刀把肉割成薄片食用，据传，该方法一直传承到周代，周王八珍中的“捣珍（松捣牛肉）”“鱼脍（生鱼片）”即是。据传，有巢氏还创造“脯”和“鲊”的肉食处理保存法，“脯”就是把鲜肉割成片后再风干，而“鲊”则是用硝和盐等原料揉制浸渍肉食并风干保存。基于此，有巢氏被誉为生吞活剥的食祖。

东汉徐干《中论·治学》中曾说：“太昊观天地而画八卦，燧人察时令而钻火，帝轩闻鸡鸣而调律，仓颉观鸟迹而作书，斯火圣之学乎。”[①] 韩非子《五蠹》篇中进一步载道：“上古之世……民食果蓏蚌蛤，腥臊恶臭，而伤害腹胃，民多疾病，有圣人作，钻燧取火以化腥臊，而民说之，使王天下，号之曰燧人氏。”[②]《吃到公元前：中国饮食文化溯源》中称：“《古史考》亦载：‘古者茹毛饮血，燧人氏初作燧火。’”[③] 基于此，燧人氏被公认为发明钻木取火，用火熟食，开创石烹时代的先河者。燧人氏此举，不仅有助于人类身体强壮，更有利于人类文明新纪元的开创，仅凭烹饪史来看，他创造了“石烹”的烹饪方法，遂被誉为钻木取火的始祖。

---

① （东汉）徐干．中论［M］．龚祖培校点．沈阳：辽宁教育出版社，2001：7.

② （战国）韩非．韩非子［M］．济南：山东画报出版社，2013：378.

③ 张宇光．吃到公元前：中国饮食文化溯源［M］．北京：中国国际广播出版社，2009，1：2.

《易系辞》中曾记载："古者包牺氏之王天下也，仰则观象于天，俯则观法于地，观鸟兽之文，与地之宜。近取诸身，远取诸物，于是始作八卦，以通神明之德，以类万物之情。作结绳而为罔罟，以佃以渔，盖取诸离。"[①]伏羲氏看到人们打猎收获时多时少不稳定，难以维持生计，又试着把没打死的猎物拿来驯服饲养，以做肉食食物储备，进而逐步开创了家畜饲养业，所谓"养牺牲以充庖厨"为后人奠定了通过狩猎驯养等方法，实现了能稳定掌控动物性食源的方法，因而被后人称为"庖牺"，成为"第一个为厨房准备肉食的人"。伏羲氏最大的贡献是推广燧人氏用火加热食物尤其是肉食的方法，逐步促成熟食成为我国饮食的主体。有传说，他向雷神借火种，取来天火，教授人们用火加热食物，并将燧人氏的那些炮、炙、煲、烙等方法普及开来，从此，人们吃上了熟食，加强了人类身体对食物营养的吸收，促进了人类身体健康。由此伏羲氏被誉为开创肉食的食祖。

传说神农尝百草之举，使人类的食源结构得以拓展。从饮食烹饪的角度来看，神农对人类食源结构拓展的具体贡献在于：首先，他采集各种植物的叶、茎、果实，一一亲尝，扩展了人类食材来源的范围，确立了我国食物中的植物种类。在其身体力行的品尝实践后发现，有些植物味道甜美，适合人类食用；有些东西又苦又涩，难以下咽；而又有些东西味道虽然不错，但吃下去后会让人腹痛难忍。他将这些冒着生命危险得到的知识和经验一一记录下来，汇成一部我国最早的流传至今仍有巨大影响的食材志——《神农本草》。据载，神农在观察植物时发现，遗留在地上未吃完的瓜子、果核，第二年会发出新芽，长出新植株，并能开花结果，于是，经过深思熟虑后又不断尝试，首创了人工种植。再后来，通过观察体验，他发现天气、土地对植物生长有影响，并针对有关具体情况制定出适宜的种植方法，使我国进入了农耕时代。基于此，神农被后世誉为我国农业的开创者，同时还被誉为我国制陶业的开创者。因为有传说神农可以烧制陶器，使人们第一次拥有了陶质炊具和容器，为加热、发酵、保存食品提供了可能。在植物食材数量充分，盛食陶具具备的情况下，我国的酿酒、制醋、制酱也开始了。一些饮食制作技法，如酒、酪、醢、醯、鲊、醴等也随之出现，这是神农对我国饮食文化的另一重要贡献。今天汉水流域下游的湖北随州被认为是神农的发祥地。

① 周国芳．周易象解［M］．杭州：西泠印社出版社，2018：111.

为纪念神农，现在全国各地有许多“神农嗣”。于是，神农顺而被誉为食用草蔬的始祖。

人类掌握了火以后，具备熟食基础，然而真正利用烹饪技术食用熟食，却是始于灶的发明与使用。而兴灶作炊真正的始祖却是黄帝。据张宇光的《吃到公元前：中国饮食文化溯源》中介绍：“古载，黄帝姓公孙，长于姬水，又姓姬，是少典之子。因生于轩辕之丘，故称轩辕氏；国于有熊，又称之为有熊氏；以土德王，土色黄，故称作黄帝。”[①] 在距今大约5000年前的黄帝时期，我国的医药品、蚕桑、宫室、舟车、文字等，相传均由黄帝所创，黄帝由此被列为我国人文始祖，将其与炎帝神农列为同等高度，因此，我们后世人便称自己为“炎黄子孙”。黄帝对中华文明的贡献巨大，其中之一就是对人类饮食文化的贡献，此论，古文献中多有记载，如《史记·五帝本纪》中记载：“黄帝艺五种，抚万民。”“黄帝作釜甑。”《淮南子》中记载：“黄帝作灶，死为灶神。”三国谯周的《六史考》中记载：“黄帝始蒸谷为饭，烹谷为粥。”凡此种种，不一而足。黄帝以前，人类以火煮食，是置火于灶坑，烹饪技艺受限明显，效果不佳，黄帝将灶坑改为炉灶，并基于蒸汽加热的原理发明了陶甑，即为人类最早的蒸锅，用以煮粥蒸饭，于是“吃饭”的概念应运而生。黄帝对于食技文化的贡献不言而喻。

关于食技文化的奠定与发展，古典文献中记载的人物很多，如，“最早的营养学家彭祖，传说中的食神詹王，豆腐始祖淮南王刘安，古代最有成就的女厨师吴氏与朱氏，古代的快刀手庖丁”等。

我国古典文献中记载的诸多食祖，为食技文化的诞生、演变、发展提供了深厚的文化背景，为食技文化的内涵和外延研究划定范围，为食技文化的研究与传承指明方向。食技文化是食俗文化研究不可绕开的领域。那么如何界定食技文化呢？在付铃的《中西方烹饪文化比较研究》一文中有这样一段表述：“一份菜品的美味程度与烹饪的方式有着直接的影响……南北地域的气候或者地理环境条件的差异，使得中国发展了许多不同的烹饪方式，譬如菜品的做法就有数十种，有炖、煨、炒、蒸、炸、涮、煮、溜、焖……中国的烹饪方法之多再加上辅助作料的搭配，食物自然而然就鲜美无比，令许多外国人赞不绝口。”[②] 该文以传统饮食

① 张宇光．吃到公元前：中国饮食文化溯源［M］．北京：中国国际广播出版社，2009：5.
② 付铃．中西方烹饪文化比较研究［J］．才智，2017，1：232—233.

文化为基础，将视角放在烹饪方式或菜品制作方法上，“炖、炒、蒸、炸、煮、溜、焖”等菜品制作方法均为食技文化的范畴，同时还有辅助调料搭配技巧，菜品才美味可口。可见，食技不仅是烹饪方法和烹调方法，还包括调料搭配技巧的演绎。

食技文化内涵远不止如此。烹饪技法、烹调方法的效果体现，离不开刀法。刀法是烹饪技法的核心构成要素，刀法与烹饪技法、烹调方法共同构成了食技文化的核心内涵。探究食技文化，要宏观与微观结合，食技是一个宏观概况，从微观层面来看，尚需将烹饪与烹调的不同之处区别开来。只有区分了烹饪与烹调，才能精准把握食技文化的内核。人们习惯把烹饪与烹调混为一谈，从真正研究的角度来看，这是不合适的。这两个概念各有独特之处。关于“烹饪”，分开来看，“烹”是煮的意思，“饪”是熟的意思。“烹饪”一词的解释有狭义和广义之分。狭义层面上，仅指煮熟的食物；而广义的解释是泛指各种饭菜由生变熟的整个动态过程。回到问题的起点，烹饪是煮熟食物，或是煮熟食物及其过程，那么这个过程包含哪些程序呢？其应该涵盖准备、烹煮、结果三个过程。而准备至少要做原料的选择和加工切配；烹煮要备柴生火，并有持续时间；结果就是饪，是指食物熟了。只有这样，整个烹饪过程才算完整。而就饮食理论研究来看，烹调只是烹饪准备阶段的一个点。我们知道烹饪体系的准备阶段要做很多工作，有很多工序，如，食源选择、初步加工、切配等，然后根据各种不同食物制品的不同要求，进行各种不同的操作等。人们习惯把烹饪分为红、白两案，“烹调”一般就是专指红案，相对烹饪，烹调的含义显得相对较窄。在王振如与郝婧编的《烹饪》一书中有清晰的解释：“简单地说，‘烹调’是指副食品加工，是副食品加工的简称。烹与调是菜肴制作密不可分的两个环节。‘烹’就是加热处理，就是对火候的控制，起源于火的利用。‘调’就是调味，起源于盐的发现。因此，‘烹调’是烹饪学中的一个重要组成部分。”①

食技文化的界定，要全面探讨食技的主体、客体、载体、受体等系统要素，要将厨师水平、食源特征、菜品本质与品尝者的喜好等元素系统把握，方能准确把握食技文化精神的内涵。总而言之，食技文化是人类在将生食食源制成熟食食物并创造技巧的过程中形成的物种和精神财富的总和。按照食技展现过程，主要

---

① 王振如，郝婧. 烹饪［M］. 北京：中国人口出版社，2010：2.

包含食源切割、食物烹制、调料搭配三个层次，其中，食物烹制是其关键。按照烹制的社会功能，又可以分为饮宴烹饪、社团烹饪、餐旅烹饪、家庭烹饪等技巧。按照地区特色划分，又有“八大菜系”食技文化之别。

食技文化是系统的饮食技艺工程的具体体现和展现。就社会文化的表现形态而论，技艺由“技”和“艺”两个层面的内涵构成，“技”与技术对应，而“艺”与艺术对接，技术是人们对某一事物进行认知改造过程中对其本质规律的把握，极具操作实践属性，而艺术是在技术的基础上，除了把握事物的本质规律能够熟练操作外，在认知改造具体事物的过程中融入了思维，上升到文化，展现了美感，启发了心智。可以说，人类的烹饪将“实用”与“审美”巧妙地融为一体，将共性与个性有机地结合在一起。因此，“技艺”既含有技能“技术”的成分，也含有艺术“文化”的成分。虽然其展现形式各异，但从本质而言，它是从属于文化体系中“制度文化”层面的，是勾连物质文化与精神文化的桥梁。饮食“技艺”可以涉及饮食材料、设计、结构、造型、程序、工具、工艺、规则、美术、技巧等诸多方面。饮食“技艺”是“自然”与“需求”的结合物，具有鲜明的地域性，因为“自然”要基于地域的差别，“需求”也就自然会有风俗的差异，此一点在传统烹饪技艺的形成上尤为强烈。比如，以鸭为例，北京制作的叫“北京烤鸭”，山东制作的为“神仙鸭子”，南京烹制的为“桂花鸭”，扬州的则为“盐水鸭”或“三套鸭”，而湖北的却是“周黑鸭”。为何有此差别呢？我们知道，传统烹饪技艺是一些烹饪大师积累一代、几代、十几代乃至几十代人的探索、钻研、体验、感悟、总结、提升、固化而传承下来的某些有关烹饪的专门技艺。这些饮食技艺既具有一般技艺的共性，又具有烹饪自身工艺的鲜明个性。能够成为传统烹饪技艺被继承，要基于以下几个要素：一是地域特征独特，一方水土养一方人，离开本土就会失去本来的味道，大有“橘生淮南则为橘，生于淮北则为枳”之意；二是拥有大量的“粉丝”，即认可对象需求群体，大有好之者趋之若鹜之形；三是具有历史延续积累的韵味和文化，使其绵延不绝、长盛不衰。基于此三要素产生的饮食技艺必然展现以下三个特质：一是饮食原料的精挑细选与辅料的讲究搭配；二是烹饪过程的精雕细琢和工序风格的独特展示；三是成品塑造的艺术化追求与美感的体现。基于此，经过这种技艺烹制而成的食品必然得到消费者的广泛认同，再经过后人的传承弘扬使之流传后世，自然顺理成章。

传统烹饪技巧和艺术是一种文化遗产。在“回归优秀传统，重塑文化自信”

的当今世界，人类对文化遗产的重视程度远超以往。我国自2006年起将每年6月的第二个周六定为文化遗产日。文化遗产有物质和非物质之别。烹调技艺属于非物质文化遗产。按照联合国教科文组织《保护非物质文化遗产公约》中的定义，无形的文化遗产（非物质文化遗产）则是指“被各群体、团体，有时是个人视为其文化遗产的各种实践、表演、表现形式、知识和技能，及其有关的工具、实物、工艺品和文化场所”。此定义将非物质文化遗产分为五类：一是口头传统和表现形式，包括作为非物质文化遗产媒介的语言；二是表演艺术；三是社会实践、仪式、节庆活动；四是有关自然界和宇宙的知识和实践；五是传统手工艺。[①]2005年由国务院下发的《关于加强文化遗产保护工作的通知》中将非物质文化遗产定义为：“各种以非物质形态存在的与群众生活密切相关、世代相承的传统文化表现形式，包括口头传承、传统表演艺术、民俗活动和礼仪与节庆、有关自然界和宇宙的民间传统知识和实践、传统手工艺技能等，以及与上述传统文化表现形式相关的文化空间。”[②]这两个定义有一个共同之处就是把传统手工艺囊括在内，传统烹饪烹调技艺是传统手工技艺的一种，可见，传统烹调技艺是文化遗产中一个重要的组成部分。朱运海在其《汉江流域非物质文化遗产保护性旅游开发研究》一书中，将汉水流域襄阳市的非物质文化遗产旅游资源进行整理，其中与饮食手工技艺有关的摘录有“石花奎面制作技艺、襄阳大头菜制作技艺、枣阳琚湾酸浆面传统制作技艺、陶记金刚酥制作技艺、枣阳鹿头地封黄酒酿制技艺、马悦珍锅盔馍、杂碎汤制作技艺、老河口双头口醋酿造技艺、云雾山黄酒酿制技艺”等。[③]此摘录对于襄阳乃至整个汉水流域传统饮食技艺的传承发展和弘扬具有积极的推广意义。此时不能不让人想起鲁迅先生在《且介亭杂集》中的“只有民族的才是世界的”这句话。民族文化必然蕴含该民族的特点，必然是该民族发展进程的正确选择，更是该民族精神的体现，是该民族区别于其他民族最本质的东西。具有民族特征的民族文化集该民

① 保护非物质文化遗产公约[EB/OL].http://baike.baidu.com/view/1006148.htm?fr=Aladdin，2014—08—12.

② 国务院关于加强文化遗产保护工作的通知[EB/OL].http://www.gov.cn/gongbao/content/2006/content_185117.htm，2015—12—22.

③ 朱运海.汉江流域非物质文化遗产保护性旅游开发研究[M].武汉：华中科技大学出版社，2017：86.

族民风民俗、语言文字、宗教信仰、传统技艺等元素于一体。我国食俗文化中的传统烹饪技艺就是中华民族文化中一个重要的组成部分，其不仅涵育了中华民族几千年的灿烂文明，还是中华民族文化中具有鲜明特色的瑰宝，我们无疑应当倍加珍惜，努力保护与传承，积极弘扬与发展。

二、汉水食技文化的多姿样态

汉水食技文化是汉水流域人们在将生食食源制成熟食食物过程中创造食源切割、食物烹制、作料搭配等技巧中形成的物种和精神财富的总和。汉水流域食技文化，是汉水食俗文化的重要组成部分，目前专门研究食技的著述不多，而汉水食技文化研究的著述更少。杨郧生的《汉水流域民俗文化》一书，将汉水饮食技法概括为："炒、煎、烧、炸、溜、爆、拌。"[①] 将汉水食技文化的存在样态稍揭面纱，尽管这些食技不是汉水流域独有的，亦没有展开食技应包含的食源切割刀法和作料搭配技法，然而这些技法流行于汉水流域已是不争的事实。由此可见，这些技法已是汉水流域食技文化的重要体现，为后人研究汉水食技文化奠定了良好基础。汉水食技文化主要包含食源切割、食物烹制、调料搭配三个层次，其中，食物烹制是其关键。

（一）食源切割

食源切割主要是食技文化中切割食源的刀法技艺。研究食技必须研究刀法。据《礼记·礼运》中记载，古人在祭祀时，首先要把牺牲（如牛、羊等）分为七块，然后煮熟，再分成二十一档。[②] 这是用刀具对动物性原料进行的分档取料，从"七块""二十一档"的用词来看，其精细程度几乎可与现在人们对牛羊肉的切割相媲美。《礼记·内则》中所记录的古代"八珍"中的"渍"法，说："取牛羊肉，必新杀者。薄切之。"[③]《荀子·非相》中记载的"皋陶之状，色若削瓜"[④]

① 杨郧生．汉水流域民俗文化［M］．武汉：湖北人民出版社，2018：92—93.

②（元）陈澔．礼记［M］．上海：上海古籍出版社，1987：123.

③（元）陈澔．礼记［M］．上海：上海古籍出版社，1987：160.

④（清）王先谦．荀子集解［M］．北京：中华书局，1998：74.

都强调了切薄切细的刀削之法。《诗经·小雅·楚茨》中的“或剥或亨，或肆或将”[①]，是刀法、剥法的使用。《礼记·少仪》中记载的“牛与羊鱼之腥，聂而切之为脍”[②]，其中的“脍”据东汉许慎的《说文解字》中解释，即为“细切肉也”[③]。这些文献记载结合考古发现足以证明我国烹饪刀法花样之众多，刀工技艺历史之悠久，食技文化内涵之丰富。

在赵建民与郭志刚合撰的《〈齐民要术〉烹饪刀法与切割技艺探析》一文中，高度肯定了《齐民要术》在我国饮食文化中的地位，尤其是对烹饪刀法技艺在食材切割，包括合理利用、卫生清洁、造型讲究等方面的探讨不乏溢美之词。如该文讲道：“《齐民要术》记载的丰富多样的烹饪刀法与切割技艺的运用，对于我国古代烹饪过程中食材的合理使用、食材的卫生处理和料型的美化、菜肴风味的定型，都起着极其重要的作用。”[④]事实确实如此，《齐民要术》中展示了对菜肴切配的刀法技艺，由于其合理性和前瞻性，很多技艺在今天的烹饪界得以传承和使用。关于传统烹饪刀法技艺，孔子在其《论语·乡党》中也有独到的、具有启发性的见解，如，“食不厌精，脍不厌细”“割不正不食”等[⑤]，都是讲究菜肴刀工的体现；至于将“肉为脍”“葱为齑”，都是刀法及其技艺的具体运用。烹饪刀法技艺对于饮食制作的作用不言而喻，精湛的刀工技艺不仅可以使食材得以切割而便于制作和食用，更为可贵的是其塑造了菜肴的美感，因而其历经数千年的传承发展，成为菜肴制作工艺的关键工序，成为进一步探明刀法与烹饪技法一起构成食技文化内涵的有力依据。

沈智的《国人必知的2300个中华饮食文化常识》一书中认为：“刀法在烹饪中非常重要，厨师要使用不同的刀具来对原料进行加工，采用不同的运刀技法来把食材做成一定的形状，可见刀法就是用刀的方法。”[⑥]强调用刀之法，要基于烹饪原料的差异性和烹饪方法的内在特异性，对于食材的形状有一定要求的，烹饪主体的刀法技艺就显得非常重要了。刀法的主要作用在于对于食源切割和对食材

---

① 苏东天．诗经辨义［M］．杭州：浙江古籍出版社，1992：269.

②（元）陈澔．礼记［M］．上海：上海古籍出版社，1987：197.

③（东汉）许慎．说文解字［M］．北京：中华书局，1963：90.

④ 赵建民，郭志刚．《齐民要术》烹饪刀法与切割技艺探析［J］．美食研究，2015，6：5—8.

⑤ 杨伯峻．论语译注［M］．北京：中华书局，1980：102.

⑥ 沈智．国人必知的2300个中华饮食文化常识［M］．沈阳：万卷出版公司，2009：141.

形状的雕刻，因此刀法技艺有一套完整的体系。汉水流域食源切割乃至食材形状雕刻的刀法体系与全国传统刀法技艺体系较为一致。常见的刀法有直切刀法、斩刀法、推切法、铡切法、刻刀法、锯切刀法、劈刀法、反刀法等。

以直切刀法为例，来看看烹饪刀法的工艺流程及其美感意蕴。据《简明中国烹饪辞典》中介绍："直切刀法，又称跳切法。适用于比较脆嫩的原料，如冬笋、莴笋、白菜、南荠等。一般右手持刀，左手五指虚拢，用指头轻按原料，指背抵住刀身，随着右手下刀向前推移原料，使厚薄一致，粗细均匀。要垂直下刀，不可偏里偏外。"① 较其他诸多文献中关于直切刀法的描述，意思一致且更为清晰，更便于人们对其把握。研读发现，据其"跳切""垂直下刀""均匀"等词来看，直切运刀的方向是直上直下，着力点遍布刀刃，力量保持前后一致。其实直切又可以分为定料切和滚料切两种。定料切是使在砧板上切好的原料保持形状不变的一种切法，使原料形状要一致定型。定料切要求原料形状不变，均匀用力使运刀频率加快，就演绎出"跳刀"的情况。定料切适用于如笋、冬瓜、萝卜、土豆等脆性的植物原料。滚料切，又称滚切，是指原料滚动一次，就切一刀的切法，是直切刀法的一种演变，讲究食物原料的持续滚动性。滚刀法的关键就是在落刀后原料要被滚动一下。滚料切主要适用于如萝卜、茄子、土豆、笋等体积较小、质地脆嫩的圆形或柱形植食性原料。

汉水流域对于食源切割或食物雕刻常见且当下正在使用的刀法，在《齐民要术》里均能找到记载。《齐民要术》中提到的刀法有"剉""作""脔""琢""解""破""谨""删"8种。"剉"，在《齐民要术》中有两种意义：一是"斩剁"的用法，如"取肥鸭肉一斤，羊肉一斤，猪肉半斤，合剉"②。这与当下的剁法基本一致。另一种是"铡切"的用法，《齐民要术》中叙述"切酒曲"的时候，因酒曲饼块坚硬，只能用铡切的方法。"作"，类似"削"，运用此刀法，或削除食材的外层，或将食材一层一层地削下来。"作"的刀法先秦文献《礼记·内则》中已有记载："肉曰脱之，鱼曰作之。"③ 这里的"作"就是削除鱼鳞的意

---

①《简明中国烹饪辞典》编写组.简明中国烹饪辞典［M］.太原：山西人民出版社，1987：106—107.

② 缪启愉.齐民要术校释［M］.北京：农业出版社，1982：464.

③（元）陈澔.礼记［M］.上海：上海古籍出版社，1987：158.

思。“脔”，类似今天的“碎切”，古代运用得较多。宋代洪巽的《旸谷漫录》中记载：“切抹劈脔，惯熟条理，真有运斤成风之势。”[①]这里的“切抹劈脔”就是四种运刀的方法。《汉语大词典》中注：“脔”为“碎割”[②]，即是一种碎切的方法。“琢”，在《齐民要术》中是一种砍、剁结合运用的刀法。“作鸡羹法：鸡一头，解骨肉相离，切肉，琢骨，煮使熟，漉其骨。”[③]这里的琢就是剁、砍的用法。“解”，即是用刀分割动物的肢体，包括肉皮、骨肉分离等。《庄子·养生主》中的“庖丁为文惠君解牛”[④]，《齐民要术》中的“作鸡羹法：鸡一头，解骨肉相离”[⑤]都是用刀将动物的骨与肉分离。“破”，是用刀把动物整体剖开使其分裂的方法。《齐民要术》中记载：“缹茄子法：用子未成者，以竹刀骨刀四破之。”意思就是用竹刀把茄子剖两刀，成四整条。“谨”，类似今天的剞刀法。“炙鱼：用小滨白鱼最胜。浑用，鳞治，刀细谨。无小，用大为方寸准，不谨。”[⑥]缪启愉先生注：“应是指在浑用的鱼上细划成若干条裂纹，使作料易浸入。”[⑦]“删”，是一种刀削的方法，其中还隐含着被削去的部分不再使用的意思。

（二）食物烹制

食物烹制是食技文化的核心要义。食物烹制就是将生鲜食源制作加工成可食用的熟食食物的过程，烹制技术的精髓就是加热。汉水流域地处我国版图中部，北河南江，食物烹制技法兼及南北，融会东西，与我国传统食物烹制技法差别不大，在食物烹制过程中形成了诸多加热技法，按照加热介质的不同，产生了油介质、水介质、蒸汽介质、矿物介质、辐射热介质等加热技法，是汉水食技文化多姿样态的生动演绎。

---

①（元）陶宗仪．说郛：卷七十三旸谷漫录［M］．上海：上海古籍出版社，2012：1073.

② 汉语大词典编辑委员会．汉语大词典［Z］．上海：世纪出版集团汉语大词典出版社，2002：5179.

③ 缪启愉．齐民要术校释［M］．北京：农业出版社，1982：529.

④（清）郭庆藩．庄子集注［M］．北京：中华书局，1961：110.

⑤ 缪启愉．齐民要术校释［M］．北京：农业出版社，1982：529.

⑥ 缪启愉．齐民要术校释［M］．北京：农业出版社，1982：503.

⑦ 缪启愉．齐民要术校释［M］．北京：农业出版社，1982：504.

1. 油介质加热技法

（1）炒

炒是将经过加工的鲜嫩小型的食材原料采用导热原理，以油（少量油）与金属（炒锅）为主要导热体，用旺火在短时间里加热、调味成菜的一种烹调方法。炒的主要标志：一是油量少；二是油温较高；三是被加热的原料形状小，如丝、丁、片等；四是加热时间短，翻炒菜的频率快。从动作来看，炒法是没有方向性的翻拌。成菜汤汁少，质地滑、嫩、脆，口味鲜美，以咸鲜为主。具体可分为生炒、熟炒、干炒、软炒等。炒制法是我国烹调工艺的代表技法。炒法并不新鲜，在先秦文献中记载了很多关于干炒制糗的例子，但用于肉类加工，却是《齐民要术》中首先记述。“鸭煎法”：“用新成子鸭极肥者，其大如雉。去头，爓治，却腥翠、五藏，又净洗，细锉如笼肉。细切葱白，下盐、豉汁，炒令极熟。下椒、姜末食之。”这里没有提到用动、植物油，似乎并非是有意忽略。“炒鸡子法”即明确记载：“麻油炒之，甚香美。”在《齐民要术》引《食经》中常用“熬”字来代表“炒”，如“勒鸭消”中有：“……熬之令小熟……盐、豉汁下肉中复熬，令似熟。”“范肖法”中云：“用猪肉、羊、鹿肥者，建叶细切，熬之。”

“炒”本为食技之一，然而在当下有了别样丰富的内涵。近几年来，“炒”字可以说是最“火”、最“走俏”的：工作不称职，即刻卷铺盖卷走人，称“炒鱿鱼”；歌手通过“包装”，大红大紫，名利双收，称“炒作”；买进股票，转手卖出，一夜之间腰缠万贯，称“炒股”。这种“炒”引申得真是恰如其分，自然天成啊！“炒”的最大特点就是快捷味美，那么“炒鱿鱼”“炒作”“炒股”“炒作”等反映出的时代特点就是快节奏和高效益。不过，炒菜要会放味料和看火候，否则，不但不会鲜美可口，还会难以下咽。“炒股”“炒邮”等，也要有环境，能把握时机，否则也会快节奏地酿成难以下咽的苦酒。还有些东西只有慢慢地煮或炖出来的才好，比如牛肉、狗肉之类。当然，若碰上鲁智深似的主儿，“甚么浑清白酒、牛肉狗肉，但有侵咕”，也许耐不住性子“炖”，偏要“炒”了来吃，也就只能由他去了。在基于“炒”字本意实质的情况下，其引申意蕴得以拓展，文化内涵不断丰富且快速传播。

（2）爆

“爆”的烹调方法，其基本含义取之于“爆”字的本义，即烧和热，逐渐扩展成火烧、火烫、炸裂，在烹调中用来比喻一些原料在很短的时间内被烫爆成菜。烫爆须导热体温度高、时间短、原料小。在我国传统烹调中，“爆”有汤爆、水爆和油爆之别。油爆是某些特定的动物性原料以油作为主要导热体，在旺火热油（中等油量）中快速烹调成菜的一种烹调方法。特定原料主要指海螺、猪腰等成熟后呈脆性的原料。成菜卤汁紧包原料，味清淡爽口，以咸鲜为主。

（3）炸

炸是将经过加工整理的烹饪原料基本入味后，放入盛有大量油的热锅中进行加热，使成品达到焦脆或软嫩或酥香等质感的烹调方法。油在炸制过程中，既是传热介质，又起着剔除异味、增进香味的调味作用。炸菜无汤汁，成品一般需要附带辅助性配料进行搭配食用，即佐餐调料（料碗或味碟）。炸制法需要大量的热油，因此在植物油没有普及之前，此方法不可能普遍使用。我国植物油榨制在明代才有确凿的记载，虽然在《齐民要术》中已有食用植物油（如苏子油）的记述，但用于像“炸”这样需要大量油脂的情况还不普遍，特别是早期使用的植物油如苏子油、香油等，可勉强用于低温油炸，用于高温油炸则因其烟点太低并不理想。清代的《随园食单》中明确称“炸”的菜肴只有“炸鳗”一道，类似的技法记载中多用“灼”表示，如“油灼肉”。直到清朝同治、光绪年间，夏曾传作《随园食单补证》时，炸法才得以普遍使用。

（4）煎

煎是将原料经刀技加工后（多为扁平状），用部分调味品拌渍入味，再进行挂糊（拍粉、拍粉拖蛋糊）或者不挂糊，然后放入已经烧热的底油锅中，用中小火缓慢加热，加热过程中要将原料不断翻面，不可过度加热致使原料变煳，待原料两面呈金黄色并成熟，再根据烹调规制要求，倒入调味品或食用时再蘸调味品，或直接成菜的一种烹调方法。适用于鲜嫩无骨或略带软骨的动物性原料（如鸡、虾、鱼、肉、蛋等）及部分植物性原料（如豆腐、西红柿等）。煎以浅层油或薄层油做传热介质，实际传热原理为金属锅底的热传导作用。在历史上，煎是金属炊具发明之后才有的烹调方法，在火候概念产生之前，煎就是中餐制熟或加热的专业术语。煎的方法近似于炸，区别在于油量多少，油多为炸，油少为煎。煎的方法受到原料的限制。一般煎制过程中，原料紧贴锅面，利用锅底的热度和油温直接加热原料。

（5）贴

贴源于面点的制作，是将生料贴在锅上煎一面称为贴。汉水流域的锅贴是包馅的饺子贴在平锅底用油煎的，也称煎饺或锅贴饺。用此法烹调菜肴，往往是用几种原料层层叠加的，所以加热时不便于翻动，只能单面加热。

2. 水介质加热技法

（1）烧

我国先秦典籍中提到的烧，意为火烫，或者通于燔，本意是焚烧，引申为烧烤。用于烹饪，今则有广、狭两义，广义的烧，即是烹制的代称，用任何加热烹饪方法均可为烧，如“这位厨师烧得一手好菜”；狭义之烧，则是指某一种干加热或湿加热的烹饪技法。烧，作为一种烹饪法的概念，古义、今义不同，本义与引申义亦有别。烧，本是一种最古老、最原始的烹饪法，是一种直接上火的干加热法，利用火的辐射热烹制食物。我国古代，与烧法相近或相通但又有所发展的干加热法有多种，如炮、烤、炙、烘等。后来，这种干加热的烧法已发展为多种新法，以烹制工具来划分有锅烧、炉烧、叉烧、杖夹酿烧、铁板烧法等；因调味品不同，有酒烧、盐酒烧、油烧、酱烧、葱烧、蒜烧等；因原料有别，有生烧、半熟烧、熟烧、假烧、熏烧等。除此之外，后世有称烹煮之法为烧者，主要为湿加热法，即将经过初步熟处理（炸、煎、煸、煮或焯水）的原料加适量的汤（或水）和调料，先用旺火加热至沸腾，改小、中火加热至熟透入味，然后再用旺火收汁成菜的烹调方法。

（2）扒

扒是将加工整理的原料整齐地放入锅中，加入适量的汤水和调料，用小中火加热，待原料熟透入味后，通过晃勺、勾芡和大翻勺而成菜的一种烹调方法。扒为“趴”的同音借代。今则多用整畜、整禽或整块的大料，如，扒鸭、扒烧猪头、红烧扒蹄等。扒菜的特点除多用整料外，烹制程序各有不同，用已烹制成熟的整料（不用生料），用原汤汁勾芡，用大翻锅方法，整料装盘上桌。扒菜由于菜形美，选料精，制成的菜肴多为宴席上的名馔，在国内外享有很高的声誉，如，清香素雅的“奶油扒凤尾笋”、清白如玉的“白扒猴头”、构思新颖的“白扒鸳鸯”等，都是扒菜中的精品。

（3）焖

焖是将经初步热处理的原料加汤水及调味品后盖严锅盖，用小中火加热至酥烂入味而成菜的烹调方法。江南及汉水流域称焖，闽粤称炆，皆为小火、密盖缓慢加热的方法。《新华字典》中释义为：盖紧锅盖，用微火把饭菜煮熟。焖法有的用陶瓷炊具，焖时要加盖，并须严密，有些甚至要用纸将盖缝糊严，密封以保持锅内恒温，使原料酥烂，故有“千滚不抵一焖”之说。

（4）汆

汆是一种旺火速成的烹制汤菜的方法，即将质地脆嫩、极薄易熟的原料下入汤水锅内加热至断生，一滚即成菜的一种烹调方法，在汤菜烹调中占有重要地位。运用这种烹调技法，可以制成风味迥异、风姿多彩的佳肴，如，“汆丸子”“汆里脊片”“汆鱼片”等都是很受人们的喜爱，是有口皆碑的名汆菜。

（5）烩

烩是将经刀工处理的鲜嫩小型原料，经初步熟处理后入锅，加入一定量的汤水及调味品烧沸，勾芡成羹的烹调技法。烩由汤羹演变而来。羹菜的起源很早，先秦时期羹菜的品种就有很多，那时的羹菜，主要是指熟的肉块、带汁肉或肉汁，也有荤素原料混合烩成羹菜的，主要采用煮的烹调方法制成。到了宋代，羹菜出现了汤料合流的制法，具有烩的特点。到了清代，羹菜的制法已正式演变为烩法。

（6）煮

煮是将初步熟处理的半成品或腌渍上浆的生料放入锅中，加入一定的汤汁或清水，先用旺火烧开，再改用中等火加热、调味成菜的方法。在古代，煮即烹，包括水煮和油炸，现代煮法专指水煮，有时亦称烧，如，“煮饭、煮粥、煮鱼”与“烧饭、烧粥、烧鱼”为同一概念。在我国烹调工艺中，煮的用途最广：制汤要用它，初步熟处理要用它，冷菜的“酱”“卤”实际上也是煮的方法。在热菜烹调方法中，虽然它所处的地位不高，但也创造了一些名菜，如，江苏风味的“大煮干丝”、汉水流域较为流行的四川风味的“水煮牛肉”“水煮肉片”等均为此法所制。

（7）炖

炖是将经过适当加工处理的较大形状的原料放入特定的盛器中，加入适量的水（或鲜汤）和调味品，采取不同的加热方式使原料酥烂入味，成菜汤料各半的一种烹调方法。在这里，原料“经过适当加工处理”，一是指原料（一般要选用肌体组织比较粗老、可耐长时间加热的大块或完整的鲜料，如鸡、鸭、猪肉等）经初步加工和细加工处理成一定形状；二是指原料多经过适当的初步热处理，如焯水、煸炒、炸制等。“特定的盛器”指使用的盛餐食具（包括盛器）多种多样，铁锅、钢精锅、压力锅、砂锅、海碗、瓷盅、陶罐、竹盅、瓜盅（西瓜盅、冬瓜盅、南瓜盅、椰子盅）等皆可，根据不同的烹调要求和风味特点分别运用。“不同的加热方式”指炖制时的加热方式不止一种，根据实际需要，可采取盛器直接上火加热，也可以采取将盛器放入水锅中隔水加热或盛器入笼屉以蒸汽加热等，有时在烹制同一炖菜时，还可让其中两种加热方法交替使用。成菜酥烂鲜香，故所需加热的时间较长；至于火力的大小，要依据加热的具体方式和不同菜肴而定。炖由煮法演变而来，至清代始见于文字记载。在东北地区，炖被人们广泛使用，苏菜系的炖菜，更是风靡全国，其受欢迎的程度可与山东菜系的爆炒技法并驾齐驱。汉水流域的炖菜亦较受欢迎。

（8）煲

煲是指使用有盖的器皿（以前多数用瓦煲，现在质地多样），放入清水和原料，加盖用慢火长时间煮制，并调以味料，使原料质地酥烂、汤水浓香的烹调方法。早期曰“煲”者，多为广东人，所以它是由广东方言命名的。随着广东煲饭、煲粥的逐渐盛行，“煲”制烹调法也在全国广泛流传开来。汉水流域的“煲”制菜肴亦常见。

（9）火锅

火锅作为一种独特的烹调方法，是指以火锅为炊具，以水（汤）导热，食者根据喜好的口味，自己煮熟食物的自助性即席烹调方法。在不同的地区有不同的称谓，湖北、湖南称炉子，昆明称炊锅，宁夏称锅子，广东称边炉，而北京的涮羊肉其实也是火锅的一种形式。在全国各地的火锅中又以四川的火锅最为著名，因其具有辣、麻、鲜、烫、香的特点而风靡全国。汉水全流域均能发现该食技的应用。

3. 蒸汽介质加热技法

以蒸汽为主要导热介质的方法就是蒸，即将加工好的原料（一般事先调味）放在器皿中，再置入蒸笼，利用一定压力的蒸汽使其成熟的烹调方法。蒸法，起源于炎黄时期。随着陶器的兴起，祖先就发明了甑，说明在四五千年前，人们就已懂得用蒸汽作为导热媒介蒸制食物的科学道理，所以就有了黄帝“蒸谷为饭”之说。《齐民要术》中记载有蒸鸡、蒸羊、蒸鱼等方法，宋朝以后相继出现了裹蒸法、酒蒸法、蒸瓢法，明清以后又有粉蒸法。汉水流域该食技应用较为普遍，有“竹溪蒸盆”“沔阳三蒸”等名菜。

4. 矿物介质加热技法

（1）泥煨

泥煨，是将主料先用调料腌渍后用网油、荷叶包扎，再用黄泥裹紧，然后埋入烧红的炭火灰中进行长时间的平缓加热，使之成熟的技法。代表菜是“叫花鸡”，属“一法一菜”。

（2）铁板

铁板烧又称铁板烤，是将加工、调味的原料经炉灶烹制，随烧烫的特制铁板一起上桌，边烧边食用的方法。铁板菜始于广东，由于制法独特，曾一度风靡全国。当菜肴上桌后，将滚烫的芡汁浇在原料上，并通过铁板传热，发出“吱吱”悦耳的响声，既增添了餐桌的气氛，又使食者大饱口福。汉水流域各大酒店均有该法制作的菜品。

（3）石烹

石烹是利用石板、石块（鹅卵石）、石锅等作为炊具，间接利用火的热能将原料制作成菜的烹调方法。早在三国时期，蜀人谯周的《古史考》中说：“神农时食谷，加米于烧石之上而食之。”据考证，我国祖先使用石烹的年代始于北京猿人时代。在周口店龙骨山鸽子里曾发现一长 12 米、宽 5 米的石板，该石板系石灰岩，架于石洞的洞壁间，石板上留有残存的灰烬。其中，还有不少石烹用的烧石及烧过的动物骸骨，主要是鹿、野马与野羊。石锅早在唐代遗迹中就有发现。刘恂在《岭表录异》中记载：康州悦城县北（今广东德庆县东）百余里的山中，有一种用石料制成的锅，可以用来烧汤，也可以用来煮食。先是将锅烧热后离火，再将锅搁在盘上，放入鱼肉、葱、韭之类的作料至熟即可食之。它的最妙之处在于保温性能极好，即使是吃到散席时，汤菜也不会变冷。汉水流域的石烹菜品亦较流行。

5. 辐射热介质加热技法

（1）烤

烤是将加工处理好的原料（一般要腌渍入味），置于明火上或各式烤炉中，利用热辐射直接或间接将原料加热成菜的一种烹调方法。烤，古称燔炙，可称为人类永恒的烹调法，不论在野蛮时代，还是在文明如斯的今天，人们在掌握了相当多的烹饪手段以后，仍不曾舍弃过它。这种技法，演变到现在，除烤具、操作方法发生了变化外，更重要的是调料的丰富。目前，烤法的名称各地有很大差异，大体有烤、烧、烘、焗、烧烤等名称。

（2）熏

熏是将原料置于密封的容器（熏锅）中，利用熏料的不完全燃烧所生成的热烟气使原料成熟入味的一种烹调方法。熏法常使用的熏料有白糖、茶叶、香料、花生壳、柏枝、稻米、锯末、松针等，从营养卫生的角度考虑，一般认为以茶叶、白糖为佳。熏时将原料置于熏架上，其下置火引燃熏料，使其不完全燃烧而生烟烘熏原料致熟。近年来有资料报道，熏制食物含硫化物、砷等有害物质，久食对健康有害。据史料记载，“熏”最初是一种贮藏食品的方法，熏过的食品外部失掉部分水分而干燥，特别是熏烟中所含的酚、醋酸、甲醛等物质渗入食品内部，抑制了微生物的繁殖，所以在保存鱼、肉等原料时常用烟熏法。但是，烟熏的食品，除了上述作用外，还产生了一种烟熏味，人们从中受到启发，运用到烹调技术领域中，并不断加以改进，如熏前调味，熏后抹油（香油），使用不同熏料（如茶叶、香樟树叶、白糖等），辅以其他技法，调制出具有色泽光亮、鲜嫩的特色名菜。例如，姑苏的“烟熏着甲”、淮扬的“生熏白鱼”、四川的“樟茶鸭子”、广东的“茶香熏鸡”、山东的“五香熏鱼”等。汉水流域十堰辖内的竹溪、竹山熏肉较为有名。

（3）微波法

微波是指频率为 300 ~ 300000 兆赫的无线电波，是无线电波中一个有限频带的简称，即波长在 1 米（不含 1 米）到 1 毫米之间的电波。微波炉加热是用磁控管（在炉内顶部）产生微波，然后将微波照射到六面都用金属组成的空箱（又称谐振腔）中，将食物放在箱中，微波在箱壁上来回反射，同时从各个方向穿到被烹调的食物中去，对食物进行加热，箱壁则不吸收微波，只有箱中的容器和食物被加热，因此效率高、速度快，对食物营养的破坏很少（即保鲜度好）。微波法的应用有微波加热、微波保鲜杀菌、微波真空（冷冻）干燥、微波膨化技术四种方式。该烹饪技法是现代食技发展的表现，在全国均有应用，汉水流域亦概莫能外。

（三）调料搭配

调料是烹饪过程中作料原料（葱、姜、蒜）及其成品（调味品）的统称。调料搭配主要以人们口味喜好而定，搭配的趋向有了共同认可的选择，郭明星在其《调料研究与烹饪应用动态》一文中指出："调料是影响菜肴质量的重要因素。复合调料应用方便，是发展的重点，风味成分提取、精炼及应用有广阔的前景；天然调料是调料发展、应用的趋势；保健调料是调料发展、应用的方向；而一些新技术的使用是保证调料最大限度发挥功效的有力手段。"①可见，对于调料搭配，人们趋向于天然养生健康的追求，搭配技法追求精细，使用上追求方便。

不同区域之间的自然地理环境不同，所形成的习惯也千差万别，在饮食习惯上的差异尤为明显，基于此，不同地区对于调料的使用亦有不同。朱彧的《萍洲可谈》中说："南食多盐，北食多酸，四夷及村落人食甘，中州及城市人食淡，五味中唯苦不可食。"②沈括也说道："大抵南人嗜咸，北人嗜甘，鱼蟹加糖蜜，盖便于北俗也。"③这两则史料反映了不同区域的居民对调料的使用所表现出的差异，他们都认为南方人偏咸，但是对北方人口味的分析却有所不同，这可能是因为他们所到的地区不一样。在中国古代，交通运输业还不是特别发达，人们大多是"靠山吃山，靠水吃水"，就地取材。在宋代同样如此，不同区域生产不同的调料，所以当地生产出的调料种类在一定程度上影响该区域人们的口味。故宋代出现了"胡食""北食""南食""川饭""素食"等称呼。这些称呼也能体现不同区域的口味特点，"胡食"与"北食"皆在北方，所以口味颇为相似，酷食酸，"南食"因为盐产地较多，所以口味偏咸，而"川饭"是巴蜀饮食，带有浓重的"尚滋味、好辛香"的乡土气息。"素食"是一个特殊的类别，在各个区域都有所涉及，口味清淡。

南北口味喜好的不同，必然在调料搭配技巧上亦有差异。汉水流域地处我国版图的中部，是东、西、南、北的交融地带，但在地域划分上归属于南方。李肖在其《论唐宋饮食文化的嬗变》一文中指出："南方气候炎热，人体由于大量

① 郭明星．调料研究与烹饪应用动态［J］．中国烹饪研究，1996，11：49—52.

②（宋）朱彧．萍洲可谈（卷二）［M］．北京：中华书局，2007：138.

③（宋）沈括．梦溪笔谈［M］．沈阳：辽宁教育出版社，1997：138.

出汗，很容易造成盐分流失。因此，古代的南方人一般嗜咸，加上东南沿海享有鱼盐之利，为防止食物腐烂，需要用盐对食物进行防腐处理，咸鱼、腊肉制品比较多，因而形成了南人嗜咸的饮食习惯。”[①]探讨的南方人喜好咸味的原因合情合理。汉水流域的调料搭配体现出以咸为主，中上游兼及辣味，下游偏向于清淡口味，技法上呈多元样态。上游食面较多，调料以葱、蒜偶尔点缀，下游是鱼米之乡，以茴香衬出淡香，同时全流域饮食口味受巴蜀食俗文化辐射，亦不拒绝对辣椒的食用。世人皆知，巴蜀地区的饮食又被称为“川饭”，重辛辣。在辣椒还未传入我国时期，四川人是利用蒜来增加食物的辣味，将生蒜捣为蒜泥，拌入肉类和蔬菜，但是在宋代的历史文献中并没有明确记载宋代四川地区的人喜欢食蒜。只在一些士大夫的文集中有所提及。比如，南宋的范成大，本在广西做安抚使，于淳熙元年（1174 年）被调派到四川担任制置使，在前往的途中经历了很多奇闻趣事，最令他印象深刻的就是“巴蜀人好食生蒜，臭不可近”[②]与“为食蒜者所薰”[③]。他将四川人的食蒜与之前在广西岭南人的食槟榔相提并论，认为都是恶俗，说自己“幸脱蒌藤醉，还遭胡蒜薰”[④]，表示刚庆幸脱离吃槟榔，现在又要遭受食大蒜的不幸，不由地思念起家乡苏州的美味佳肴。实际上范成大知道食蒜熏人，所以自身尽量少食蒜。但是却没想到四川的食蒜风气之盛，当地喜过多食生蒜，故导致的强烈的臭味令人难以忍受，甚至无法接近食用者。直至明代，辣椒的传入使得巴蜀地区重辛辣的特色得以成熟。从此蜀人食辛辣流传开来，风靡全国。

三、汉水食技文化的区域特征

汉水流域食技文化的区域特征较为明显，上、中、下游的食技应用相对有所区分。汉水上游的陕南地区属于三秦食俗文化区，特色鲜明、悠久深厚的三秦文化孕育了独具特色的陕西菜点。早在仰韶文化和龙山文化时期，渭河流域的饮食文化就很发达，陕西的烹饪文化雏形显现；西安作为西汉京畿之地，既继承了先

---

① 李肖 . 唐宋饮食文化的嬗变［D］. 北京：首都师范大学，1999.

②（宋）范成大 . 范石湖集（卷一六）［M］. 上海：上海古籍出版社，2006：226.

③（宋）范成大 . 范石湖集（卷一六）［M］. 上海：上海古籍出版社，2006：226.

④（宋）范成大 . 范石湖集（卷一六）［M］. 上海：上海古籍出版社，2006：227.

秦烹饪文化的遗产，又汲取了关东诸郡烹饪之长，还引入了西域诸国的动植物连同胡食的烹调技法，促进了陕西菜乃至中国菜的进一步改进与发展；汉唐盛世，中外饮食文化交流首开先河，对各国尤其中华餐饮文化的发展有着深远影响。时至今日，陕菜技法长于炒、爆、炖、煎、炸、蒸、烩、煮、煨、汆、炝等。爆鳝卷、蒸薏米鸡、煎水晶莲菜饼、炸脂盖、海参烀蹄子、金钱酿发菜、枸杞炖银耳、脆皮肉片等陕菜经典佳肴展现了这些成熟技法的高妙。陕菜虽具朴实、粗犷、豪迈之特色，但也不乏蕴含有精品和细腻之亮点。陕南风味包括汉中、商洛、安康在内的菜肴，是陕西菜的重要组成部分和特色部分。汉中与四川接壤，菜肴受到川味的影响，但又有别于川菜。汉中菜以烹制禽、畜、鱼鲜见长，擅长炒、炖、烧、酿、熏，以鲜香、清淡利口、脆嫩而别具特色，主要代表菜有“秦巴四珍鸡”“烧鱼梅”“烟熏鸡”等。商洛菜多就地取材，具有浓郁的地方风味，擅长烧、炒、炖、烩，主要代表菜有“商芝肉”“苜蓿肉锅贴”等。

汉水中下游的荆楚大地是荆楚食俗文化区，鄂菜流行较为普遍。鄂菜也就是湖北菜的代称。湖北虽作为一个省级行政区域概念，但鄂菜却超越了湖北的行政范围，它受周边的河南、安徽、江西尤其是湖南等省份的烹饪风味影响，特色鲜明。鄂菜的特色是以鄂菜为本体，集食材、制作工艺、成菜标准、饮食审美等多方面元素之汇聚，受地域因素影响明显。鄂菜作为著名的地方烹饪风味流派，其历史悠久，被称为“千年鄂菜”[①]。鄂菜不仅食材特色突出，在烹饪技艺上也自成体系，且形成的风格极为独特，“清蒸武昌鱼”“沔阳三蒸”“排骨煨汤”“瓦罐鸡汤”等经典鄂菜菜肴，让人耳熟能详。鄂菜的传统制作技法多姿多样，当今更是兼及南北，融会中西。屈家岭文化遗址、大溪文化等遗址发现的新石器时期的“甑”，表明汉水下游的江汉平原以“蒸”法制作食物的历史已历万年，从蒸稻米、蒸肉到蒸鱼、蒸菜，鄂菜将“蒸”之技法演绎得淋漓尽致。蒸法在鄂菜制作工艺中比重较高，依次还有炸、烧、煨、炖和汆。有些鄂菜菜肴制作复杂，使用复合工艺，也是采用蒸和烧、蒸和炸、炸和烧、汆和烧等，是蒸、炸、烧、汆中两种制作工艺的复合运用。任何食技文化的形成和发展均受到一定地域元素的影

---

① 中国烹饪百科全书编纂委员会．中国烹饪百科全书［M］．北京：中国大百科全书出版社，1992：18.

响。汉水流域的鄂菜制作工艺技法均有地域元素的烙印。鄂菜中的蒸多是以水蒸气为传热介质。旺火沸水急蒸适用于鲜嫩的水产原料，如清蒸鱼等；旺火沸水久蒸适用于制作口感酥烂的菜肴，如粉蒸肉等；中小火慢慢蒸，适用于茸状原料，如荆沙鱼糕、肉糕等。优秀丰富的汉江淡水资源使得汉水流域鄂菜“蒸”的技艺有了广阔的展示空间。鄂菜原料多以淡水鱼鲜为主，蒸技法能够使食材的质地细嫩、味道鲜美，放进笼屉中蒸，也能保持鱼鲜形整而不烂。张文虎在其《烹饪工艺学》一书中指出：“如果用炒、烩等方法，质地细嫩的鱼鲜就难以保证完整的造型。”[①] 相对于烤，淡水鱼鲜更适合于蒸，相对于水煮，蒸能更好地保持原料中的营养成分。淡水鱼鲜味道鲜美，同时也存在腥味浓、骨刺多等缺陷。利用大火蒸，鱼肉鲜嫩，骨刺松软。骨硬或刺多的鱼类，通过油炸可以把鱼的骨刺炸得酥脆，免去骨刺扎破喉咙之忧，因此炸之技法在鄂菜中也得以使用。汉水淡水资源丰富，人们在煮熟鱼鲜肉类或藕等食材的过程中慢慢形成了煨炖的制作工艺。汉水下游的人喜喝煨汤是因为在亚热带气候和山高水多的地理环境中，湿热或湿冷的天气下，人们需要以汤进补。烧则是将经过初步熟处理的原料加适量的水或汤用旺火烧开，中小火烧透入味，旺火收汁的烹调方法，可以分为红烧、白烧、干烧等类别。熟处理方法一般有蒸、炸、煎、炒等，可用于多种原料。李惠芳在《中国民俗大系 · 湖北民俗》一书中指出：“相对于水煮，烧制的鱼鲜和肉类菜肴味道更加丰富，色泽也相对美观。”[②] 同理，汆的技法受地域元素影响亦很明显。汆是小型原料在沸水中迅速制熟的烹饪方法，一般用于制作圆形的食物。受荆楚文化中的巫文化影响，汉水下游形成尚圆的饮食观念，有“无圆不成席”之说。传说鱼圆（鱼丸）是楚武王的厨师发明的。楚武王喜好食鱼，但鱼刺难以剔除，食之一不小心就会被鱼骨、鱼刺刺到喉咙。为避免触怒武王而遭杀身之祸，厨师们用汆的技法制作出吃鱼不见骨刺的鱼圆（鱼丸），基于此折射出以上层人物的影响力反映出人们的饮食追求。其实，汉水流域的食技文化，还融合有川菜技法和河南菜技法元素。在汉水中上游的鄂西北，即郧（今十堰）襄（今襄阳），川菜的传统技法炒、煎、干煸、冒汤配以重口味麻辣作料的菜肴也屡见不鲜。河南

① 张文虎．烹饪工艺学［M］．北京：中国对外经济贸易出版社，2007：45.

② 李惠芳．中国民俗大系：湖北民俗［M］．兰州：甘肃人民出版社，2003：67.

南阳的唐白河流域作为汉水支流，河南菜技法擅长的炝、炸、爆、炒、溜、烧、扒等，也汇聚于汉水流域。如上游的商芝肉、竹溪蒸盆，还有中游的蟠龙菜，包括下游的沔阳三蒸，汉水流域以“蒸”的烹饪技法产生的名菜佳肴在全流域较为流行，而川菜“汤”之技法在汉水流域应用也较为普遍，其麻辣风格的火锅遍布汉水流域的角角落落，即使是其鲜香风格的“开水白菜”在汉水流域也以“上汤汉菜”而风靡。基此可言，汉水食技文化呈现出多元汇聚的区域文化特征。

第五章　齿颊生香

——汉水食型

《中华成语探源》中对于“齿颊生香”是这样注释的：“清香的饮食味道，留在牙齿和两颊上。后比喻朗读诗文或谈论美好的事物，感到津津有味。清人吴敬梓《儒林外史》三四：‘我只爱虓夫家的双红姐，说起来还齿颊生香。’章甫《谢张倅惠茶》诗：‘世间万事不挂口，齿颊尽日留甘香。’”[①] 将其意思、应用范例、出处清晰点明。其实关于该成语的经典应用还有几例，如清代黄景仁的《即席分赋得卖花声》之二诗：“怜他齿颊生香处，不在枝头在担头。”长篇小说《乾隆皇帝》第六卷中就是这样说的：“颙琰点了点头，端起碗来尝了一小口汤，立刻觉得酸香可口，齿颊生津，肚子里暖烘烘的。”“齿颊生香”又作“齿颊生津”。（“津”，即唾液）据其意可知，用来形容饮茶后嘴里的香味，也泛指吃到美食后或说到美好事物时的感受，可泛指“嘴边觉有香气生出。形容谈及之事使人产生美感”。

事实确实如此，谈及汉水流域食型，确实让人齿颊生香，食型是各种饮食品的概括和具体展现，诸多食典文献中均有涉猎。关于食典，可以简单理解为记录饮食品种的典籍，可折射出各种具体的食型厚重的文化内涵。从“典”的字面意义来看，是专指春秋战国以前的公文体制。典也指庄重高雅，文章、言辞有典据，高雅而不浅俗。因此，入选食典的饮食品必须是传承久远、文化内涵厚

① 闫秀文．中华成语探源：白金典藏版［M］．长春：北方妇女儿童出版社，2014：479.

重的。欲探究食型文化，必须熟知我国历代饮食专著。汉魏南北朝时期有《齐民要术》《食珍录》《服食诸杂方》《老子禁食经》《崔氏食经》《食经》《刘休食方》《食馔次第法》《黄帝杂饮食忌》《四时御食经》《太官食经》《崔浩食经》《竺暄食经》等；隋唐五代时期有《斫脍书》《食典》《严龟食法》，韦巨源《烧尾宴食单》，段文昌《邹平公食宪章》，马琬《食经》，崔禹锡《食经》，谢讽《食经》，杨晔《膳夫经手录》等；宋元时期的《王氏食法》《养身食法》《萧家法馔》《江飧馔要》《馔林》《古今食谱》《王易简食法》《诸家法馔》《珍庖备录》《续法馔》，浦江吴氏《中馈录》，林洪《山家清供》，陈达叟《本心斋蔬食谱》，郑望之《膳夫录》，司膳内人《玉食批》，忽思慧《饮膳正要》，无名氏《馔史》，倪瓒《云林堂饮食制度集》等；明代的有韩奕《易牙遗意》，宋诩《宋氏养生部》，宋公望《宋代尊生部》，高濂《饮馔服食笺》等；清代的有曹寅《居常饮馔录》，朱彝尊《食宪鸿秘》，顾仲《养小录》，李化楠《醒园录》，袁枚《随园食单》，无名氏《调鼎集》，曾懿《中馈录》，黄云鹤《粥谱》等。[①] 这些饮食文献，无一例外都涉猎对食型的论述，不仅如此，还以饮食为中心展开了与饮食相关的历史、文化、地理、习俗、技法、禁忌、养生等著述，为后世研究饮食文化提供了高质量专题性文本。如清代袁枚的《随园食单》，以文言随笔的形式，细腻地描摹了乾隆年间江浙地区的饮食状况与烹饪技术，将江浙食型展露无遗，用大量的篇幅详细记述了我国 14 世纪至 18 世纪流行的 326 种南北菜肴饭点，也介绍了当时的美酒名茶，是清代一部非常重要的中国饮食名著，是典型的食典之著。近代以来，对于饮食文献的分类，亦无明确的标准，以“食典”命名的成果亦不多。如田晓娜主编的《食典》：“剖析和论述了中国饮食文化的源流历史，以严谨、朴实、流畅的语言，叙述了中国饮食文化的特色、原料处理、红案技术、白案技术、艺术造型、名菜名点、食俗食礼、各地风味、民族饮食、食疗养生、逸事趣闻等内容，读之有味、谈之受惠，数千年饮食文化跃然纸上，图文并茂，情理交融，具有很高的权威性、趣味性、观赏性、实用性和科学性。”[②] 该书内容丰富，涉猎饮食、食俗诸多方面，单以菜肴史开篇，既展现了食型，又探研了食技，暗合食典之要义。汉水流域专题性饮食文献尤其是涉猎饮食类型的文献尽管不多，但也不乏一

① 陈志田．舌尖上的中国［M］．北京：北京联合出版公司，2014：11.

② 田晓娜．食典［M］．北京：中国戏剧出版社，2000：1.

些或集中或镶嵌介绍汉水食型的研著产生。集中介绍汉水食型的著作有《陕南美食》《十堰味道》等，其中《陕南美食》将汉水上游陕南地区的风味小吃、乡土名菜、山珍野味、清真美食、应节美食、风味特产集中展示，还以“食事杂拾”为题论述与传统饮食有关的食物作料、取餐食具、饮食禁忌、饮食养生等方面的趣闻佳话的文化根脉。而《十堰味道》以汉水中上游鄂西北的十堰市的饮食为专题：“立足十堰资源优势，以产业培育为核心，以十堰本土菜系发展为重点，以品牌塑造为突破口，全面、准确地记述十堰各县（市、区）餐饮文化源流、传统菜肴、创新菜品烹饪技法和制作工艺流程，从名菜（名点）、名宴、名企、名人、名食材等角度挖掘当地美食人文，通过文字、图片、视频等多元化方式，综合展现各县（市、区）美食特色，对于推动十堰本土菜系产业化具有借鉴意义。”① 镶嵌式介绍汉水食型的著述多半是汉水民俗文化研究著述，如《陕南民俗文化研究》《商洛民俗文化述论》《安康民俗文化研究》《郧阳民俗文化》《民俗与孝感》《汉水流域民俗文化》等，均有专门的章节或介绍汉水食源或挖掘汉水名菜肴，为研究汉水食型文化探索经验、积累素材、传承特色意蕴做出了有益尝试。可见，汉水食型文化博大精深，涉及陕菜、鄂菜、川菜等各个菜系的经典菜肴、小吃和饮品，这些菜肴和小吃并无类别上的严格区分，均是汉水流域人们创造的饮食喜好的结晶，是汉水食俗文化的重要组成部分。

一、汉水名菜辑录

汉水名菜涉及陕菜、鄂菜、川菜等各个菜系，现按陕南地区、郧阳地区、江汉平原、唐白河流域四个地域，将其名菜文化背景、制作程序、菜品特色及其影响进行辑录。

（一）陕南名菜

陕南名菜品种较多，如，商州封猪头、油炸天宝、秦巴四珍鸡、酸辣月河

---

① 第一本系统介绍十堰饮食文化的书籍《十堰味道》昨日首发［N］. 十堰晚报，2019—12—27.

桃花鱼、陕南农家三炒等，不一而足，现以商芝肉、酥竹鼬和泥鳅钻豆腐为例加以介绍。

商芝肉是陕南商洛特有的风味菜肴。用商芝与猪肉蒸制而成。该菜肴文化意蕴丰厚，食材特色突出，烹饪工艺讲究，穆艳霞编著的《饮膳肴馔·中华饮食文化大观》，李怡斌与杜力主编的《中国地方风味菜肴·小吃集锦》等研究著述中均有涉猎。该菜肴的主要食材商芝，即为陕南的蕨菜。传说秦末汉初的东园公、角里先生、绮里季、夏黄公，即“商山四皓”，为躲避战乱而隐居商山，采商芝充饥。汉高祖刘邦得知后，敬仰其德其行，下诏请他们出山欲委以重任，谁知他们却拒绝入世，继续以商芝为食隐居商山，为当地群众所称颂。为纪念其高洁德行，人们以商芝草和猪五花肉烹饪成商芝肉，此菜肴随“商山四皓”隐居的故事一起流传开来，历久不衰。蓝芝在其《野菜花团锦簇》一文中有述：“陕南的商芝草，是一种蕨类草本植物。秦末‘商山四皓’拒绝汉王的入仕之请，老死山中，绝粮之时，常以这种商芝草为食，并写下了著名的《采芝歌》。如今，商芝草已被奉上了国宴。”[①] 如今商芝肉以商县名厨杨福海烹制的为最佳，成为陕南品牌名菜。商芝肉的烹饪技法和工艺流传，多种著述均有描述，然大同小异，现简述如下：将猪五花肉清洗干净入锅煮至六成熟捞出，均匀涂抹一层蜂蜜，再涂抹一点醋汁，入锅用油炸至金黄色，捞出沥油晾温，直刀切成长条片，整齐排放于蒸碗里，再把调好味的商芝段覆盖在肉上，加少许鸡汁和葱、姜芽等作料，置于蒸笼中蒸熟取出，其上再扣一空蒸碗（盘子或蒸盆倒扣过来），将蒸汁滗入炒锅，加调料，烧沸后，淋上麻油，浇在扣入盘中的肉菜上即成。成菜色泽红润光鲜，口感细腻软嫩，食后齿颊留香，有商芝特有之清香，入口入胃入心，令人回味无穷。

酥竹鼬为汉中名菜。主食材为竹鼬，配以多种调料蒸、炸而成。竹鼬，即竹鼠，为陕南地区生存于竹林之中的一种竹鼠科野生动物，长约30厘米，穴居竹林地下，以竹笋和竹之地下根茎为食。竹鼬肉质异常鲜香肥嫩，汉中民间有“天上有斑鸠，地下有竹鼬”之说。汉中地区以竹鼬做菜肴，古已有之，具体时间难以考证，且以此为珍。每逢贵客临门，便以此特产菜肴进行款待。酥竹鼬制法简单，将竹鼬宰杀并清洗干净，用盐腌渍4小时，冲洗后置于沸水中氽透，盛于蒸

---

① 蓝芝.野菜花团锦簇［J］.当代蔬菜，2005，6：45.

盆配以八角、丁香、桂皮、清汤、料酒、盐和葱姜，上笼蒸约 30 分钟取出，滗净汤汁，投到八成熟的菜籽油锅中，炸至皮酥，捞出沥油，整形装盘即成。可蘸花椒盐或甜面酱食用，口感更佳。成菜形态完整美观，肉味嫩鲜酥脆，香酥可口。鉴于保护野生动物的需要，主食材以养殖竹鼬替代，可促进该菜的合理传承。

泥鳅钻豆腐有貂蝉豆腐之美称，又有汉宫藏娇、玉函泥之别称，来自民间的传统风味，具有浓郁的乡土气息，中国除西部及西南部省份外，多地均有流传制作。陕南汉阴县的泥鳅钻豆腐做法别有风味。据巫其祥在《陕南美食》中介绍："汉阴盛产泥鳅，多生于稻田、塘库、小河、沟渠的泥沙之中。体态丰满，肉质醇厚，细嫩鲜美，且能滋补药用，当地百姓把它作为妇幼老弱的营养品，或治疗疾病。所以泥鳅是汉阴宴宾待客的佳肴。"① 当地有"天上斑鸠，地下泥鳅"之说，增强了该菜肴的传承基础和文化底蕴。泥鳅钻豆腐制作工艺简单，将泥鳅静养几天后洗净，置于冷水锅中，将豆腐放在锅中间，将鲜活的泥鳅放在周围，小火慢炖，随着锅中水温慢慢升高，泥鳅就会往豆腐里钻，待泥鳅全部钻进且豆腐熟后，将豆腐捞出，置于汤碗中，淋上高汤，放入盐、胡椒粉、姜、味精等作料，放入蒸笼蒸 8 分钟即可。其味鲜美可口，其菜食药兼用。

（二）郧阳名菜

据文献记载，郧阳历史沿革清晰，古号"岩疆"，夏属古麇，汉置锡县，晋设郧乡，元改郧县。明成化十二年（1476 年）设郧阳府，朝廷置巡抚，下辖 9 州 65 县。中华人民共和国成立后在此先设县后改行署，1967 年行署迁至十堰，成为独立的行政县。2014 年 9 月 9 日，国务院批复郧县撤县改设为郧阳区。郧阳四季气候宜人，食源丰厚，蔬菜、家禽、家畜、水产品、山中野味无所不有，为郧阳名菜制作提供了丰富的食材，奠定了坚实的基础。郧阳名菜有郧阳三合汤、郧阳大鸡、网油砂、竹溪蒸盆等。

郧阳三合汤的民间说法源自清代同治年间，已传承百年。据《郧阳小吃三合汤》一文中介绍："听老人们讲，早在一百多年前，郧阳清真回民饭馆就根据当

---

① 巫其祥 . 陕南美食［M］. 西安：陕西旅游出版社，2004：93.

地人的口味，研制创新出清真小吃三合汤。”[①] 其民族风味意蕴较为浓厚。三合汤以韧性强、筋道好的红薯粉条，上等牛肉馅包成的饺子，切工考究的卤牛肉片三种食物为主要食材制作而成。三种食材亦各有讲究。粉条为郧阳三宝之一的红薯纯手工制成，筋道爽滑，易熟且久煮不烂；饺子用上等牛肉做馅，形制为精致可爱的一元硬币大小，使其在煮制过程中易熟，食用时易嚼；卤牛肉片用上等牛肉以特制汤料卤制而成，切成薄片待用。其烹制流程为：首先，以竹罩盛置粉条，放入沸汤中汤渍 3 ~ 5 次后倒入大碗，取 6 个熟水饺及一叠牛肉片一并入碗；接着浇两勺滚热的汤汁（选用牛剔骨、猪剔骨熬成的油汤）浇于其上至配料淹没为止；最后，撒上胡椒粉、葱花、香菜末、蒜泥，即可食用。食客可根据自己的口味自行添加醋或辣椒汁进行调味。冬、春两季，食用三合汤可驱寒解乏、预哮喘、疗风湿。

郧阳大鸡是郧阳的名特菜肴，其主食材大鸡相传为明代武当山古刹的司晨鸡（一说斗鸡），经远近香客引种，传于民间，与当地小型鸡杂交，后经长期选育驯化而成。原称“打鸡”，古代曾进贡为宫廷斗鸡，当地人又称其为“三黑鸡”（即黑脸、黑脚、黑皮）。成年公鸡在 3 千克左右、母鸡在 2.5 千克左右。1982 年经省、地、县专家考证，认为“打鸡”为“大鸡”的谐音，由此将“打鸡”更名为“郧阳大鸡”。郧阳大鸡羽毛疏松，体质强健，肌肉发达，肉质筋道。公鸡直立时，躯体与地面呈 45° 角，颈长、胫长、垂尾，形似鸵鸟。“郧阳大鸡”素有禽类上品之称，配上“野生天麻”炖成“天麻大鸡汤”，具有强精壮体、滋阴补肾、舒经活络的功效，可控制高血压引起的综合征，长年食用可延年益寿。“天麻大鸡汤”的做法是：先取正宗郧阳大鸡一只，约 1.5 千克，脱毛，去杂，洗净，剁成 3 厘米的小块；再取干天麻 100 克，用温水泡涨后切成约 1 厘米宽条状备用；然后取食盐 10 克，生姜 10 克去皮切片，四季葱 5 根，洗净挽成小把，八角茴 1 颗，将鸡、天麻同时放入砂锅，加冷水大火烧开 5 分钟后，除去浮沫，加入生姜、八角茴、料酒、少许盐，用文火煮 1 小时，调味出锅。

网油砂为郧阳的一道高贵名菜，据说其始于北宋时的汴京，是当时皇亲国戚盛宴上的佳品。网油砂的用料和做法非常考究，它的里馅选用上好的红豇豆，经大火煮、小火煨，剥壳去水用其泥。做一次用一年，不变色，不走味，一年四季

① 孙建国 . 郧阳小吃三合汤［J］. 四川烹饪，2005，9：13—13.

清香四溢。它的肤面是洁白、无破绽的猪网油皮，将里馅卷成条状，再涂以鲜鸡蛋清加黄粉，经麻油温炸，刀切成形，白糖撒面，再辅以青红丝点缀，摆在盘里，像是一朵朵盛开的雪莲，又似雪地上的点点梅花。网油砂外层香脆，中层柔软，吃到嘴里馅味醇甜。据《湖北特产风味指南》一书中记载："郧县饮食服务公司著名厨师安正邦继承并发展了网油砂的传统技术，曾在1981年湖北省饮食行业技术表演时当场制作网油砂，受到好评，使网油砂进入全省名菜的行列。"①

竹溪蒸盆是竹溪民间美食文化的创新之作，它以独特的烹调方式，将各种原料集于一盆，使它们在色香味上高度融合，数百年来经久不衰。其做法是：准备新鲜猪后腿一条，土母鸡一只，土豆、香菇、金针菇、荷包蛋、豆油卷若干，土制陶盆一个，将切好的猪腿、鸡块放入陶盆中，用盐腌制10～20分钟，加适量水，入笼屉中大火蒸40分钟，肉半熟时，放入切好的土豆、香菇、金针菇、葱、红椒、桂皮，然后回笼小火蒸1～2小时，肉将熟时，放入荷包蛋、豆油卷，用小火蒸30分钟即可出笼。出笼后放入适量香菜、菠菜，就可以马上食用了。本菜汇合了土鸡肉、猪肉、香菇、蛋饺、土豆等，红绿相映，香气袭人，肉质细嫩，味道鲜美，营养丰富。能满足多种不同口味人群的需求，是一道老少皆宜的菜肴。相传唐朝时期，薛刚在正月十五大闹花灯打死太子后，武则天下令将薛家满门抄斩，在武三思的追杀下，薛刚被逼与妻子于卧龙山含泪离别，独自一人逃至泗水关，投奔本家哥哥薛义。薛义以前在贩卖私盐中被官府缉拿关在长安狱中，后被薛刚救出并安排他到泗水关任总兵，这次他逃过"满门抄斩"一劫，是因为薛义高价贿赂了太师张天左，将名册做了改动，使自己不在薛刚家族之列。话说薛刚到了泗水关城外，递上帖子，中军将帖子传给薛义后，薛义暗想："薛刚已被皇上下旨缉拿，我这时若藏他，岂不受拖累。"便与夫人杨氏商量："薛刚已到我们这里逃难来了，如果我们趁此机会把他抓起来解往长安，还可以官升三级，你我今后有享不尽的荣华富贵，捉住了他真是一两骨一两金、一两肉一两银呀。"杨氏大怒说："亏你想得出来，弟弟把你从狱中救出来，又安排你任总兵，你不思图报，如今恩人有难，你还想落井下石，会遭天谴的。"薛义见杨氏这样说，知道明的不成，便假意说："我哪有抓他的想法呀，只是试一试你，是不是见财起意之人。"杨氏这才转怒为喜。薛义说罢便去接薛刚，叫杨氏安排宴席为

① 湖北人民出版社编．湖北特产风味指南［M］．武汉：湖北人民出版社，1984：145.

薛刚接风。到了晚上，总兵府内一派热闹景象，只见一排排蜡烛在微风中摇曳，宽大的客厅中央摆放着很少用的油光锃亮的八仙桌，与气氛不相称的是偌大的八仙桌前仅仅坐了三人。薛刚坐在首席，左为薛义，右为杨氏。三人坐定后，杨氏便吩咐上菜。先是上的四大（四个用大瓷碗盛的凉菜，有牛舌、猪舌、鸭舌、鸡舌）、六小（六个小碗盛的蒸菜，有大酥、小酥、条子、红炖、圆子、蹄脚）、八宾盘（即八个炒菜），最后上的是一个大陶盆装的热气腾腾的蒸盆。席间，薛义亲自把壶，弟兄二人频频碰盏，好不亲热。当蒸盆上来后，杨氏站起来给薛刚拣菜，口中念念有词："恩人明天满十八岁，我特地吩咐厨房做了这一道用十八种山中的好菜合在一起的汽水蒸盆，一是祝君有财不外流，有才不外露；二是愿你十八般武艺样样精通，不受别人欺负；三是你在落难之时，有十八罗汉保佑你……"薛刚本是性情直爽之人，加上哥哥热情劝酒，嫂嫂又是情真意切，言辞中充满关怀，便把一切烦恼置之脑后，尽情享受着美酒佳肴。殊不知薛义暗起贼心，早就准备了一把九转阴阳壶，就是一把壶内有阴阳之分，阴为"迷魂汤酒"，阳为白开水，他给薛刚斟的是阴壶，自己喝的阳壶。薛刚本是疲惫之躯，也无戒备之意，刚把杨氏夹的菜吃完，便一头扎在了八仙桌上。阴险而又忘恩负义的薛义知薛刚已被毒倒，便吩咐家丁将薛刚捆绑起来要将他押往长安领赏，杨氏亲眼见此，便来阻挡，被薛义当场一脚踢死。后来山区的妇女为了纪念大仁大义的杨氏，都仿效她做的蒸盆来招待尊贵的客人，并且世世代代传颂着她的美德。

（三）江汉平原名菜

汉水下游的江汉平原，地势平坦，河渠纵横，雨量充沛，更兼气候温和，四季分明，日照充足，雨热同季，这里土壤肥沃，有机质含量高，不仅为水稻生长提供了得天独厚的环境，各种食源的生长环境也是得天独厚，各种名菜更是闻名遐迩，异彩纷呈。江汉平原的名菜主要有清蒸武昌鱼、鱼糕（鱼丸）、蟠龙菜、沔阳三蒸、清炒红菜薹等。

清蒸武昌鱼是用武昌鱼和火腿片蒸制而成。武昌鱼俗称"缩项鳊"，相传樊口所产之武昌鱼最为纯正，"梁子湖"汇入长江之口为樊口。武昌鱼在唐代元结诗歌中称为"回中鱼"。三国东吴丞相陆凯劝阻孙浩迁都疏中时有"宁饮建业水，不食武昌鱼"之句。毛主席1956年所作《水调歌头·游泳》中"才饮长沙水，又食武昌鱼”之豪迈咏叹，倾倒无数文人墨客，使武昌鱼的历史文化意蕴得以升华。清蒸武昌鱼的制法：将鱼洗净，在鱼身两面各划四刀，盛入盘中，加火腿、笋片、香菇、盐、酒、葱、姜，上笼用大火蒸熟取出，去掉葱结和姜块。炒锅烧热，下猪油，将蒸鱼的原汤汁滗入，加鸡汤、味精、鸡油烧浓，起锅浇在鱼上，撒上胡椒粉即成。成菜色泽似银，肉质细嫩，滋味清鲜。

鱼糕（鱼丸）是江汉平原人们过年的传统大菜之一。江汉平原水系发达，渔业兴旺，因此鱼是家常菜，除了清蒸、红烧、煎炸等做法外，最有特色的就是做成鱼糕和鱼丸。传说鱼糕（鱼丸）的制作起源于楚国，在当时的郢都纪南城（今荆州古城北约 5000 米处）有一家酒肆，生意特别兴隆，盖其佐酒小菜专以各种鱼菜为之，故店主每日必购进鲜鱼。一天，客人较少，偏偏天气又热，到晚上剩下的鱼很快就要霉变，店主急中生智，索性把鱼刺全部剔除，并将鱼肉剁碎，再加上一些豆粉使鱼茸易于成形，打进几个鸡蛋助其口感嫩滑，并倒入少许白酒去除腥味，最后做成糕状蒸熟，取出摊凉。次日店主把鱼糕切块装碗蒸热，浇上调料随酒售卖，竟大受欢迎。受此启发，人们纷纷效仿，鱼糕也越做越精美。后人在鱼糕的基础上进行改良，在鱼茸中添加肥肉和荸荠等制成丸，变成了鱼丸。其特点为吃鱼不见鱼，鱼含肉味，肉有鱼香，清香滑嫩，入口即溶，为人称道。

蟠龙菜出自钟祥地区，是明朝的“御菜”，已列为《中国菜谱》的名肴之一。相传明正德十六年（1521 年），明武宗朱厚照驾崩，无子继位，便由其堂弟即湖广安陆州（今钟祥）的兴王朱厚熜进京继承皇位。当时交通和物流都不便，从钟祥到当时的京都（今北京）着实路途遥远，所以必须备足一路饮食。准皇帝出发之前，王府一名为詹多的厨师便大动心思，将猪肉和鲜鱼剁碎，加入淀粉、鸡蛋清、葱姜末、食盐等拌成馅料，用熟鸡蛋皮裹成长约 30 厘米、直径约 5 厘米的扁卷筒形并蒸熟。食用时将其切成薄片，或蒸或炸，或煮或烩，就成了色、味、香、形俱佳的上等菜肴。兴王吃了赞不绝口，而他身边有好“摇尾”者又将其摆成龙形于盘中，蟠龙菜因此得名。据《中国趣味饮食文化》一书中介绍：“嘉靖二年（1523 年），詹多厨师又奉旨进京，再对‘红薯’进行改进，做成了一尺半长、一寸半宽、七分半厚的圆筒，包裹的薯皮也换成了用鸡蛋黄和食用红色素调出的鸡蛋皮，蒸熟后切成薄片，盘于碗中，复蒸一遍，倒扣入盘，红黄相间，宛如龙形。如此一改，此菜色泽鲜艳、造型美观、鲜嫩可口、肥而不腻，嘉靖更是钟情于此菜，正式定名为‘蟠龙’御菜。此菜又因为先卷后切，俗称‘卷切子’，后来，人们在盘子里将其摆放成龙形，又叫‘盘龙菜’。”[①] 总之，此菜名因其形而得。

沔阳三蒸是仙桃名菜。沔阳是荆州地区仙桃市的旧称，位于汉水下游美丽富饶的江汉平原，素有“鄂中宝地”“江汉明珠”之美称，是著名的“鱼米之乡”。沔阳人民爱吃蒸菜，有“无菜不蒸”的食俗。沔阳三蒸究竟是哪三样，说法很多。据《饮食文化辞典》中注释：“古代沔阳由于大米珍贵，百姓常以杂粮、野菜、虾、藕等混合蒸制充饥，所以有‘一年雨水鱼当粮，螺虾蚌蛤填肚肠’之说。”[②] 三蒸即蒸鱼、蒸肉和蒸藕。其实这里的蒸是指菜式种类，“三”只是一个概数，可视为蒸畜禽、蒸水产和蒸蔬菜的总称。而蒸法有粉蒸、汤蒸、清蒸、炮蒸、扣蒸、酿蒸、包蒸、封蒸、花样造型蒸、旱蒸等，不下十几种。沔阳三蒸从元朝开始历经多个朝代演变流传至今，融会了沔阳劳动人民的勤劳和智慧，更创造了一个饮食品牌，而从乡土发展到外域，更是说明它的生命力和渗透力的强大和久远。在汉水流域，尤其是江汉平原的荆州地区，素有“二蒸九扣十大碗，不上格子（蒸笼）不成席”的说法。但凡设宴，一定少不了沔阳三蒸。无论地上长的还是水里养的，都可作为沔阳三蒸的原料。在制作工艺上，此菜最大的特点就是与米粉混蒸，且对米粉的要求十分高：先将大米在锅中加花椒、八角、桂皮，以小火焙至微黄，冷却后碾磨成颗粒较粗的粉末。一般来说，用于蒸畜禽肉类的米粉宜粗，蒸水产类的米粉略细为好。作为江汉平原乃至湖北美食中的一朵奇葩，沔阳三蒸在中国名菜系中占有重要的一席之地，而其蒸菜技艺已经被湖北省政府列为省级非物质文化遗产。

菜薹别名“菜心”，是白菜亚种中以花薹为产品的变种，一年生草本植物。红菜薹又名“紫菜薹”，在湖北广泛种植，尤其以江汉平原出产的最为优质。武汉洪山宝通寺的红菜薹极为优质。据《楚民楚风·荆楚民俗文化》中叙述：“真正称得上极品的优质红菜薹只产在宝通寺一带。徐毓华 1907 年所著《湖土地理》载：‘马鞍之煤、宝通寺之菜、黄鹄矶头之鲤，均占优胜之土物也。’这里的‘菜’就是红菜薹，据说特别脆嫩爽口，别具风味，远远胜过其他地方生长的

① 苏山 . 中国趣味饮食文化［M］. 北京：北京工业大学出版社，2013：154.

② 张哲永 . 饮食文化辞典［M］. 长沙：湖南出版社，1993：137.

菜薹。”[①]正宗的洪山红菜薹特质明显、肥美粗壮、色泽艳丽，成株高度是一般菜薹的二倍，茎部的长度、直径也远超过一般菜薹，叶片更是比一般的菜薹碧绿肥大，整体形态比其他地方的菜薹厚硕宽大。红菜薹种植条件讲究，土壤要肥沃，气温稍低，一般适宜秋种冬收。因其质嫩味甘、风味独特，唐时即享有“金殿御菜”的美名。民国初年，黎元洪入驻北京担任民国总统，每临冬季，必派专列运武汉洪山红菜薹至京城享用。有人尝试利用科技手段将红菜薹移植异地种植，但移植后的菜薹颜色改变，口味也已逊色不少。基于此，武汉市政府将宝通寺的这块“风水宝地”规划为国家生态保护区，作为洪山红菜薹原产种植基地，成为全国唯一的城区中心农业用地。红菜薹适宜清炒，工艺简洁，将整株菜薹折成4厘米长，取其鲜嫩之部位，用水洗净沥干，再根据个人口味，或醋炒，或麻辣炒，成菜后的颜色碧中带紫，其味鲜嫩爽口。若与腊肉片一起炒，则平添一份甘浓。

（四）唐白河流域名菜

唐白河流域是汉江支流唐河、白河流经的区域，主要指河南南阳市，是汉水流域的重要组成区域。受中原文化影响，南阳人的主食以面食为主，菜肴亦有精品，如扒猴头、镇平烧鸡、玄妙观斋菜等。

扒猴头是用猴头菇和火腿片等利用扒的烹饪工艺制成的一道南阳名菜。猴头菇是一种大型真菌，历来被称为“素中荤”和“植物油”。我国采食猴头菇始于3000多年前。在河南南阳西峡县及伏牛山卢氏县，至今还流传着唐朝士卒在小林中采食猴头菇的故事。三国时期的《临海水土异物志》中记载：“民皆好啖猴头羹，虽五肉臛不能及之，其俗言曰：宁负千石粟，不愿负猴头羹。”[②]民间有：“多食猴菇，返老还童”之谚语。明代农学家、科学家徐光启的《农政全书》中记载有猴头之名。猴头与熊掌、鱼翅、海参并列为四大名菜，享誉中外。任百尊主编的《中国食经》中载有扒猴头的制法及成菜特色：“将猴头放入沸水锅煮发，捞出，顺毛批成坡刀片，加猪油、鲜汤、盐、葱、姜片，上笼蒸10分钟取出，再放入沸水锅中稍氽捞出，去净黄水，放入碗内，加蛋清、盐、味精少许和干淀

① 石定乐，孙嫘．楚民楚风：荆楚民俗文化［M］．天津：天津大学出版社，2015，9：29.
②（三国）沈莹．临海水土异物志辑校［M］．张崇根辑校．北京：农业出版社，1988：4.

粉，拌匀上浆，再放入沸水锅内氽熟。将猴头片、香菇片、玉兰片、火腿片整齐地摆在锅垫上，用盆覆盖。炒锅烧热，下猪油，加鲜汤，将盛满原料的锅垫放入锅里，放入盐、味精、绍酒，扒 10 分钟后锅垫出锅，倒扣在汤盆里，锅中留余汁，下湿淀粉勾薄芡，淋上熟猪油少许，起锅浇在猴头片上即成。成菜色泽褐、黄、红、白相映，猴头软嫩，汁白味鲜。”①

镇平烧鸡，也称镇平侯氏烧鸡，其烧鸡特色鲜明，断筋离骨，皮香肉烂，肥而不腻，色泽鲜艳。创制者侯稀山，原籍山东临沂，1928 年从德州名师学做烧鸡。1942 年日本侵华，他携妻儿迁居镇平，继续制卖烧鸡。此后，侯氏烧鸡声名大振，经久不衰。镇平烧鸡型、色、香、味别具一格，以卤、烧为烹饪技艺。卤制中，循环使用陈年老汤和适量盐水，配入砂仁、豆蔻、肉桂、白芷、丁香、苹果等 20 余种中草药。卤制后的烧鸡色泽红润鲜艳，异香浓郁扑鼻，鸡皮不破不絮，造型美观大方，手提断筋离骨，牙咬口茬整齐，入口酥软鲜嫩，松散易嚼，肥而不腻，清而不淡，老幼皆宜。既为名菜佳肴，又是上等的保健滋补品。远销两广、两湖、川陕及京、津、沪等地，供不应求，香飘九州。《食品加工技术、工艺和配方大全（续集 3）》中记录的关于镇平烧鸡制法及成菜特点是：“在白条鸡外皮抹上一层蜂蜜，放进油锅翻炸至金黄色时捞出，按鸡的大小、老嫩和辅料一起依次摆入老汤锅内，先用大火烧沸后，转用小火焖煮 3 小时，出锅即为成品。产品特点金黄色，鲜嫩不腻，断筋离骨，肉质紧密，味道醇厚，余香满口，南北皆宜。”②

南阳玄妙观斋菜也较为有名。南阳玄妙观建于明朝洪武四年（1371 年），清朝、民国时期，与北京白云观、西安八仙庵、山西长清观并称全国道教四大丛林，香火皆旺盛。观中道人按教规吃斋茹素，遇重大节日或观内名花盛开之日，还宴请地方名流到观游园赏花，以素宴招待。《佛家养生大道》中记载：“据说，玄妙观斋菜选料严谨而广泛，名目繁多的斋菜主料和辅料必是真素。它选用了天南海北之珍品，且充分利用本地各种土特产、食用菌类、蔬菜和豆制品。这些素料经过厨师们扒、熘、炒、炸、烩、蒸等精工处理，匠心独运，做出的佳肴既悦

---

① 任百尊 . 中国食经［M］. 上海：上海文化出版社，1999：456.

② 刘宝家，等 . 食品加工技术、工艺和配方大全：续集 3（中）［M］. 北京：科学技术文献出版社，1997：251.

目，又香口，妙趣横生，真可谓色香味形俱佳，尤其在形上，玄妙观斋菜讲求象形，十分逼真。”[①]较为有名的成菜如“素火腿”“扒素鸡”“素鱼翅”等，均为形荤实素、调制奥妙、引人入胜的玄妙观斋菜上品。玄妙观斋菜在历代厨师、道众、食客的切磋、钻研、创新下，烹调技法得以不断提高，名菜佳肴逐步增加而丰富。曾为玄妙观厨师的南阳饭店一级厨师尹德明总结整理出“玄妙观素斋”谱55个。1984年，北京电视中心将玄妙观斋菜拍成电视片，以飨全国观众。河南省烹调协会也将它作为传统名菜列入史册。

二、汉水小吃盘点

据满来的《北京小吃历史悠久》一文中说：“中国小吃作为中华民族饮食文化的一个组成部分是随着烹饪技术的进步而发展的。据记载，早在2300多年前，屈原在《楚辞·招魂》中就有对小吃的描述，汉代大城市的饮食市场已出现了现制现售的小吃品种。魏晋时期，饮食品种类更加多样。北魏时期贾思勰就在《齐民要术》中记载了许多小吃品种，如粽子、年糕等，已成为时令小吃。唐代社会经济发达，市场繁荣，饮食业有很大发展，已经出现了按时令出售不同品种小吃的专营名家、专家。北宋时期，城内主要街道专门经营小吃的店铺比比皆是，有的小吃店规模可观，经营的小吃品种达几十种甚至上百种。”[②]可见，中国的小吃文化源远流长，各地特色小吃不胜枚举。在饮食文化较为发达的今天，大众的口味变得多元化，这让藏匿于街头巷尾的传统特色小吃备受青睐。小吃与流水线上生产出的快餐不同，它们以“奇特”“正宗”著称，讲究就地取材，彰显“舌尖上的风土人情”。小吃是人类主食的补充、菜肴的辅助、营养的来源之一。汉水流域的小吃，五彩纷呈，品样多姿。下面按照陕南、郧阳、江汉平原、南阳等区域切割，略做盘点。

陕南小吃主要是指汉中、商洛、安康三市的小吃。汉中位于陕西省西南部，自古就被称为“天府之国”“鱼米之乡”和“小江南”，是秦巴山片区三大中心城市之一、国家历史文化名城、中国优秀旅游城市、国家生态示范区建设试点地区

① 张其成．佛家养生大道［M］．南宁：广西科学技术出版社，2013：160.

② 满来．北京小吃历史悠久［J］．时代经贸，2012，5：20—21.

和全国“双拥模范城”。特色小吃有汉中面皮、菜豆腐、浆水面、红豆腐、宁强核桃馍、西乡牛肉干、本菇蛋包饭、草鞋馍等。商洛市位于陕西省东南部，因境内有商山洛水而得名。地处秦岭山地，东临河南省，东南临湖北省，北、西北、西南分别与本省渭南市、西安市、安康市接壤。特色小吃有擀面皮、搅团、商州糍粑、橡子凉粉、山阳腊肉、腊肉炒粉皮、封猪头、罐罐蒸馍、糊汤面、香苜蓿粉蒸肉等。安康市位于陕西省东南部，因境内土壤含硒元素丰富，又被誉为“中国硒谷”。安康是中国十大宜居小城、中国十大节庆城市、全国发展改革试点城市、国家主体功能区建设试点示范市，被誉为“西安后花园”。特色小吃有浆水面、蒸面、麻辣烫、酸菜面、炕炕馍、紫阳蒸盆子、姜丝拌汤、浆巴馍、椒盐饼子、鬼谷子腊肉等。

现今郧阳为十堰市的一个区，而古之郧阳辖区历经变迁和沧桑，尤其是明代郧阳是省级行政单位，管辖范围广。人们惯称的郧阳其实指的就是十堰市。十堰是鄂、豫、陕、渝毗邻地区唯一的区域性中心城市，位于华中、西南、西北三大经济板块的结合部，起着承东启西、通南达北的作用，是毗邻地区最大的汽车制造、汽车科研、医疗卫生、商业集散、交通枢纽、旅游文化、生态控制中心，是鄂西生态文化旅游圈的核心城市。特色小吃有脆皮素蹄筋、房县黑木耳豆渣、锅出溜、黄龙剁椒鱼头、柳林腊肉、罗汉笋爆双脆、胖胖锅火巴泥鳅、皮蛋剁辣椒蒸土豆、清炒小花菇、三鲜汤、神仙豆腐、瓦块鱼、香橙排骨、绣球素梅花虾球、郧县三合汤、郧县酸浆面。

汉水下游的江汉平原上分布的主要城市有襄阳、荆门、潜江、仙桃、孝感、随州、武汉等。襄阳，湖北省省辖市、省域副中心城市、汉江流域中心城市，是城区面积仅次于武汉的第二大城市。襄阳是中国历史文化名城，楚文化、汉文化、三国文化的发源地，已有 2800 多年历史，历代为经济军事要地，素有“华夏第一城池、铁打的襄阳、兵家必争之地”之称。襄阳小吃有红油豆腐面、胡辣汤、金刚酥、襄阳牛肉面等。荆门位于湖北省中部，江汉平原西北部，北通京豫，南达湖广，东瞰吴越，西带川秦，素有“荆楚门户”之称，自商周（约前 16 世纪）以来，历代都在此设州置县，屯兵积粮，为兵家必争之地。特色小吃有茶花点心太师饼、臭豆腐、栗溪烟熏肉、蟠龙卷切、尚香风干鸡、十里风干鸡、长湖鱼糕、钟祥酥饼、矮子馅饼、郭场鸡、荆州八宝饭。潜江位于湖北省中部江汉平原，是中国现代著名作家曹禺先生的故乡。1994 年被列为湖北三个直管市之一。著名作家碧野曾盛赞潜江是“一座绿色的城”。潜江是世界最大的牛磺酸生产基地、亚洲最大的石油钻头生产基地、全国最大的眼科用药生产基地，被国家授予“中国小龙虾之乡”的称号。特色小吃主要有潜江焌米茶、潜江豆饼、潜江龙湾锅巴饭、蒋代忠瓦罐鸡汤、潜江蒸菜、潜江二回头、火烧粑、潜江油焖大虾、潜江锅盔等。仙桃是湖北省直辖市，原名沔阳，是中国体操之乡，具有优越的交通条件、丰富的农副产品、良好的产业基础和怡人的居住环境。主要小吃有仙桃沔阳珍珠圆子、仙桃毛嘴卤鸡、仙桃红庙酥饼、沔阳粉蒸肉、仙桃鳝鱼米粉、“沔阳三腊”等。孝感，简称“孝”，中国唯一一座以孝命名的地级城市，中国孝文化之乡。它是距离中部地区中心城市武汉市最近的城市，是武汉城市圈成员城市之一，也是中部地区最具潜力和竞争力的城市之一，其综合竞争力在省内排名前六位。特色小吃有宫廷烤鸡、鳜鱼吐珍珠、黄酥饼、蒋海扒葱担角、榔头蒸鳝鱼、龙凤金银丝、麻花鳜鱼、清炖脚鱼、散花小炒、砂子馍、生爆鳝卷、鸭丁元宝、严和尚烧猪头、阴阳虾伴球、樱桃玉叶、应城扒肉、应城砂子馍、应城甑仁糕等。随州，湖北省最年轻的地级市，位于湖北省北部。随州市版图面积9636平方千米，人口258万，下辖一市一区一县：广水市、曾都区、随县。随州素有“汉襄咽喉”“鄂北明珠”之称。跨北纬31° 19'至32° 26'，东经112° 43'至113° 46'。特色小吃有广水滑肉、广水酸汤鱼、广水腌腊狗肉、南湖船菜、乳腐肉、二锦馅、随州春卷、马坪拐子饭等。武汉是湖北省省会，简称汉，由武昌、汉口、汉阳合并组成，地处中国腹地中心，江汉平原东部。世界第三大河长江及其最大支流汉水在此交汇，造就了武汉隔两江立三镇的地理特征，市内江河纵横、湖港交织，全境水域面积2217.6平方千米，占地四分之一，构成了武汉滨江滨湖的水域生态环境，因此武汉自古又称江城。特色小吃有八卦汤、柏泉板鸭、蔡甸藜蒿、蔡甸藕汤、陈记炸酱面、汉南甜玉米臭鳜鱼、楚宝桂花赤豆汤、风味蟹黄灌汤包、福庆和牛肉米粉、复兴村油焖大虾、什锦豆腐脑、桂花赤豆汤、桂花糊米酒、洪山菜薹炒腊肉、花赤豆汤、黄陂豆丝、黄焖甲鱼、煎虾饼、橘瓣鱼圆、烤喜头鱼、牛肉豆丝、清蒸武昌鱼、云梦鱼面等。

南阳简称“宛”，别称南都，宛都，位于中国最东端的大型盆地南阳盆地之中，头枕伏牛，足蹬江汉，东依桐柏，西扼秦岭，自古为战略要地。历史上，南阳是屈原“扣马谏王”地，军事家诸葛亮的躬耕之地，著名的秦楚“丹阳之战”和三国故事“三顾茅庐”就发生在这里。如今，南阳是南水北调中线陶岔渠首枢纽工程所在地。特色小吃有新野板面、博望锅盔、邓州胡辣汤、邓州窝子面、邓州小磨油、方城丹参、方城烧麦、方城羊肉烩面、郭滩烧鸡、黄河口水煎包、脚踏肉、菊花肉、老庄樱桃扣碗、蜜汁江米藕、南阳蒸菜、内乡缸炉烧饼、炝锅面、沙锅鱼头、桐柏胡辣汤、王店火烧、玄妙观斋菜等。

三、汉水饮品概览

关于饮品的研究，学术界的研究成果颇多。英语牛津词典中介绍为“Any sort of drink except water，e.g. milk，tea，wine and beer”，意思是指除水以外的任何一种可饮用的液体，如牛奶、茶、葡萄酒、啤酒等。李祥睿与陈洪华主编的《饮品配方与工艺》一书中认为：“饮品是指经过加工制造供饮用的液体食品……饮料是饮品的统称……不含酒精的饮品分为茶类饮品、碳酸类饮品、咖啡、蔬菜汁、水果汁、乳品制饮品、冷冻饮品、其他饮品。”[①] 姜源与邢楠主编的《饮品1000样彩色饮品完全版》中将日常饮品分为茶、蔬果汁、奶昔、冰咖啡、酒五大类。其他著述文章等均对饮品的概念及分类做了探讨，认为饮品即“经过加工可饮用的液态食品”。汉水流域的饮品涵盖了饮品的各个种类，本节以汉水的茶、酒、水（经过加工的）为例略做探讨。

（一）茶

汉水流域的茶及其文化内涵丰厚，且颇有影响。出生于汉水流域下游天门的唐代陆羽，对我国乃至世界茶业的发展做出了卓越贡献，被誉为“茶仙”，尊为“茶圣”，祀为“茶神”，其著《茶经》，是我国乃至世界现存最早的介绍茶的专著，被誉为茶叶百科全书。千百年以来，无数的人对陆羽的《茶经》进行研究，从而对茶文化的内涵进行探析和拓展。从饮食习俗文化的角度来看，《茶经》中对于饮茶仪式颇有讲究，形成饮茶习俗文化：“凡采茶，在二月，三月，四月之间。茶之笋者生烂石沃土，长四五寸，若薇蕨始抽，凌露采焉。茶之芽者……

① 李祥睿，陈洪华．饮品配方与工艺［M］．北京：中国纺织出版社，2009：1.

其日有雨不采，晴有云不采。”[①]“其水，用山水上，江水中，井水下。其山水，拣乳泉石池漫流者上，其瀑涌湍漱勿食之，久食令人有颈疾。”[②]“夫珍鲜馥烈者，其碗数三；次之者，碗数五。若做客数至五，行三碗，至七，行五碗。”[③]分别对采茶时间、泡茶用水、饮茶的方法做出细致强调，认为饮茶是一件严谨而雅致的事情，除了需要必备的茶具以外，对于煮茶的水、火，饮茶的礼仪都有一定的要求。《茶经》对于后世有关茶文化的研究极具启发意义，产生了深远影响，远远超过北宋赵佶的《大观茶论》、南宋审安老人的《茶具图赞》、明代张源的《茶录》等茶文化著述。

武当道茶为汉水流域很有影响的茶之品种。据史书记载，中国古时植茶、制茶、饮茶多在道观寺庙风行，由此也出现了名山道观出名茶的现象。武当道茶自古有之，由来已久。相传，玄天大帝真武祖师于武当修道，得玉皇大帝赐茶修性养生，得道成仙。每年“三月三”“九月九”，武当道人都要举行盛大的法事活动，用最好的茶敬奉真武祖师，并将这一仪式沿传至今。茶道源于道家鼻祖老子。据《天皇至道太清玉册》中记载：“老子出函谷关，令尹喜迎之于家首献茗，此茶之始。老子曰：食是茶者，皆汝之道徒也。”[④]老子第一个将茶作为道家待礼之物，并纳入道的范畴、礼的规范，茶道由此而生。武当道茶源于武当道人。初始，武当道人直接含嚼茶树鲜叶，从中汲取茶汁，感茶之芬芳，用以清心明目，久而久之，茶之含嚼成为一种嗜好。随着时间的推移，生嚼茶叶之习转变为煮服，天长日久，渐渐养成沸水沏茶、品茶的习惯。武当道人常饮此茶，清心明目，心平气和，人生至境，平和至极，谓之太和，所饮之茶亦谓之“太和茶”，武当道茶也由此而来。受历史条件的局限，武当道茶最初的生产制作主要在名山道观中流传，唐代鄂西北山区竹溪梅子贡生产的道茶被朝廷列为贡品；明代皇帝大兴土木，动用20万能工巧匠大兴武当宫观14年，其间武当道人将道茶作为贡品，敬奉给朝廷，为皇帝独自享用。中华人民共和国成立后，武当道茶开始进入寻常百姓家，并得以广泛种植。特别是改革开放以来，十堰山区茶叶产业发展迅猛，武当道茶进入了新的历史发展时期。武当道茶以其独特的品质功效和

① （唐）陆羽 . 茶经［M］. 杭州：浙江古籍出版社，2011:5.
② （唐）陆羽 . 茶经［M］. 杭州：浙江古籍出版社，2011:14.
③ （唐）陆羽 . 茶经［M］. 杭州：浙江古籍出版社，2011:17.
④ （明）朱权 . 天皇至道太清玉册［M］. 明万历 37.

浓厚的道教色彩，与西湖龙井、武夷岩茶、寺院禅茶并列为我国四大特色名茶。武当道茶为绿茶，其色泽翠绿，汤色嫩绿明亮，香高持久，滋味鲜醇爽口，叶底嫩绿明亮。2010 年 11 月 15 日，农业部批准对“武当道茶”实施农产品地理标志登记保护。

汉水流域茶叶较为有名的还有竹溪梅子贡茶。梅子贡茶历史源远流长，武王灭纣之后，巴蜀及庸国（竹溪西周属古庸国）以地方特产生漆、茶叶上贡周王朝。自唐代开始，梅子贡茶更是历代地方官员敬奉朝廷的必备贡品。相传庐陵王被贬房陵，途经梅子垭时饮用梅子茶，不仅颇感茶味佳美，还治愈了暑疫之症，遂用梅子茶敬奉母亲武则天。武则天品尝后大加赞赏，钦定为贡品。据考证，竹溪是唐代陆羽《茶经》“山南”茶区的区域之一，梅子垭仍保留的 56 株成片的宋代古茶园可以为证。2000 年，竹溪作为第一轮退耕还林试点示范县，依托退耕还林政策大力发展茶叶产业，打造了“中国茶叶之乡”“中国有机茶之乡”。2014 年 4 月 8 日，国家质检总局批准对“梅子贡茶”实施地理标志产品保护。

汉水流域的茶叶主要是绿茶，除了武当道茶、竹溪梅子贡茶外，较有影响的还有陕南富硒茶、孝感市大悟县的“大悟绿茶”“双桥毛峰”，襄阳市的“隆中茶”，谷城县的“汉家刘氏茶”，随州市的“神龙有机茶”等，以及具有中药性质的绞股蓝茶、金银花（二花）茶、杜仲茶等品种，由于其培育难度较大，地理气候限制以及人民茶饮习俗等因素，种植规模不大，在此不赘述。

（二）酒

汉水流域酒的品种繁多，米酒、果酒、黄酒、啤酒、白酒等均有分布，其中不乏一些闻名中外的品种，酒文化内涵丰富。现以黄酒、啤酒和白酒为例略做介绍。

1. 黄酒

我国黄酒及其酿造文化内涵丰富，历史久远。胡普信在其《中国传统黄酒技艺的传承与发展》一文中指出：“黄酒的酿造和饮用历史久远，最早起源于中国，是世界上历史最悠久的酒种之一，早在商周时期，酒曲复式发酵法就开始用来酿造黄酒。”[①] 黄酒在汉水流域的分布较为普遍，如陕南黄酒、房县黄酒、郧县黄酒等，较有影响的是陕南谢村黄酒和房县黄酒。

陕南黄酒影响较远的当数汉中洋县谢村黄酒和南郑县（现南郑区）黄官黄酒，以谢村黄酒为例，即可展示陕南黄酒文化的魅力。据《洋县县志》中记载："洋民好饮食，平坝民多用糯米酿制黄酒，小村店必开酒馆或挑至村中卖之，男女沽之。”这表明，洋县人自古以来便喜爱喝黄酒。早在3000年前，这里已经能够生产和饮用类似黄酒的东西。谢村黄酒与绍兴酒齐名，人称“南有绍兴加饭，北有谢村黄酒”。这是因为在上海举办的中国首届黄酒节评比会上，谢村黄酒与绍兴黄酒双双登上金榜而获得赞誉。不同的节日有不同的黄酒。新年迎春酒驱寒，端午苦艾酒避暑，中秋桂花酒暖身，重阳菊花酒醇厚，还有冬青黄酒因须用经霜冬青子为药合曲，色紫蓝，味郁香，曾为贡品。不少人家有祖传酿酒秘方，所酿黄酒各领风骚。“无酒不为节”，是谢村镇人对自己所酿黄酒的夸耀；“不喝谢村酒，空往洋州走”，是外地人对谢村黄酒的赞美。历代文人墨客常以诗赞誉谢村黄酒：“此酒只应皇家有，瑶池天宫量也无。”（唐德宗李适）“闻道池亭胜两川，应须烂醉答云烟。劝君多拣长腰米，消破亭中万斛泉。”（宋代苏轼）据传，唐建中年间，德宗皇帝李适逃难时，途经洋州谢村，浅酌此酒，化凶为吉。清“庚子之变”，慈禧太后携光绪皇帝逃到西安，洋县地方官和谢村富豪刘氏曾贡“谢村黄酒”，备受慈禧青睐。此外，还有宋代大画家文于可与大词人苏轼、苏辙兄弟，也曾客宿酒乡洋州，醉中弄笔，留下千古文章。纵观历史，实可谓：“谢村黄酒，千古风流。”据传说，文同出任洋州知府那天，衙门前挤满了人。父老乡亲们想看看文大人坐堂的气派，文人雅士们想看看他画竹的技艺。这时，前任州官趁机讨好，大摆筵席为文同接风，还特地从南郑请来一家汉剧班子。可是文同无心做官，有戏不看，逢宴不吃，常常漫步在汉江河畔，欣赏茂林修竹，清波激浪，寄情于山水之间。文同的墨竹画早有盛名，他到洋州任职后，常有富户豪绅持绢索画，但他总是拒之门外。这天，他出外查访，途经谢村镇一家黄酒作坊门前，一位鬓发皆白的老人朝他点头微笑，热情地请他到屋里饮酒。闲聊中才知老人靠酿酒谋生，只因他的作坊地处偏僻小巷，销量一直不多，生活非常艰难。文同饮罢一杯黄酒之后，顿觉心清神爽，于是，命随从取出文房四宝，一阵淡泼

① 胡普信．中国传统黄酒技艺的传承与发展［J］．中国酒，2015，4：56—65.

浓抹，便画成了一幅墨竹图。说来巧得很，正在文同在画上落款之际，他表兄苏东坡也到谢村黄酒作坊来了。苏东坡一边喝酒，一边赞叹："佳作，佳作！"说罢，操笔在墨竹图的右下方画了一头黄牛，并写了七绝一首："汉水修竹贱如蓬，斤斧何曾赦箨龙。料得清贫谗太守，渭滨千亩在胸中。"这事一传十，十传百，没多久，洋州三县远近都知道文同和苏东坡为谢村黄酒题诗作画了。人们纷纷前往观赏，真是门庭若市，生意兴隆，谢村黄酒很快就在东川（汉中地区古称）名声大振了。从此，作坊主把这幅文人画高悬中堂，供人观赏，招徕顾客。但是，不知到什么时候，这幅画却不见了。说来奇怪，1960 年文物普查时，竟在谢村镇北十里的大爷山第 48 座庙宇前的墙壁上发现了这幅墨竹黄牛图。洋县文化馆把这幅珍贵的画裱糊后，夹在画框里供人观赏。

汉水流域黄酒的另一朵奇葩为房县黄酒。房县黄酒具有悠久的历史，最早起源于周朝，而盛于汉唐。据历史记载，唐中宗李显被废为庐陵王后流放房州（今房县）15 年（684—699 年），李显复位后，将黄酒封为"皇封御酒"（又名"皇酒"）。因此，房县黄酒自古即有"封疆御酒""皇封御酒"和"皇酒"等美称。据《房县志》风俗中记载：宋代陈造写的"江湖长翁集"中写房县黄酒："阴晴未敢捲帘看，苦雾蒙蒙鼻为酸。政使病馀刚制酒，一杯要敌涝潮寒"；"杯酒清浓肉更肥，咸言趁社极欢嬉。丁宁向去坐年日，要似召集敛脯时"；"翁媪同围老瓦盆，倒篘新酒杂清浑。枧南枧北皆春社，且放乌犍卧晏温"。每首诗歌不离房县黄酒。房县黄酒的品种分类和酿造工艺、饮酒习俗均有讲究。按颜色可分为三种，即青、黄、乳白。青色酒，又名地封酒，一般是新糯米上市后，选用上乘糯米，如"三颗寸""黄金条""三百棒""柳条糯"（均属地产名优糯米）。在农历九月九日做上，等下浟后（即发酵），舀起来装入事先准备好的陶瓷罐（房县地方土烧制的窑货）中。装满一罐，即用笋口叶封口，然后用黄泥把罐口全部封严，埋入地下三尺深浅。经过一年后的第二个九月九，掘起土罐，罐中浟汁已经化为半罐青色浟水，整个罐中看不到一粒米皮，此即地封酒。此酒色青如青玉，在碗中犹有如琥珀挂碗，饮一口如喝凉水。若不是斗酒豪饮者，切记不可喝此酒。此酒饮入口中，回味如同雪中红梅之雅香。饮后经风一吹便可醉倒。此酒名为地封酒，又名透瓶香，也叫出门倒。古诗有"莫笑农家腊酒浑……"即从此来。黄色酒，即统称房县黄酒，此酒一般从做到喝不到一个月，是房县人家家都有、顿顿不断的家常酒。无论何时来客，炒上四碟八盘菜，房县有的是山珍特产，香菇、木耳、金针、腊肉、鸡子、板鸭、咸蛋等，宾主一席，你敬我转、猜拳行令，欢呼畅饮，加上房县人规矩大、酒令多，不管怎样，也得绕上客人多饮几碗，客人饮酒不醉，主人便自觉没有款待好客人。这种黄酒时间短、酒劲中和，房县人多有以饮黄酒不吃饭的。此酒味清甜、醇香扑鼻。量大者三碗可晕，一碗清水漱漱口，下顿再喝。白色酒，一般专指头天做酒，发酵到对头一天，以此连糟子煨到喝，此酒为甜糟酒，其色如牛奶，饮入口中如糖似蜜，久饮只饱不醉。这种专门做出的酒为甜糟子，一般专门为坐月子的妇女做的。另一种是过年过节用。房县人早期不用茶叶泡茶，专门用甜糟子加四个荷包蛋当茶，或者在甜糟子里面煮上几个汤圆、红枣、莲子等。后来茶叶普及，甜糟子仍然被当成一种菜点用来待客。

白酒专家陶家池表示："房县具有独特的自然气候和微生物菌群，只有用房县的野生蓼子秘制小曲，以及高山糯米、溪水或地层深处的矿泉水（源自神农架北麓青峰断裂带）结合特殊手工酿造技艺，配制出的黄酒才具有独特风格，这也恰恰是房县黄酒不可替代、不可复制的重要原因。"[①]也就是说，只能用房县当地产的高山糯米、用房县本土的野生蓼子制成的酒曲、地表溪水或地层深处矿泉水，采用独特的手工酿造工艺，房县独特的自然气候条件和微生物菌群作用下，才能酿制出独特的半甜型、色泽光亮或微黄、清澈透明的房县黄酒珍贵佳品。因此，房县酿造小环境，异地无法复制。夏军在其《膜分离除菌技术对房县黄酒风味物质的影响研究》一文中进一步指出："房县地处湖北省西北部，十堰市南部，汉江中游地区，介于大巴山与秦岭之间。东临荆襄，西通川陕，南倚神农架，北连十堰和武当山。其地势西高东低，南陡北缓，中为河谷平坝。气候特征为冬长夏短，春秋相近，四季分明；垂直差异变化大，具有立体气候；同一海拔高度，阴坡与阳坡气温相差1℃—2.5℃。房县雨量集中，雨热同季，形成了"日照长，温差大，干湿交替"的气候特点，年平均气温为10℃—15℃。得天独厚的地形地貌和气候特征为房县成功打造了一个天然的生态酿酒窖池。"[②]此书深入分析了房县黄酒独特性的原因，较为科学，为房县黄酒文化乃至旅游文化宣传推广做出了贡献。

---

① 庐陵王：传承千年匠心酿造［N］. 十堰晚报，2018—03—13.

② 夏军. 膜分离除菌技术对房县黄酒风味物质的影响研究［D］. 武汉：湖北工业大学，2018.

2. 啤酒

啤酒诞生于5000年前的埃及，我国啤酒发展情况，在郭营新与周世水主编的《啤酒与健康》一书中有详尽的叙述："啤酒在我国的发展历史不算长，从传入我国距今不过100多年，与世界啤酒5000多年的历史相比，真有点小巫见大巫了。我国最早的啤酒厂是1900年在哈尔滨兴建的，1903年又在青岛办起了第二家啤酒厂。但是在食不果腹的旧中国，那时啤酒只有达官贵人才能消费得起，人民大众根本不知啤酒为何物，哪有心思去欣赏和饮用啤酒？当然谈不上有什么发股。直至1949年中华人民共和国诞生，全国啤酒产量只有7000吨，1950年的产量也不过是1万吨的水平。改革开放之前的28年间，我国啤酒的发展也没有多少建树，中华人民共和国百业待兴，还未能把啤酒提到议事日程上来，其间啤酒的发展是爬行式的也就不足为奇了，至1978年全国啤酒产量才升至45万吨。"① 而汉水流域的啤酒发展要数荆门的金龙泉啤酒了。

据荆门市人民政府官网2016年7月27日介绍："金龙泉啤酒集团产销量连续8年名列全国行业十强，是位居湖北榜首的大型企业，旗下拥有孝感、当阳、荆州、南漳四家全资子公司，固定资产15亿元，年啤酒生产能力达60万吨。主要生产啤酒、葡萄酒、纯净水、碳酸饮料，主导产品金龙泉系列啤酒行销全国28个省市，并通过边贸辐射到东南亚地区。"② 其介绍充分展示了汉水流域啤酒的产销发展、科学管理、品牌塑造情况，折射和演绎出汉水流域啤酒文化的精深内涵。

3. 白酒

关于白酒产生发展及其历史文化，董继生主编的《白酒》一书中介绍："中国的白酒是世界上著名的六大蒸馏酒之一。然而，中国的白酒要比其他国家的白酒复杂得多。中国的白酒在历史上有很多种名称，如烧酒、白干、高粱酒等，科学名称应为'蒸馏酒'。但白酒究竟起源于哪朝哪代，由何人始造，从古代起就有人关注过，历来众说纷坛。"书中进一步探讨了蒸馏酒始创于东汉、唐代、宋代、元代的诸多说法及其依据，最后归结于："由此可见，我国在14世纪初就已

---

① 郭营新，周世水．啤酒与健康［M］．广州：华南理工大学出版社，2010：123.

② 金龙泉啤酒集团［N］．荆门市人民政府官网，2016—07—27.

有蒸馏酒。但是否始创于元代，史料中没有明确说明。”[①] 该研究将白酒的发展历史进行梳理，为后世研究白酒奠定了坚实的基础。汉水流域的白酒饮品及其饮酒文化状况，亦是可圈可点。在汉水流域民间有大量的自酿白酒，陕南酿酒饮酒文化即可折射出汉水流域酿酒饮酒文化的博大而厚重。陕南山区酒风甚烈，故民间俗语说：“无酒不成礼仪，无酒不成敬意，无酒不成宴席。”宴席上大盘上菜，大块吃肉，大碗喝酒，频频劝酒，猜拳行令，觥筹交错，不喝个酩酊大醉，休想停杯散席。所以陕南饮酒习俗历史悠久，酒文化灿烂多姿。陕南的酿酒历史和酒文化的渊源，几乎与民族的酿酒历史和酒文化的发展同步。从陕南安康出土的大量陶器来看，大多数是储存水和酒的容器。正如有些学者所说，“耕而作陶”，“在原始社会食物生产的重大变革中，陶器的出现，是继人类用火之后较伟大的谷物生产技术和饮食方式的革命”。制陶业的产生使谷物的炊煮、食用和运输、贮存有了保证，也利用食物发酵而滋生了酵母菌，为酿酒技术创造了条件。安康汉滨区新石器时代遗址中出土的陶瓮、陶罐、陶樽等陶器，能够贮存谷物、水、酒等液态食物，特别为酿酒提供了可使用的容器。这种贮酒容器，一直沿袭到现在。陶质酒器作为酒文化的原始载体，较能说明问题的是汉滨区柏树岭出土的厚壁敞口瓮和柳家河出土的一件彩陶壶，陶壶上有三个小口，短颈、圆腹、平底。除中间一个小口外，肩部另开有两个小口，形成三足鼎立之势。此种器物据陕西省文物考古所的研究人员称，为史前装“咂酒”的容器。三个小口可供 3 人插入竹管同时吸饮。这种饮酒风俗，在陕南巴山老林，直到 20 世纪 50 年代还随处可见。在镇坪、汉阴、平利山区，农民用糯米或苞谷酿成甜酒，盛于陶罐贮存数月或一年，然后用凉开水冲泡，以竹管吸饮，每逢宾朋到来，便热情款待。由此可见，陕南原始先民早在原始制陶阶段就已经掌握了谷物的酿酒技术，其酒文化也相当繁盛。

汉水流域陕南地区饮酒习俗文化内涵丰富。陕南位于秦巴山区的中心地带，是个出酒的地方，陕南山区，民风淳朴，民性豪爽，民俗好客；加之气候湿润，山区劳动强度大，人们爱喝酒，也能喝酒，凡朋友相聚，佳节庆典，婚丧嫁娶，重要生产活动，必置酒款待，一醉方休。陕南山区农家，每值秋收以后，几乎家家都酿酒，户户储酒，人人饮酒。据调查，陕南一般农家一年要喝 300 ~ 1100 斤

---

① 董继生．白酒［M］．哈尔滨：黑龙江科学技术出版社，2003：3—4.

酒。除待客以外，主要是自饮。早酒，每日清晨，下地干活之前，许多农人都空腹喝两三盅酒，已成习惯。说什么“早酒三盅，一天的英雄”“早酒三盅，一天的威风”，干起活儿来格外有劲。城镇也有一些市民，早上买一个炕炕馍或一块饼，打二两散酒喝。晚酒，即睡之前，空腹饮酒两三盅，农村许多人已成习惯，说晚酒有催眠、解困、除乏、养生的作用。说什么“万事不如杯在手，一生几见月当头”“三杯饮饱后，一枕黑甜余”。在黄元英的《商洛民俗文化述论》中将商洛饮酒习俗文化表述得酣畅淋漓：“商洛人崇尚酒文化。饮酒在商洛人的生活中十分普遍：庆祝传统节日，品酒助兴；操办红白喜事，借酒言情；招待远近宾客，以酒示敬；高兴者斗酒恣欢，烦恼人大盅解闷；悠闲日小酌消遣，寂寞时酒驱愁云；豪情了举杯抒怀，劳累罢畅饮提神；送别时以酒壮行，欢聚日酣醉方休……任何人，在任何心境中，都能从酒中品出自己所需要的滋味来。”①

汉水流域的白酒，除了蕴含于民间的自酿酒以外，在市面上用于销售的驰名品牌酒亦有不少品种。如，产于郧阳区的梨花村、产于武当山的武当酒、产于神农架的生态酒、产于谷城县的石花酒、产于武汉的黄鹤楼酒等，至于汉水流域白酒的营销品种就更多了。汉水流域的人们饮酒时对酒的品种的选择，多趋向于本地所产的品种，根据喜好不同，亦有多元的选择。由此可见，汉水流域酒文化醇厚悠远。

（三）水

这里探讨的是经过加工后可饮用的水。汉水流域驰名的水的饮品有丹江口农夫山泉和竹溪芙丝（VOSS）高端矿泉水。

农夫山泉通过“农夫山泉有点甜”“大自然的搬运工”“农夫果园，喝前摇一摇”“传统的中国茶，神奇的东方树叶”等宣传方式与消费者沟通，逐渐在消费者心目中树立了良好的品牌形象。为了让消费者更好地了解农夫山泉水源地和生产过程，自2006年至今，公司已累计邀请200多家媒体、几万名消费者实地参观水源地和生产工厂，让消费者充分了解农夫山泉产品的生产过程和生产环境，传达农夫山泉对品质的苛求和专注，同时传达环保理念，让水源地环境保护深入

① 黄元英．商洛民俗文化述论［M］．西安：三秦出版社，2006：64.

人心。农夫山泉的八大水源地包括吉林长白山、陕西太白山、湖北丹江口、浙江千岛湖、四川峨眉山、广东万绿湖、贵州武陵山、新疆玛纳斯。其中，位于秦岭大巴山流域的湖北丹江口市有“中国水都”之称。丹江口水库是举世瞩目的南水北调中线工程调水源头、国家一级水资源保护区、亚洲第一大人工淡水湖，水域面积745平方千米，库容290亿立方米，具立体生态系统特征。世界卫生组织的《饮用水水质准则》第二版中规定了人安全饮用水的定义，按人的平均寿命70岁、每人每天饮用2升水计算，因饮水而患病的风险要低于百万分之一。2005年，世界卫生组织在日内瓦召开了水中营养的专门学术研究会。与会专家提供了一大批论文，这批论文集中表述了水中的营养对人体的重要性，水中非常多的微量元素的作用至今人类都未知。出于对公众健康的考虑，农夫山泉也是国内天然水的首创者，农夫山泉标准中规定必须含有矿物质，水质必须呈弱碱性。农夫山泉明示值表示的钾、钠、钙、镁、偏硅酸和我们的实测值完全不一样，我们一般是明示值的5~6倍。农夫山泉的品质用数据说话，丹江口、千岛湖、万绿湖和长白山四处水源地的137项全套检测报告中，其中，12项优于国标11~15倍，11项优于国家50~1000倍。关于指标的细项，根据美国瓶装饮用水质量标准21CFRl65.110（b），2008年，有关组织在对农夫山泉进行的164项全套产品质量检测中，结果显示农夫山泉不但全面优于国家标准，也全面优于美国FDA瓶装饮用水质量标准，其中，32项指标优于2~10倍，45项标准优于11~1000倍。按照GB 5749—2006的标准，三类水源就可以轻松生产饮用水，但农夫山泉只选择一类水源和二类水源。

竹溪芙丝（VOSS）高端矿泉水是汉水流域水饮品高质量研发的体现。2015年9月，竹溪县与华彬集团签订了《竹溪县桃源乡丹霞山高端矿泉水开发项目投资合作协议》，建成后，预计年生产25万吨高端矿泉水。2016年初，华彬集团以约1.05亿美元的价格购入挪威高端纯净水“VOSS”公司略高于50%的股权，正式接手VOSS在中国市场的运作。2016年底，华彬矿泉水项目在竹溪县桃源乡中坝村奠基，并正式开工建设。竹溪丹霞山（神农架西麓）是挪威境外VOSS全球唯一认可的矿泉水水源地。这片人迹罕至、森林覆盖率高达96%的天然氧吧所蕴含的丰富水源，具备富锶、低钠、天然弱碱性的独特特征，同时拥有匹配VOSS高端品质的纯净、清冽口感。2018年初，继进口设备安装调试、锅炉房天然气点火后，华彬VOSS矿泉水竹溪生产线成功试生产，第一瓶国产

VOSS 矿泉水亮相。2018 年 6 月 15 日上午，芙丝（湖北）饮品有限公司建成投产典礼在位于竹溪县桃源乡的竹溪 VOSS 矿泉水生产基地举行。这标志着，竹溪造 VOSS 世界顶级矿泉水正式生产，并即将上市面向消费人群。经权威机构检测，竹溪华彬 VOSS 水源锶含量 0.49 ~ 1.03 mg/L，远高于国家标准，pH 呈天然弱碱性，水龄达 12020 年，各项指标符合饮用天然矿泉水的国家标准。该矿泉水属大型天然出露型矿泉水，有“高锶、弱碱、低钠”的特性。2018 年 6 月 17 日，VOSS 在湖北武汉对外发布国产新品——VOSS 饮用天然矿泉水。作为 VOSS 的家族的新成员，VOSS 芙丝饮用天然矿泉水遵循其全球一贯高品质的质量标准，始终坚守 VOSS 品牌对于至高品质的承诺，向世界推介“湖北人自己的饮用天然矿泉水”。

四、汉水食型的文化特征

孙中山曾说：“烹调之术本于文明而生，非深乎文明之种族，则烹调技术不妙。中国烹调之妙，亦是表明进化之深也。”[①] 纵观数千年的中国烹饪历史，烹饪论述较杂繁，多为专著附篇，难成系统，或偏于文典，或狭于疗养，或侧重食谱，或着笔于名品，难能勾勒中国饮食文化之全貌。中华人民共和国成立以来，特别是改革开放之后，随着国家经济实力的不断增强，人民生活的显著改善，饮食市场和烹饪事业蓬勃发展，推动了中国烹饪的研究，许多烹饪著作和论文相继问世，尽管多属非系统的零星研究成果，已为后世研究饮食文化、烹饪技艺、饮食习俗、食型样貌做了坚实的铺垫。纵观上述汉水食型的菜肴、小吃与饮品，品种繁多，或有遗漏，但从入选的品种来看，无不凝聚着深厚的文化特征。汉水食型的文化特征表现在历史意蕴、地域特色、乡土气息、工艺美感、健康诉求、美誉营造等方面。

（一）历史意蕴厚重

汉水食型的核心要素是汉水名菜，关于菜肴的产生与发展历程，学术界已有

① 孙中山 . 建国方略［M］. 武汉：武汉出版社，2011：008.

多种成果。熊四智撰《朴实无华的〈中国菜肴史〉》中认为:“全面反映中国菜肴发展历史的著作,过去不曾有过。元代,虽曾出现过无作者姓名的所谓《馔史》,但内容单薄,体例冗杂,与‘史’不符。近人也有过《中国烹饪史略》等综述中国烹饪发展史的著作,但对菜肴的发展历史,亦缺乏深入系统的研究,语焉不详。《中国烹饪百科全书》虽列有《菜肴史》条目,但毕竟是以百科条目形式出现的,不可能展开叙述。仅有两万字左右的条目文字,很难勾画出中国五千年菜肴发展史的宏伟广博。”并进一步推荐邱庞同所著《中国菜肴史》:“是中外从事餐饮工作的人士值得一读的好书。”[①] 事实确实如此,该书采用了大家比较公认的以历史时期为阶段的分期方法,摒弃了以能源、炊器、烹饪法来分期的主张,使读者能清晰地了解中国菜肴在每一个历史时期的发展脉络。中国菜肴的发展虽无明显的时代标志,但多少会受到时代风气和习俗的影响。作者通过对各类菜肴的产生、发展、特色介绍和评述,兼及炊具、烹饪方法的运用、菜肴风味流派的产生、饮食市场的状况与相关菜谱食经出现的评析,使读者对中国菜肴发展状况有了一个丰满的、立体的、多方位的理解。

中国菜肴起源很早。约5000年前,中国已有早期的烹饪技艺,并已出现了烤肉、烤鱼、羹等食品。商周时期,随着生产的发展,动植物性原料、调味料的增多,铜制炊具的使用,烹饪技艺的提高,使中国菜肴的品种迅速增加。据记载,当时的主要品种有:(1)炙,即烤肉;(2)羹,为烧肉、肉汁、带汁肉或肉菜制作成的浓汤;(3)脯,为加盐腌的干肉片;(4)脩,为加姜、桂等制作的条形干肉;(5)醢,即肉酱;(6)臡,即肉骨酱;(7)菹,为整腌的蔬菜或鱼、肉;(8)齑,为切碎的腌菜;(9)脍,为细切的生肉丝或生鱼丝。而每一类菜又可以派生出若干品种,如醢,就多达上百种,用猪、牛、羊、犬、鸡、兔、鹿、麋、鱼、蟹、蛤、蚌、蜗牛、蚁卵等均可制作。此外,周代还出现了被称为八珍的名食:淳熬、淳母、炮豚、炮牂、捣珍、渍、熬、肝膋。春秋战国时期,菜肴的品种又有所增加,如《左传》《孟子》中提到的胹熊蹯、鸡跖、羊羹、炖鼋、蒸豚、脍炙等;《楚辞》中更记有20多种楚地名菜,有胹鳖(煮甲鱼)、炮羔(烤羊羔)、鹄酸(醋烹天鹅)、烝凫(炖野鸭)、煎鸿鸧(煎雁类)、露鸡(卤鸡或烙鸡)、豺羹等。秦汉时期菜肴在大类上基本和先秦时期相似,但各类菜肴

① 熊四智.朴实无华的《中国菜肴史》[J].四川烹饪高等专科学校学报,2003,2:6.

均有不同程度的发展，如羹的品种就很多，仅长沙马王堆一号汉墓出土的遣策上就记有用牛、羊、豕、豚、狗、雉、鸡、鹿、凫等制作的羹20多种。此外，楚地还有猴羹，岭南还有蛇羹。魏晋南北朝时期是中国菜肴的重要发展阶段。其主要特点是：菜肴的烹饪方法明显增多，制法更精，品种相当丰富，风味也趋多样。由于佛教盛行，素菜开始独树一帜。少数民族菜中也出现不少名品。宋元时期菜肴的发展形成一个高潮，菜肴的主要烹饪方法大体具备，品种激增，各类菜肴均有发展，风味多样，早期的菜肴风味流派已经出现。明清时期菜肴进一步得到发展，烹饪方法更加多样化、菜肴品种数以千计，各地方菜肴的特色更加显著，已经形成了重要的风味流派。菜肴发展史充分说明菜肴本身所具有的文化历史意蕴。

汉水名菜、小吃和饮品，或多或少都具有一定的文化历史意蕴，如商芝肉与“商山四皓”、武昌鱼与毛主席诗词、武当道茶与武当道教文化等，历史意蕴元素拓展了汉水食型文化的厚重内涵。

（二）地域特色凸显

汉水食型文化的地域特色，集中体现在食材即烹饪原料的选择上。烹饪原料是指用以制作食品的各种材料，包括天然材料和经过加工的材料，是烹调生产的劳动对象。烹饪原料一般分为主、配原料，调味原料，佐助原料三大类。种类繁多的烹饪原料经过烹调制作生产出花色繁多、难以数计的食品，构成了中国特色的食品体系。烹饪原料在食品质量的保证、食品作用的发挥、食品效果的产生和食品目的的实现诸方面，都起着关键作用。烹饪原料的很多天然品种是自然生物，有些早已为原始人采集食用。经过烹调与饮食实践的反复筛选、优选，逐渐淘汰了一些不宜应用的原料。发展至今，烹饪原料已经积累了相当的数量。我国疆域辽阔，地跨温、热带，平原广阔，海岸线长，江河交错，山脉纵横，四季分明，气候宜人，农、林、牧、副、渔业全面发展，为人们提供了丰富的食物原料。烹饪原料的地域性非常明显。一是表现为地域食源的丰富为菜肴制作提供了保障。以陕南为例，巫其祥在其《陕南菜肴的历史、特点及优势》一文中有述：“初步查明，陕南地区仅种子植物就有4000多种，中草药1500多种，蕨、苔藓、地衣各300余种，有利用价值的野生经济植物2000余种，两栖爬行类动物60多种，哺乳动物130多种，鱼类110余种，鸟类368种，占全国鸟类的三分之一以上，野生兽类达141种，占全国野生兽类的30.2%，农作物67种，蔬菜39种，家畜家禽22种。原料是烹制菜肴的物质基础，有效地开发和利用，是发展陕南菜肴的有力保证。”[①]二是地域食材才能制作出风味独一无二的菜肴。基此，武昌樊口的武昌鱼蒸出来才是正宗的清蒸武昌鱼，洪山宝通寺的红菜薹清炒出来才是地道的清炒红菜薹，用房县的野生蓼子秘制小曲，以及高山糯米、溪水或地层深处的矿泉水（源自神农架北麓青峰断裂带）酿造的黄酒才是正宗的房县黄酒。

（三）乡土气息浓厚

汉水食型文化的乡土气息特征亦很明显，汉水流域许多菜肴的食材原料源自乡土，源自山野。汉水流域的野生食源相对丰富，如，汉江鲤鱼、月河桃花鱼、钢鳅鱼、野猪肉、山笋、天麻、洋参、竹荪、土鸡、乌鸡、黑米、香米、红米、腊肉、山药、香菇、黄丝菌、蕨粉、蕨菜、薇菜、板栗、樱桃、核桃等。尤其是野菜品种繁多，如陕南山野菜有500余种，常采食的有150余种，应大力开发、利用、保护。在《中华人民共和国野生动物保护法》的范围以外，还有许多野兽、野禽、野味。汉水道教名山武当山野菜品种亦很丰富。《敕建大岳太和山志》卷十中记载武当山有著名植物上百种，其中“山肴野蔌”条说：“松菌、笋脯、橙汤、术煎、芎茶、蜜酒、栗饭、橡糕，自有得处。”[②]而在吴旭《野菜、村民、仙山：武当山的农家食物与遗产》一文中粗略统计武当山拥有“步步高、花露菜、茅草根等在内的40多种野生食用植物”[③]。汉水流域许多菜肴小吃在“原汁原味”上下足了功夫，即在地道的乡土原料、乡土滋味、乡土做法、乡土器具、乡土吃法、乡土礼仪等餐饮要素上下功夫，许多菜肴通过“农家乐”“私家菜馆”进行推广。但千万不可把城市宾馆、酒楼的做法简单地搬到“农家”来。首先，旅游者到乡村游玩的目的是观赏美丽的田野风光和体验别具一格的农家生活风情，只有原汁原味的乡村菜肴才能令旅游者有耳目一新的感觉，而城市宾馆、

---

① 巫其祥．陕南菜肴的历史、特点及优势［J］．咸阳师范学院学报，2012，1：83—86.

②（明）任自垣，（明）卢重华．明代武当山志二种［M］．杨立志点校．武汉：湖北人民出版社，1999：154.

③ 吴旭．野菜、村民、仙山：武当山的农家食物与遗产［J］．湖北大学学报（哲学社会科学版），2014，5：9—14.

酒楼的格局和做法对他们来说已难有新意了。其次，城市宾馆、酒楼的做法是与其建筑、基础设施、装修的档次、格局及专业人员的素质相配套的。漂亮的餐桌摆台只有放在富丽堂皇的餐厅中才觉得好看，把它搬到农家小屋，就有点不伦不类了，更何况把城里的一套搬过来是要付出相应的成本的，如果把这些不必要的成本花在突出农家特色上，效果应该会更好，最后通过举办“魔芋宴”“山野菜宴”“药膳宴”“斋席宴”“山珍野味宴”等名宴活动，可以进一步推广汉水菜肴。

（四）工艺美感强烈

汉水菜肴（小吃、饮品）其制作工艺非常讲究，颇具美感。美学是从人对现实的审美关系出发，以艺术作为主要对象，研究美、丑、崇高等审美范畴和人的审美意思，美感经验，以及美的创造、发展及其规律的科学。烹饪是一门实用性很强的技术，从本质上而言，这些技术是从属于审美的，为人们的审美需求服务。汉水菜肴烹饪在长期的积淀中形成了一整套完善的审美机制，体现了富有中国特色的烹饪美学特征。汉水菜肴工艺美感体现在以下几个方面：一是在组合搭配中保持本色。古今中外，任何菜点都有色彩，观色总在品味之前。汉水菜肴在烹饪中注重食材搭配，但能够尽量调动食品原料的固有颜色，充分发挥材料的本来色泽，如前面讲到的汉水名菜蟠龙菜的制作。二是在综合调味中保持本味。美食是人类创造的一门以味觉欣赏为主体的审美艺术。中国是世界三大烹饪大国之一，几千年来积累了丰富的智慧和经验，形成了富有民族特色的饮食文化和独特的味觉审美观。不论是山珍海味，还是五谷菜蔬；无论是宫廷佳肴，还是民间小食，都可以成为味觉审美的对象。汉水名菜非常重视菜肴的原汁原味，尽量保持食品原来的本味。三是雕琢造型尽显意境。造型历来是艺术创作的一个重要手段。在中国饮食文化中，造型的应用十分广泛。造型最通常的手段是刀工。菜点的造型工艺是烹饪艺术的主要内容。美的菜点形态能赏心悦目，使人获得视觉上的美感，增强人们的食欲。原料加工后的整齐划一、粗细相等、厚薄均匀、长短一致等，在形成菜肴后就能有一种外形上整齐、清爽的美观。因摆盘造型似龙而得名的蟠龙菜即是如此。

（五）健康诉求明显

追求美食、讲究养生，现今的中国烹饪原料都是经过数千年实验、实践、筛选、优选后得来的。在漫长的选择过程中，美食与养生是人类长期追求的两个目标。美食包括味美和滋感美。其中滋感美可以若干珍贵原料为例，如，海参、鱼翅、鱼唇、鱼皮、鱼肚、燕窝、熊掌、驼峰、驼蹄、蹄筋、银耳等。这些品种都富含胶质，均以其舒适的滋感取胜。还有若干原料则以味与香取胜，这些味与香是形成众多不同风味流派的重要因素。美食不仅是享受，最终还要达到养生的目的。据中医药学理论，中国烹饪的每一种原料往往又是一种药材，历代本草著作对它们的性味、功效，都有经过实践后获得的养生保健知识另行记述。人们常常根据养生的需要来选用原料，一方面由中医师指导人们选用；另一方面人们根据祖辈传下的经验自己选用。食品与药物有着巧妙的结合与分工，这是中国烹饪原料的又一特色，是中华民族在烹调、饮食中智慧的结晶。例如，豆制品，蛋白质的利用率比其原料黄豆本身提高将近30%，这正是人们对烹饪原料追求美食、讲究养生所取得的成果。而中华民族以植物性原料为主体的膳食结构，足以显示出这一追求与讲究的养生本质及目的。中国烹饪原料的这些特点，是使中国烹饪享誉世界的坚实丰厚的物质基础。饮食健康诉求的原则是均衡饮食和适量运动。均衡饮食是指选择多种类和适当分量的食物，以便能提供各种营养素和恰当的热量去维持身体组织的生长，增强抵抗力和达到适中的体重。在进食时，应该按照“饮食金字塔”的分量比例进食及每天补充充足的水分，以促进健康。均衡饮食使身体正常运作，有助于抵抗疾病，让人时刻感到精力充沛并维持理想体重。如要达到理想体重，最有效及可持续的方法便是保持健康饮食并进行适量运动。多吃煎炸和太甜或太咸的食物可能会导致肥胖、高血压、高胆固醇等，有损人们的健康。在均衡饮食和适量运动的前提下，进食多类食物、避免暴饮暴食及注意营养均衡方能实现真正的健康诉求。

汉水食型中的许多菜肴小吃和饮品，均具药食兼顾功能，充分反映出汉水流域人们对于饮食不仅仅是从中获取营养维持生命，而且进一步展示出人们对健康的诉求。古今资料显示，秦巴山区可供药膳的中药材达300余种。流传着“秦巴山，遍地宝，有病不用愁，上山扯把草”的谣谚。当地山民广泛应用本地产的地道药材制成药膳，用来治病疗疾、美容保健、延年益寿。几乎家家户户天天吃、顿顿有，如，春天香椿拌豆腐、香椿炒土鸡蛋，养颜美容；清炒山竹笋、观音豆腐，瘦身减肥；春夏鱼腥草凉拌，或鱼腥草绿豆汤，或鱼腥草炖肉，清火败毒；夏季目赤眼蒙，用猪肺煮白菜，再加河中石英卵石，清火明目；秋冬山药炖乌鸡、山药炖猪蹄、黄精炖猪肉，滋补身体，延年益寿；莲子百合粥，养心安神，美容护肤；就是伤风感冒，吃一碗紫苏葱姜面也管用；还有核桃炖猪脑，儿童食之健脑增智。这都展示了汉水人们对于饮食功能健康诉求的一面，既是汉水食型的文化特征，更是汉水食俗文化的反映。

（六）美誉营造讲究

美誉度指一个组织获得公众信任、好感、接纳和欢迎的程度，是评价组织声誉好坏的社会指标，侧重于“质”的评价，即组织的社会影响的好坏也即公众对组织的信任和赞美程度。美誉度不等于知名度，但可以在知名度基础上营造美誉度。汉水菜肴的美誉度营造，亦有厚实的基础，可集汉水菜肴（小吃、饮品）的历史意蕴、地域特色、乡土气息、工艺美感、健康诉求等文化特征为一体的综合展示，来制定推广策略。汉水流域的陕南区域、郧阳区域、江汉平原和唐白河流域等各个区域的菜肴均各具特色、各具优势。巫其祥在《陕南菜肴的历史、特点及优势》一文中对陕南菜肴优势的概括具体到位：“一是原料丰富，二是绿色蔬菜种类繁多，生时长，三是山野菜资源丰富充沛，四是陕南菜肴的药膳优势，五是富硒的优势。”[①] 为我们各个区域乃至汉水流域菜肴的推广策略做出范本。总之汉水饮食美誉营造是一个美食推广的话题，在整体把握汉水饮食文化特征的基础上，挖掘各自区域食型的独特之处和优势，方能将汉水饮食食俗及其文化推广开来。

① 巫其祥．陕南菜肴的历史、特点及优势［J］．咸阳师范学院学报，2012，1：83—86.

第六章　鲜衣美食

——汉水食庆

节日是一个时间概念。关于时间的认知，朱狄在其《信仰时代的文明——中西文化的趋同与差异》一书中有述："时间有两种：一种是所谓绝对时间，它和任何事物无关，它是自身在永远均匀地流逝着的一种延续性；另一种是所谓的相对时间，后者是指一种由事物可感觉的运动而被感觉到的时间，这种时间要受心理因素的支配，所以它又可以称之为心理学的时间，节日所创造的时间正是这种虚幻的心理学时间，它不再是纯粹的延续性所规定的时间，而是一种处于节日特有的符号方式中所呈现的时间，它的每一个瞬间都是被选择、被填补、被强化了的间隔，而不再是自然流逝的时间流。"[①] 由于民族、地域、时代、文化等诸要素的不同，于是形形色色的节日就产生了。节日总是发生在独特的时间之中。在节日中人们的行为总是与平时有所区别，参与者也会感到自己此时此刻正处于一种特殊的状态之中。在这种有别于平时的时间里，人们会精心准备策划，选择特殊的轻松心态，或穿着新衣，或品味美食，以具有文化意义的行为象征符号去填补该时间，去庆祝该时间，并强化成一种约定俗成的定向行为，定好周期和频率去重复。

与西方的节日相比，中国的传统节日有鲜明的特色。孙秉山编著的《为什

---

① 朱狄．信仰时代的文明——中西文化的趋同与差异［M］．武汉：武汉大学出版社，2008：57.

么过节：中国节日文化之精神》一书中将该特色概括为两个方面："一是它发端于中华民族的农耕生活，二是它本身就是中华大文化的具体'展现'。也就是说，中国人过节本身就是'人文化成'的过程。"[①]亦即中国传统节日源于农耕生活，包括专为农耕生活而定的二十四节气；同时中国传统节日文化不仅仅是单纯的庆祝、娱乐，而且是中华传统文化"人文化成"的组成部分。中国所有的传统节日，有着一个共同的主旨，也就是说中国的传统节日，共同追寻着一个深层的终极目的，那就是，这所有的节日都各自在适当的时间、适宜的场合，运用节日中的各项活动，来适时地调节和协调人与人、人与天地万物的关系；也就是协调着"天、地、人三才"的关系，以期达到人人和谐的社会与"天人合一"的境界。民俗学家萧放在其《传统节日：一宗重大的民族文化遗产》一文中给传统节日做了界定："传统节日是重要的民族文化遗产，它承载着丰厚的历史文化内涵，是民众精神信仰、审美情趣、伦理关系与消费习惯的集中展示日。"[②]文章科学地界定了我国传统节日的归属定位，是民族文化遗产，是一个集中展示民众精神信仰、审美情趣、伦理关系与消费习惯等精神要义的时间。

过节有过节的仪式和文化，过节的终极目标需承载在具体的过节文化事象中。明代冯梦龙的《警世通言》卷十七中记载："德称此时虽然借寓僧房，图书满案，鲜衣美食，已不似在先了。"这便是"鲜衣美食"的出处。穿着华丽的衣服，吃着美味的食品，过着优裕的生活，一种悠然自得的显摆，一副节日庆贺的做派。确实，节日应当"鲜衣美食"。然而在这物质高质量发展、吃穿不愁量和质而愁新和意的时代，返照传统节日吃点什么，貌似是一种纯粹的文化研究行为了。不可否认，节日之庆的行为方式是多元多义的，然而以"食"为"庆"的历史根脉清晰而又厚重，是节日之庆的稳定恒久的元素。汉水流域的四时节令和节庆，以"食"为"庆"，因"庆"成"俗"，汉水食"庆"的文化意义就显得别具韵味了。

我国的年节体系萌芽于先秦时期，成长于秦汉魏晋南北朝时朝，成形于隋唐两宋时期，元明清时期又有重大发展。来自农耕文明，又反馈给农耕文明的我

① 孙秉山．为什么过节：中国节日文化之精神［M］．北京：世界知识出版社，2007：1.

② 萧放．传统节日：一宗重大的民族文化遗产［J］．北京师范大学学报（社会科学版），2005，9：50—56.

国传统节日，是本民族岁时节令文化的活字典。由春节、元宵节、清明节、端午节、七夕节、中秋节、重阳节等组成的完整而和谐的我国传统节日体系，错落有致地分布于一年四季。关于节日分类，标准不同则表现不一。乌丙安在其《中国民俗学》一书中探讨了节日分类："从节日性质出发，将节日分为单一性节日和综合性节日；从节日的主要内容出发，将节日分为农事节日、祭祀节日、纪念节日、庆贺节日、社交游乐节日五类。"[①] 陶立璠在其《民俗学概论》一书中将节日分为"宗教性节日、生产性节日、年节以及文娱性节日等等"[②]。这些分类显示了对节日从不同角度的理解，对于节日的传播和传承具有积极意义。张勃在其《节日的定义、分类与重新命名》一文中，将节日的特殊性概括为名称的特殊性、历法上位置的特殊性、活动内容的特殊性、活动空间的特殊性和体验情感的特殊性五个方面，其中节日历法位置的特殊性科学地解答了四时节令分布的依据："从时间上看，汉族的传统节日主要有三个类型：其一是月日相同的重数节日，如正月初一的春节、二月初二的龙抬头节、三月初三的上巳节、五月初五的端午节、六月初六的天赐节、七月初七的七夕节、九月初九的重阳节等等；其二是二十四节气当中的一些重要节气日，也发展成为节日，如立春、清明、夏至、冬至等；其三是与月亮绕地球公转有关的月朔、月望、月晦日，如十月初一寒衣节、正月十五元宵节、七月十五中元节、八月十五中秋节、正月晦日等等。这些日期都是历法上的特殊时间，本身具有一些特殊意义。比如九月初九重阳节，在中国传统社会的阴阳观念中，九是最大的阳数，重阳最早是消灾免恶的日子，与阳到了极点有很大的关系。"[③] 该论述不仅回答了节日历法位置的特殊性，还对于四季传统节日的分布和类别亦进行了科学准确的论断。

关于节日的认可度和流传范围，刘魁立、萧放、张勃等合撰的文章《传统节日与当代社会》中指出："自汉代以迄清朝两千年的漫漫历史长河中，每到立春、除夕、元旦、人日、元宵、上巳、寒食、清明、浴佛、端午、七夕、中元、中秋、重阳、春秋社日、腊日、冬至等这些重要的节日来临，从官方到民间，从城市到乡村，人们总是全身心地投入节日庆典活动之中。"[④] 将重要传统节日的四季

① 乌丙安 . 中国民俗学［M］. 沈阳：辽宁大学出版社，1999：328—342.

② 陶立璠 . 民俗学概论［M］. 北京：中央民族学院出版社，1987：186—194.

③ 张勃 . 节日的定义、分类与重新命名［J］. 节日研究，2018，6：38—44.

④ 刘魁立，萧放，张勃，等 . 传统节日与当代社会［J］. 民间文化论坛，2005，6：1—13.

分布点出，并深入剖析其节日文化的传播魅力。本节将汉水流域重要的传统节日按四季列出，对节日食庆食俗略做探研。

一、汉水春令节日食庆

关于春令节日，在古爱英编的《春天里的节日民俗》一书中，梳理了立春、春节、元宵节、二月二、花朝节、双碟节、三月三、寒食节、清明节，以及其他少数民族的春令节日，基本展示了春令节日的全貌。汉水流域的春令节日与全国普遍的春令节日较为一致，然而在食庆食俗上又别具特色，下面以春节、元宵节、二月二、三月三和清明节为例，展示汉水流域春令节日的食庆食俗。

（一）春节

春节，即农历正月初一，为阴历年，俗称过年。这是我国民间最隆重、最热闹的一个传统节日。春节的历史悠久，它起源于殷商时期年头岁尾的祭神祭根活动。按照我国农历，正月初一，古称元日、元辰、元正、元朔、元旦等，俗称年初一，到了民国时期，改用公历，公历的 1 月 1 日称为元旦，便把农历的一月一日叫作春节。“春节”和“年”的概念，最初的含义来自农业，古时人们把谷的生长周期称为“年”，《说文·禾部》中有：“年，谷熟也。”在夏商时代产生了夏历，以月亮圆缺的周期为月，将一年划分为十二个月，每月以不见月亮的那天为朔，正月朔日的子时称为岁首，即一年的开始，也叫“年”。“年”的名称是从周朝开始的，到了西汉正式固定下来，一直延续到今天。但古时的正月初一被称为“元日”，直到中国近代辛亥革命胜利后，南京临时政府为了顺应农时和便于统计，规定在民间使用夏历，在政府机关、厂矿、学校和团体中实行公历，以公历的 1 月 1 日为元旦，农历的正月初一称春节。1949 年 9 月 27 日，在中国人民政治协商会议第一届全体会议上，通过了使用世界上通用的公历纪年，把公历的 1 月 1 日定为元旦，俗称阳历年；农历正月初一通常都在立春前后，因而把农历正月初一定为春节，俗称阴历年。传统意义上的春节是指从腊月初八的腊祭或腊月二十三的灶祭，一直到正月十五，其中，以除夕和正月初一为高潮。在春节这一传统节日期间，我国的汉族和大多数少数民族都要举行各种庆祝活动，这些活动大多以祭祀神佛、祭奠祖先、除旧布新、迎喜接福、祈求丰年为主要内容。活动形式丰富多彩，带有浓郁的民族特色。

汉水流域的春节食庆食俗丰富多彩，意蕴深厚。汉水上游陕南的汉中、商洛、安康等三市，春节食俗阖族以酒相庆。据《汉南续修府志》（三十二卷·清嘉庆十九年刻本）中记载："城固县正月'元旦'，家家焚香，拜佛神、祀祖，族党亲朋皆称贺……元夕，张灯剪裁，歌管酒筵，光达通宵。""洋县正月'元旦'焚香祀天地、祖宗，跻堂庆贺，卑幼各拜尊长，各邀亲族，会饮屠苏。""西乡县正月'元日'，阖族会贺，虽贫家亦蔬酒相邀。"[①]《雒南县志》（十二卷·清乾隆五十二年增刻本）中记载："正月'立春'之日，人饮春酒，食白萝卜，谓之'咬春'……'元旦'……互相请吃节酒。"[②]商洛《孝义厅志》（十二卷·清光绪九年刻本）中记载："年节初三日送年后，择吉日遍诣亲友家拜年。新春十日，喜晴忌雨，一鸡、二犬、三猪、四羊、五牛、六马、七人、八谷、九油、十麦。谚云'新春十日晴，年丰乐太平；新春十日阴，谷米贵如金。'"[③]上述汉水上游陕南各县志中所载春节食俗，以酒相庆的特征，且关注春节期间天气对于食源作物生长的预兆和影响，淳朴而实在。

汉水中下游的郧阳、襄阳、荆州、孝感、汉口等地的春节食庆食俗，相关县志中均有记载。《郧县志》（十卷·清同治五年刻本）中记载："朔日为'元旦'。士绅居民肃衣冠，焚香祀神，敬祖先，燃爆竹，'出天方'迎祥迪吉，然后尊卑以次罗拜，谓之'拜年'，拜毕饮屠苏酒，非独郧邑然也。亲族贺年，以三日内为敬。第三日……自此，肆筵设席，互相酬酢，谓之'请春酒'。其《豳风》中所云'为此春酒，以介眉寿'之意乎！"[④]点明春节饮酒相庆之俗韵浓厚，且富含寓意。《房县志》（十二卷·清同治四年刻本）中说："'元旦'……市不到列肆，宴饮为乐。"[⑤]《竹溪县志》（十六卷·清同治六年刻本）中记载："'元旦'，设馔供神，男子燃香烛，出门行礼，谓之'出天方'。"[⑥]《郧西县志》（二十卷·清同治五

① 汉南续修府志·三十二卷·清嘉庆十九年刻本.

② 雒南县志·十二卷·清乾隆五十二年增刻本.

③ 孝义厅志·十二卷·清光绪九年刻本.

④ 郧县志·十卷·清同治五年刻本.

⑤ 房县志·十二卷·清同治四年刻本.

⑥ 竹溪县志·十六卷·清同治六年刻本.

年刻本）中记载："'元日'夙兴，长幼以序拜先祖、上下神祇，子弟拜尊长，饮屠苏酒，然后里人更相造拜。"[①] 此三县清代同治年间县志所载春节以酒相庆，以酒祀神的情形，简析明了。《襄阳县志》（七卷·清同治十三年刻本）中载："'元旦'供酒肴、馒首祀家神、祖先；开门向喜神方各庙拜神。归，少长叙拜，饮柏叶酒。是夕，家堂奉祀如辰仪。连日亲友贺节。初三日，彻家堂供馔，焚柏枝，送年家祭，视'元旦'。"[②] 全面展示春节饮酒相庆、祭祀之意。《随州志》（三十二卷·清同治八年刻本）中说："正月'元旦'，五鼓设香烛，陈果饼、酒馔，拜神祇，序拜尊长毕……三日后，往来宴会为乐。"[③] 将随州春节食俗特色展现清晰，果饼酒馔，或庆或祀，意味浓厚。《枣阳县志》（二十四卷·清乾隆二十七年修抄本）中记载："'元旦'，礼神，供大馒首，少长叙拜，亲友相过贺。"[④] 而《枣阳县志》（三十卷·清同治四年刻本）中记载："'元旦'，五更设香烛、果品，于门外拜方毕，入室序拜尊长。"[⑤] 此二县志版本不同，均提到祭祀食俗要用馒头和果品。可见，在汉水中下游，春节以酒相庆、以酒相祀的习俗较为普遍。不仅诸多清代县志有载，而当下学术界的研究成果亦可证实。如，丁世良、赵放主编的《中国地方志民俗资料汇编：中南卷（上、下）》中记载了湖北孝感春节饮屠苏酒之习俗："饮屠苏酒，俗无药味，止用椒柏酒。"[⑥]

唐白河流域的南阳地区是汉水流域的组成区域。南阳春节食俗别具一格。《唐县志》（十卷·清乾隆五十二年刻本）中记载："是日饮食俱预治于岁除。出门竞燃爆竹，客至俱留款浃。"[⑦] 指出春节食俗的养生讲究和寓意追求，并展现出南阳人民好客的一面。《邓州志》（二十四卷·清乾隆二十年刻本）中亦记载："正月'元日'……谓之'贺岁'，家各具酒食以相延款。"[⑧] 可见，南阳春节期间的好客之风浓厚。

---

① 郧西县志·二十卷·清同治五年刻本.

② 襄阳县志·七卷·清同治十三年刻本.

③ 随州志·三十二卷·清同治八年刻本.

④ 枣阳县志·二十四卷·清乾隆二十七年修抄本.

⑤ 枣阳县志·三十卷·清同治四年刻本.

⑥ 丁世良，赵放.中国地方志民俗资料汇编：中南卷（上下）[M].北京：书目文献出版社，1991：327.

⑦ 唐县志·十卷·清乾隆五十二年刻本.

⑧ 邓州志·二十四卷·清乾隆二十年刻本.

汉水流域的春节食庆食俗，集中展示在年夜饭上，其余食俗如吃饺子、年糕、馄饨、腊味、春饼、长面、饮茶等，虽颇有讲究，然与全国各地比较，大同小异，是普遍现象。而年夜饭，以汉水下游荆楚大地的年夜饭特色尤为突出，一般要用“三全”，即全鸡、全鱼、全鸭；“三丸”，即鱼丸、肉丸、藕丸；“三糕”，即鱼糕、肉糕、年糕。除此之外，还有春节喝鸡汤，象征“清泰平安”；吃鸡爪，寓意新年“抓财”。在荆州沙市一带，春节第一餐吃鸡蛋，寓意实实在在、吉祥如意。总之，汉水流域春节食庆食俗，祀、贺程序讲究，寓意丰富，不一而足。

（二）元宵节

正月是农历的元月，古人称夜为“宵”，所以称正月十五为元宵节。据严敬群主编的《中国节日传统文化读本（珍藏版）》考证，另有一说是元宵燃灯的习俗起源于道教的“三元说”：“正月十五日为上元节，七月十五日为中元节，十月十五日为下元节。主管上、中、下三元的分别为天、地、人三官，天官喜乐，故上元节要燃灯。”[①] 元宵节起源于汉朝。民间流传着因周勃、陈平铲除了吕氏的势力，而日子刚好为正月十五日，汉文帝为纪念此日，往后每年到民间与民同乐，并把此日定为元宵节。至汉武帝时，司马迁在太初历中把元宵节列为民间节日之一。元宵节盛于隋宋，有“宋时汤圆隋时灯”的说法。北方的元宵宋时称为牢丸、浮圆，南方则称汤圆、圆圆、团子。吃元宵取月圆人圆的吉兆之意。而元宵节又称“上元节”，也是民间道教“三官大帝”的寿诞，天官大帝主司赐福之事，而“天官赐福”便由此生。元宵以白糖、玫瑰、芝麻、豆沙、黄桂、核桃仁、果仁、枣泥等为馅儿，用糯米粉包成圆形，可荤可素，风味各异。可汤煮、油炸、蒸食，有团圆美满之意。玩“灯”与食元宵（汤圆）是元宵节的两大特色习俗，全国各地均有留存和发展，大同小异。

汉水流域元宵节食汤圆较为普遍。《郧县志》（十卷·清同治五年刻本）中载：“十五日为上元节……是日，家家各以酒米治粉团食之，象形兼会义也。”[②]《宜城县志》（十卷·清同治五年刻本）中亦记载：“‘元夕’，街市悬华灯，人家

---

① 严敬群．中国节日传统文化读本（珍藏版）[M]．北京：东方出版社，2009：60.

② 郧县志·十卷·清同治五年刻本．

食粉圆，迎紫姑神以卜岁。”[①] 以上两县志中记载的“粉团”“粉圆”可能就是元宵（汤圆），或具有元宵（汤圆）文化寓意，因为食粉团“象形兼会义”且能“迎紫姑以卜岁”。《随州志》（三十二卷·清同治八年刻本）中记载：“十五日，做豆糜，加油膏其上，是夕迎紫姑，以卜蚕桑，并占众事。”[②]《襄阳县志》（七卷·清同治十三年刻本）中记载：“‘上元夜’，和粟麦面为金盏、银盏燃灯，遍地设照，以主灯卜家休咎，以月灯卜年丰歉，家堂社庙皆献灯。”[③]《枣阳县志》（二十四卷·清乾隆二十七年修抄本）中记载：“‘上元’夜，和粟、麦、荞为金盏、银盏、铁盏，燃香油炷于中，遍地设照，次日收取煎食之。”[④] 以上三志记载，可见汉水流域元宵节食俗文化别具意味，将元宵节的食俗文化、灯文化、占卜文化完美结合，拓展了元宵节食俗文化的内涵和张力。在汉水流域支流唐白河流域的南阳地区，元宵节食俗又有不同。据《南阳县志》（十二卷·清光绪三十年刻本）中记载：“‘元宵节’，邑人用糯米面裹糖相馈送。”[⑤] 基此可以说，汉水流域的元宵节食俗，吃汤圆较为普遍，但元宵节食俗文化内涵丰富，融合元宵节的灯文化、占卜文化、祭祀文化于一体，具有一定的文化影响和文化张力。

（三）二月二

农历二月初二，亦叫中和节，是中国民间传统节日之一。大约从唐朝开始，中国人就有过“二月二”的习俗。关于“二月二”，张艳玲的《二月二，龙抬头》一文中记载了民间流传着的一个神话：

> 武则天惹恼了玉皇大帝，玉皇大帝传谕四海龙王，三年内不得向人间降雨。百姓民不聊生，困苦不堪。司管天河的龙王担心人间生路断绝，便违背玉帝的旨意，为人间降了一次雨。玉帝得知后，把龙王打下凡间，压在一座大山下，并在山上立碑：“龙王降雨犯天规，当受人间

---

① 宜城县志·十卷·清同治五年刻本.

② 随州志·三十二卷·清同治八年刻本.

③ 襄阳县志·七卷·清同治十三年刻本.

④ 枣阳县志·二十四卷·清乾隆二十七年修抄本.

⑤ 南阳县志·十二卷·清光绪三十年刻本.

千秋罪；要想重登灵霄阁，除非金豆开花时。”人们为了拯救龙王，到处找开花的金豆。第二年二月初二这天，人们在翻晒玉米种子时，猛然想到这玉米就像金豆，炒一炒开了花不就是金豆开花吗？于是，家家户户爆玉米花，并在院子里设案焚香，供上开了花的“金豆”。龙王抬头一看，知道这是百姓在救他，便大声向玉帝喊道：“金豆开花了，快放我出去！”玉帝一看人间家家户户院里金豆花开放，只好传谕，召龙王回天庭。从此，民间形成习俗，每到二月初二这一天，就爆玉米花，以纪念龙王重回天庭。①

该故事增强了二月二的文化意蕴及其魅力。其实二月二的文化意蕴在食俗文化方面亦有丰富的内涵，有的地方忌讳盖房打夯，以防伤“龙头”；有的不磨面，不碾米，不行大车，怕“砸断了龙腰、龙尾”。俗话说：“磨为虎，碾为龙。”有石磨的人家，这天要将磨支起上扇，方便“龙抬头升天”。因为“二月二”是“龙抬头”的日子，所以这天民俗的吃食多带个“龙”字。吃饺子叫“吃龙耳”，吃春饼叫“咬龙鳞”，吃面条叫“扶龙须”，吃馄饨叫“吃龙眼”，吃米饭叫“吃龙子”，面条、馄饨一块儿煮叫作“龙拿珠”，等等，还有“龙抬头，吃猪头”的习惯。这些都表达了人们祈望一年风调雨顺，获得好收成的愿望。在“龙抬头”这天吃饺子，讲究吃“肉菜饺子”，即馅中有肉又有菜，取“肉菜”之谐音“有财”，寄寓新年财源滚滚之意。吃春饼叫“咬龙鳞”，因为春饼圆且薄，形状好似鳞片。饼内卷入酱肘子、猪头肉等肉食，以及韭菜、萝卜、豆芽等蔬菜。春饼配菜种类多，但有个共同特点，都是鲜嫩的时令菜蔬和野菜，一口咬下去，满口都是春天的味道。中国人素来以龙为图腾，因此在农历二月初二这天用各种形式祈求神龙赐福，以表达心中的美好愿望。

汉水流域的二月二食俗亦有讲究。《雒南县志》（十二卷·清乾隆五十二年增刻本）中记载：“二月二日，煮‘元宵’灯盏食之，云‘咬蝎子’。”②《郧西县志》（二十卷·清同治五年刻本）中说：“二月二日，‘福德神诞日’。城市征优演剧，

① 张艳玲．二月二，龙抬头［N］．语言文字报，2019—03—06.

② 雒南县志·十二卷·清乾隆五十二年增刻本．

农家为‘报赛会’，酒食丰设，尽醉饱焉。”[①]《襄阳县志》（七卷·清同治十三年刻本）中记载：“二月二日为‘春社’，祈年于土神，长幼醵饮。”[②]可见，汉水流域的二月二，或食“元宵”灯盏，或设酒席相庆，用于祀神祈年，寓意丰富。

（四）三月三

三月三的前身是上巳节。上巳节是我国古代重要的节日。先秦时期，其与三月三合并。宋代王楙所撰《野客丛书》卷十六“上巳祓除”条中记载：“自汉以前，上巳不必三月三日，必取巳日。自魏以后，但用三月三日，不必巳也。”[③]三月上旬的第一个巳日即为“上巳”，农历三月三多逢巳日。魏晋之后，则取三月三，不再取巳日，上巳节与三月三合并。先秦时上巳节与三月三称谓不同，风俗亦有异。《太平御览》卷五十九引《韩诗外传》中记载：“溱与洧，三月桃花水下之时，众士女执兰祓除。郑国之俗，三月上巳之日，此两水上招魂，祓除不祥也。”[④]

在汉水流域的武当山，三月三日是一个特别的日子。据卢迎生与左攀合撰的文章《道教庙会的功能、意义及其管理——以武当山“三月三”庙会为例的考察》中介绍：“武当山自明代开始就有盛大的庙会活动。武当山九宫之首静乐宫，乃明成祖为纪念真武降生而修建，历来是‘三月三’真武圣诞庙会的首选之地。”[⑤]另据周作奎的《梦里分明谒太清——武当山“三月三”祖师诞辰法事》一文中介绍：“道经记载说，古代净乐国（在古均州城内，现湖北省丹江口市）太子，于黄帝紫云元年三月三日诞生后，无意继承九五大统，立志要修道太虚，普福苍生。他于15岁辞别父母进入武当山的深山幽谷，苦心砺志，修身炼性，42年后功成飞升，被玉皇大帝敕封为北方玄天上帝（即真武大帝），坐镇武当山，扫荡妖魔，造福黎民。武当山遂成为真武大帝的祖庭。每年的三月三日真武祖师诞辰之日，武当山要举办规模盛大的法事活动，隆重庆祝真武大帝的寿诞。各地的

---

① 郧西县志·二十卷·清同治五年刻本.

② 襄阳县志·七卷·清同治十三年刻本.

③（宋）王楙.野客丛书［M］.郑明，王义耀校点.上海：上海古籍出版社，1991：228.

④（宋）李昉.太平御览［M］.石家庄：河北教育出版社，1994：528.

⑤ 卢迎生，左攀.道教庙会的功能、意义及其管理——以武当山“三月三”庙会为例的考察［J］.中国道教，2017，5：33—36.

善男信女、斋公香客络绎不绝，到武当山参加真武祖师的诞辰庆典法会。”[①] 可见，三月三在汉水流域尤其是在武当山周围区域具有特别的意义。

关于三月三的食俗，在全国各地略有不同。严敬群主编的《中国节日传统文化读本（珍藏版）》中介绍了湖南三月三的食俗：“每到三月三这天，人们就从田野里采来一把地米菜，洗净后放入锅内，加适量水，配上桂皮、八角茴、五香粉、酱油等作料，同鸡蛋一起煎煮，将鸡蛋煮熟后捞起食之，这既是美味食品，又可以健身治病……‘农历三月三，不忘地菜煮鸡蛋。中午吃了腰板好，下午吃了腿不软。’”[②] 可见三月三吃地菜煮鸡蛋在湖南十分盛行。汉水流域的三月三食俗亦颇有讲究。清代的孝义厅位于汉水上游的陕南，陕南地区三月三时，人们素有携酒菜于郊外踏青的习俗。据《孝义厅志》（十二卷・清光绪九年刻本）中记载：“三月初三日，以酒肴游郊外山川，谓之‘踏青’。”[③]《郧西县志》（二十卷・清同治五年刻本）中亦记载：“三月三日，游春踏青，文人诗酒为乐。”[④]《宜城县志》（十卷・清同治五年刻本）中载：“三月‘上巳’踏青，文人携酒听鹂，郊外儿童竞放纸鸢。”[⑤]《随州志》（三十二卷・清同治八年刻本）中亦有三月三日踏青的记载。可见汉水流域三月三日人们携酒菜于郊外踏青的习俗较为流行。另据《谷城县志》（八卷・清同治六年刻本）中记载：“三月三，‘祖师大会’，演戏，设酒亭、客馆。”[⑥]《云梦县志略》（十二卷・清道光二十年刻本）中亦记载：“三月三日，农人听蛙声卜水旱：早鸣早熟，晚鸣晚熟。古谚云：‘田家无五行，水旱卜蛙声。’古以月初旬内上巳日修禊踏青，今直以三日代之。”[⑦] 可以说明在汉水下游，三月三日除了设酒踏青庆祝外，尚有三月三日摆庙会设酒庆祖师诞辰，以及听蛙声卜水旱情况以关注农作物生长等习俗。基此可说，汉水流域三月三日食俗文化内涵丰富而又厚重。

---

① 周作奎．梦里分明谒太清——武当山“三月三”祖师诞辰法事［J］．中国宗教，2005，4：28—29.

② 严敬群．中国节日传统文化读本（珍藏版）［M］．北京：东方出版社，2009：97.

③ 孝义厅志・十二卷・清光绪九年刻本．

④ 郧西县志・二十卷・清同治五年刻本．

⑤ 宜城县志・十卷・清同治五年刻本．

⑥ 谷城县志・八卷・清同治六年刻本．

⑦ 云梦县志略・十二卷・清道光二十年刻本．

（五）清明节

清明节是古代比较特殊的节日，既属于“节气”，又属于“节日”。从清明节正式登上节日舞台到现代，一直受到官方和民间的推崇，大量咏诵清明节的文献作品传世，其中，以吟咏清明节的诗词作品为最盛。有直接以清明节为题目的诗歌作品：杜牧《清明》、王禹偁《清明》、黄庭坚《清明》、高翥《清明日对酒》、赵愚斋《客中清明》、薛昭蕴《喜迁莺清明节》、冯延巳《鹊踏枝清明》等；有内容涉及清明节的文献作品：魏承班《渔歌子·柳如梅》，张泌《满宫花·花正芳》，温庭筠《菩萨蛮·小山重叠金明灭》，李煜《蝶恋花·春暮》，苏轼的诗作《座上赋戴花得天字》《留别蹇道士拱辰》和《赵德麟饯饮湖上舟中对月》等。与中国的其他传统节日相比，清明节在时间上具有不确定性，清明的阳历时间现为每年的四月四日、四月五日以及四月六日，阴历具体时间不定，乃是冬至日的不确定引起了清明节日期上的争议。最初，“清明”并非是以节日的身份出现，清明的产生和岁时的划定有关。在两汉时期，清明是“二十四节气”之一。《淮南子·天文训》释“八风”时首次提出二十四节气的说法：“何谓八风？距日冬至四十五日条风至，条风至四十五日明庶风至，明庶风至四十五日清明风至，清明风至四十五日景风至，景风至四十五日凉风至，凉风至四十五日阊阖风至，阊阖风至四十五日不周风至，不周风至四十五日广莫风至。”[①] 清明风、条风、明庶风、景风、凉风、阊阖风及不周风、广莫风并称“八风”。地球公转 15° 为一个节气，二十四个节气组成一年。清明节起源的说法有多种，但学术界较为一致的观点是，清明节是二十四节气之一，是传统节日之一。清明节习俗文化亦呈多元姿态，扫墓、斗鸡、拔河、蹴鞠等均为其表现，然祭祀扫墓风俗是其根本，一直延续到当下。

汉水流域清明节的食俗文化多样，各地不同，颇具特色。一是普遍以酒肉祭祀。据《孝义厅志》（十二卷·清光绪九年刻本）中记载：“‘清明’前，各家具牲醴，备纸钱、炮、烛，诣先人茔墓祭扫……”[②]《汉阴厅志》（十卷·清嘉庆二十三年刻本）中亦记载：“三月‘清明日’，具牲醴诣先墓祭奠，添土挂纸，

---

① （西汉）刘安．淮南子［M］．南京：凤凰出版社，2009：49—50.

② 孝义厅志·十二卷·清光绪九年刻本．

名‘拜扫’。”[①]《沔阳州志》（十二卷·清光绪二十年刻本）中又记载：“三月‘清明’……有具醴馔登墓门，拜毕而聚食墦间者，尚见孝思不忘之意。”不仅以酒肉祭祀，且祭祀毕，扫墓祭祀者就在坟前食用祭祀品。二是孝感有以气象占卜作物生长的习俗。《孝感县志》（二十四卷·清光绪八年刻本）中记载：“‘清明’夜，麦忌雨。语曰：‘麦子不怕四季水，只怕清明一夜雨（一夜雨，或云连夜雨，或云一节雨，或云日属兔，未知孰是）。’”[②]三是荆门有以节日为契机开始种植谷物作物的习俗。据《荆门州志》（三十六卷·清乾隆十九年宗陆堂刻本）中记载：“三月‘清明’，各家祀先扫墓，幡标冢上，农家种秧。”[③]在清代段玉裁的《说文解字注》中对“秧”的解释为：“今俗谓稻之初生者曰秧。”而在现代的字、词典里，“秧”泛指植物幼苗，特指稻的初生幼苗。清明“农家种秧”即为人们于清明时节开始播种稻作，俗称：“播谷种，下秧苗。”四是钟祥将清明与“寒食节”对接，忌热食。据《钟祥县志》（二十卷·清同治六年刻本）中记载：“‘清明’前一日为‘寒食节’，不火食。”[④]寒食节是在夏历冬至后105日，清明节前一二日，是日初为节时，禁烟火，只吃冷食，是我国传统节日中唯一以饮食习俗来命名的节日。五是石首清明有采食野菜的习俗。《石首县志》（八卷·清乾隆六十年刻本）中记载：“三月‘清明’……至于时物，则藜、藿、野生竹笋芽茁，乡里男妇采此当飧。”[⑤]六是郧西县有清明杀牲、无禁忌的习俗。据《郧西县志》（二十卷·清同治五年刻本）中记载：“‘清明’插柳，族人共杀牲行展墓礼；子姓咸在前后各三日修墓，谓无禁忌。”[⑥]“展墓”在词典中的简单解释为省视坟墓。《礼记·檀弓下》中记载：“吾闻之也，去国，则哭于墓而后行，反其国不哭，展墓而入。”宋代司马光的《辞坟》诗中有：“十年一展墓，旬浃復东旋。”清代蒲松龄的《聊斋志异·胡四娘》中有：“程假归展墓，车马扈从如云。”清明在坟地杀牲，郧阳民间亦有流传，并有将牛取出睾丸食之的习俗，体现出的是祖先崇拜的信仰意蕴。

---

① 汉阴厅志·十卷·清嘉庆二十三年刻本.

② 孝感县志·二十四卷·清光绪八年刻本.

③ 荆门州志·三十六卷·清乾隆十九年宗陆堂刻本.

④ 钟祥县志·二十卷·清同治六年刻本.

⑤ 石首县志·八卷·清乾隆六十年刻本.

⑥ 郧西县志·二十卷·清同治五年刻本.

二、汉水夏令节日食庆

夏令节日是指农历四、五、六月间的节日。在《夏天里的节日民俗》一书中介绍的夏令节日有立夏、四月初八、端午、六月六、夏至等。一般的夏令传统节日主要有佛诞节、立夏、端午节、夏至、六月六、三伏等。汉水流域的夏令传统节日食庆食俗最具特色的当数端午节、夏至和六月六。

（一）端午节

端午节又名重午、端五、重五、五月五、五月节、端阳、浴兰节、女儿节、天中节等。诸多称呼大多有文献记载，河北省《万全县志》中说："初五日，谓之'端阳节'，俗呼'端午'。"[①]《荆楚岁时记》中说："五月五日谓之浴兰节。"[②]《帝京景物略》中说："都人重午女儿节，酒蒲角黍榴花辰。"[③]《帝京景物略》中又说："一日至五日，家家妍饰小闺女，簪以榴花，曰'女儿节'。"[④]《天中记》引《提要录》中说："五月五日午时为天中节。"[⑤] 此外，端午节在不同的地方还有蒲节、诗人节、龙舟节、粽子节、苦瓜节、医药节、地腊等称呼，是我国重要的传统节日之一。关于端午节起源的说法不一。一为屈原说。杜公瞻注解《荆楚岁时记》中说："五月五日竞渡俗为屈原投汨罗，日伤其死所，故并命舟楫以拯之。"[⑥] 二为曹娥说。《后汉书》中记载："孝女曹娥者，会稽上虞人也。父盱，能弦歌，为巫祝。汉安二年五月五日，于县江溯涛婆娑迎神，溺死，不得尸骸。娥年十四，乃沿江号哭，昼夜不绝声，旬有七日，遂投江而死。至元嘉元年，县长度尚改葬娥于江南道傍，为立碑焉。"[⑦] 三为伍子胥说。《史记》中有记载："伍子胥，楚人也，名员。"他数谏吴王，让其灭越王勾践，吴王不听，反近佞臣太宰嚭，

① 转引自：丁世良，赵放．中国地方志民俗资料汇编·华北卷［M］．北京：北京图书馆出版社，1989：207.

② 宗懔．荆楚岁时记译注［M］．谭麟，译注．武汉：湖北人民出版社，1985：67.

③（明）刘侗，于奕正．帝京景物略［M］．北京：中华书局，1980：144.

④（明）刘侗，于奕正．帝京景物略［M］．北京：中华书局，1980：145.

⑤（明）陈耀文．天中记［M］．上海：上海古籍出版社，1991：563.

⑥（南朝·梁）宗懔．荆楚岁时记译注［M］．谭麟，译注．武汉：湖北人民出版社，1985：92.

⑦（宋）范晔．后汉书［M］．（唐）李贤，等注．北京：中华书局，1965：2794.

太宰嚭与伍子胥有隙，多次离间伍子胥。后被吴王赐死，伍子胥死前立誓："必树吾墓上以梓，令可以为器。而抉吾眼悬吴东门之上，以观越寇之入灭吴也。"[①]吴王听说了此事非常生气，让人把伍子胥的尸体挖出来，将尸首放在鸱夷革上顺着江河漂走。吴国人可怜伍子胥，建立了祠庙来纪念他。四为越王勾践说。杜公瞻注"是日，竞渡采杂药"，亦云："起于越王勾践，不可详矣。"[②]五为龙图腾说。闻一多引用《吴越春秋》《说苑奉使篇》《汉书地理志》《海外北经》《洞冥记》《越绝书·越绝外传纪策考》《越绝书越绝外传记范伯》等书推测出，吴越后人都是"龙子"，他们断发文身，属于同一民族。端午节最初是吴、越两地的节日，起源于此地的端午节，后在中原文化和吴越文化的交流中被传播到了其他区域。闻一多在《端午考》中断定："我们不但可以确定前面的假设，说端午的起源与龙有着密切关系，而且可以进一步推测，说它是古代吴越民族——一个龙图腾团族举行图腾祭的节日，简言之，一个龙的节日。"[③]端午节的起源说法诸多，本身就是端午文化丰富而又多元的体现，而端午节食俗文化更是端午文化的重要组成部分和体现。

汉水流域的端午节食俗，在汉水流域的诸多县志中均有记载。《雒南县志》（十二卷·清乾隆五十二年增刻本）中记载："五月五日，亲友互相馈遗。插艾于户；食角黍，饮火酒。妇人簪榴花、戴彩胜；小儿佩避兵符、系长命缕，以雄黄遍涂耳鼻。"[④]雒南县清代端午食角黍，饮火酒食俗，以及以雄黄遍涂耳鼻的做法，在《孝义厅志》（十二卷·光绪九年刻本）中有避蚊虫的解释："五月'端阳日'，食角黍、饮雄黄酒，门前各插蒲艾，以驱疫疠。午后，煎蒲艾及百草汤，沐浴除疾，并以丹砂、雄黄等涂抹小儿耳鼻，辟虫。"《汉口小志》（不分卷民国四年铅印本）中记载："是日饮菖蒲、雄黄酒……以箬叶裹糯米为粽……捕蟾蜍，取汁以治肿毒……楚俗爱食蒜泥，……"《云梦县志略》（十二卷·清道光二十年刻本）中记载："五月'端午'……午后，以雄黄酒洒四壁，辟诸毒虫。"《房县志》（十二卷·清同治四年刻本）中记载："五月'端阳节'……医家制名香，研雄黄合辟瘟丹。"《襄阳县志》《七卷·清同治十三年刻本）中记载："五月'端阳'，

① （汉）司马迁．史记［M］．北京：中华书局，1982：2180.

② （南朝·梁）宗懔．荆楚岁时记译注［M］．谭麟，译注．武汉：湖北人民出版社，1985：92.

③ 闻一多．神话与诗［M］．武汉：武汉大学出版社，2009：196.

④《雒南县志》（十二卷·清乾隆五十二年增刻本）.

插艾门首，以角黍、盐蛋相馈遗，饮雄黄酒。”可见，汉水流域的端午节食俗具有以下特点：一是食角黍（糯米粽子）；二是饮菖蒲酒、雄黄酒等；三是涂抹雄黄于身体上或洒在房屋内四壁处驱毒虫；四是捕蟾蜍取汁治病；五是偶有食蒜泥的习俗；六是医生于端午制雄黄合辟瘟丹。诸多端午食俗传承于当下，展现出丰富厚重的端午文化。

（二）夏至与六月六

夏至早在公元前 7 世纪就被古人采用土圭测日影的方法确定了，是二十四节气之一且是最早被认定的节气。夏至为二十四节气之一，古代也称“日永”或“日长至”，每年阳历的 6 月 22 日是一年中太阳直射位置最偏北的一天，也是北半球一年中白昼最长、黑夜最短的一天。夏至日表示炎热的夏天已经到来。夏至日具有丰富的习俗内涵，在民间逐渐演变为一种传统节日。在食俗方面，民间有“冬至饺子夏至面”的说法。汉水流域夏至日食俗颇有特色，主要以夏至为伏天之始，气温开始升高，相关的食源作物开始播种，相关的辅料食物开始制作。据《孝感县志》（二十四卷·清光绪八年刻本）中记载：“‘夏至’后数三庚字为‘伏日’之始。伏天造酱、醋、曲饼，种麻、豆。谚云：‘一伏芝麻，二伏豆，三伏内面种寒粟。’”

“六月六”是六月里的一个大节，因节期在六月初六而得名，又称“天贶节”“天贶日”。贶，为赐赠之意，天贶即天赐。这一名称源自北宋。宋真宗赵恒为了掩盖订立澶渊之盟的耻辱，采用王钦若的建议，假托梦见神人告之降天书《大中祥符》三篇于京师和泰山，于是改年号为大中祥符，并下诏定第二次降天书的六月初六为天贶节。至南宋时，六月初六被定为崔府君诞辰。崔府君为东汉时人，曾有磁州“护驾”之功。宋高宗在临安（今浙江杭州）为其建造宫观，供奉香火。每逢节期，官方献香设醮，百姓至观进香以求护佑，事后多游玩以避暑。明清时期，民间六月六的主要节日活动是晒衣、晒书、沐浴等。明刘侗、于奕正的《帝京景物略·春场》中记载：“六月六日，晒銮驾，民间亦晒其衣物，老儒破书，贫女敝缊，反覆勤日光，晡乃收。”清顾禄的《清嘉录》中也有“人家曝书籍图画于庭，云蠹鱼不生”的记载。近代以来，民间十分重视六月六，各地称谓不一，习俗不一。在汉水流域各县方志中亦有六月六相关食俗的记载。《房县志》（十二卷·清同治四年刻本）中记载：“六月六日，俗传晒龙皮。士人竞曝书画，妇女则长竿高架，铺锦列绣，以防蠹霉。并酸造豆麦酱、醋、曲蘖之类。”[①] 而《郧西县志》（二十卷·清同治五年刻本）中记载：“六日，曝书、晒衣服。祀田祖、标楮中田（云‘青苗福’）。”[②]《襄阳县志》（七卷·清同治十三年刻本）中亦载：“六月六日，曝书、曝衣，升新谷作鱼子饭荐新。”[③] 而《随州志》（三十二卷·清同治八年刻本）中却说：“六月‘伏日’，多制六一散、香薷饮，以却署。”[④] 在《枣阳县志》（三十四卷·中华民国十二年铅印本）中有六日制酱做汤饼记载：“六月六日，土人多曝衣。多于伏日制酱，名曰‘伏酱’。《荆楚岁时记》中说：‘六月伏日，并作汤饼，名为辟恶。’”[⑤] 汉水流域六月六日的食俗与夏至日食俗较为一致，但食俗内涵更为丰富，除了播种作物，制作辅料，如，枣阳于六月六做汤饼以辟恶，尚有以酒肴祀祖先，以肉饭、瓜果于亲友间“拜年”的习俗。据张勃等所著《中国民俗通志节日志》中记载：“湖北麻城，蕲水称‘半年福’，都要以酒肴祀祖先，亲友互送肉饭、瓜果等，叫作‘拜年’。”[⑥]

三、汉水秋令节日食庆

秋令节日是指农历七、八、九月期间的节日。秋令传统节日主要有七夕节、中元节、立秋、中秋节、重阳节、地藏王诞辰等。汉水流域的秋令传统节日食庆食俗最具特色的当数七夕节、中元节、中秋节和重阳节。

（一）七夕节

七夕节，又称“乞巧节”，俗称“巧日”“巧节”，因节期在农历七月初七，又称“双七节”“七月七”。七夕节是与女性关系最为密切的节日，也称“女儿

① 《房县志》（十二卷·清同治四年刻本）.
② 《郧西县志》（二十卷·清同治五年刻本）.
③ 《襄阳县志》（七卷·清同治十三年刻本）.
④ 《随州志》（三十二卷·清同治八年刻本）.
⑤ 《枣阳县志》（三十四卷·中华民国十二年铅印本）.
⑥ 张勃，荣新．中国民俗通志节日志［M］．济南：山东教育出版社，2007：215.

节”“少女节”或“女节”。民间传说此日是牛郎织女一年一度鹊桥相会的日子，故又称“双星节”“情人节”。七夕节是中国传统节日中最具浪漫色彩的节日。七夕文化在汉水流域非常浓厚，杜汉华与杜睿杰的文章《汉水七夕文化考》中认为：“汉水流域是牛郎织女神话传说和七夕节的主要起源地，这是汉水流域独具的条件。全中国只有汉水流域有与牛郎织女神话传说和七夕节习俗起源与演变直接相关联的起自先秦的古代文献、地方山水风物和民间传说、古老节俗，作为起源地的证据链，而且证据最多、最古老，又成系列。”①究竟七夕文化起源何地，姑且不论，然其起源与汉水流域有莫大关系是不争的事实。

汉水流域七夕节的食俗在其各个县志中都有丰富的记载。《孝义厅志》（十二卷·清光绪九年刻本）中记载：“七月初七日，妇女以瓜果祭于月下，用花针七口穿五色花线插瓜上，谓之‘乞巧’。”②《汉南续修府志》（三十二卷·清嘉庆十九年刻本）中亦载：“七月七日，‘魁星诞’，士皆会祭。是夕，幼女皆设瓜果、豆芽，穿针‘乞巧’。望日，农家会饮，曰‘挂锄’。”《孝感县志》（二十四卷·清光绪八年刻本）中的记载更有特色：“七日，晚看巧云，设瓜果，谓‘吃巧’。吃者，乞之讹音也，至有以食瓜果为‘咬巧’者。”③《郧县志》（十卷·清同治五年刻本）中记载的七夕食俗进一步丰富了汉水七夕食俗文化的内涵：“七月七夕为牛女会银河之期。前期，人家幼女用豌豆浸水中，令芽长数寸，以红笺束之，名曰‘巧芽’。至是夕，妇女幼稚焚香于庭，献瓜果，祷天孙以‘乞巧’。用瓷碗盛水，取芽投之，复于月光下照之，影如彩针、花瓣，或似鱼龙游戏，谓之‘得巧’。”④《房县志》（十二卷·清同治四年刻本）中又记载：“七月七夕，妇女为‘乞巧会’。先以豆入竹筒生芽，长尺许……”⑤可见，汉水流域七夕食俗具有以下内涵：一是食俗主体主要是女性，以青年幼女为主；二是以瓜果祭月，以祈求心灵手巧和聪慧；三是祀月方式多样，祀品瓜果食之行为内涵丰富，可谓“咬巧”而“得巧”；四是祀月品除瓜果外，尚有以豌豆芽入瓷碗用月光照形而得寓意；五是豆芽盛装的容器有讲究，以竹筒为佳。总之，汉水流域七夕节食俗，涉及食

① 杜汉华，杜睿杰 . 汉水七夕文化考［J］. 襄樊职业技术学院学报，2011，1：87—88.

②《孝义厅志》（十二卷·清光绪九年刻本）.

③《孝感县志》（二十四卷·清光绪八年刻本）.

④《郧县志》（十卷·清同治五年刻本）.

⑤《房县志》（十二卷·清同治四年刻本）.

源、食具、食技等多个层面，寓意丰富而深远。同时，七夕文化在全国悄然盛行。汉水流域的十堰郧西是全国七夕文化11个争论的发祥地之一，依据的关键是汉江支流之一的天河。天河是郧西境内的第三大河流，查遍全国河流，没有一个叫“天河”的。据同治版县志记载，天河，源出陕西山阳县天桥北行八十里至圆泽始入县界，南流至凌云寨又东流至南关折而南八十里至布袋口，乃此流南折入汉江。日本汉文学专家从日本找到天河口，老河口学者汤礼春也撰论文说天河口是牛郎织女的故乡。由此说明，天河很早就有，历史悠久，很可能就是诞生“七夕文化”的地方。

（二）中元节

农历七月十五为中元节，是祭祀祖先的重要节日，因节期活动多与孤魂野鬼有关，故民间俗称“鬼节”，也称“七月半”“阴节”。中元节是民间重要的传统节日，在一些地方甚至重于过年。鬼节从七月十五前几天开始，到这天晚上结束。七月十五在我国传统历法中有着很多意义。它总是落在夏至与秋分之间，且总是满月之日，与成熟、黯淡及走向衰微相连。七月十五标志着冷风霜露的降临，《月令》中记载：“凉风至，白露降，寒蝉鸣，鹰乃祭鸟，用始行戮。”动物的生活从生机勃勃转为趋缓衰微，植物的生长也趋于成熟并停滞。[①] 七月是一年中下半年的起首，七月半是下半年的第一个望日，与春季的播种相对应，秋季农作物趋于成熟，是收获的时节，亦是酬神祭祖、祈求子嗣与避御初寒的时节。中元节食俗主要体现在祭祀及秋收庆贺层面。

汉水流域中元节食俗在各县志中有零星记载。据《汉南续修府志》（三十二卷·清嘉庆十九年刻本）中记载：“洋县‘中元’，群祀土谷诸神。”[②]《孝义厅志》（十二卷·清光绪九年刻本）中记载：“十五日为‘中元节’。附籍人延火居道士设肴馔，备纸钱荐先祖、父母，谓之‘烧包赙’。”[③] 说明汉水上游中元节有食祭习俗，祭祀对象主要是先祖父母及土谷诸神。另据《房县志》（十二卷·清同治

① [美] 太史文.幽灵的节日——中国中世纪的信仰与生活 [M].侯旭东，译.杭州：浙江人民出版社，1999：25.

②《汉南续修府志》（三十二卷·清嘉庆十九年刻本）.

③《孝义厅志》（十二卷·清光绪九年刻本）.

四年刻本）中记载："'中元节'，道书为地官赦罪之辰，僧家举孟兰会，建施食台，放河灯以照幽冥，谓之'饿鬼'。俗于是日接女子归宁。作冥袱包钱纸和浆粥，夜静以灰画圈于门外浇焚之，以祀祖先。"[①] 反映出汉水流域郧阳地区的于中元节食祭先祖有"作冥袱包钱纸和浆粥，夜静以灰画圈于门外浇焚之"的讲究，同时僧家举"孟兰会，建施食台，放河灯以照幽冥，谓之'饿鬼'"等宗教特殊食祭习俗，体现出汉水流域中元节食俗文化的多元性。而《孝感县志》(二十四卷·清光绪八年刻本）中记载："十五日为'中元'，祀先祖，谓之'鬼节'……是月也，食瓜枣，种荞麦，泽梁不禁，插晚禾。"[②]《荆州府志》(八十卷·清光绪六年刻本）中亦记载："'中元日'，具酒撰献祭先祖。乡村宰牲尝新，父老子弟群聚宴会，谓'过月半'。"[③] 基此，中元节前后收食瓜枣，宰杀牲口祭祀尝鲜，收稻种菜，乃至插晚秧在汉水下游正当其时，将节日食俗与作物收种紧密对接。

(三）中秋节

中秋节的确定日期在阴历的八月十五日，又被称为"月夕"。宋代吴自牧的《梦粱录》中记载："八月十五日中秋节，此夜月色倍明于常时，又谓之'月夕'，此际金风荐爽，玉露生凉，丹桂香飘，银蟾光满。"[④] 有关中秋节的出现时间，周俐君的《清明端午七夕中秋重阳腊八考》一文中认为中秋节出现在唐代："一方面，唐代出现大量的玩月诗歌，诗歌的主题和内容都反映了百姓集体参与节日庆祝的盛况；另一方面，中秋节固定为八月十五日，元九的《八月十五夜禁中独直对月寄》和李群玉的《中秋越台看月》等诗歌对此都有所描写。"[⑤] 中秋节习俗较多，如赏月、观潮、"摸秋"、团圆等，在食俗方面主要是食月饼。

汉水流域的中秋食月饼别有风味。《汉南续修府志》(三十二卷·清嘉庆十九年刻本）中描述城固县岁时民俗说："八月'中秋'，陈月饼，插桂花，歌管酒筵赏玩，以永兹夕。"又表述西乡县岁时民俗说："八月'中秋'，士民皆以瓜、桃、

① 《房县志》(十二卷·清同治四年刻本）.

② 《孝感县志》(二十四卷·清光绪八年刻本）

③ 《荆州府志》(八十卷·清光绪六年刻本）.

④ (宋）吴自牧．梦粱录［M］．杭州：浙江人民出版社，1984：237.

⑤ 周俐君．清明端午七夕中秋重阳腊八考［D］．曲阜：曲阜师范大学，2015.

梨、枣、月饼馈送，夜则设酒赏月。男或泛舟，登红崖，妇女亦有家宴。虽贫，无不食西瓜以庆嘉令焉。”[①]反映出汉水上游中秋赏月习俗韵味浓厚，赏月时以食西瓜、桃、梨、月饼为庆。《孝感县志》（二十四卷·清光绪八年刻本》中记载：“八月十五日为‘中秋’，以瓜饼相馈，设酒食赏月，候月华，不恒见也……是月也，收麻、豆，种莱菔、菠菜、茼蒿、白菜，剪芋，荷壅其根，泽梁有禁。”[②]点明孝感地区中秋时节，以酒食赏月，以瓜饼相馈，并可开始种植萝卜、白菜等秋令蔬菜。《荆门州志》（二十六卷·清乾隆十九年宗陆堂刻本》所载中秋食俗颇具特色：“八月‘中秋’，交馈西瓜、月饼。是夜祀月，设九秋盘肴，玩赏观灯。”[③]折射出荆门中秋的别样习俗：一是人们相互赠送西瓜、月饼以祭祀月亮；二是设置九秋盘形式的酒席菜肴，玩赏中秋之灯。九秋是秋季九十天的统称，是丰收的季节，为庆贺丰收，民间有将含苞待放的海棠、优雅的紫茉莉、幽静的百里香、艳丽的长春花、怒放的菊花、雅致的紫雪花、幽香的桂花、黄色的蜀葵和龙胆等置于同一器物上，九种花卉竞相开放，五彩缤纷，争奇斗艳，美不胜收，寓意九秋同庆，共贺丰收，故名“九秋图”或“九秋同庆”。唐陆畅的《催妆五首》之一：“闻道禁中时节异，九秋香满镜臺前。”元无名氏的《看钱奴》第一折：“为甚么桃花向三月奋发、菊花向九秋开罢？”清何焯的《义门读书记昌黎集》：“菊有黄华则九秋矣，故秋怀以是终也。”可见，荆门中秋时节庆贺的隆重。

《郧县志》（十卷·清同治五年刻本）中记载：“八月十五日为‘中秋节’。家家作月饼，嵌以彩色花卉式样，互相馈遗。是夜，于月出时设瓜果、酒醴于庭，焚香庆月，街市灯火辉煌，歌管遏云，瞻仰月华，共喜团圆。”[④]可见郧县中秋是以瓜饼庆月和庆祝团圆。而《房县志》（十二卷·清同治四年刻本）中记载：“八月‘中秋节’，以月饼、枣、梨、石榴、葡萄、菱藕之类相赠遗，全家赏月为团圆之宴。又，俗有‘摸秋’之戏，入人家蔬圃摘瓜抱归，鼓乐送亲友家，或暗伏置帐幔中，以为宜男之兆。”[⑤]折射出房县清代中秋相庆的丰富文化内涵，相互馈

① 《汉南续修府志》（三十二卷·清嘉庆十九年刻本）.
② 《孝感县志》（二十四卷·清光绪八年刻本》.
③ 《荆门州志》（二十六卷·清乾隆十九年宗陆堂刻本》.
④ 《郧县志》（十卷·清同治五年刻本）.
⑤ 《房县志》（十二卷·清同治四年刻本）.

送的瓜饼品种较多，且有“摸秋”习俗。《郧西县志》（二十卷·清同治五年刻本）中所载中秋食俗意蕴亦较为特别，点到以水果为馅儿制月饼以祀先祖和庆月：“八月‘中秋’，枣梨瓜果皆登于市，合饼饵祀祖先，庆月，兼赠姻党。”同时亦载有“摸秋”习俗：“是夕，或摸瓜送秋，为生子预兆，啸咏为乐。”[①]尽管略含以子为吉的生育陋俗，然而非常朴实地折射出郧西中秋文化的特色内涵。总之，汉水流域中秋食俗丰富多彩，以月饼、水果来祭祀先人，祭祀月亮，设宴庆祝丰收，庆祝团圆，意蕴深厚。

（四）重阳节

重阳一词最早见于先秦时期，但是词语“重阳”并非节日“重阳”，《楚辞远游》中说：“集重阳入帝宫兮，造旬始而观清都。”[②]重阳节在古代又被称为九月九，这可能与《易经》有关，古以“九”为阳，九月九日乃是双九，则取“重阳”之名。重阳节起源于汉朝，《风土记》中说：“九月九日，律中无射而数九，俗尚此日，折茱萸房以插头，言辟除恶气，为御初寒。”[③]重阳节产生以后，后世之人于重九日通过佩戴茱萸、食蓬饵、饮菊花酒、登高等活动来拔除妖邪，避祸保身。《荆楚岁时记》中记载：九月九日，四民并籍野饮宴，杜公瞻注“九月九日，四民并籍饮宴”[④]认为，九月九日，桓景家中有灾祸，需通过佩戴茱萸、食蓬饵、饮菊花酒、登高等活动进行避灾保平安。

汉水流域重阳节食俗多元寓意深远。《汉南续修府志》（三十二卷·清嘉庆十九年刻本）中记载城固县岁时民俗：“九月九日，食米糍。登高，饮茱萸、菊酒。”[⑤]《荆州府志》（八十卷·清光绪六年刻本）中亦记载：“九月‘重九日’，蒸糕。饮菊酒、插茱萸以辟恶，登高览胜……”[⑥]可见汉水上游的重阳节登高览胜，蒸食米糍米糕，佩茱萸，饮茱萸、菊酒是其特色。而《荆门州志》（三十六

---

①《郧西县志》（二十卷·清同治五年刻本）.

② 林家骊译注．楚辞［M］．北京：中华书局，2010：26.

③（清）汪灏．广群芳谱［M］上海：上海书店，1985：1265.

④（晋）周处．风土记［M］．北京：商务印书馆，民国 19 年：影印．

⑤《汉南续修府志》（三十二卷·清嘉庆十九年刻本）.

⑥《荆州府志》（八十卷·清光绪六年刻本）.

卷·清乾隆十九年宗陆堂刻本）中所记重阳食俗别开生面："九月'重九'……相率以此月造酒为最。菜麦插种完全，柴草刈束备用。"[①]造酒、播种完毕，准备柴草，俨然一副过冬景象。《郧县志》（十卷·清同治五年刻本）中记载："九日为'重阳'。佩茱萸囊，以辟恶也，饮菊花酒，以延寿也。"[②]点明佩茱萸以辟恶，饮菊酒以延寿的功用，拓展了重阳节食俗文化的内涵。《枣阳县志》（三十四卷·民国十二年铅印本）引用《荆楚岁时记》中记述也有野炊食俗现象。基于此，汉水流域重阳节的食俗可见一斑。

四、汉水冬令节日食庆

冬令节日主要是农历十月、十一月、十二月之间的节日。冬令传统节日亦很多，节日习俗尤为丰富，主要包括冬至、腊八、小年、祭灶、除夕等，汉水流域冬令传统节日食庆食俗以冬至、腊八和祭灶最具特色。

（一）冬至

冬至是农历二十四节气的第二十二个节气，是全年中白天最短、黑夜最长的一天。《月令七十二候集解》中记载："十一月中，终藏之气，至此而极也。""极"是极致的意思，"终藏之气，至此而极"包含三层意思：阴寒极致，天气最冷；阳气始至，上升才逼天气寒彻；[③]太阳行至最南处，所以昼最短，夜最长。在现代天文学上，冬至预示着一年中最寒冷的冬季即将来临，但也寓意阴阳交替时刻，阴（夜）气盛极转衰，阳（日）气刚要萌生，是冬去春来的前兆。因此，古人非常重视冬至这个节气。冬至既是节气，也是重要的传统节日，古称"冬节""长至节""亚岁节"等，有"冬至大如年"的说法。冬至食俗丰富多彩，食饺子、汤圆、羊肉等，全国各地略有不同。

---

① 《荆门州志》（三十六卷·清乾隆十九年宗陆堂刻本）.

② 《郧县志》（十卷·清同治五年刻本）.

③ 王玉民.冬至圭表测影新探［J］.中国科技史杂志，2013，12：453—459.

汉水流域冬至食俗特色凸显。据《汉南续修府志》（三十二卷·清嘉庆十九年刻本）中记载西乡县冬至习俗："十一月'冬至'，向巴山看雪，占来年丰歉。遍山腊梅开放，大雪满山，士人携酒有游赏者。"①《孝感县志》（二十四卷·清光绪八年刻本）中记载冬至时节是捕鱼的好时机："是月也，论重囚渔，榜淀为涔，夹潨罗筌。"②《钟祥县志》（二十卷·清同治六年刻本）中记载："十一月'冬至日'，修治室庐。农家是日望云气卜来岁丰稔。"③而《郧县志》（十卷·清同治五年刻本）中记载："十一月'冬至日'农功告竣。家家设酒馔供祖先；绅士家必聚族于祠堂中，虔祭祖先，悉遵《家礼》仪节。"④可见，汉水流域的冬至日，节庆氛围浓厚。或携酒出游，观气候以测来年粮食收成情况；或于冬至时节捕鱼；或于冬至日遵《家礼》仪节设酒馔以祭祖先。

（二）腊八

通常情况下，腊八节被称为农历十二月初八或腊日，《风俗通》中记载："夏曰嘉平，殷曰清祀，周曰大腊，汉改曰腊。腊者，猎也，田猎取兽祭先祖也。"宗懔在《荆楚岁时记》中说："十二月八日为腊日。"⑤腊八节源于腊祭，腊祭的时间在何时呢？《说文解字》说："冬至后三戌，腊祭百神。"⑥可见，汉朝以前已经有腊祭仪式，腊祭当天要祭祀百神。腊祭是当年快要结束之时祭祀百神的日子，意在告别旧年，迎接新年。其实腊八除了腊祭以外，尚有送腊药、制食腊八粥的习俗。腊八粥的名称，一是称为咸粥，一是称为七宝五味粥。关于"咸粥"的叫法，《天中记》引《岁时杂记》："僧家以乳蕈、胡桃、百合等造七宝粥亦谓

---

①《汉南续修府志》（三十二卷·清嘉庆十九年刻本）.

②《孝感县志》（二十四卷·清光绪八年刻本）. 榜，以木壅水也。淀，浅水也。《尔雅》："槮谓之涔。"《小尔雅》谓之橬。涔，音忱。盖以木为柱，而薄其空，壅水以取鱼也，俗名曰篷。篷，音膨。潨者，沟之汇也，音宗。筌，竹器，鱼可入不可出，横流以俟鱼，俗名曰濠，又曰倒须。今俗总名取鱼之具，曰"业次"。

③《钟祥县志》（二十卷·清同治六年刻本）.

④《郧县志》（十卷·清同治五年刻本）.

⑤（南朝·梁）宗懔. 荆楚岁时记译注［M］. 谭麟，译注. 武汉：湖北人民出版社，1985：133.

⑥（汉）许慎. 说文解字［M］.（宋）徐铉校定. 北京：中华书局，1963：139.

之咸粥，供佛及僧道檀越。”[①] 关于“七宝五味粥”的叫法，《东京梦华录》中说：“……诸大寺作浴佛会，并送七宝五味粥与门徒，谓之‘腊八粥’，都人是日各家亦以果子杂料煮粥而食也。”[②] 与普通的粥不同的是：从宋朝到明清，腊八粥在材料的使用上比较讲究，食材上略有不同。腊八粥的食材不仅有乳簟、胡桃、百合，而且有松子、柿、栗等物。宋周密的《武林旧事》中说：“八日，则寺院及人家用胡桃、松子、乳蕈、柿、栗之类作粥，谓之‘腊八粥’。”[③] 值得注意的是，这个时期的“腊八粥”食材中只是有乳簟、胡桃、百合等物，粥中并无荤腥。元代食用的腊八粥材料和宋朝基本一样，元陶宗仪的《说郛》中说：“八日，则寺院及人家用胡桃、松子、乳蕈、柿、栗之类作粥，谓之‘腊八粥’。”[④] 但是到了明清时期，百姓食用的腊八粥食材有所不同，除谷物外，腊八粥中已加入荤腥等材料。《格致镜原》引《事物绀珠》中记载：“腊粥以猪肉、杂果、菜入米煮。”[⑤]

其实汉水流域的腊祭与制食腊八粥是统一在一起的。据《汉南续修府志》（三十二卷·清嘉庆十九年刻本）中记载西乡县腊八习俗：“十二月八日，食‘腊八粥’，亲朋互送。‘除夜’，子弟拜父兄，行辞岁礼。张乐置酒，欢饮达旦，各‘守岁’云。”[⑥]《续修南郑县志》（七卷·中华民国十年刻本）中记载：“十二月初八日，各寺举‘佛会’，家家清晨煮‘腊八粥’，东坡所谓‘今朝佛粥更相馈’，其俗久矣。”[⑦]《平利县志》（四卷·清乾隆二十一年刻本）中记载：“十二月八日，用果、豆作粥食之，名‘腊八粥’。”[⑧]《宁陕厅志》（四卷·清道光九年刻本）中记载：“十二月八日，以粳米作粥，杂猪、羊肉食之，名‘腊八粥’，邻里亦相馈送。”[⑨]《孝感县志》（二十四卷·清光绪八年刻本）中亦记载：“八日煮粥，以杂果投其中，名‘腊八粥’。”[⑩] 而《荆州府志》（八十卷·清光绪六年刻本）中记载：

---

①（明）陈耀文．天中记［M］．上海：上海古籍出版社，1991：653.
②（宋）孟元老．东京梦华录注［M］．邓之诚注．北京：中华书局，1982：249.
③（宋）泗水潜夫．武林旧事［M］．杭州：浙江人民出版社，1984：298.
④（明）陶宗仪．说郛三种第1册［M］．上海：上海古籍出版社，1988：321.
⑤（清）陈元龙．格致镜原［M］．上海：上海古籍出版社，1992：319.
⑥《汉南续修府志》（三十二卷·清嘉庆十九年刻本）.
⑦《续修南郑县志》（七卷·中华民国十年刻本）.
⑧《平利县志》（四卷·清乾隆二十一年刻本）.
⑨《宁陕厅志》（四卷·清道光九年刻本）.
⑩《孝感县志》（二十四卷·清光绪八年刻本）.

“十二月‘腊八日’，寺院以豆果杂米为糜，供而食，曰‘腊八粥’。是日，人家汲水贮盎，谓之‘腊水’，酿秫，曰‘腊酒’；盐脯，曰‘腊肉’，盖亦《周礼》之昔酒，《天易》之腊肉也。”[①] 而《郧县志》（十卷·清同治五年刻本）中记载：“十二月八日，用五谷掺和煮粥，杂以菜果，谓之‘腊八粥’。凡酿酒之家必取腊水为之，经年不坏。造醋亦必取腊水煮红高梁为粥，盛于缸，封固至次年春木旺之时，方可造醋。”[②] 汉水流域腊八制食的腊八粥，体现出食用、馈赠、祀祖、祀神灯等功能。

（三）祭灶

祭灶是一项在汉族民间影响很大、流传极广的传统习俗。民间祭灶，源于古人拜火的习俗。《释名》：“灶，造也，创食物也。”灶神的职责就是执掌灶火，管理饮食，后来扩大为考察人间善恶，以降福祸。祭灶在中国民间有几千年历史了，灶神信仰是中国百姓对“衣食有余”梦想追求的反映。民间传统上的祭灶日是腊月二十四，南方大部分地区，仍然保持着腊月二十四过小年的古老传统。从清朝中后期开始，帝王家就于腊月二十三举行祭天大典，为了“节省开支”，顺便把灶王爷也给拜了，因此北方地区多在腊月二十三过小年。腊月二十三日（或二十四日），民间称为小年，是祭祀灶君的节日。灶君，在夏朝就已经成了民间尊崇的一位大神。《论语》中说：“与其媚于奥，宁媚与灶。”先秦时期，祭灶位列“五祀”之一。祭灶时要设立神主，用丰盛的酒食作为祭品。要陈列鼎俎、设置笾豆、迎尸，等等，带有很明显的原始拜物教的痕迹。灶君称谓，早期有炎帝、祝融之说。后来，既有灶君爷爷，又有灶君奶奶之说。灶君神像，贴在锅灶旁边正对风匣的墙上。两边配联多为“上天言好事，下界保平安”，下联也有的写成“回宫降吉祥”。中间是灶君夫妇神像。神像旁边往往画两匹马作为坐骑。祭灶时要陈设供品。供品中最突出的是糖瓜（特黏），现在统称麻糖，该食品既甜又黏。取意灶君顾了吃，顾不了说话，上天后嘴被黏住，免生是非。

汉水流域的祭灶节祭品颇有特色。《续修南郑县志》（七卷·中华民国十年

---

① 《荆州府志》（八十卷·清光绪六年刻本）.

② 《郧县志》（十卷·清同治五年刻本）.

刻本）中记载："二十三日'祀灶'，祭以饼、饴、雄鸡，妇女尤虔，以灶神将更代报一家善恶于上苍也。事虽无稽，亦足以警过。"[①]《平利县志》（四卷·清乾隆二十一年刻本）中记载："二十四日，用猪首或鸡'祀灶神'。"[②]《宁陕厅志》（四卷·清道光九年刻本）中记载："二十三日夜，'祀灶'，附籍人于二十四日夜祭灶。"[③]《孝感县志》（二十四卷·清光绪八年刻本）中记载："二十四日曰'小除'，俗云'过小年'。洁除诸屋。'祀灶神'，俗云送灶神上天，用果、糍、豆腐，以糖为饼，云粘住灶神齿，勿令说人间是非，又剪草和豆盛于旁，云灶神马料。燃灶灯，如'上元'。俗呼灶神曰'司命'。黄冠送年疏并灶科，为'祀灶'之用。"[④]《荆州府志》（八十卷·清光绪六年刻本）中记载："二十四日为'小年'，悉以竹枝扫户宇。夜具酒饧、果饵'祀灶神'，以秫刍秣马。田父燎火畦塍间，曰'照田蚕'。"[⑤]《钟祥县志》（二十卷·清同治六年刻本）中记载："二十三日，夜供茶果、饼饵、草豆以'祀灶'。祭毕焚之，燃灶灯，俗谓'焚余'。饼饵与襁褓小儿食之，谓压惊。"[⑥]而《郧县志》（十卷·清同治五年刻本）中记载："二十三日，'祀灶'以雄鸡，献灶糖，以糖作饼，果品、时物供奉具备；又剪草和豆，并香楮焚之，谓之'灶神马料'。亦有二十四日'祀灶'者。"[⑦]可见，汉水流域祭灶节，祭祀时间上有腊月二十三，亦有腊月二十四日；祭祀对象均为灶神；祭祀品以糖饼、饴、雄鸡、果、糍、豆腐等为主；祭祀灶神讲究房屋洁净；祭祀灶神文化上有延展意义，体现为荆州的田父燎火畦塍间曰"照田蚕"说法，以及钟祥的祭灶神祭品襁褓小儿食之可压惊的习俗。

五、汉水食庆的文化意蕴

节庆是节日喜庆氛围营造的具体表现。中国传统节日喜庆氛围的营造永远离

---

①《续修南郑县志》（七卷·中华民国十年刻本）.
②《平利县志》（四卷·清乾隆二十一年刻本）.
③《宁陕厅志》（四卷·清道光九年刻本）.
④《孝感县志》（二十四卷·清光绪八年刻本）.
⑤《荆州府志》（八十卷·清光绪六年刻本）.
⑥《钟祥县志》（二十卷·清同治六年刻本）.
⑦《郧县志》（十卷·清同治五年刻本）.

不开饮食元素。以食为庆是我国自古以来节日庆贺的主体元素，无论是祭祀类节日，抑或是庆贺类节日，无论是传统节日，抑或是现代节日，以食为庆已成为永恒的话题。节日食俗文化内涵丰富，意蕴深厚。汉水文化既是一种地域文化，更是我国传统文化的组成部分。汉水传统节日食“庆”文化意蕴深远。

一是节日食“庆”物质元素丰富。节日的直观呈现需要一套节庆物质系统，通过直接品尝、观赏与把玩体会其中的内在意义。这套物质系统主要包括节庆饰物与节庆食物两类，例如，春节的春联、灯笼、年糕，端午节的龙舟、香囊、粽子（团子），中秋的花灯、兔儿爷、月饼。其中，节庆饰物是节庆气氛的重要象征，节庆习俗活动往往围绕着这些物品展开，它们既是营造浓厚节庆氛围的必备要素，也是传承传统习俗的良好依托；而节庆食物既是民众期待的物质享受，也是民众精神、情感的寄寓，更是人们社会交往的辅助方式。人们通过传统节庆礼物强化家庭与社会的团结、邻里之间的和谐、亲朋好友关系的维系。汉水流域节日食庆物质元素特别丰富。节庆饰物主要有春节的春联与门神、端午艾蒿与龙舟、重阳茱萸等；节庆食物更是繁多，如，元宵节的汤圆、端午的粉团（粽子）、冬至的腊肉、祭灶的糖饼等。基于此，在汉水传统节庆活动中应充分重视节庆饰物与食物的传承与开发，根据现代人的审美需求创造出具有现代感且不失传统韵味的节日物品，增强传统的节庆氛围。

二是节日食庆文化载体姿态多样。节日是区别于日常的特殊日子，需要文化载体来折射出文化内涵。汉水流域的节日食庆文化载体姿态多样，如，郊游、祭祀（祖先和神灵）、卜气候、庆丰收、习俗竞赛等，这些具有模式性的节日仪式活动，既是传统节庆区别于日常生活乃至舶来节庆的习俗标志，也是增强群体内部凝聚力的重要方式。人们只有在集体性的节日仪式与活动中才能有身体与心灵的特殊体验，实现与传承集体的记忆。因此，在传统节庆项目开发过程中应该充分重视传统节庆仪式，以及其与现代仪式的融合开发，培养人们传统节庆仪式的体验，让民众的情感在节庆仪式中得到顺利表达与释放。

三是节日食庆传承功能明显。传统节日包含了很多重要的文化精髓，如，“祭祀文化”“吉祥崇拜文化”“孝悌文化”“饮食文化”等。汉水食庆传承功能体现在饮食祭祀、饮食文化等方面。祭祀在我国古代一直是国之大事，官方和百姓祭祀的目的是祈求国泰民安、风调雨顺、宗族延续、家庭和睦等。汉水流域民间自古至今就有祭天、祭地、祭日、祭月、祭祖、祭灶神等风俗习惯。就饮食文化而言，中华民族是一个非常重视饮食的民族，饮食文化源远流长。传统饮食既包括食物又包括饮料。饮食在传统节日中占了很大比重。不仅仅清明、端午、七夕、中秋、重阳和腊八重视饮食，其他节日亦如此。汉水流域地方志资料里均记载了这些传统节日的食俗情况，在此不赘述。

第七章　杀鸡为黍

——汉水食礼

人生礼仪尤其是传统人生礼仪是一种充满深厚人生伦理道德意蕴和美感的仪式，是串牵着生命个体一生在不同年龄阶段所要举行的仪式。王娟在其《民俗学概论》一书中有着精辟的论述："人的一生就像竹子，其过程并不是平直的，而是有许多'节'，表示着其阶段性的特征。人生是由若干阶段组成的，人就是在具备某些条件时，通过一个个'人生枝节'发育成长，走向终点的。"[①]很明确，人生之"节"涵盖了人生老病死的各个阶段和节点，每个节点都有鲜明意蕴的仪式。在古代社会，人们往往在个体成长的特定阶段或角色的转换之际，举行一些约定俗成的仪式活动，其目的是保证个体在成长和发展的道路上平稳地实现这一转换。这些仪式就是我们平常所说的"人生礼仪仪式"。人生礼仪仪式的举行，一方面标志着人生进入一个新的阶段；另一方面也说明社会对个体的接受与认可。所以，钟敬文先生在其专著《民俗学概论》中鲜明地指出，"人生仪礼是将个体生命加以社会化的程序规范和阶段性标志"[②]。在我国传统社会里，这种标志积淀了丰富的内涵，传承久远。然而，到了近代，这种礼仪与传统脉络渐行渐远。文化思想史学家刘梦溪在其《礼仪与文化传统的重建》一文中指出："晚清以来百年中国的文化处于艰难的解构与重建过程之中。这其中的问题多到不知

---

① 王娟．民俗学概论［M］．北京：北京大学出版社，2002：179.

② 钟敬文．民俗学概论［M］．上海：上海文艺出版社，1998：156.

凡几，但最为人所忽略也是最重要的，是代表一个民族文化秩序和文明程度的礼仪问题。中华民族号称礼仪之邦，但百年来西潮冲击、传统解体，我们越来越少地承继自己民族的文化传统、代表今天文明程度的诸种礼仪，包括怎么吃饭、怎么睡觉、怎么穿衣、怎么走路、怎么跟人谈话，基本上处于失序状态。”① 好在随着文化自信的回归，传统人生礼仪仪式又被人们重新审视践行，悄然流行起来。

人生礼仪仪式世俗化是其本质特征之一，必然使其融入现代社会交往中，并逐渐演变为社交礼仪的组成部分，必然产生规定的习俗和特色意蕴。《礼记·王制》中说：“广谷大川异制，民生其间者异俗。刚柔、轻重、迟速异齐，五味异和，器械异制，衣服异宜。修其教，不易其俗。齐其政，不易其宜。”这就是说，人生礼仪仪式的总格局，应该是统一的，但是由于各地的气候、物产、民风不同，在人生礼仪仪式中的许多具体枝节方面，比如，选择什么样的时间、用什么样的器物、穿什么样的衣服、吃什么样的饮食、采取什么样的方式，如此等等，都要因地制宜，从当地的实际情况出发，而不必划一。

萌芽于先秦时期的宴饮活动是饮食文化乃至食俗文化的重要构成部分。宴饮活动是人生礼仪仪式食俗的重要承载形式。吕建文的《中国古代宴饮礼仪》通过考证有关唐代文献，对“烧尾宴”进行了介绍：“士人初登或者升官，主人多备丰盛酒馔宴请前来祝贺的朋友和同僚，这类宴席称为‘烧尾宴’②。”在历史长河中，我国各种宴饮活动丰富多彩，在人生礼仪仪式中，宴饮活动更具魅力。宴饮活动是食俗文化的亮点内涵，食用对象和食用习俗颇有讲究。《论语·微子》中有说：“止子路宿，杀鸡为黍而食之。”文康所著近代小说中亦有“张太太也‘杀鸡为黍’地给他那位老爷备了顿饭”的应用。“杀鸡为黍”泛指殷勤款待宾客。汉水人生礼仪食俗具体演绎在诞生、婚嫁、寿庆、丧葬等人生礼仪仪式中，各个礼仪仪式食俗展现出独特的文化内涵。

① 刘梦溪．礼仪与文化传统的重建［N］．光明日报，2004—4—28.

② 吕建文．中国古代宴饮礼仪［M］．北京：北京理工大学出版社，2007：43.

一、汉水诞生食礼

在中国古代，生儿育女是家庭、家族中的一桩大喜事，随着婴儿呱呱坠地，一直到孩子周岁，人们要举行一系列的礼仪活动来表达喜悦的心情和对新生命的期望。诞生礼仪式各地略有不同，较为一致的是讲究报喜礼俗和“三朝礼”习俗。报喜主要有携红鸡蛋（俗称“喜蛋”）到岳家报喜，有些地区是“提鸡报喜”，产妇生头胎的当天，由女婿提上鸡、酒、肉到岳家报喜，如果提公鸡表示生男孩，提母鸡表示生女孩，双鸡表示双胞胎。就报喜而言，有的地方以生男为喜，生女则不声张。在报喜的同时还在家门口张挂诞生的标志。据《礼记·内则》中记载，如果生男孩，则“设弧于门左”，即在门的左边挂一张木弓；生女孩则“设帨于门右”，则在门的右边挂一幅佩巾。木弓象征男子阳刚之气；佩巾象征女子阴柔之德。诞生礼中最正式、最隆重的是“三朝礼”，在婴儿出生后的第三天举行。这一天，亲朋邻里携礼前来道喜，主家排开宴席、招待客人。“三朝礼”之日通常有以下几项仪式：一是为婴儿举行的“落脐炙囟”仪式，对婴儿脐带、囟门礼仪性的处理；二是开奶与开荤，将肉、糕、酒、鱼、糖等，用手指蘸少许涂在婴儿唇上，最后让婴儿尝一口别人的乳汁；三是举行“洗儿”仪式。“洗儿”仪式最受人重视，是三朝礼中最具代表性的，所以“三朝”也叫“洗三”。“洗三”礼就是用艾蒿、槐枝等加水制成香汤，再投入钱、花生、栗子、枣、桂圆等，请福寿双全的老太太给婴儿洗浴，边洗边唱：“洗洗头，做王侯；洗洗腰，长得高；洗腚沟，做知州。”洗完后，用一根大葱轻打婴儿三下，边打边诵：“一打聪明；二打伶俐；三打明白。”打完后孩子父亲把葱扔到房顶上，亲友一同道贺。三朝礼后，还有满月礼、百日礼、周岁礼，周岁礼是对诞生礼的总结。在这些礼仪活动中，要进行“剃胎发”“满月游走”、穿百家衣、戴长命锁、抓周等仪式。

汉水流域的诞生食礼，内涵丰富。据《天门县志》（二十四卷·民国十一年石印本）中记载：“生育凡初生男子，多用鸡卵染红宴贺客，亦遍致于亲友族邻，谓之‘送红蛋’。受者亦致鸡、米、鱼、蛋于产妇，谓之‘送汤饼’。至小儿周岁时又刮衣帽、靴履、银佛、金钱之类相庆仍张筵礼宾，且或演剧屡日。”[①] 据《枣阳

①《天门县志》（二十四卷·民国十一年石印本）.

县志》（三十卷·清同治四年刻本）中记载："生育生子，遣人到妇家报喜，具名柬延请妇之亲属。妇家以布帛、米麦鸡鸭、红砂糖、红蛋等物馈之；戚友相贺，亦馈以布帛、米麦等物。期诸戚俱至，与儿以绣履、彩帽、衣饰、果品，各随其宜。陈书、笔砚、刀剑、弓矢及杂物于席上，任儿抓取；谓之'抓周'。"[①] 在胡祥与谭志国的《襄阳地区人生仪礼饮食文化浅议》一文中，汉水襄阳地区人生诞生礼仪仪式中的饮食习俗分为妊娠、分娩、"洗三"、报喜、满月、周岁六个方面展开论述。[②] 现将该六个诞生礼食俗简述如下。一是妊娠食俗。男女成婚后，公婆盼孙心切。一旦怀孕，为了确保胎儿安全诞生，这个时期孕妇的饮食和活动都会受到家人的特别照顾。饮食方面多以补品调养，避免孕妇吃辛辣、油腻的东西。此外，旧时还有饮食禁忌，如孕期忌食鳖肉，否则生的小孩会眼斜背驼；忌食兔肉，否则小儿会嘴歪。在活动方面，家人会减免其劳作，避免抬搬重物。二是分娩食俗。旧时，新生儿一般都由当地有丰富接生经验的妇女接生。接生完全靠家中的剪刀和其他现有工具。由于接生工具简陋，卫生难以保证。因此婴儿死亡较多。中华人民共和国成立后，为了提高新生儿的成活率，孕妇临产大都在当地的医院，由专业医生来担当接生工作。孕妇产后身体一般比较虚弱，家中人多以鲫鱼、猪蹄、鸡蛋等食品为其调养。三是"洗三礼"食俗。洗三也叫"三朝"。在当地，小孩出生三天后有摘槐树枝、艾草煮水洗澡的习俗，也有的用蜂窝、蝉蜕、蒜叶等东西煮水洗澡。洗完后产妇和婴儿都要喝点"洗三"的水，此行为在当地有"祛风"的说法。由于现在大都在医院接生，婴儿诞生后护士都会给其洗澡，打破伤风疫苗，所以洗三的风俗也就免了。四是报喜食俗。襄阳地域广阔，各个县级市的报喜时间和所送的信物各有不同。据《湖北省志·民俗方言》中记载："枣阳习俗，产妇分娩第二日向亲家报喜。其信物，生男送双物件，生女送单物件。保康一带在婴儿'洗三'后，由女婿携糖、酒至岳父家。其信物，男为白糖、雄鸡，女为红糖、母鸡。在谷城，报喜信物与外地不同，生男为一斤点心，生女为一斤糖。"[③] 南漳、樊城这边信物除了酒、糖外，有时候还会带去一些猪肉。岳母家通常以米面、炸馍、母鸡、小孩衣物相赠，并如数退回黑糖给孕妇

① 《枣阳县志》（三十卷·清同治四年刻本）.

② 胡祥，谭志国 . 襄阳地区人生仪礼饮食文化浅议［J］. 湖北经济学院学报（人文社会科学版）. 2013，11：123—125.

③ 湖北省志编委会 . 湖北省志·民俗方言［M］. 武汉：湖北人民出版社，1996：136—137.

月子期间调养身体。五是满月食俗。无论乡村还是城市普遍流行满月礼风俗。小孩出生一月后，主人在家中或酒店设宴款待来访的亲朋好友，称为“满月酒”。六是周岁食俗。小孩出生一年后，为了给小孩庆祝生日，增加热闹气氛，小孩的父母也会设宴邀请亲朋好友来家庆祝。生日的礼品外婆家筹备得多一些。当天，外婆一般会给外孙或外孙女买一些豆芽、葱、面条及碗筷。有细心的外婆还会带去自己制作的小衣服。

汉水下游孝感的孝昌县，诞生礼习俗更为浓厚。从小孩出生做“三朝”，又名“汤饼会”，就是孕妇分娩后，邻里及亲友前来庆贺。分娩的翌日，婴儿父亲将已备好的十个鸡蛋染成红色，装在篮子里送往岳家，名曰“报喜”，并同岳父母议订“三朝”日期。岳父母又以鸡、蛋、面粉、红糖及婴儿衣物回赠送礼。婴儿出生三日，以艾叶泡水为婴儿洗浴，名为“洗三”。洗三后烧香纸祭祖，并以纸扎成的轿、马、香烛送至门外或路边烧化，望空礼拜，称为“送娘娘”。做“三朝”时，接生婆、媒人都安有席位。如果生头胎做三朝，岳父母家必须筹办摇窝、絮被、衣物等。清末做“三朝”，兴抬“盒子礼”。盒子上用红纸写上“歌麟趾章”或“麟趾呈祥”等字样。有稍简便的用一担篮子盛礼物叫“挑挑”。还有贫家小户，以篓子提礼物。做“三朝”为出生第三天，但多数日期定在七天或十天之内，称“送祝礼”。产妇月子里，称“月母子”，做月母子忌走亲串户，谓之“坐月子”。满月前，外婆家以篮子送满月礼来。满月后，婴儿母子去外婆家，俗称“跑满月”“出窝”。“做周岁”是指小儿周岁日，亲友来庆贺。这天将送来的礼物，以及所备的笔、墨、纸、砚、书、算盘及人物画、各种玩具陈列于方桌上，然后点烛焚香祭拜先祖，放鞭炮，将小孩放在桌上，任其喜欢抓取一物，来卜其日后的前途和志向，俗称“抓周”。“过十岁”是指儿童年满九岁，即过十岁生日，名为“过望生”。如期亲友携礼来贺，但舅舅家多以文房四宝、衣帽、鞋袜、布料、食品等为礼品。旧社会所谓难抚养的“贵成果”“头胎子”，剃胎头时所蓄的“长寿辫”在十岁过生日时剃掉，剃头前还需备香案祭祖。近年来，“过十岁”尤其被看重，场面和规模较为宏大。

汉水流域地区对婴儿的生辰特别重视。婴儿出生后要吃“生辰面”，“抓周”要吃“长青面”。还要花费钱财设宴款待前来贺喜的宾客。在婴儿生辰日款待贺客，必备“十碗”，味穷水陆，并佐以蔬果小碟。其实，在人的一生中，诞生礼是开端礼仪。由于中国以血缘为纽带组成的家庭结构，与诞生礼有关的一系列活动一直受到父母乃至整个家族的重视。汉水流域的人生诞生礼食俗中，满月酒就是一种为庆贺小孩出生，在满月期间宴请宾客的特色食俗活动。

二、汉水婚嫁食礼

婚姻在人群关系与生命繁衍方面担负着重要的任务。在重视人伦关系的我国，婚姻很早就被赋予礼制的意义，古人认为，小而兴家、大而治国都有赖于婚姻关系的和谐。因此在提亲、订婚及完婚的过程中都规定了许多习俗。正式的婚礼一般由拜堂、合卺、撒帐组成。其中，合卺是新婚夫妇饮交杯酒的礼俗，此俗起源于周代的“同牢合卺”，“同牢”即新婚夫妇共用一个盛肉的牢盘进食；“合卺”是将一只匏瓜（俗称苦葫芦）剖成两个小瓢盛酒，夫向东、妇向西各饮一瓢。由于卺味苦而酒亦苦，饮了卺中苦酒，意味着婚后夫妻应同甘共苦，同时意指夫妇二人如同此卺一样合而为一，紧紧地拴在一起。又因匏是古代八音（八种乐器）之一，因此用卺饮酒，又含有新婚夫妇音韵调和之意。南北朝时，“合卺”的酒具上开始系一些吉祥的缀物，有的系五色线，有的用锁相连，表示夫妻同体相连。宋代，破卺为二的酒具改为两只酒杯，用彩丝拴连杯足，夫妇各饮半杯，然后交换，一起饮下，掷杯于地，若杯一仰一合，象征天覆地载，阴阳和谐。“合卺”之俗称饮交杯酒。

据《天门县志》（二十四卷·民国十一年石印本）中记载：“婚娶，旧称略礼文而多赘，亦自土田污莱时云然，今仿六礼遗意。定聘，先使媒往来通问，乃具财币或羊酒往订庚帖，曰‘拜允’。女家亦或致冠履、品物于婿，曰‘回庚’。将娶，先岁之冬，致币帛、衣饰、果盒之类于女，曰‘送节’。女家回婿，如回庚仪。请期用财币。阅时，复具财物、布帛、果盒，曰‘过礼’。先亲迎期，具簪珥、衣饰、羊、豕、鱼、酒、果盒，曰‘催妆’，俗名‘上头’。女家回婿冠履、品物，并备奁具，遣使张陈婿室。”[①] 据《房县志》（十二卷·清同治四年刻本）中记载：“新人拜堂毕，交锁钥、投筒，亦如迎亲者之礼。主人设华筵于彩棚下，酒数巡，主人肃揖请辫，则两家三党之亲以次离席入内堂，新人并立行四拜礼，受之者或鬓插花钗，或纸封银钱，谓之‘拜见仪’。出，则主人又揖谢之，

① 《天门县志》（二十四卷·民国十一年石印本）.

仍入席。虽水陆盛陈觥筹交错，而客不执壶，不下箸，故俗有‘饱斋饿筵席’之谣……次早，新妇备茶果于堂，拜翁姑，陈袜履，及伯叔婶姆。第三日，婿率新妇具仪物诣女家拜其父母，谓之‘回门’，又拜媒妁谢之，又请女父母与媒妁飧盒，而后毕焉。”[①] 而《枣阳县志》（三十卷·清同治四年刻本）中亦记载：“婚礼，不论财，以名柬为定，女家答柬如之。将娶，卜吉期先报女家临期，具衣饰、礼物纳币，厚薄称家。媒导婿亲迎，行奠雁礼。女家款燕毕，婿先归俟女至，相偕登堂拜神毕偕入洞房，设花烛并坐饮茶。及夕，合卺于室。至明，妇拜见舅姑，出所制枕履为质，次遍拜亲善。三日后，女家遣人看问，谓之‘送油’。九日或半月，或一月婿偕妇归省，谓之‘回门’。择日，具名柬延请妇之亲属，谓之‘饮过门酒’。”[②]

汉水襄阳地区婚嫁食礼在迎亲环节中颇有讲究。在迎亲的前天晚上男方会请人布置新床。通常被请者会在床的四角放上枣子、花生、喜糖，被子四角各放一节带芽的莲藕等一些富含寓意的物品。过去有的地方为了增加热闹气氛，讨新郎的红包，铺床还有喊彩：“铺床铺床恭喜新郎，两头一逞（襄阳土音念 Cheng），添个娃子像石磙；两头一按，得个娃子像肉蛋。”迎亲民间也叫“过期”。迎娶之日，新郎会带两条红尾鲤鱼、两块肉（俗称“礼吊子”）；另外，新郎为了讨好岳父，还会带去两瓶酒、两袋粉丝。新郎把新娘迎娶回家后，先请新娘家人上座。给他们端上准备好的果盘、茶水。当然为了增加热闹气氛，有时候会煮四个红鸡蛋在新娘脸上滚，俗称“滚脸蛋”。在筵席礼节上娘家送亲的必坐首席、上席，吃完酒席一般当即回家。此外，当地还有婚后拜茶的习俗。据《襄阳县志》中记载：“婚后次日清晨新娘给尊辈端茶，即一人一杯糖泡花生米，再加两个近似月饼的点心。每个饮茶者均赏给茶钱。”[③]

新婚之喜，大宴宾客是汉族民间婚俗中的一个重要传统，俗称“喜宴”，赴喜宴又称之“吃喜酒”。汉族喜宴不仅讲究排场，还特别讲究席名的编排和菜名的寓意，一般有“双喜、四全、婚八扣”之说，即要求肴馔成双成对，有全鸡、全鸭、全鹅、全鱼，逢四扣八。全席菜点凑够二十道，谓之十全十美。上菜的顺

① 《房县志》（十二卷·清同治四年刻本）.

② 《枣阳县志》（三十卷·清同治四年刻本）.

③ 襄阳县地方志编写委员会 . 襄阳县志［M］. 武汉：湖北人民出版社，1989：651.

序颇为讲究：一花摆，“龙凤呈祥”道明了筵席的目的；四双拼，烤肉卤肚、炙骨白鸡、哲皮彩蛋、胗山油虾，用以烘托喜庆的气氛；四只带彩的热炒，激发众宾的酒兴；六大菜，既把喜宴推向高潮，又把众宾的美好祝愿借菜托出；再上一道甜汤，寓意新婚夫妇婚后甜甜蜜蜜；最后一道咸汤，既合众人口味，又寓意皆大欢喜。整个喜宴通过美味佳肴来表达喜庆和良好的祝福。而汉水流域婚嫁食礼，当下演绎的几个习俗值得一提。汉水流域大多区域有订婚之日要吃“龙凤面”的习俗。举行婚礼那天，各位亲戚行投简礼，按预先安排好的时间请新娘出堂坐在桶上。第二天，男迎女送。在拜堂过后，新娘也行投简礼。主人（指男家）在外面临时搭的彩棚下设宴，饮酒数巡，这时主人恭恭敬敬地请受辑拜的两家亲朋好友依次离席到内堂接受新郎、新娘的拜谢。拜谢后，仍被请入席间劝饮。但这时虽有山珍海味、水陆杂陈，客人也不吃不喝。这种习俗被称为“饱斋饿席”。还有的地方男女双方经介绍认识后，若男方同意，就要摆一桌酒席请女方来访。举行婚礼时，男方要给女家送彩礼，烟、酒、鱼、肉、葱、面等，新婚典礼时，新郎、新娘要交换小礼物，新郎家备几桌“十大碗”酒席款待“上亲”及其他亲朋。

湖北省荆门的“状元席”颇值一观。所说的“状元”，不是指科举时代在京城考取的“状元”，也不是现在高考录取学生尊称的“状元”，是指在封建社会男青年结婚这天吃的一顿“午饭”，称为“陪新郎”或“小登科”“陪状元”，所以叫“状元席”，又叫陪“十弟兄”。男的结婚这天，在农村有的地方称“过期”。“过期”以前长辈都称他“娃子”，别人也这么称呼，“过期”后就成“大人”了，即使是年幼无知，也要装作一个大人的样子。结婚这天，非常热闹，也很讲究，屋里屋外打扫得干干净净。有钱的家庭要将房屋装饰一新，无钱的家庭也要把新房布置一番，请屠户杀猪，请厨师做酒席，请喇叭迎客，请茶水师傅烧茶，门上贴大红的双喜字和婚联，显出一派喜气洋洋的气氛。席前，新郎要剃光头、刮胡须，戴上镶有红顶珠的瓜皮帽子，穿上新缝制的长袍长衫，脚穿新鞋袜，向祖宗行“八大礼”。下午两点左右在堂屋正中间，摆上一张八仙桌，四条板凳，礼宾先生把新郎请在桌旁正中坐着，装新的（帮新郎料理穿戴事务）两人分坐左右，接着将亲兄弟、叔伯兄弟、表兄弟等请来陪席，一般以未婚为好。上首、下首各坐三人，两旁各坐两人，恰好十人，叫陪“十弟兄”。喝酒很有讲究，问新郎是喝“一年”（即十二杯），还是喝一个月（即三十杯）。这天新郎为大，亲朋好友都来敬酒。当菜端到四、八、十碗时，喇叭师傅要来吹大号，以示祝贺，第三次来时新郎要拿出“封子”，就是给喜钱；厨师也忙着送来“腰花汤”，新郎也要给“赏钱”。喝酒时，还要“出令”，就是“吟诗作对”，不会说的人就要被罚喝酒。这天，族长或老师要给新郎取上号名，俗称“大号”。把号名写在一个精致的木匣上，两旁写对联一副，到了晚上“升号”，挂匮由能说会道的人抱匮，沿梯而上，升号人唱赞歌如：“上一步，荣华富贵，上二步，金玉满堂，上三步，三元及第，上四步，四海名扬……”将号匾挂在堂屋墙上，然后顺梯赞唱而下，折腾一天，半夜方告结束。

三、汉水寿庆食礼

寿诞宴饮是人们庆贺生日时举行的一种活动。寿宴因年龄的不同而有所差别。儿童、青少年叫“过生日”，有庆贺健康成长的意义；年长的老人叫“寿筵”，有祝福健康长寿之意。过生日对青少年来说是件高兴的事。这种礼俗虽然每年都有，也不是人生最重要的礼仪，但它却清晰地记录着青少年成长的脚步。每到此时，他们穿戴一新，憧憬着美好的未来。世族大家给小孩过生日时，一般要大宴宾客，接受亲友的贺礼，场面宏大。庶民家给小孩过生日时，中午要吃面条，称为喝“长命汤”；忌吃米汤、黏粥，认为吃了要糊涂一年。寿筵一般在五十岁以上才开始举行，甚至还晚些。各地风俗不同，并无统一的标准。有的地方的老人只要添了孙辈，留了胡子就可以庆寿。但一般是年龄越大寿筵的场面越隆重，尤其是整数之寿。“人生七十古来稀”，在过去，能活到七十岁以上，便是高寿，所以这个寿筵的规模极其宏大。寿筵上除了山珍海味之外，面条是必不可少的，称之为“长寿面”。面条又细又长，生日食之，取其长寿之意，这一风俗至今我国许多地区还在流行。赴寿筵时，贺寿的宾客要携带寿礼，如寿桃、寿糕、寿面、寿屏、寿联等。

古代称帝王的生辰为“千秋节”或“万寿节”。帝王的生日纪念活动始于隋高祖。据史书记载，仁寿二年（602 年），杨坚下诏说：“六月十三日是朕生日，宜令海内为武元皇帝、元明皇后断屠。”他以不准宰牲来纪念父母的生育之恩。唐太宗过生日，曾在庆善宫赋诗赐宴。当时还没有举行庆贺祝寿的典礼。唐玄宗时，宰相率群臣上表称贺道：“圣人出则日月记其初，王泽深则风俗传其后。”“诞圣之辰，焉可不以为嘉节乎！”于是从开元十七年起，唐玄宗把他的生日（八月五日）称为“千秋节”。每年秋天，他都大宴百官于兴庆宫的花萼楼，接受百官朝贺，并下令全国各州郡饮酒宴乐，休假三日。五代以后，历代帝王的生日庆贺活动越办规模越大。《梦粱录·宰执亲王南班百官入内上寿赐宴》中记载了南宋皇帝一次寿筵的全过程：教坊司仿百鸟齐鸣，皇亲国戚、文武百官进宫入席。观察使以上官员及外国使臣坐于紫震殿，其他官员坐两廊。每人席面置果子、油饼、撒子、枣塔，葱、蒜、韭、醋等味碟，鸡、鸭、猪、兔等熟肉，三五人共饮一桶酒。乐队奏乐后，百官依次行酒，向皇帝祝寿。宴饮时，酒馔随穿插进行的各种游艺戏嬉节目依次上桌，即饮第一、二盏酒时，唱歌、奏乐、献舞、颂祝词；饮第三盏酒时，演杂技，给皇帝进御膳，然后给拜臣安排下酒肉、咸豆豉、爆肉、双下驼峰角子四道菜；饮第四盏酒时，演杂剧，上炙子骨头、索粉、白肉、胡饼；饮第五盏酒时，琵琶独奏、杂剧，上菜群仙炙、天花饼、缕肉羹、莲花肉饼、干饭；饮第六盏酒时，蹴球表演，上鼋鱼、蜜浮酥捺花；饮第七盏酒时，七宝筝独奏、杂剧，上排炊羊、胡饼、炙金肠；饮第八盏酒时，唱歌、旋舞，上假鲨鱼、独下馒头、肚羹；饮第九盏酒时，相扑表演，上水饭等。宴饮结束，群臣谢恩退下。这一皇帝寿筵，参加宴饮者多达数百人，再加上演员、厨师及各种役人，大概数千人，可谓达到了穷奢极侈的地步。清代皇帝的生日称“万寿节”，皇后、皇太子的生日称“千秋节”，皇太后生日称“圣寿节”。每逢节日，群臣都要上朝庆贺，贡献寿品，仪式与元旦、冬至朝会大致相仿。并规定禁止屠牲，前后数日不理刑名，文武百官按制穿蟒袍补服，故又称穿“花衣期”。康熙五十二年（1713年）三月十八是皇帝六十大寿，按例举行大朝贺。节前一天，康熙帝从西郊畅春园返回紫禁城。沿途几十里的路上，陈列大驾卤簿，张灯结彩，竞献百戏，以至搭龙棚、戏台二十余座。康熙帝颁诏赐臣民百姓酒果数千席。由于未采取戒严措施，百姓均可自由游览，皇帝回京时，百姓遇之皆跪拜两旁，均可一睹龙颜。光绪二十年（1894年）十月十日是慈禧太后六十大寿，清廷照例举行隆重的大朝贺典礼活动。为了筹办这次庆典，清廷早在两年前就着手进行准备工作。为此，光绪十八年十二月发布上谕：“甲午年，欣逢（慈禧太后）花甲昌期，寿宇宏开，朕当率天下臣民同欢。所有应备仪文典礼，必应专派大臣敬谨办理，以昭慎重。”为此，特派礼亲王世铎，庆郡王奕劻，大学士额勒和布、张之万，户部尚书熙敬，礼部尚书李鸿藻，兵部尚书许庚身，工部尚书孙家鼐等人总办庆典。届时皇帝、皇后、文武百官及外国使节至太极殿行礼，亲进贺表。其间，在慈禧的徽号上又加封了“崇熙”二字，至此，那拉氏的徽号即为“慈禧瑞佑康颐昭豫庄诚寿恭钦献崇熙皇太后”，徽号竟长达十六个字，创古代帝后徽号之冠。其间，慈禧大宴群臣，连续演戏三天。这次庆典所挥霍的白银高达近千万两，相当于清廷全年财政收入的六分之一。由此可见，皇室的奢侈挥霍已达到惊人的程度。

汉水流域的寿庆，即过生日，一般人的一生的几个重要节点会做寿庆。出生、一周岁、十二周岁、十八周岁、三十六周岁及六十周岁以后均可宴请亲朋好友做寿，节点多半在本命年，六十周岁以后每年均可做寿。

在汉水上游的陕南商洛，寿诞习俗文化较浓。丹凤县俗从五十岁开始过“大寿”，其他各县、市则给六十岁以上的人祝“大寿”。生日前夕，女儿给父母送长面，意兆长寿。生日这天，出嫁女儿赶回娘家，子女为父母祝寿，礼品有寿桃、桃状蒸馍、寿酒、果品、衣料等。亲朋好友多送寿联、寿幛，近年流行送寿糕，燃寿烛，唱生日歌。旧时，地方豪绅以祝寿为名，索取财礼，广发寿财，乡民称为“打秋风”。商南县祝寿则将寿礼在生日前一天送去，并陪着吃顿长寿面，谓之暖寿。其寿礼是寿馍（20个）、挂面、糕点、牛羊猪肉、鸡蛋、糖酒中的4样或6样，但不能送钱，认为送钱不吉利。其实陕南寿诞食俗更多地体现在人生各个节点的饮酒习俗上。一是汤酒，又叫出生酒。“汤酒”一般打十朝或做满月时举行。婴儿出生十天或满月之后，娘家亲友和男方亲友要来送礼祝贺，称之“送汤”。主家要摆几席酒宴款待，俗称“喝汤酒”，也叫“十朝酒”或“满月酒”。一般家庭打了“十朝”就不做“满月”了，二者只办一场；有钱人家，既打“十朝”，又做“满月”。二是周岁酒。孩子满周岁的那天，娘、婆两家的亲友要来为孩子贺岁。家人要举办“抓周”仪式，称为“抓岁岁”，以预测孩子的智商和前途，并要设酒席招待宾客，谓之“周岁酒”。三是十二岁酒。陕南民间习俗认为，孩子长到十二岁，已由童年进入少年，魂已全了，神鬼不敢来侵犯，所以十分重视十二岁生日，亲友要来祝贺。寄魂在庙的孩子要还愿“赎身”；戴项圈和长命锁的要拈香设祭，斩断项圈和开锁；拴红绳的也要剪断红绳。主家要置酒席款待宾客，称喝“十二岁酒”。四是三十六岁酒。陕南民间习俗十分重视三十六岁生日，按十二甲子计算，三十六岁无论什么属相，都是“本命年”，当地俗谚：“人人有个三十六，没有喜来只有忧。”认为三十六是个“铁门坎”，需要化解灾难。

父母和亲朋都要为其庆贺，燃放鞭炮，热闹一番，以冲走“晦气”，要设酒宴款待宾客，称为喝“三十六岁酒”或“冲喜酒”。五是贺寿酒。人老了，重生日纪念。陕南人很讲孝道，素有为老年人“做寿”的传统习俗，但民间习俗有规矩，无论男女，不论年岁多大、地位多高，有“三不做寿”，即父母在世不做寿，孝服在身不做寿，未满花甲不做寿。一般是六十、七十、八十、九十、百岁大寿都要“祝寿”，祝老人长寿。要办“祝寿宴”，要饮“祝寿酒”。襄阳地区庆祝生辰，俗称“过生”或“做生”。儿童生日吃长寿面，穿新衣，长辈赠送玩具、文具或吃食。老人五十岁、六十岁、七十岁生日较为隆重，多由晚辈操持，亲友祝贺，送寿联、寿匾或其他礼物，主人置酒款待。

郧阳地区寿诞食礼很有特色。郧阳人自古至今都相信人生在世有许多关键年岁，为使关键年岁顺利度过“关口”，就烧香拜佛、修桥补路、扶弱助残、积德行善，祈求神灵保佑和换得称赞，并以之祈求延长寿命。多做好事，心态平和，注意饮食，适当锻炼，可为今郧阳人祈求延年益寿的秘诀。

郧阳人追求养生求寿。郧阳人养生求寿的方法很多，禁忌也不少。其中，绝大部分的养生方法和禁忌，是有一定科学道理的。“饭后百步走，能活九十九”是郧阳人健身求寿的表现之一。郧阳人求寿的方法较多：戴长命锁，穿百家衣，吃百家饭，做寿木（棺材）、寿衣；一岁抓周，十八岁成人宣誓，六十、七十、八十、九十岁祝贺生日，都可算求寿。寿段又分上、中、下，即上寿百岁，中寿八十，下寿六十。一百岁上寿最隆重，郧阳人活百岁的也不少。百岁老人历经一个世纪，本家、亲戚、朋友都亲临祝贺，国家特颁发绿色身份证，每月还补助护理费。郧阳人求寿的途径广泛，诸如，常行善积德，不做亏心事儿，不欺老瞒少，不破坏别人婚姻家庭，不扯淡话，不戳事弄非，不打骂父母和长辈（谁若打骂就是欺天，犯弥天大罪），不设圈套刁唆（唆使）不懂事的小娃子做坏事（否则，就是缺德和丧德，丧德短阳寿）。不能吃得太饱，也不能饿饭；饭后锻炼，不剧烈运动；房事不能太繁，否则伤精骨，走路发晕，缩短寿命；心情畅快，少烦恼等更是求长寿的秘诀。相传从前，有三个老人都活了近百岁时，别人请教长寿秘诀，一个说“饭后百步走，我活到九十九”，一个说“老婆儿长得丑，我活到九十九”，一个说“天塌不忧愁，我活到九十九”。“世上少沾花儿和酒，人间遍是不老仙”“笑口常开”“笑一笑，十年少”可算是郧阳人和整个中华民族共享的长寿秘诀。

郧阳只要家中有老人，儿女们在主持盖房或买新房和过年时，多数要买幅寿星老画挂中堂，房前屋后栽常青树等，城镇居室栽仙人掌、仙人球、仙人柱、仙人丝等。老人患重病，儿女们请木匠为其做寿木，若已做寿木没上漆，就漆一漆或请人缝寿衣；有的儿子不到婚龄或婚期就成亲冲灾，祈求老者病情好转、痊愈，再活个十年、二十年。“家中有个老，胜过百个宝”“父母长寿，儿孙不老”“父母在自己永远是小娃子”。古人把孝敬父母归纳为“尊亲、弗辱、能养”三个层次。尊亲，即物质赡养，精神安慰，让父母顺心、愉快高兴地生活；弗辱，即行为不使父母感到屈辱，不让父母难堪，不给父母丢脸；能养，即让父母得到衣食温饱，保证基本生活，活得有尊严，以利父母身体健康。科学研究证明：儿女的寿限是父母寿限的平均数，父母寿限的长短，决定儿孙寿限的长短。尊敬父母，照顾父母，延长父母寿命，实际是在为自己求寿。看似滑稽，实有科学道理，社会上存在的“老幼倒球挂”现象，也正在恢复成“先尊老，后爱幼”。

郧阳人进食讲究细嚼慢咽。郧阳人常说：“脾气大大儿的，吃饭慢慢儿的，说话松松儿的，少出猛气力，能活一百几。”这当属养生之道之一。性情莫急是说人的性格要适中，这是由记载孔子语言的经典《论语》传下来的：“不偏不倚、不痴不狂、无求无欲、怨而不怒、哀而不伤，适可而止。”为人处世不能急躁也不能拖沓，更不能阴毒，要恰到好处，当动则动，可动才动，适可而止，不得妄动，当属郧阳人性格修养高层次追求。性情属精神生活，精神欲望不能太强，更不能想入非非，点滴计较。若挖空心思地去追，无空不钻地去求，就活得太累。思久伤脾，虑多伤肺，火足伤肝，气多伤身，狂喜犯癫，悲极愁多，都对身体有害。俗话说“心宽体胖”，但也不能火烧眉毛不摸，火烧脚后跟不趔（挪开），油瓶倒了不抽（扶）。凡事要适中适度，温情滋润，自信不自狂，自谦不自卑，有益于身心健康。休息娱乐、睡觉也是如此：“斗地主”（打扑克），搓麻将，下象棋，唱歌跳舞，斗鸡遛狗，抓蛐蛐都不能玩个三天三夜，也不能稍事休息再接着干。否则，自己伤身、家人操心，邻居烦心。睡觉也得看时候、讲时间，身体强壮的人若睡个三天三夜，没病也会弄得头昏脑涨、神志不清。更不能贪色，乱交乱淫，夫妻秘事不能过多，爽口美酒也不能每顿都喝，色是刮骨钢刀，酒是穿肠毒药。

郧阳民间有“上床的萝卜，下床的姜”的说法。郧阳人相信“早不能虚”的古训，早上要多少吃点东西。每日三餐，定时定量吃，也是多数郧阳人的吃喝讲究之一。这种讲究是让人的生物钟规律与营养供应一致，以免生理机能紊乱。比如，“喝了卯时酒，一直醉到酉”，一天都糊里糊涂的或浑身乏力，干活没劲。“上床的萝卜，下床的姜”当属好习惯：早上吃姜，晚上休息之前吃一截萝卜，有利健康。酒肉不能每天当饭吃。肉吃多了，脂肪太多，易患高血压、高血脂、高血糖病症；酒喝多了，整天兴奋而迷糊，成为亚健康人，有些人嗜酒如命，却被酒夺去了性命。饮食不能狼吞虎咽。吃快饭，伤食道；喝猛酒，伤神。郧阳虽有“儿娃子吃饭三扒拉两咽，女娃子吃饭细嚼细咽”“吃饭看做活”之说，但还是吃慢点为好，也不能天天都吃到最后，连洗碗都跟不上。饭吃七分欠三分最佳，死吃活塞，顿顿吃得跟十八罗汉似的，那是“饭桶”。饭吃多了糙在心，影响智力发展。俗语说：“十个胖子五个懵，还有两个有点昏。”可算是民间对饮食的经典概括。

呼噜包吃冰棍，出不上来气——食物禁忌。郧阳人认为发物是容易引发已治愈或季节性疾病，或使某些疾病加重的食物。牙痛少吃酸的和辣的，肚子痛莫吃甜的，呼噜包（哮喘）莫吃凉的，大病初愈不大补。甜馥子酒、猪吹蹄、猪头和鱼、鳖、狗肉、动物内脏，还有黄豆芽金针（黄花菜）、香椿芽、辣椒、大蒜等都是发物。有人说吃哪儿补哪儿，这不可全信。姑娘忌吃香子（香獐）肉，儿娃子忌吃虻牛（蜗牛）肉。若吃了，就不利发育，有害生育。生疮长疮，忌吃热性之物；寒性病忌吃苦寒之物。酸伤脾，苦伤肺，辛伤肝，咸伤心，甘伤肾。辛辣之物少吃为妙，“葱辣鼻子，蒜辣心，辣子辣到脚后跟”。萝卜、白菜多吃无碍，有“萝卜进了城，大夫关了门”的俗语。

郧阳素有“春捂秋冻”的习俗。春天到了，昼间暖融融，晚上冷飕飕。白天还应以厚衣捂住身体为妙，夜间被褥也不能过早减少。立秋后，虽然还有“二十四个秋老虎”，但是，毕竟到了“早上立秋，晚上凉飕飕”的季节。适时冻一下，让身体从夏热顺利过渡到秋凉，以提高人体对气候的适应性和抗寒能力，再辅以适当的锻炼，激发肌体对寒冷环境的适应能力。不管是春捂还是秋冻，都要注意不要让肚脐、后背、腰窝三个要害之处受凉。

郧阳中医文化历史悠久。《史记·三皇本纪》中所记载：“神农……始尝百草，始有医药。”殷商卜辞所载针灸、艾灸、按摩和药物治疗疾病的史实，都与郧阳最早的中医所传承的偏方治病医术相似。郧阳是人类的发祥地之一，自古至今传有不少古代治疗疾病的药方，俗称偏方或单方。有“单方治大病”的俗语。

诸如，抹子油治烫伤，刮丝瓜皮或自嚼绿根儿草敷伤口止血，喝蜜糖、醋可使喉卡鱼刺下咽或吐出，熬葱姜汤喝可治感冒，用葱姜爆灯火、瓷花子撇可治高烧，用土墙蛛蛛包熬水喝可治蛾子（腮腺炎）掐人中可治昏厥，醋泡大蒜泡脚、茄子根和盐煮汤洗脚可治脚气，醋熬花椒抹患处可治癣，花椒泡酒喝可治打嗝，用红薯地里二道豌豆秧熬水洗澡可治风湿疙瘩，常吃苦瓜可治白内障，将蛆洗净炕干舂碎和饭吃可治身虚干瘦，嚼生萝卜条可治牙痛，樱桃泡酒、麻雀肉捣成泥可治冻疮，用有籽草（野谷草）穿瘊子，何首乌泡水洗头或当茶喝可预防过早白发等。有些单方未见临床和医学经典记载，为求健康，有病请医生早治疗为妥，哑治（不懂蛮干），弄不好，就错过了最佳的治疗时机。

寿关寿称讲究多。郧阳人所称的寿关寿称与他处基本相同，只是极少数口头说法不同。例如，岁数大了多说七老八十、百儿八十岁了，而不称“米寿茶寿”等。

明九不算九，暗九使人愁——寿关。寿即人寿，人寿即人活的岁数，关即关口，寿关即人生道路上的关隘险境。人生道路不会一马平川，总有坎坷曲折。郧阳把人生易出灾祸的岁数归结为明九和暗九。但“明九不算九，暗九使人愁”。明九有九、十九、二十九、三十九、四十九直到九十九岁；暗九有二九（十八）、三九（二十七）、四九（三十六）、五九（四十五），直到八十一（九九）岁后，才不怕九。明九不算九，但明九当年不说“九”而只说整数。例如，把四十九岁说成五十岁等。以为最严酷的暗九是三十六岁、七十三岁、八十四岁：“人人有个三十六，喜的喜来愁的愁。”喜则大红大紫，好事多多；愁则苍白漆黑，祸事不断；平平淡淡，祸福相抵的较少。“七十三、八十四，阎王不叫自己去。”七十三的谐音是“气”“死”“散”。气，呕气，短寿；“死”，离开人间；“散”是“离散”，都不吉利。八十四更为可怕：“八”与“罢”，“十”与“死”均是谐音，“四”是“死”的同音，“罢”是“完了”，多数人相信这关口难闯。所以，郧阳人多在大关之年，大宴宾客，以“破关”延寿的习俗历久不衰。

三十而立，百岁寿星——寿称。寿称，即寿诞的美称，实际也是一种祈求长寿的方式。其他地方与郧阳的寿称基本一致。郧阳青少年的年岁一般不叫寿称，多从三十岁算起，有“人过三十无少年”的俗语，也有从三十六岁算起的，有“过了三十六，死了不算短阳寿”的说法。人的寿辰十年为一个寿段。诸如，三十而立，四十不惑，五十知天命，六十岁耳顺（花甲），七十古稀，八十耄耋，九十期颐，百岁以后都称寿星。人过三十不学艺，当成家立业；四十岁已长腰牙牙儿（腰杆子已变硬），做事已有主张，不再只听他人摆布，过糊涂日子了；五十岁世道已清，知道天明天黑，适时而为了；六十岁经历一个“大甲子”（甲子插花相配，错综复杂，故俗称花甲子。小甲子十二年，大甲子六十年），即经历了天地宇宙的一个完整运动周期，人世间的寒暑冷暖、甜酸苦辣、喧嚣静谧，都司空见惯了，故俗称耳顺之年，能明察秋毫，分辨是非了，为人处世已达圆熟水平。至于七十不留宿、八十不留饭，用郧阳人的话说，那是“到了该享清福的时候了”。

寿礼寿品丰富多样。郧阳的寿礼寿品较为复杂，凡是重要生日，各亲戚朋友只要不是有特殊事情或住得太远，就要带上寿品或寿金，前往恭贺。寿者为尊，晚辈行礼——寿礼。郧阳人把从抓周到过最后一个生日都称过生儿，逢“九”特别是“暗九”生日，一般要做生儿（行寿礼，即祝寿），除非是在血雨腥风的战争年代，或是穷得连锅都揭不开的特困户。做生儿，男女有别，有“男过虚（虚岁），女过实（足岁）”“瞒爹不瞒妈”的习惯。十本足数，是为了纪念母亲“十月怀胎”。不能有一点虚情假意对待母亲。这看似矛盾，其实都是为了尊敬父母。古代，城乡多在家中设寿堂，正面墙上挂一笔大红“寿”字，书香门第还在“寿”字两边配寿图和寿联。在寿案上点燃寿香或红蜡烛（红蜡烛是吸收的域外习俗）。寿堂里一次摆几桌酒席，要看房屋宽窄，不管摆几席，都是热闹喜庆。

寿者坐“寿”字下，至亲多向寿者行两揖三叩之礼，寿者多谦让。叩礼者多是晚辈。古代，儿子媳妇、女儿女婿、里孙儿外孙儿，都行跪拜礼，并齐声呼吉祥长寿祝词；平辈贺寿只作一揖，寿者旋即站起，扶贺者手，请贺者免礼；孙娃儿们叩头，要打发（分发）喜钱。现在，贺寿者跪拜的少，寿烛寿香放香盘内，一岁一烛一香，实际则是六十岁香烛点六十二支，七十岁香烛点七十二支，意为增烛增香又增寿。现在，城镇祝寿一般在宾馆或酒店举行，礼比古代简单，给寿者敬寿酒寿面少不了。有的还特制寿卡，在寿卡中记录寿者的主要经历和对家族及社会的贡献，祝寿增添了新元素，文化韵味较古代清新而浓厚。

面条长缘，寿糕高寿——寿品。相传过生日擀面条、吃寿面的习俗，始于汉初，君臣讨论人中与寿命长短的关系：汉武帝相信人中长，寿命就长，短的寿命就短。皇帝结论传开后，善良的人们把面条长、人中长与寿命长联系到一起。郧阳人更相信面条是“长缘”的象征，长缘（长寿）才能长久有缘分。故而，部分郧阳人多送长长的“挂面”，外加一个礼包。所送挂面不是今天的机器面，而是用木架子漏出的面条，俗称挂面。漏挂面有点像今天漏红薯粉条，不同的是漏粉条是将漏瓢端在手上，而漏挂面则是将面团放在高高的木架上。较有名儿的要数“青龙泉挂面”。一根挂面条差不多有斤把重，两根一束，双数吉利，送八根，以示“发发发”，寿面延长，寿运绵长。因会制作挂面的少，多数人用纸叠的一个形似白砂糖纸包，里面象征性地装几片果子（用面做的饼干），用手巾娃儿（手帕）包住，提在手上，前去做生日祝寿。故而传有“贴钱的生日，赚钱的粥米”的俗语。今天，亲朋好友多送寿金，且装寿金的红纸包上印有大“寿”字。送金银首饰，则多为夫妻互赠或子女敬赠。送寿金方便，寿者缺啥买啥，想买啥买啥。寿金不必送得太多，一两百元表一表心意就可以了。子女们还另加一个生日蛋糕，要是子女多，姊妹们商量着买一个就行了。

一切准备就绪，开始摆寿席，上寿菜。寿菜的名目、数量也有规矩，寿桌上保持九个菜，一次上九个或十八个菜，禁忌十个。因为十个菜是办丧事。要是下馆子，则寿桃、三仙、六合丸子不能少，以求吉祥。寿桃、寿糕也在寿菜之列。寿桃由鲜桃演变而来。很久以前，郧阳就有“桃饱人杏伤人，李子树下抬死人”的俗语。桃子是人类喜欢的果实，并演化出许多辟邪镇妖、延年益寿的故事。时至今日，郧阳仍传有桃都山桃木惩恶鬼和鬼谷子赠野桃于孙膑母亲的故事，仍把听不到鸡叫狗咬的孤山背（野）洼的野桃树、野桃核作为镇妖压邪的神物。

夏有夏桃，秋有秋桃，贺寿可多少送点鲜桃。深秋和冬季，就用麦面做成下圆上尖，用红纸泡水染尖的蒸馍做寿桃。有的还包豆沙、红枣等馅。寿桃一般送九枚。“九”音同“久”，祝长寿；也有送八枚的，一枚代替一百岁，象征彭祖活八百岁；还有的按实岁多做两枚，年岁越高，寿桃做得越小，不然等比叠起，寿桌上摆不下。寿桃摆齐，上插大红“寿”字，祝愿寿者寿更高，福气更多。

礼毕，点燃蜡烛，寿者一口气吹灭后，即开席，先吃寿糕。寿糕今日多称生日蛋糕。“糕”与“高”同音，喻高寿。20世纪80年代起，郧阳开始盛行送生日蛋糕祝寿。蛋糕一般由蛋糕店做：两块相叠成圆盘状，下大上小，上投彩色奶油，粉红色象征寿者面色红润，象征生命的绿叶状花纹不能少。用奶油走笔成“八仙”或“寿星”或“寿”或“王母”等字。给长者贺寿，一般由孙子辈切生日蛋糕，再用蛋糕奶油把寿者搪个大花脸，更显吉祥。吃毕寿糕，开始喝寿酒，先敬寿者，讲究“点酒表心意”。

“祝酒”同“祝久”，祝愿寿者“久久长寿”，不会下蛮（强迫）寿者喝。寿者年岁大，担不了酒。礼毕，客人贺寿者，寿者陪客人，热闹非凡，喜乐无比。酒过三巡，开始上寿面。客人不会喝酒，寿者不怪（不多意，不介意），若不吃寿面，则多少有点不乐意。寿面上席，与寿者同席的祝寿者，要把自己碗里的先给寿者抄两根添到碗里，以示添寿。若未敬寿者，自己就动筷，别人嘴上不说，心中犯嘀咕：不懂规矩。寿者和宾客们都吃着热腾腾的面条，味道相同，心态都为一个“寿”字：寿者求长寿，宾客祝长寿。

寿联与对联的款式一样，讲究对仗、平仄、押韵。郧阳人贺寿送寿联的较少。寿联分为自寿联和贺寿联。自寿联内容多自嘲诙谐，总结往日，感慨人生，抒发情怀，突出个性。文人求雅致，百姓讲实在。有位农民在三十岁生日时，自创寿联一副，上联“家无经典苦耕作”，下联“胸无点墨度春秋”，横批“而立而立”。贺寿联恭维客套话较多，常见的男寿联为“寿比南山不老松，福如东海长流水”；女寿联为“高寿再添仙鹤算，华堂常摆蟠桃宴”；八十岁男寿联为“百岁能预期二十载后如今健，群芳齐上寿十年前已到古稀”；八十岁女寿联为“寿八十九旬伊始，福九五九畴乃全”。夫妻同庚则互赠“松柏寿考岁月绿，瑶池益算春秋寿”或“彭祖享寿八百岁，仙姑寿延一千年”等。还有个别为寿者送寿屏、寿幛或寿字、寿图的。寿屏一般分称贺、颂语和落款三部分。颂语横行写，其他竖行写。如，某人的岳父七十岁寿辰时，妻弟正巧结婚，于是赠岳父寿屏贺称语为：“尊岳丈 ××× 大人七旬荣庆暨今令郎结婚志喜”；称贺语竖写，“福如东海”的颂语横写，“愚婿 ××× 拜贺 × 年 × 月 × 日”落款竖写。如今，郧阳的传统生日又融入一些新元素，比如，儿女们工作忙，父母的生日若正好赶在公历一月、五月、十月的，安排到节日假期之间举行。生日巧遇假期更好，不在假期，提前几天也行。因为，郧阳人过生日有“迎前不错（拖）后”的习俗。郧阳根深蒂固的寿辰故事和习俗虽古今不同，但从出生后第一个生日到临终前最后一个生日，客主共同传播珍惜生命的真诚情感和追求人生价值的完美实现，却古今一脉。

而在孝感“做生”祝寿，又叫“做生”。人过六十岁后，每逢十如七十、八十、九十等均可做生祝寿。有的地方提前一年做望生，俗话说：“做九不做十。”祝寿以衣物、鞋帽、寿饼、寿面、酒肉做礼物，还有的则以寿幛、寿联、匾额、饰品做寿礼。生日前夕，子孙焚香放鞭炮，邻里老幼欢聚一堂，主人不论受礼与否，都要热情招待，名曰“闹生”。第二天生日正日，列寿礼、悬寿幛、持寿联、换新装、焚香烛，老寿星坐中堂，接受子孙亲友叩拜，接着设宴款待。现在这一习俗，虽然叩拜程序从略，但祝寿“做生”，或者做四十岁生、五十岁生已悄然兴起，其贺礼一般为金钱所取代。

四、汉水丧葬食礼

丧葬是人生礼仪的最后一个环节，也是最后一项“脱离仪式”。《礼记·曲礼下》中记载有：“居丧未葬，读丧礼。既葬，读祭礼。”孔颖达疏：“丧礼，谓朝夕奠下室，朔望奠殡宫，及葬等礼也。”说明丧葬礼节不仅繁多而且从古至今都受到人们的重视。汉水丧葬食礼蕴含在丧葬送终、报丧、入殓、吊唁、出殡、守孝等仪式中。在汉水流域的襄阳地区，家中老人临终前，其亲属子女日夜在其床前守候，称作“送终”。老人咽气后，亲属为了让死者在阴间路上顺利通过，则会在床头点一些火纸，俗称“落气纸”。纸烧完后进行小殓，即由亲属或专人为亡者洗浴、更衣。小殓完毕，家中孝男孝女跪请家中长辈主持丧事。然后通知亲朋好友前来吊唁。棺木定做好后，里面按照死者生前床上的布置，铺上被套、床单、枕头（下面放七块瓦），然后放置死者。将死者放进棺木后往往还会放十张面饼进去，死者一手拿四张、一手拿三张、嘴里含三张，此饼当地人称其为“打狗饼”。所有事宜完毕，盖棺木，布置灵堂。棺木放于整个灵堂中央，用长凳架起，下放一长明灯。正前方放供桌，供桌两边各摆放五个大圆馒头，俗称“贡馇馍”。供桌中间放一空碗，里面搭一双筷子，上面放几根面条，俗称“过桥面”。除此之外，还会放一碗插有筷子的猪肉以及一些祭祀的水果和点心。在接到亡者去世的消息后，亲朋好友陆续前来吊唁。来者一般会带些纸钱、鞭炮、花圈、被面等。但儿媳娘家、外甥这边除了这些常规的祭品还要加一个猪头、四只猪蹄，俗称“猪头祭”。出嫁的女儿那边规格更高一点，要整只猪、羊，俗称“猪羊祭”。如果亡者的配偶仍然健在，猪羊祭里的羊，事后还由女儿、女婿牵回，猪一般会现场杀掉做丧服酒席。根据襄阳当地习俗，死者去世三天后，开始出殡下葬。出殡前，亡者家属要雇请抬夫。“其时，多以孝子登门磕头邀请，而受雇之人多是有请必应，不得推辞。”[①] 抬夫除了送葬外，一般他们还担任挖墓穴、填坟的工作。出殡前，主人会给抬夫每人发一条毛巾、一双鞋，并且在途中休息期间加送香烟。此外，为了补充体力，也为了表示主人对抬夫人的感谢，抬夫筵席的菜品也比其他酒桌丰富且必上一道炖猪蹄，即襄阳当地人说的“马肉”。在襄阳孝子守孝多为三年，在此期间亲人去世后头七、五七、百日，以及三年满孝都会举行较大的祭祀活动。祭祀期间除了烧纸钱、纸人外，祭品少不了贡饷、猪肉、白酒。有的富裕人家也会摆一些点心、水果等其他贡品。

汉水流域地区在亲丧时供“佛饭”亦叫“丧服席”，主要食物有“炸椭面”、条子肉、供飨馍等。其他并无奇特之处，但祭祀食俗文化值得关注。

《楚辞》的大部分作品均为屈原所作。屈原的一生胸怀抱负，却为谗臣所害，以致忍受流放之苦，并于国家破败之时，深感救国无望，愤然抱石投江而终。屈原的一生是悲剧的，却造就了《楚辞》这一不朽的经典。《楚辞》共有《离骚》《九歌》《九章》《渔父》《天问》《九辩》《远游》《招魂》《卜居》《大招》《惜誓》等诸多部分。其中，有关祭祀的内容大多集中在《九歌》《招魂》《大招》中。

《九歌》是在屈原被流放途中所作。在楚国南郢之野，沅湘之间，有着相信鬼神而喜好祭祀的风俗。屈原被放逐到这一地域，他的内心极为忧伤痛苦。他看到当地人民祭祀神灵的礼仪，听到娱乐鬼神的乐曲，发现其中的歌词粗俗鄙陋，于是写下了《九歌》，上表对神灵的尊敬，下寄托自己的冤屈，并借此对君王进行讽谏。另一个与祭祀有关的重要部分是《招魂》。有关《招魂》的作者，大部分人倾向于屈原，也有一小部分人认为是宋玉（相传宋玉为屈原弟子）。关于所招魂魄的身份也有多种说法。据《史记・楚世家》中记载，楚顷襄王三年（前296年），楚怀王在被秦扣留中死去，“秦归其丧于楚，楚人皆怜之，如悲亲戚”[②]。据推测大约在这个时候，屈原写了这篇作品，诗中备陈楚国宫室，以食物之美招楚怀王的亡魂归来。此外，屈原弟子景差为招其师屈原之魂所作《大招》中也有大量关于祭祀饮食的描写。

《九歌》共十一篇，大部分是关于祭祀神灵的描写。作为开篇，《东皇太一》自然有着特殊的意义，自王逸以来，历代注家对东皇太一是天神的说法并无异

① 湖北省志编委会．湖北省志：民俗方言［M］．武汉：湖北人民出版社，1996：203.

②（汉）司马迁．史记：世家卷2［M］．西安：三秦出版社，2008：180.

议，只是对具体是什么神说法不一。但是天神的地位毋庸置疑，因而祭祀的饮食颇具代表性。其辞曰："蕙肴蒸兮兰藉，奠桂酒兮椒浆。""蕙"即"蕙草"，又名"佩兰"，盛产于楚地，具有独特的香味，因而常被用作熏香。此处以蕙草蒸煮祭祀用的肉类，并佐以兰花，提高了该菜品的香味和外形感观。"桂酒椒浆"之说，东汉王逸注为："桂酒，切桂置酒中也；椒浆，以椒置浆中也。"桂酒，顾名思义是将桂花置于酒中以提高其口感。椒浆，这里的"椒"应为花椒，用花椒浸制而成的酒独具风味，在古代多用这样的"椒浆"来祭祀神灵。

《招魂》和《大招》中提供的食单，细致入微，以美食之精妙召唤亡故之人的魂魄以求得心灵的慰藉，既展现了楚人祭祀隆重的风俗，也体现了荆楚饮食文化的风格。《招魂》中，有辞："室家遂宗，食多方些。稻粢穱麦，挐黄梁些。大苦醎酸，辛甘行些。肥牛之腱，臑若芳些。和酸若苦，陈吴羹些。胹鳖炮羔，有柘浆些。鹄酸臇凫，煎鸿鸧些。露鸡臛蠵，厉而不爽些。粔籹蜜饵，有餦餭些。瑶浆蜜勺，实羽觞些。挫糟冻饮，酎清凉些。华酌既陈，有琼浆些。"[①]《大招》中，有辞："五谷六仞，设菰粱只。鼎臑盈望，和致芳只。内鸧鸧鹄，味豺羹只。魂乎归徕！恣所尝只。鲜蠵甘鸡，和楚酪只。醢豚苦狗，脍苴蓴只。吴酸蒿蒌，不沾薄只。魂兮归徕！恣所择只。炙鸹蒸凫，煔鹑陈只。煎鲼臛雀，遽爽存只。魂乎归徕！丽以先只。四酎并孰，不歰嗌只。清馨冻饮，不歠役只。吴醴白蘖，和楚沥只。魂乎归徕！不遽惕只。"[②]

由这两篇描写祭祀饮食的《楚辞》中，可以看出荆楚饮食的精致细腻、面面俱到。第一，楚人除了粥饭，还很重视糕点一类的食物，而且做得较为精致，并把它们列在席上。例如，加了很多麦芽糖的甜面饼和蜜米糕。这可能与南方的磨制技术水平较高有关，磨做得精致了，磨出的面粉就好一些，做出的面食也就精致些。副食上重视野味和水产品。《招魂》《大招》中提到的肉食共二十二种，属于家畜、家禽制成的只有六种（包括牛、羊羔、乳猪、狗各一种，鸡两种），而用野味制成的菜肴有十二种（包括鸿、鸧、鹌鹑、鸹、雀、豺各一种，鹄、凫、

① （汉）刘向．楚辞［M］．上海：上海古籍出版社，2015：265.

② （汉）刘向．楚辞［M］．上海：上海古籍出版社，2015：281.

鸽各两种)、水产品四种(包括鳖、鲼各一种,蠵两种)。可见楚人很重视野味,尤其爱吃野禽。野禽肉瘦,异味少,至今仍有“宁吃飞禽二两,不吃走兽半斤”的食谚。

第二,在口味上,虽说五味并重,但尤重苦味、酸味和辛味,这与楚人的习惯有关。首先,在传统医学看来苦味可以清热解毒,南方天气热,爱吃苦味,本为生活需要,后渐成习惯。苦中又特别重“大苦”,也就是“苦味之甚者”,这要用特别苦的调料,而不用只能激发出微苦的酒、豉。这种苦味大约只有荆楚一带的人嗜食,中原人很难接受。正如两湖一带人们至今仍然非常爱吃苦瓜,而北方人尚难接受一样。其次,荆楚天气闷热,容易引起滞食,须借酸味食物以开胃。吴人也许善于制造醋一类的调料,故《招魂》写到吴羹,特别强调它是“和酸若苦”,即又酸又苦。《大招》写到佐味的泡菜“蒌蒿”时,指出它是吴国式的酸菜,浓淡适宜。可见楚人对“吴酸”之嗜好。

第三,楚人还爱吃甜食,调甜味的食料除蜜、饴之外,还用北方所没有的甘蔗浆。喜食甜食的楚人甚至调制出了清凉爽口的消暑饮料和独具特色的甜酒,由此可见楚人饮食方面极具创造性的才能。经过对《楚辞》相关部分的研究,可以用“精、巧、奢”三个字来概括。“精”,各类小点心的精致,摆盘时陪衬品的精细均可见其精;“巧”,则要说到制作工艺的巧妙,以蕙草熏肉以增其香,甜酒、饮料等经冷冻不仅可以更好地贮存,还达到了爽口的目的……至于“奢”,不能不说到食材的珍奇独特、种类众多,即便是祭祀所用的饮食也没有丝毫敷衍了事,或者说祭祀这一活动在人们生活中的地位真的十分重要,以至于人们不能马虎。但是,不管怎么说,荆楚之地的富庶及重视饮食的习惯是可以得到证实的。

五、汉水食礼的文化内涵

汉水流域人生礼仪食俗文化内涵厚重。以汉水郧阳、襄阳地区为例,汉水人生礼仪的食俗文化内涵表现于宴席菜品丰富、饮食寓意深远、宴席座次讲究三个层面。

（一）宴席菜品丰富

汉水流域郧阳襄阳地区的人生礼仪宴席菜品丰富，烹饪技法与宴席饮食习俗均有讲究。菜品主要包括凉菜、炒菜、蒸菜和压轴菜（大菜）四个类型。凉菜有凉拌藕片、凉拌黄豆芽、凉拌牛肉、凉拌猪脸庞、凉拌粉丝、花生米等。热菜有千张肉丝、清炒小白菜、清炒菠菜、蒜薹肉丝、爆炒猪肝、青豆肉丝等。蒸菜有鱼块（鱼切块、腌制、挂糊、油炸后，下面垫红薯或土豆上蒸锅蒸，后面的鸡块、羊肉、酥肉做法相同）、鸡块、羊肉、酥肉、条子（五花肉切条焯水，用酱油或西红柿上色后过油锅，然后下面垫酸菜上蒸锅蒸，类似现在的粉蒸肉）、福佬（五花肉切大方块，焯水、上色、过油后下面垫酸菜用蒸锅蒸）等。压轴菜亦叫大菜，品种有全家福（里面放些厨师特意预留的上好蒸肉和一些时令蔬菜再加已调好的汤汁炖煮而成）和鸡、鱼、蹄、肚等汤，以及汉水食型中的其他特色菜品，均为宴席首先菜。

宴席上菜层次分明。整个筵席的菜品不论在数量上（菜品数量一般18—22个，菜的个数为偶数，有好事成双的讲究），还是菜品种类（不仅有各种时令蔬菜，还有鸡、羊、牛、猪肉等家禽）上都很丰盛。上菜顺序也有讲究，严格按照凉菜—热菜—蒸菜—汤的顺序依次上菜。此外，有的富裕家庭菜的种类、数量还会更多，饭后还会给客人提供甜点、水果。

菜品口味鲜辣，烹调方法多样。与川菜的麻辣、湘菜的猛辣不同，整个筵席菜品无论是凉菜还是热菜大都适量放些辣椒，以突出当地的鲜辣口味。由于参加筵席的客人往往较多，为了提高上菜速度，烹调技法多样，大多以凉拌（例如，凉拌藕片、凉拌牛肉等）、爆炒（例如，爆炒猪肝、青椒肉丝）、蒸、炸（例如，鸡块、酥肉、条子等）为主。筵席菜肴除了热菜受季节和厨师的个人原因影响有所变化，其凉菜和蒸菜无论在数量还是菜品、菜式上基本一样，没有多大变化。

（二）饮食寓意深远

中国丰富的饮食文化伴随着中国悠久的历史不断丰富发展，在其发展的过程中除了饮用外，不少饮食还寄托人们对一些事物的期盼。汉水流域人生礼仪各个仪式的饮食均具有深远的寓意。

诞生礼饮食寓意。无论小孩满月、周岁还是十二岁生日，外婆一般都会给外孙或外孙女买一些豆芽、葱（以日常生活中葱和豆芽根须长、生长迅速的特性寄托长辈对小孩出生后可以扎根、有旺盛生命力的期盼）、面条（寓意长寿，也是生日早上必须吃的食物）、碗筷（寄托长辈期盼小孩快点吃饭、快点成长的愿望）等充满长辈对晚辈祝福的礼物。

婚嫁礼饮食寓意。在迎亲的前天晚上男方请人布置新床，床四角放的枣子、花生寓意夫妇早生贵子，被子四角各放一节带芽的莲藕寄托多子多孙的寓意，也有以后生小孩聪明的说法。迎娶之日，新郎会带两条红尾鲤鱼（寓意夫妻以后过日子年年有余）、两块肉（俗称“礼吊子”。虽然是两块肉，但是不切断连在一起，寓意女儿是父母的连心肉）。有的还会给岳父带两瓶酒、两袋粉丝（这份礼物除了代表女婿对爸妈的孝敬外，还蕴含着对新婚夫妇以后过日子长长久久的期盼），当然来回路上会撒一些喜糖。新娘迎娶进家门后，有的地方会准备四个长方形的馒头去支撑新娘带来的箱子（襄阳亦称为“支箱子”，开饭前很多人会抢这些馒头，据当地老人说吃了这些馒头以后生孩子不会哑巴）。

丧葬礼饮食寓意。以襄阳为例，根据当地习俗在亡人下葬那天早上，无论何人，早餐都要吃豆腐汤（以豆腐的脆弱寓意人生命的脆弱）搭配祭祀用过的“贡饷”。家里如果有两个以上儿子的，儿媳会在葬礼结束后把祭祀用的“贡饷”一人抢一个跑回家放到水缸里，据说谁先跑回去就会先发财。

（三）宴席座次讲究

汉水流域宴席自清咸丰年间始形成“八大件”“十大碗”的格式。光绪初年渐渐将“八大件”“十大碗”席面演进为“三点水”席面。“八大件”为农村的常用正席。入席前，四个凉盘，有卤制牛肉、猪头肉、猪肝、缠肠（或香肠或花生豆），四碟小菜，中放一干果盘。入座后，八道热菜，有肉糕、鲜鱼、蒸鸡、肚片、羊肉、猪蹄、腰花、蒸酒米，依次端上开始饮酒。

“十大碗”席是在“八大件”的基础上加两样正菜，从龙眼肉、宫保鸡丁、糖醋里脊、米粉肉、夹馅莲藕或炒肉丝、炒肉片中选两种配入，成十碗即可。除“八大件”“十大碗”席面外，人们一直崇尚“三点水”席面，“三点水”原为“吉祥宴”，因有一道鸡菜和一道羊肉（取“鸡”谐音“吉”，“羊”古为“祥”

字）。至今做“三点水”席无羊肉时，以猪肉做一道假羊肉菜，程序是入席前先摆四大凉盘（亦有摆六个的）并四小碟菜，中放一大干果盘，然后入席饮酒，菜按“十大碗”席面正菜，吃一道上一道，碗盘交替使用。十道菜之中夹三次甜味流食，如八宝稀饭、莲子羹、甜酒（蒸糯米发酵制成）或银耳羹。凡用甜羹前，先上两碗开水，做洗调羹用。

民国中期后“三点水”变成“两点水”，只上甜酒和莲子羹。修襄渝铁路时，安徽、湖北的民工来此求购银耳做羹，同时市场上银耳罐头很多，为了简便，银耳羹代替了莲子羹。一经使用，人们互相效法，银耳羹与甜酒成了“三点水”席面中的必用品。

20世纪80年代以后，“三点水”中又加进了海参、鱿鱼或墨鱼菜，成为“海味三点水席”。20世纪90年代初，“太阳牌锅巴”“麻辣锅巴”也作一道菜，加入了“三点水”席。“三点水”席十道菜依次出完，另上六菜一汤始吃饭。“三点水”用盘碗甚少，出菜却多，尤能热吃，加上中碗、小碗、羹汤调节，一席菜可吃三四个小时。

汉水流域的席面，富有特色的是“十三花”。“十三花”就是十三道菜。分别为“五大、五小、一糕、一汤、一丸子”。“五大”即红肉、白肉、酥肉、杂烩（雅称“全家福”）、蛋卷；“五小”即炒肚丝、爆腰花、炖肥肠、烧蹄筋、海带粉；“一糕”为甜糕，“一汤”为勾芡甜汁；“一丸子”为瘦肉丸子汤。十三个菜上完之后，再上主食。主食多为馍菜。菜一般为四个，称“四座菜”，两热两凉，两荤两素。两热为炒肉丝、炒白菜加猪肉臊子（俗称“小炒”）；两凉为凉拌三丝和醋熘白菜（或醋熘莲菜）。“十三花”的制作是将猪身不同部位的肉，经煮、炸、蒸、烧等工艺分别做成。如，将猪头及猪心、肝、肺等卤制成凉菜，作下酒菜（此道菜不列“十三花”之数）。将膘肉经煮经烧，制成红肉。用瘦肉剁泥经炸制成丸子，将猪肉下赘部分切成细条，加粉面、水、鸡蛋、调料等做成稠糊状，放入油锅炸成酥肉。“五大菜”以清蒸为主，将以上各种半成品分别装入专用的“蒸碗”，并加入适量的菜蔬、粉条、薯块等“底菜”，用笼蒸约一小时。上席时，将蒸好的肉翻入大碗，浇上调好的清汤，在顶端放置半个蒸熟并染红的蛋清（取掉蛋黄），称“红顶席”。这个“红顶”，如清代官员头上的红宝石帽顶，象征富贵、高升，体现出典型的士大夫食文化色彩。“五小”以烧为主，将事先煮熟切好的肚丝、腰花、肥肠、蹄筋等，不用上笼，用勾芡的汤烧制，其特色是姜、胡椒、醋等调料出头，略显出酸辣之味，与口味清淡的“五大菜”有别。“十三花”的吃法也颇具特色，开席前，先上凉菜，器具为五尺见方的红漆木盘，有盖，俗称“合子”，内分九格，分别盛入酱肉、酱肝、卤肉、石花菜、发菜、排骨、靠骨肉、耳丝等，开席时，侍者揭去合盖，由主人逐席敬酒，然后同席人互敬互饮。下酒菜用过之后，即上主菜，这时即去掉酒盏盘，不再饮酒，这也是“十三花”酒席的一个特色。上菜的次序是一大带一小，一般第一道菜先上“全家福”，象征平安、福寿之意。上新换旧，桌上始终保持两菜，当地人称之为“流水席”。“五大”“五小”上完之后，端上清水，涮过勺、盏、筷子，再上甜糕、甜汁，之后便上丸子，表示“圆满完结”之意（“丸”与“完”谐音）。最后，上四座菜，并上主食。这是“十三花”比较原始而传统的吃法。“十三花”用菜忌用萝卜，这也反映出了当地的经济基础和人们的食文化观念。“十三花”的特点是：巧妙利用了猪身上的各个部位，体现了围绕全猪做菜肴的所有特色；最大限度地运用了多种烹调手法，因而做出的菜形、色、味各不相同，并形成了以清淡为主的风味特色；后期制作工艺简单而程式化，省时且便于大量制作，适应了红白喜事人多用餐的需要。

汉水流域郧襄地区的人请客设宴，非常讲究席次、座次的安排。宴请的人若是长辈、老师则通常安排上座（一般面南为上座，若房屋门不朝南，则以屋门为方位标志，面向门者为上座。左右为陪座，对面为下座）。如果同时摆设两席以上，则正屋为首席，主要客人就座。厅屋为次席，一般客人就座。而且陪客的身份、辈分、年龄需与客人相当。此外，襄阳旧时吃饭坐席也有一些讲究，比如，宴饮必先酒后饭，不可先饭后酒，否则便为“犯上”（与“饭上”谐音）。筷子不能放在碗、杯上面，只能放在桌面上，据说放在上面是祭鬼神的。同时，也不能用筷子把碗碟敲响，否则就会没饭吃当叫花子。

如果说饮食是人类生存最基本的需要，那么人生礼仪中的饮食文化就是以食品或饮食相关的技艺民俗为基础所反映出来的人类精神文明，是人类文化发展的一种标志。虽然它的许多环节含有宗教色彩，但却无处不在地规范人们的行为语言，王光荣在其《人生礼仪文化透视》一文中强调人生礼仪：“与社会组织、信仰、生产与生活经验等多方面的民俗文化交织，集中体现了在不同社会和民俗文化类型中的生命周期观和生命价值观。”[①]

人生礼仪食俗里面的非物质文化部分，值得我们去开发保护。它承载着人类社会的文明，是世界文化多样性的重要体现。在当今不少国人盲目追捧洋快餐、洋饮食礼节的时候，挖掘本地区的饮食文化不仅有利于体现各地区饮食多样性的特色，帮助我们弘扬饮食文化，也有助于弘扬全民族的文化，培育企业品牌。

---

① 王光荣．人生礼仪文化透视［J］．广西右江民族师专学报，2004，5：7—13.

第八章　脍炙人口

——汉水食语

语言是一种符号体系。语言符号本身蕴含着大量的人文信息，这些人文信息构成人们社会生活的许多不同层面。俗话说，“民以食为天”，饮食文化是人们最为关注的层面之一。在语言研究中，人们更是不可避免地要接触到饮食文化。汉水食语主要是指汉水流域民间流传与饮食有关的谚语。从古至今，很多文献典籍中都对谚语做了说明。早在东汉时期，我国第一部汉语大字典——许慎的《说文解字》就将谚语定义为“谚，传言也”。我国古代见诸书面的谚语界说不胜枚举。其中，影响较大者有《尚书》中的“俚语曰谚”，《礼记》中释文“谚，俗语也”，《国语》韦注“谚，俗之善谣也”，《汉书》颜注“谚，俗所传言也”，《文心雕龙》中的“谚者，直言也”，《说文解字注》中的“凡经传所称之谚，无非前代故训”及《古谣谚·凡例》中的“谣训徒歌”“谚训传言”，二者“对文则异，散文则通，可以彼此互训”，等等。另有一些典籍，还对谚语以里谚、俚谚、俗谚、鄙谚、野谚、口谚、里语、鄙语、俗话、古话、常言等相称。这些界说与称谓，各执其理，各遣其词，但大多流于片面，偏重管窥谚语的俗传性特点。唯“前代故训”一说，多少点出了谚语的实质。20世纪20年代初，郭绍虞深入谚语的若干本质特点，在《谚语的研究》中说：“谚是人的实际经验之结果，而用美的言词以表现者，于日常谈话可以公然使用，而规定人的行为之言语。”近一个世纪以来，谚家群起，界说更丰，但迄今也未能定于一尊。可喜的是，这些界说业已广涉谚语实质的方方面面，大体勾勒出了谚语作为科学字眼的含义和范畴。在此情况下，博采众长，为谚语草拟一个较为妥当的定义，应该说是可能的；由于要编《中国谚语集成》，确定一种协调工作的界说，无疑也有必要。据此，在《中国谚语集成》编纂方案中做了这样的界定："谚语是民间集体创作、广为口传、言简意赅并较为定型的艺术语句，是民众丰富智慧和普遍经验的规律性总结。"这个定义，未必尽善尽美，但实践表明，用它协调全国谚语集成工作，基本是可行的。当然，作为定义它只是原则性厘定了谚语的基本范围。可见，谚语是包括了一切流传在人民群众口头上的俚谚俗语，它是民间集体创造、广为流传、言简意赅并较为定性的艺术语句，是民众的丰富智慧和普遍经验的规律性总结，多数反映了劳动人民的生活实践经验，且大多是口头流传下来的、口语形式的通俗易懂的短句或韵语。

中华民族是个古老而智慧的民族，在几千年的历史积淀中，形成了许多璀璨的文化明珠，其中凝聚了民族语言之精华的中华谚语和成语，即是光彩夺目的一颗。谚语作为民间口耳相传的量大面宽的民俗文化珍品，意境深远而富有哲理；而成语被称作汉语言和文化的活化石，言简意赅，表现力较强。作为民族语言的重要部分，中华谚语和成语以其精练却富有内涵，真实而又生动，并且朗朗上口而为大众广泛接受，因而被相沿袭用，流传广远。其强大的社会感染力，可以说是深入各家各户，影响民众生活的方方面面。中华文明在创造了灿烂的饮食文化的同时，也产生了许多与饮食相关的民谚成语。饮食谚语是谚语的一个分支，与饮食有关，是经过长时间的沉淀，由广大人民群众创造出来的，流传范围广且简单易懂、意义深远的语句。它多以口语形式相互传诵，且在流传中被人们不断加工修改，如，"狗肉上不得席面"变为了"狗肉上不去桌"等较为定型的语句。人民群众使用的谚语大都耳熟能诵，其中，饮食谚语讲究经验性和实用性，形式亦具有精练性和艺术性，使用上具有训诫性和劝诫性。饮食谚语因其来源于民间，故而要科学分析、理性探研。饮食谚语反映的经验是理性的，这些谚语被人们认同、借鉴，并广泛传播；饮食谚语中的一部分内容不全是正确的，其中，也有不少是违背科学或与现实不符的，需要我们去粗取精；然而也有一些饮食谚语，随着认识的进步，被证实与当代社会的观点不相符合。统观所有，我们应该用辩证的观点去学习和使用饮食谚语中的经验。

五代王定保所著《唐摭言》卷十中记载："如'水声常在耳，山色不离门'，又'扫地树留影，拂床琴有声'……皆脍炙人口。"宋周辉所著《清波杂志》卷八中亦说："贺方回、柳耆卿为文甚多，皆不传於世，独以乐章脍炙人口。"宋费衮所著《梁溪漫志·元城了翁表章》："今时士大夫论四六多喜其用事精当，下字工巧，以为脍炙人口。"元代刘埙所著《隐居通议·诗歌三》："集中诗如此者尚多，今姑采其脍炙人口者录之。"吴玉章所著《从甲午战争前后到辛亥革命前后的回忆》之五记载："邹容以无比的热情歌颂了革命，他那犀利沉痛的文章，一时脍炙人口，起了很大的鼓动作用。"上述文献中将本意为"切细的烤肉人人都爱吃，比喻为好的诗文或事物被众人所称赞"的"脍炙人口"一词的内涵演绎得淋漓尽致。食语的留存主要基于其记录了人们的生产经验，寄托了人民的生活愿望，是物质生产民俗的折射反映，因为"物质生产民俗是一个国家、民族的特定地区、社会群体中的民众，在一定的生存环境中所创造、享用和传承的物质文化事象"[①]。进一步讲，它是"人改造自然界的活动方式及其全部产物"[②]。汉水食"语"类型多样，内涵丰富，根据饮食语言涉及的对象可简单分为食源卜语、食习愿语两类，为飨读者领略汉水食语的魅力，现将汉水脍炙人口的食语文化意义略做探研。

一、汉水食源卜语

汉水食源卜语是指汉水流域人们对于食源作物耕种过程中，根据食源耕种与季节时令、天气物候等因素对食源（年成）的影响关系，总结并流传且流行的预测性谚语。

《孝义厅志》（十二卷·光绪九年刻本）中记载："新春十日，喜晴忌雨，一鸡、二犬、三猪、四羊、五牛、六马、七人、八谷、九油、十麦。谚云：'新春十日晴，年丰乐太平；新春十日阴，谷米贵如金。'"[③]《孝感县简志》（二十三卷·一九五九年湖北人民出版社铅印本）中所记载的民歌民谣亦有占卜气候与作物耕种关系的内容："解放前的民歌多不胜载，选录几首如下：正月玩过，二月难过，三月摸螺蛳蚌蛤，四月问你娘儿几个。你家伢在南头，我家伢在北头，你

① 钟敬文．民俗学概论［M］．北京：高等教育出版社，2010：33.
② 邢福义．文化语言学［M］．武汉：湖北教育出版社，2000：79.
③《孝义厅志》（十二卷·光绪九年刻本）．

家伢拾起砖头，打了我家伢的额头，还有什么说头，穷人不得伸头。麦子种完，整米上坛，挑土填牛栏，才可说工钱。穷人交好运，要到四月尽，早上有人请，晚上有人问。姚湾二姑潭，大肚子划龙船，若是数不够，管家沟来凑。解放后的民歌选录几首如下：四月里麦穗黄，栽秧割麦两头忙，屋里忙的是蚕上架，屋外忙的打连场（连场是一种打麦的工具）。生产队里来挑战，劳动模范逞刚强。麦子堆成山一样，颗颗麦子发金光，做成馒头甜如蜜，做出粑来扑鼻香。人人都说合作好，幸福生活万年长。孟湖垸，一千八百担。一夜雨，淹一半。有女莫嫁孟家垸，只见菜来不见饭。政府近来把水利办，荒田变成良田畈。全垸男女大欢喜，孙后代吃饱饭。”①

《孝感县志》（二十四卷·清光绪八年刻本）中记载：五日为“端午”，又道“端阳”，或名“重阳”。语道：“夏至逢端午，穷汉受罪苦。”又道：“夏至无雨见青天，有雨直到立秋边。”又道：“吃了端阳粽，寒衣方可送（或云家家都不空。空，去声）。”语道：“足不足，但看五月二十四、五、六。”又道：“五月看三八。”谓初八、十八、二十八宜有雨也。唯二十日，俗话说“龙晒衣”，不宜雨。语道：“打湿龙衣，四十日天干。六月刈旱稻，荐新于祖。”语道：“小暑吃粟，大暑吃谷。”试新择卯日之谚云：“六月不热，五谷不结。”又道：“不冷不热，五谷不结。”又道：“六月三交雨，地是黄金。是月也，进伏。”“夏至”后数三字为“伏日”之始。伏天造酱、醋、曲饼，种麻、豆。谚语：“一伏芝蘇，二伏豆，三伏内面种寒果。七月立秋宜昼。”谚语：“睁眼秋，收又收；闭眼秋，丢又丢。”又道：“立秋雷电，天收一半。”又道：“立秋一日，水冷三丝。”又道：“处暑莽麦，白露菜。”又道：“栽齐暑，种齐露。”又道：“荞齐露断。”总言播种之候也。占风道：“秋前北风秋后雨，秋后北风干煞鬼。”秋后逢壬便进霈，俗云十八日霑夫。霑，微雨也。又道：“今年不立霈，明年不种田。”七日，晚看巧云，设瓜果调“吃巧”。吃者，乞之讹音也，至有以食瓜果为“咬巧”者。里在夕故曰“七夕”。北方以重五日为“女儿节”，江宁以此日为“女儿节”。是后数日不见鹊，天河亦少隐。俗道项（顶）天河往扬州粜米，归早米贵，归迟米贱；又云为织女驾桥，皆诞语也。然“七夕”后，鹊顶果秃，不知何故十五日为“中道”，祀先祖，谓之“鬼节”。浮屠氏设孟兰盆会以荐亡者，道家以此日为地官赦

① 《孝感县简志》（二十三卷·一九五九年湖北人民出版社铅印本）.

罪之辰。语道："过了七月半，人人都是铁罗汉。"言从伏内炼出也。是月也，食瓜枣，种荞麦，泽梁不禁，插晚禾。语道："秋前十日不早，秋后十日不迟。"八月闻雁。语道："八月初一雁门开，雁儿头上带霜来。"十五日为"中秋"，以瓜饼相馈，设酒食赏月，候月华，不恒见也。是夜雨，云来岁无"元宵"。谚语："云掩中秋月，雨打上元灯。"或谓此二语皆煞风景，偶撮合言之耳，然晴雨亦每相应。谚语"八月秋风凉，冻煞懒婆娘。"又道："湖内人，莫夸嘴，八月有个蓼花水。"此时以妇人盛服种罂粟，则来年极盛。社日，有迟苗未秀者则不能实。谚语："社日不出头，只好喂老牛。"是月也，收麻、豆，种莱菔、菠菜、茼蒿、白菜，剪芋，荷壅其根，泽梁有禁。九月"霜降"，邑令坐教场，烟户皆执刀械应点，稍演坐作击刺之法，语"阅操"。

冬月：冬月三一晴，来春谷米一般平；冬月三一阴，来春谷米贵如金（三一，指本月初一、十一、廿一日三天）。

腊月：有钱人过年，无钱人过节（节与"劫"谐音，指难过的意思）。

《云梦县志略》（十二卷·清道光二十年刻本）中亦记载："三月三日，农人听蛙声卜水旱：早鸣早熟，晚鸣晚熟。古谚云：'田家无五行，水旱卜蛙声。'古以月初旬内上巳日修禊踏青，今直以三日代之。"

《孝感县志》（二十四卷·清光绪八年刻本）中记载："'清明'夜，麦忌雨。语曰：'麦子不怕四季水，只怕清明一夜雨（一夜雨，或云连夜雨，或云一节雨，或云日属兔，未知熟是）。'"

《应城县志》（十四卷·清光绪八年蒲阳书院刻本）：二十四五两日，农家夜观星斗隐现，卜二麦丰歉。谚云："二十四五观星斗，大麦有米小麦有面。"（据《采访》补）

《石首县志》（八卷·清乾隆六十年刻本）有童谣道："蛤蟆叫，春老到，拔竹笋，刨藜蒿。"

《荆州府志》（八十卷·清光绪六年刻本）中说："正月有三白，田公笑吓吓（呵呵）。"又云："若要麦见三白。"谓三番雪也。"寒食日"宜雨，主岁丰。谚语："雨打墓头钱，今岁好丰年。"初三卜蛙声，上昼叫，上田熟；下昼叫，下田熟；声哑水小，声响水大。又，是日阴雨丰年兆，晴明则旱而桑贵。谚语："三月初三晴，桑上挂银瓶；三月初三雨，桑叶上苔痕。二十六日为"谷生日"。土人有"得谷不得谷，但看五月二十六"之谚。"重阳日"多暴风，谓之"寒信风”，舟人防之。土人有“三月三,九月九，无事莫到江边走”之语。又，“重阳无雨至十三，得雨主来年不旱。冬月三一宜晴。谚语：“冬月三一晴，谷米一般平。”（三一，初一、十一、二十一也）七月初七，妇女以瓜果祭于月下。用花针七口穿五色花线瓜上，谓之“乞巧”。士人作“奎星会”。“立秋日”忌雷。谚云：“营立歌，五答受收。”十五国为“中元节”。附籍人延火居道士设肴馔，备纸钱荐先祖、父母，谓之“烧包赙”。

《孝义厅志》（十二卷·光绪九年刻本）云：“乞巧”，士人作“奎星会”。“立秋日”忌雷。谚语：“食鼓立秋，五谷灵收。”十五为“中元节”。附籍人延火居道士设肴，备纸钱荐先祖、父母，谓之“烧包赙”。是月也，食瓜枣，种荞麦，泽梁不禁，插晚禾。语道：“秋前十日不旱，秋后十日不迟。”

据杨郧生编著的《郧阳民俗文化》所收集的与食俗有关的郧阳民间谚语，择其涉及自然气候的食源卜语如下：

夜晴不是好晴，夜行不是好人。
乌云接太阳，有雨就在今后晌。
上扎胡子火烧天，下扎胡子水涟涟。
东虹日头西虹雨，南虹河里涨大水。
云往南，雨成潭；云往北，雨不来。
天有不测风云，人有旦夕祸福。
云往东一阵风，云往西雨直滴。
猛晴无好天，好天只一天。
太阳偷晒坡，有雨也不多。
钩钩云渐渐散，来日准是好晴天。
久晴灰雾现，三天不见面。
久晴西风雨，久雨西风晴。
星稀朗天好晴天，星稠天昏要变天。
钩钩云渐渐晴，三天之内大雨淋。
雨绞雪半个月，雪绞雪一个月。
明雪暗雨。
久雨刮大风，天气要转晴。

日背弓，月背箭，不出三天雨见面。

茅厕[1]（sǐ）发潮盐罐漉，几天没有好日头。

早落风不停，明日风更凶。

天干不应水咕咕，雨涝莫望猛日头。

罩子（雾）收早天要阴，罩子收晚天得晴。

月逢初四雨，一月九日晴。

七阴八下九不晴，十一十二放光明。

四六不开天，开天只一天。

三十初一雨相连，一月地皮不得干。

一月雷坟鼓堆，二月雷麦鼓堆。

早晨立春，晚上水温。

二月二天气阴，核桃枣子吃不清。

二月二拍瓦碴，长虫蝎子没尾巴。

春寒有雨夏寒晴，秋怕连阴冬怕风。

春打六九头五九尾。

打春一百，磨镰割麦。

清明要晴，谷雨要淋。

清明断雪，谷雨断霜。

惊蛰到，鱼虾跳。

蛤蟆打哇哇，四十八天吃疙瘩。

立夏不下，高挂犁耙。

立夏三巴掌（15天），家家连釉（碰）响。

头八不下二八休，三八不下干到秋（五月初八、十六、二十四）。

吃了端午粽，就把棉衣送。

龙王晒架（六月六）干不干，单看五月一十三。

夏至五月头，少种芝麻也吃油；夏至五月中，十担谷子九担空。

夏至一十八，太阳转回家。

离伏十日热死牛，出九十日冻死狗。

---

① 厕，郧阳地区（今十堰市）该字民间读音为 sǐ。

六月初一滴一点，老婆娃子抢大碗。

头伏萝卜二伏菜，又好吃来又好卖。

收秋不收秋，单看五月二十六。

三伏天不热，三九天不冷。

立秋一场雨，一石谷子九斗米。

处暑一场霜，一石谷子九斗糠。

白露种高山，寒露种平川。

八月大，萝卜白菜不问价。

八月十五阴，雪打来年灯（正月十五六要下雪）。

九月雷阵发，倒干一百八。

雪下高山，霜打洼。

过了冬至，一天长一中指。

不用算，不用数，过了冬至就进九。

进九一场风，十个油坊九个空。

末九一场雨，收麦子又收米。

头九二九不算九，三九四九凌上走，五九六九抬头看柳，七九八九冰河开口，九九八十一，穷人靠墙立，冻是冻不死，肚子有点儿饥。

腰酸背疼疤疤痒，晴天下雨常反常。

蝙蝠飞得低，明日披蓑衣。

塘里鱼板飘，不久雨来到。

泥鳅出泥明日雨，黄鳝若叫雨来到。

人体发困浑身疼，不是有雨就有风。

庄稼一枝花，全靠粪当家。

冬耕深一寸，强上一茬粪。

七十二行，庄稼人忙。

菜没盐无味，田没肥无谷。

买地不买背阴坡，买牛不买背背儿角。

种要年年选，草要天天除。

粪后不浇水，庄稼噘着嘴。

锄头底下有三宝：防旱、防涝、除杂草。

有苗不愁长，无苗哪里想?

田待秧谷饱满，秧待田收谷难。

六月秧大把夯，尽量不栽夏至秧。

麦扬花喜火烧，谷扬花爱水浇。

雪盖三床被，馍馍枕头睡。

捡粪如拾金，挖地如挖参。

土干三年如粪，粪干三年如土。

辣子栽花儿，茄子栽尖儿。

七月的核桃八月的梨儿，九月的橘子压弯枝儿。

龙须草栽泥，轻轻一按它就长。

公路两旁好栽树，又遮日头又护路。

高山松柏杉，低山果药杂，背阴坡上好种茶。

北山山楂南山梨，阳坡板栗阴坡梨。

白露不出头，割了喂老牛。

处暑的核桃，白露的梨。

过了七月半儿，柿子能当饭儿。

家有一园竹，离不了老坑头。

七竹八木（七八月宜砍伐）。

家鸡打得团团转，野鸡打得一阵飞。

饱不加鞭，饥不上套。

牛娃儿学耕地，上套自服犁。

牛淋肥，马淋瘦，驴子淋成光骨头。

猪凫江，狗凫海，猫子下水摆三摆。

马大胃小，全靠夜草。

六月六，捶骟牛。

过了九月九，快牛腿不走。

早上出圈赶羊走，到了牧场拦住头，晚上回圈慢悠悠。

早防前，晚防后，中午要防洼洼沟（防狼叼羊）。

日头落狼下坡，叼个猪娃儿当茶喝。

山羊怕交九，绵羊怕春头。

猫恋恩情狗恋食，老虎狠毒不食子。

鸭子抱窝天大旱。

放牛把牛当马骑，放羊跑破脚板皮。

清明前后，鱼争上游。

柳毛飞，鳖成堆。

冬放背风窝，春放朝阳坡。

斑鸠下蛋几根柴，老鹰下蛋在石崖（丘）。

千年黑万年白，百年狐狸成灰色。

急流鱼瘦，稳水鱼肥。

冬卧深潭夏卧沙，不冷不热蹬水花（鳖的生活习性）。

二、汉水食习愿语

汉水食习愿语是指汉水流域人们在饮食习俗中形成的饮食习惯和情感意愿。这类食语很多，现举几例。在房县，有“没有黄酒不成席，白酒再好不稀奇”的顺口溜。陕南山区酒风甚烈，故民间俗语说：“无酒不成礼仪，无酒不成敬意，无酒不成宴席。”常言说：“三天不吃青，心里必发空。”“秦巴山，遍地宝，有病不用愁，上山扯把草。”在过去粮食紧缺时，村民平时吃面食也主要是有很多蔬菜的汤面和烩面，有时把小麦和黄豆、白小豆等掺在一起加工成面粉，这种面粉做成的面条叫豆面或杂面，成色较黑。商洛至今还有“见不得穷人吃一次白面”的俗语。过节时，村民给亲戚“拜年”（不只是在春节），一篮白面蒸馍（最少20个，最多26个，讲究双数）是少不了的，大方的人会用上等白面做成硕大、实心的蒸馍，人们称这种人的行为叫“舍得”。

在汉水下游的荆楚大地，流传着很多这类食语。有民谣是这样唱的：“二十三，送灯盏；二十四，剔鱼刺；二十五，敲大鼓；二十六，福猪肉；二十七，除脏迹；二十八，福鸡鸭；二十九，家家有。”这里句句唱的都是湖北人为迎新年而忙碌的景象。湖北孝感地区闹元宵的习俗又与别处不同，活动尤为丰富，特别值得一提。元宵之夜。孝感当地还流传着请七姐、问年成和乞巧的习俗。“正月正，麦草青，请七姐，问年成。一问年成真和假；二问年成假和真。正月十五闹花灯，花灯闹得转。去也，来也，哪得七姐笑呵呵；去也要，来也耍，要得七姐骑白马。”这首孝感儿歌唱的就是请七姐这一民俗活动。谚语：“土神会雨淋，春荞不得成。”“农历三月三，不忘地菜煮鸡蛋。中午吃了腰板好，下午吃了腿不软。”

将巫其祥、李明富所著《陕南民俗文化研究》中收集的与食俗有关的汉水上游陕南民间食习愿语摘录如下：

尚滋味，好辛香。

秦岭一条线，南吃大米北吃面。

三天不吃酸，走路打蹿蹿。

一年四季，酸菜不离。

三天不动荤，说话没精神。

无酒不成宴席，无酒不成礼仪。

有酒不怪菜。

穷过日子富待客。

萝卜上了街，药铺不用开。

吃农家饭，品农家菜，住农家屋，干农家活，娱农家乐，购农家物。

开门七件事，柴、米、油、盐、酱、醋、茶。

三日入厨下，洗手做羹汤；未谙姑食性，先遣小姑尝。

陕南一大怪，席上面当菜。

三天不喝油汤，心里燥得发慌。

性嗜口腹，多事田渔，虽蓬室柴门，食必兼肉。

一餐饺子宴，尝尽天下鲜。

元宵香，元宵甜，今年丰收胜往年，日子蜜蜜甜。

一碗汤圆满又满，吃了汤圆好团圆。

食过五月粽，寒衣收入柜；未吃五月粽，寒衣不敢送。

中秋刚过了，又为重阳忙，巧做花花糕，只因女想娘。

重阳不吃糕，老来无人窑[①]。

重阳糕好吃，给她个熟猪蹄都不放下，连媳妇的生日都忘记了。

① 窑：安埋，安葬之意。

说咸菜为“打死盐贩子了”。

用灶饼祭灶神：二十三日去，初一五更回；上天奏好事，下界保平安。

打一千，骂一万，三十晚上吃顿饭。

吃了年饭旺，神鬼不敢撞。

团年饭每样菜都有剩余为“有余有剩”。

年夜饭必须有鸡有鱼为“吉庆有余”。

年夜饭要有全鸡全鱼谓之“年鱼”，意为“年年有余”。

年夜饭鸡鱼头尾留下不吃意为“有头有尾”。

鸡不叫，狗不咬，半夜团年黄州佬。①

好喝莫过罐罐茶，火塘烤香锅塌塌，来客茶叶加油炒，熬茶的罐罐鸡蛋大。②

早酒三盅，一天的英雄；早酒三盅，一天的威风。

是媒不是媒，嘴上抹三回。

万事不如杯在手，一生几见月当头；三杯饮饱后，一枕黑甜余。

无酒不成礼仪，无酒不成敬意，无酒不成宴席。

喝了交杯酒，夫妻白到头。

三十六岁冲喜酒：“人人有个三十六，没有喜来只有忧。”

栽秧酒，家家有。

狩猎酒：“上山打猎，见人有份。”

手工业拜师酒：“一日为师，终身为父。”

辞岁酒：“家财万贯，匠人莫怠慢。”

平伙酒：“想喝酒，找借口。③济济一堂欢有时，杯杯玉液乐无疆。”

请会酒：“男子好吃去塞会，女子好吃认姊妹。”④

主人不敬酒，待客礼不周。

---

① 陕南移民中的湖北黄州人在午夜团年。

② 罐罐油茶：用小土陶罐煨煮。陶罐特小，只有鹅蛋大小。制法讲究炒茶火候。先把罐罐煨在火中，烧至发红时，投进猪油或菜油，待油烧沸冒出白烟，再加入适量茶叶，用筷子不停地在罐内翻炒，有茶叶香味时，即倒进清水，加食盐或白糖烧沸即成。

③ 陕南农村的许多山民爱搭平伙，利用搭平伙的机会吃肉喝酒。

④ 陕南民间旧时有一种“请会”的习俗，“请会”是一种民间互助的借贷方式。

酒席桌上无大小。[①]

感情浅，舔一舔；感情深，一口闷；感情铁，喝出血。

划拳三字令：“一心敬（一），两相好或宝一对（二），三星照或三桃园（三），四季财（四），五魁首（五），六六顺（六），七个巧（七），八仙神（八），九长寿（九），满十在（十）。”

划拳四字令：“一品当朝，二龙抢宝或二郎担山，三阳开泰，四季发财，五子登科，六连高升，七夕相会，八仙过海，久久长寿，福寿满堂。”

老汉拳令：“一个老汉七十七，再过四年八十一，穿是这样穿，吃是这样吃，手拿竹管口吹笛，怀抱羊皮鼓，咚不隆咚哧，偌大年纪不稀奇，一辈子离不开这东西。”[②]

螃蟹拳令：“一个螃蟹一张壳，两只眼睛八只脚，一对大钳子，若是夹住你，扯也扯不脱；横起把路走，好像个‘霉脑壳’[③]。一心敬你，亲家母你喝。”输家接：“两只螃蟹两张壳，四只眼睛十六只脚……”以此类推。

麻雀拳令：“一只麻雀一张嘴，两只眼睛两条腿，八个脚趾丫，两只翅膀飞。三星高照，四季发财，五谷丰登，六六大顺……”

住在秦巴山，抽的兰花烟，烤的转转火，吃的洋芋果，逍遥自娱乐，神仙不如我。

烟是和气草，交际少不了。

世人个个学长年，不悟长年在目前，我得宛丘平易法，只将食粥致神仙。

陕南民间食疗、保健谚语摘录如下：

离得三日荤，离不得三日青。

---

① 大小：指尊卑。

② 这东西：指酒。

③ 群众称小偷为霉脑壳。

萝卜上了街，药铺不用开。

白菜萝卜汤，益人保健康。

上床萝卜下床姜。

冬吃萝卜，夏吃姜，保证身体健康。

鼻子不通，吃点大葱。

淡盐少糖，有益健康。

饭不熟不吃，水不开不喝。

吃米带点糠，保你长安康。

吃饭多喝汤，无须开药方。

若要身体好，吃饭不过饱。

早吃饱，午吃好，晚吃少。

汤泡饭，嚼不烂。

三餐肉不如一餐粥。

一顿吃伤，十顿喝汤。

粗茶淡饭，青菜豆腐保平安。

饭吃八成饱，到老胃口好。

吃了萝卜菜，啥病都不害。

宁吃半饱，不吃断餐。

食，不可无绿。

吃全杂根不生病。

五牛六马（指阴历五六月的牛马肉），吃了回老家。

死牛烂马，丧命的冤家。

若要急，葱灌蜜；若要快，脚鱼（鳖）炒觅菜（指葱不能配蜜，脚鱼不能配览菜）。

渴不急饮，饿不暴食。

饭后百步走，活到九十九。

有静有动，无病无痛。

药补不如食补。

一份预防方，胜过百份药。

手舞足蹈，九十不老。

人贪睡倒鹿（指生病），猪贪睡长膘。

冬不喜瘦，夏不喜肥。

死葱活蒜。

唱戏要好腔，厨师要好汤。

美食还要美器。

食无定味，适口者珍。

食不共器。

笑一笑，十年少；愁一愁，白了头。

说说笑笑通七窍。

不气不愁，活到白头。

冷不蒙头，热不露背。

头对风，暖烘烘；脚对风，请郎中。

贪凉失盖，不病才怪。

睡前烫个脚，胜吃安神药。

水肿不禁盐，一病三五年。

窗明几净，健康无病。

洗脸要洗额头，扫地要扫旮旯。

寒从脚下起，病从口中来。

老来忙，寿命长。

两脚不能移，要吃五加皮。

识得“血见愁”，手脚破皮血不流。

你若认得“半边莲”，可跟毒蛇一头眠。

七叶一枝花，百病一手拿。

良医如良将，用药如用兵。

出汗不迎风，走路不凹胸。

害怕日头照，必等医生到。

不求虚胖，但求壮实。

酒散气，烟生咳，浓茶止渴又解热。

酒不过量，饭不过饱。

春茶苦，夏茶涩，秋茶好吃摘不得。

谷雨茶叶祛暑药，夏天六月人人喝。

酒过伤身，气大伤财。

酒能淹死人，烟能烧死人。

喝一生的酒，丢一生的丑；吃一生的烟，烫一生的手。

出门看天色，炒菜看火色。

鸡买叫，兔买跳，鲤鱼买的两头翘。

腊肉焖干菜，越吃人越爱。

骨缝里的肉，石缝里的柴。

团圆饺子送行面。

一月泥鳅四月鳝。

十月萝卜小人参。

狗肉煮一滚，神仙站不稳。

牛肉萝卜狗肉面。

鲫鱼头，四两油。

老鸡屁股肉，其毒胜砒霜。

贝母、知母、冬花，妓硅咳嗽一把抓。

有了獾子油，不怕烫破头。

有了油松炭，不怕皮烧烂。

见肿消，山葡萄。

清泻不用医，饿到日落西。

吃药不忌嘴，跑断医生腿。

饿好的痢疾，睡好的眼。①

除此之外，笔者根据平时的生活经历和调查，积累了一些汉水食习愿语，散录如下：

冬吃萝卜夏吃姜，不用医师开处方。

饭后百步走，能活九十九。

① 巫其祥，李明富．陕南民俗文化研究［M］．北京：高等教育出版社，2014：474—477.

吃一堑，长一智。

人是骨头汉，全凭嘴吃饭。

人是铁，饭是钢，一顿不吃心里慌。

若有了连顿损，没有了吃谷种。

嘴越吃越馋，人越睡越懒。

身闲口自在，肚子饿成快布袋。

麻风细雨湿衣裳，豆腐小菜吃家当。

三年不吸烟，买个老黄犍。

一饱忘了千年饥，忘记过去吃榆皮。

三天不吃青，口里冒火星。

辣子怕盐，盐怕酱，豆腐渣怕稀米汤。

朝起一站，喝了不算。（饮酒语）

有酒无令不成欢，有词无调难开言。

酒乱性，色迷人。

世人戒得花儿和酒，人间遍是不老仙。

白米越酣越香，小米越酣越稠。

珍珠百味豆芽汤，杀猪宰羊厨先尝。

糊涂饭吃得，糊涂事做不得。

穷灶火，富水缸。

只讲吃，不讲穿，外出走不到人面前。

吊大的葫芦把儿不歪，哭大的娃子不生灾。

兴家置两犁，家破说两妻。

葱辣鼻子蒜辣心，韭菜辣人脊梁筋，辣子辣到脚后跟。

滔滔水上堰，狗子不吃白米饭。

一顿省一口，一年省三斗。

吃不穷，喝不穷，算计不到一世穷。

能吃能喝真君子，不吃不喝龟孙子。

干饭米汤[①]三个月，馍馍面汤[②]三个月，不稀不稠三个月，稀汤薄水三个月。

面朝黄土背朝天，一年四季汗不干。

早上梆梆梆，中午靠山桩，晚上改个顿，还是红薯汤。

人吃洋芋狗吃皮，洋芋还是好东西。

好酒梨花村，从古喝到今。[③]

麦盖三床被，狗子枕着馍馍睡。

富不丢书，穷不丢猪。

初一十五打牙祭。[④]

三、《荆楚岁时记》与汉水食语

南朝梁人宗懔《荆楚岁时记》是记录中国古代楚地（以江汉为中心的地区）岁时节令风物故事的笔记体文集，涉及民俗和门神、木版年画、木雕、绘画、土牛、彩塑、剪纸、镂金箔、首饰、彩蛋画、印染、刺绣等民间工艺美术及乐舞等，共37篇，记载了自元旦至除夕的二十四节气和时俗。这些民俗、民间工艺美术传自远古，延续后世。其中如门神、彩蛋画、土牛、木版年画等民间工艺美术，至今仍在城乡流传。据何荣研究发现："对荆楚地域的界定，《汉书·地理志》将楚地限定在今湖南、湖北、汉中、汝南一带，即长江中游地区，六朝时期，'荆楚'主要指江汉平原一带，是一种广义的文化区位，并没有严格的行政区划。"[⑤]基此可言，《荆楚岁时记》是记录以江汉为中心的地区中国古代楚地风俗的文献。那么《荆楚岁时记》关于汉水食语的记载研究就自然成为汉水食俗研究的组成部分。饮食是人类每天必须进行的生存活动，每个人生来都要进行饮食，中国早就有"民以食为天"的说法，千百年来，中国人根据独特的生活条件创造

---

① 米汤：指的是粥。

② 面汤：指的是面条。

③ 十堰市郧阳区的白酒品牌梨花村酒广告词，在十堰家喻户晓。

④ 郧阳山区从事体力劳动的人民在每月初一、十五两日，日加一餐或两餐，有酒有肉，谓之"打牙祭"。

⑤ 何荣.《荆楚岁时记》民俗用语研究［D］. 重庆：重庆师范大学，2018.

了属于自己的灿烂饮食文化，荆楚地区的饮食便是其中的一朵奇葩。参考谭汝为对饮食文化的论述，即“从科学意义上讲，任何国家民族的饮食文化，是指这个国家及民族的饮食食物、饮食器具、饮食的加工技艺、饮食方式以及以饮食为基础的思想、哲学、礼仪、心理等而言”[①]。具体到《荆楚岁时记》，书中描写了大量的节日饮食，包括丰富的食物、多样的食物制作工艺等，反映了丰富的文化心态。探究《荆楚岁时记》汉水食语的记载，可以将其分为食物名称词语、饮食器具词语和饮食行为词语三类。

（一）食物名称词语

从功用看，《荆楚岁时记》食物名称词语又有祈福、寄愿、养生、祭祀四类，与之对应的是表示这四类饮食的饮食用语，如表 8—1 所示。

表 8—1 《荆楚岁时记》饮食民俗语言

饮食词语	功 能	用 语
	养生	进椒柏酒；进屠苏酒；胶牙饧；下五辛盘；造饧；大麦粥；鼠曲菜；蜜；粉；龙舌料；咸菹；菹；霜芜菁；葵；糯米；胡麻汁；干；熬；捣；研；和；酿；石笮
	祈福	饮桃汤；进敷于散；服却鬼丸；进鸡子；熬麻子、大豆，兼糖散之；做汤饼；辟恶饼；做赤豆粥；流杯曲水之饮；酺；聚；饮宴
	祭祀	食粽；黍曜；麻羹；豆饭；豚；酒；胙
	寄愿	以七种菜为羹；肴；簌；酣饮；留宿岁饭

注：根据谭汝为的《民俗文化语汇通论》整理。

汉水下游的江汉平原，气候湿润，人们注重就地取材，合理搭配饮食，以期养生。《荆楚岁时记》食物名称养生类词语的记录有：“于是长幼悉正衣冠，以次拜贺。进椒柏酒，饮桃汤。进屠苏酒、胶牙饧。下五辛盘，进敷于散，服却

① 谭汝为．民俗文化语汇通论［M］．天津：天津古籍出版社，2004：229.

鬼丸。”“去冬节一百五日，即有疾风甚雨，谓之寒食。禁火三日，造饧、大麦粥。”“取鼠曲菜汁作羹，以蜜和粉，谓之龙舌，以厌时气。”“今南人作咸菹，以糯米熬捣为末，并研胡麻汁和酿之，石笮令熟，菹既甜脆，汁亦酸美，呼其茎为金钗股，醒酒所宜也。”[①] 祈福类词语的记录有：“进椒柏酒，饮桃汤……下五辛盘，进敷于散，服却鬼丸。各进一鸡子。”“熬麻子、大豆，兼糖散之。”“伏日，并作汤饼，名为‘辟恶饼’。”“冬至日，量日影，作赤豆粥以禳疫。”“三月三日，四民并出江诸池沼间，临清流，为流杯曲水之饮。”“并为酺聚饮食，士女泛舟，或临水宴会，行乐饮酒。”“九月九日，四民并籍野饮宴。”[②] 祭祀类词语的记录有：“夏至节日，食粽。”“十月朔日，黍曜，俗谓之秦岁首。未详黍曜之义。今北人此日设麻羹、豆饭，当为其始熟尝新耳。”“其日，以豚酒祭灶神。”[③] 寄愿类词语记录的有：“正月七日为人日，以七种菜为羹。”“岁暮，家家具肴蔌，诣宿岁之位，以迎新年。相聚酣饮。留宿岁饭，至新年十二月，则弃之街衢，以为吐故纳新也。”[④]

（二）饮食器具词语

《荆楚岁时记》中出现的与饮食器具有关的语词主要是酒具、餐具，其中又以酒具居多。这些饮食器具集中于表现饮食的盛放功能。具体记录的有：“椒花芬香，故采花以贡樽。”“黍饭一盘，醴酪二盂。”“递相晌遗，或置盘俎。”“故逸诗云：羽觞随波流。”“灶者，老妇之祭，尊于瓶，盛于盆。”“言以瓶为罇，盆盛馔也。”“樽”是古代的盛酒器具；“盂”是古代盛汤浆或食物的器具；“盘”是一种扁浅敞口的盛器，容量较大；“俎”是盛食物的器具，容量也较大；“羽觞”是

① （南朝·梁）宗懔．荆楚岁时记［M］．宋金龙校注．太原：山西人民出版社，1987：7，33，42，62.

② （南朝·梁）宗懔．荆楚岁时记［M］．宋金龙校注．太原：山西人民出版社，1987：7，12，53，63，38，28，60.

③ （南朝·梁）宗懔．荆楚岁时记［M］．宋金龙校注．太原：山西人民出版社，1987：51，61，68.

④ （南朝·梁）宗懔．荆楚岁时记［M］．宋金龙校注．太原：山西人民出版社，1987：15，71，71.

古代酒器，因酒器头尾有羽翼，故称羽觞；“尊”同“樽”“罇”，是古代酒器，“瓶”是古代炊器；“盆”是古代炊器，亦作“钵”，底窄而器口宽大；“罇”是“樽”的异体字，是古代的酒器。这些饮食器具分工明确，反映了在魏晋南北朝时期，江汉平原一带饮食器具的丰富。

（三）饮食行为词语

《荆楚岁时记》中记载了丰富的食物类型，还记录了食物制作过程词语和进食行为动作词语。一是关于食物制作过程词语的记录有：“元日造五辛盘。”“用柏子仁、麻仁、细辛、干姜、附子等分为散。”“正月十五日，作豆糜，加油膏其上，以祠门户。”“宜作白粥，泛膏其上以祭我。”“煮粳米及麦为酪，捣杏仁，煮作粥。”“研杏仁为酪，引饧沃之。”“造”即制作，“分”同“粉”，即粉碎之意；“作”即煮，“加”就是添加，“泛”就是在粥的表面浮放；食物的制作过程中有“研”“捣”“分”“煮”等动作。“沃”即灌，也是添加油膏的一种动作。由此观之，在楚地，百姓食物的制作种类丰富，制作手法多样。二是进食动作有关语词的记录有：“下五辛盘。”“进敷于散，服却鬼丸。”“《庄子》所谓饮酒茹葱，以通五藏也。”“北人此日食煎饼，于庭中作之，未知所出。”“下”是江陵方言，表示“吃”；“服”特指吃药；“饮”指的是喝；“茹”是吃，茹，飤马也，“从艸，如声”。[①]“茹”的本义是喂马，后引申出“吃”义。《荆楚岁时记》中“茹”的对象是葱，葱是辛辣的蔬菜，在那时也是荤。而在《庄子·人间世》的“回之家贫，唯不饮酒不茹荤者数月矣”中，“茹”的对象是“荤”，这里的“荤”则指的是肉食。可见，“茹”动作的对象可以是蔬菜，也可以是荤菜；“食”也表示吃。针对不同的食物而选用不同的动词，体现了魏晋南北朝时期进食方式的多样性和丰富性，还体现了汉语词汇的丰富性。

《荆楚岁时记》记录的饮食词语，多数都是单音节词，很多词语如“粥”“粽”“熬”“煮”“饮”等流传到今天还在使用，且基本意思未有太大变化，传承性强。这些词语充分体现了魏晋南北朝时期汉水下游荆楚地区趋利避害心理与养生相结合的饮食习俗，“正月初一不杀鸡，初二不杀狗，初三不杀猪”，“五辛

① （东汉）许慎原著；汤可敬撰．说文解字今释［M］．长沙：岳麓书社，1997：140.

盘”等记录则体现出魏晋南北朝时期宗教信仰多元化的情况，同时反映了当时动乱环境下较为和谐的社会风貌。总而言之，《荆楚岁时记》中丰富的饮食类词语表现了魏晋南北朝时期汉水下游丰富的社会内涵。折射出荆楚地区在这一时期的饮食习俗，以及从饮食习俗中折射出来的社会政治、经济和文化方面的社会内涵。

四、汉水食语的文化意义

（一）折射出人们对食源耕种与气候环境关系的认知

气候是人类赖以生存的自然环境和自然资源的重要组成部分，与人类的生存和社会活动有着密切联系。气候、季节都包含在自然环境之中，包括了水土、风雨、天气等多个要素，同时，人们又根据太阳的位置与变化制定了节气。一年可分为二十四节气，即二十四时节和气候，是中国古代订立的用来指导农事的一种补充历法，节气的命名既反映了季节和物候现象，又反映了气候变化。自从人类在地球上出现，就在进行着“适应环境”和“利用环境”的斗争。在适应自然、改造自然的过程中，人类逐渐意识到气候作为自然环境中无所不在、无时不在的客观要素，深刻地影响着大自然中万事万物的组成、组织及发展变化过程。这种作用在生物界涵盖了从病毒、微生物、植物、动物到人的所有物种。所谓的“物竞天择，适者生存”在很大程度上取决于地方气候环境的选择。古代先民根据气候环境的不同创造了不同的谚语，同时，通过谚语也反映了不一样的气候环境。中国幅员辽阔、各地气候环境千差万别，孕育出了各具特色的文化和风味不一的食物，汇聚成如今的饮食文化。

三千里汉江，各地水土、气候略有不同，其饮食的发展也存在很大的不同。气候以冷暖干湿这些特征来衡量，包括了天气、风水干湿、节气等。不同的气候环境栽种培植出不同的果蔬牲畜，这些经验汇聚而成的饮食谚语不仅使得知识得以传承，也反映了各地不同的气候环境特征。一道好的菜肴需要以新鲜形美的食物为基础，在适当的气候下栽种、收获是保证菜肴营养和口感俱佳的首要条件，而这些都需要我们根据食物的生长方式、条件及气候的变化来寻找规律。首先，饮食的基础就是有好的食物，雨水作为粮食生长所必需的条件，对其产生了极大的影响。喜雨的作物，则如“清明前后一场雨，豌豆麦子中了举”，“稻花要雨，麦花要风”；也有不喜雨的作物，则如“麦怕胎里风，谷怕老来雨”，“水稻水多是糖浆，小麦水多是砒霜”；当然，还有些作物是雨水多少都没有什么影响的，如“豆子不怕连夜雨，麦子不怕火烧天”等。说明雨水多寡对作物牲畜有着极为重要的影响，它不仅影响了作物长势的好坏、食物水分的丰疏，也关系食物口感的优劣。其次，对于农事生产养殖来说，温度也占据了重要地位。“天时虽热，不可食凉；瓜果虽美，不可多食。”这一谚语充分反衬了现代人对健康的不重视。夏季天气燥热多汗，身体水分蒸发快，很多人为了降温或在运动、工作之余都会吃喝大量的冰激凌和冷饮，导致身体严重受寒，造成经期疼痛、胃寒不适等症，损伤了自己的身体。瓜果也是同理，人们觉得其味道甜美，过量食用，也会对自身造成伤害。“望梅止渴”的典故家喻户晓，从中，我们知道了杨梅能够生津止渴。但是，杨梅还有很多其他的作用，如，止呕、止泻，还能祛暑热。杨梅味酸，有开胃之效，将之用水煎服，可以祛暑热，预防中暑，所以有“杨梅开胃祛暑热”的说法。与杨梅相似，绿豆清热解毒、解暑利尿，也是消暑祛热的佳品，故“三伏喝碗绿豆汤，头顶烈日身无恙”。温度不仅对人的身体有影响，对作物的生长也有影响。稻子既怕炎热无水也怕过低的温度，“稻怕寒露一夜霜，麦怕清明连放雨”，“人怕老来穷，麦怕秋旱”。稻谷怕冷，可是麦子却喜冷，越冷其长势越好。所以有“一冬无雪麦不结”，“入冬小麦三层雪，来冬雪是麦被”。而且，麦子不仅不怕冷，也不怕热，“麦子不怕火烧天，荞麦不怕雨连绵”。由此我们了解到，温度对人和作物都有一定的影响，并因对象不同而需求不一，适宜的温度才能保证人体的健康及作物的优良品质。最后，除了雨水和温度，基于食物的生长需要阳光这一原理，中国古代农耕社会对物产所需的光照条件亦十分重视。

季节，即为春、夏、秋、冬四季，四季交叠更替，形成了我们生活的多姿多彩的世界。一年除四季以外，还分为十二月，每季均分三月，即3—5月为春季，6—8月为夏季，9—11月为秋季，12月至次年2月为冬季。同时，在节气中也有很多是反映季节的命名，如立春、春分、立夏、夏至、立秋、秋分、立冬、冬至等。古人以其智慧和经验总结出谚语，如，“春分早，谷雨迟，清明种薯正当时”“寒露早，立冬迟，霜降收薯正当时”等。春季乃是一年伊始，万物复苏、生机盎然之时，是调理身体的好时节。因此，人们对春季饮食尤为关注。葱作为一种非常普遍的调味品和蔬菜在饮食中是很常见的食物。夏季天气炎热，暑气逼人，人们常会感到燥热不耐、肝火旺盛、烦躁易怒且食欲降低。这时，我们就不能再一味地补充营养，而是应该食用一些清淡、易消化的食物，如水果和蔬菜，也要注意尽量少吃油腻、辛辣以及大补易使人上火之物，遵循"夏宜清补"之道。秋季是收获的季节，果蔬植物多而新鲜。有"吃了十月茄，饿死郎中爷"的谚语。秋季是收获的季节，农耕社会对此时节很重视，家家户户忙碌不休以确保生计。虽然当季的时令鲜蔬、果品丰盛，但是由于人们繁忙的劳作以致反映此类的谚语很少。漫长而寒冷的冬季在人们眼中更是因时制宜、进补强身的绝佳时机。羊肉含有丰富的蛋白质、钙质和铁质，胆固醇含量也较低，对于营养不良、贫血、手足冷、气血虚弱、面色灰暗、脾胃虚弱等症状都有很好的疗效，正是冬令时节最好的补品。可供四季均食的作料食物是姜。姜有散寒、温胃止呕、清热解毒的功效，并且作为一种常见的调味品和菜蔬，被广泛用于各色菜肴之中。姜也是一味常用的中药，可用于扩张血管、加速血流、增高体温。关于姜的谚语非常多，如，"一片生姜胜丹方，一杯姜汤老小康"，"十月生姜小人参"，"早上三片姜，赛过喝参汤"，"一日不吃姜，身体不安康"，"四季吃生姜，百病一扫光"。

（二）展现出人们饮食习俗对社会发展的推动作用

随着社会的不断发展，社会百态在饮食谚语中得到了反映。饮食谚语虽以饮食为主，但"柴米油盐酱醋茶"的饮食语言，却揭示着社会生活的真谛。"女人嫁汉，穿衣吃饭"这句谚语用词朴实无华，却告诉了我们最重要的一点，那就是在生活中，首要的事情就是有衣穿、有饭吃。在社会中，不仅是女子嫁人需要考虑生活的问题，生活在世界上的所有人都要考虑一下生活的基本问题。也有"娶妻娶妻，煮饭洗衣；内助内助，纺花织布"之说，指男子娶女子后，女子要在家烹煮饭食、浆洗衣服、纺织花布等，即为现在所说的女主内。但是，古代的女子更倾向于不出外工作，只在家庭中为家人服务，并不掌握家中大权。"一粒老鼠屎坏了一锅汤。"汤在人们饭食中很常见，因其易于吸收，故很多人很是喜爱喝汤。一锅汤熬制不易，不仅要将不同特性的食物互相搭配、调味，也要将相克相碍的食物分开熬煮。一般汤品从选材到熬制完毕少说都要一两个小时，更有甚者需要花费一天或更长的时间。可是，在这样的食物中，突然落入了一粒老鼠的粪便，便使得整锅的汤无法饮用。这句谚语不仅是饮食中的一次事故，也可以用在我们的社会生活中。人们经常用此谚语形容，在工作或学习中，一个团队里出现了一个或多个肆意破坏他人劳动成果或想要不劳而获、从不付出的人，使整个团队效率下降，从而影响整个团队任务完成的人。“强扭的瓜不甜。”瓜熟蒂落，自然结果成熟的瓜果甜美多汁，可是，在果实还没有完全成熟之前就强行将果实摘下，就会破坏瓜果自身的生长周期，让瓜果口感不佳，且营养成分和价值受损。故而，务农的人会因时制宜，在该播种时播种、该收获时收获。在社会生活中，人们也经常会提到这句谚语，可是，这时其意义和它本身的意义是大不相同的。通常，我们在被强迫做一件或多件我们不愿意做的事情的时候，我们就会说“强扭的瓜不甜”。这表示逼迫他人做其不愿意做的事是不好的或会得到不好的结果。狗肉是人们在冬季进补的佳品，可是，对于这一菜肴，还有“狗肉上不得席面”一说。狗在古代被视为祭祀的用品，南北朝后，狗是作为猎具和放牧的守卫的，而且，佛学典籍也认为狗是不洁的，故而禁止屠食狗肉。同时，也有被人们认为是品质不好的人或物、见不得人的意思。在现代，是指在一些人身上付出了较大的努力、寄予了殷切的希望并给予其机会后，这些人还是退缩不前、一事无成，使得他人万分失望后，对这些人的贬义之说。

马克思说过：“人是社会的动物。”这表明我们生活在一个大的社会关系网中，没有人是可以与他人完全没有交集而独立存在的。所谓“一只碗不响，两只碗叮当响”。只要有人存在的地方，就会有不同的关系产生，有不同的事情发生。马克思指出：人的本质是一切社会关系的总和。即社会关系源于人，因为有了人才产生了各种复杂的关系，社会关系就是这些关系的统称。现代社会，聚会成了人们交流、联络感情的首选，而烟、酒则成为宴席中的必备品。有人说“无酒不成席，无烟没话题”，是指在饭桌上，一定要有酒和烟，在推杯换盏和喷云吐雾中，深入话题，增进感情。少量喝酒可以增加怡情养性的生活情趣，如“酒逢知己千杯少”，但是，过量饮酒是非常伤身的。所谓“药不治假病，酒不解真愁”，“一醉解千愁，酒醒愁还在”，“酒坏身子水坏路”，都是告诫人们不要过量饮酒。而抽烟不仅没有好处，更是人们生活中的一大陋习，需要戒掉。故也有“戒酒戒头一盅，戒烟戒头一口”的劝诫。聚会，是由我们的社会关系中的人们聚集在一起的活动，而聚会中的人们以朋友关系居多。朋友关系是人们在社会关系中的重要组成部分，但是朋友也有好坏之分，古人说：“近朱者赤，近墨者黑。”就是告诫我们要与好的朋友交往，这样才能更好地提升自己，所谓“入芝兰之室，久而不闻其香；入鲍鱼之肆，久而不闻其臭”正是如此。朋友可以倾听我们的抱怨，也可以帮助我们摆脱失败，共同进步。正如“有饭送给亲人，有话说给知音”，有一位知音朋友是多么幸运的事情，和这样的朋友在一起，我们也能感受到“酒逢知己千杯少”的畅快；但是，遇到了小人一样的“朋友”就不是什么好事了。这不仅是“话不投机半句多”了，更是“小人口如蜜，转眼是仇人”。社会关系可以说是我们毕生都需要去学习的一门深奥的学问，现代社会有人“雪中送炭”，也有人“落井下石”，对于在遇到挫折困难时对我们雪中送炭的人，我们应该学会感恩，所以有“吃苦菜，莫吃根，交朋友，莫忘恩”；而对于那些落井下石的小人，我们也要“馅饼待朋友，拳头上敌人”。不仅朋友间应该互相帮助，如果力所能及，哪怕是陌生人有困难，我们也应该主动帮忙，但是要注意分寸，不能将好事变坏事，成了“一斗米养个恩人，一石米养个仇人”。朋友之间的关系也需要我们用心经营维系，“茶水越泡越浓，人情越交越厚”，时间越长，朋友间的交情就越深。虽说好朋友是“甜馍馍冷吃也甜，知心人恼了也好”，但是，再深的交情也经不住长时间的破坏，正如“肉炒熟，人吵生”，时间一长，友情也就不复存在了。比友情更坚固的就是我们的亲情了，家里有来自家人的温暖包容，永远都是我们避风的港湾，也是我们强大、坚固的后盾。“猪爪煮千滚，总是朝里弯”正是比喻家人之间牢不可破的关系，不论怎么变化，总是互相袒护、帮助的。也有人说，有的亲戚之间矛盾重重，可是，当人们真正遇到困难的时候，总会找自己的亲戚，所谓“汤热还是水，粥冷会粘连”，正是比喻亲人之间的关系再冷淡，还是比外人要可靠的。饮食语言来源于人们在生产生活过程中的积累，可以说其源于社会而又推动了社会的发展。

（三）剖析出人们饮食习俗对生活观念的塑造影响

“观念”源自古希腊的“永恒不变的真实存在”。它同物质和意识、存在和思维的关系密切。而且，在华夏饮食的发展中，离不开宗教对其的影响。《礼记·中庸》中说：“中也者，天下之大本也；和也者，天下之达道也。至中和，天地位焉，万物育焉。”中和之美是中国传统文化的最高审美理想。天地万物都在“中和”的状态下找到自己的位置繁衍生育。这种审美理想建筑在个体与社会、人与自然的和谐统一之上。这种通过协调而实现的“中和之美”，正是在上古烹调理论的影响下产生的，而反过来又影响人们的整个饮食生活，对追求艺术生活化、生活艺术化的古代文人，尤其如此。中国陶鼎的诞生，起初就是因为人们对饮食器具的需要。自从陶鼎出现以后，历经几千年的发展，华夏饮食已经形成了自身固有的一系列饮食文化体系。这种文化体系不止包含了人们对饮食的认识，还有烹饪方法、饮食食量、饮食行为、营养养生等多个组成部分。中国的饮食观念以“精、美、情、礼”为重，指饮食观念中的做工精细，品貌俱美，喻之以情并守之以礼。所谓“食不厌精，脍不厌细”，“食以味为先”，“静以修身，俭以养德”，都是以上四点的生动描述。

有所谓“开门七件事，柴米油盐酱醋茶”。这七件很是平凡的小事，却是组成饮食的基础：柴火用以制熟，米用以填饥，油用以热锅，盐、酱、醋用以调味，茶用以提神、解渴，以这七件事为支撑，烹制而成了多年来国人餐桌上色香而味美的各色佳肴、美食。以致衍生出“民以食为天”的说法。“天”在古代人的认识里是至高无上的，这足以说明饮食在人们的生活中占据着举足轻重的位置。饮食谚语不仅是从人们的生活中总结出来的经验，也指导了人们的生活。

人们的观念与认识也渗透到了生活当中。有些人认为，饮食就是在饥饿的时候吃东西、在饥渴的时候喝水，可是，正确的饮食观念并非如此。谚语：“未饥先食，稍饱即止。”在人的身体感到十分饥饿的时候才进食，会对人的身体造成不良影响；而吃得过饱，也会令胃部的负担加重，损伤肝脏的功能。所以，应在不是很饿的时候饮食，在稍稍有些饱腹的时候停止。饮、食相连，故而又有“饥而食，食不过饱，极渴而饮，饮不过多”的说法。《内经》中有说：“饮食有节，起居有常，不妄劳作，故能形与神俱，而尽终其天年，度百岁乃去。”这段话告诉我们：饮食的时候有节制，生活起居有条理，劳作的时候不过度，这样身体和精神都会得到很好的调养，人就能够寿终正寝，活到百余岁过世。其中的“饮食有节”说的就是饮食要有规律，要适度、适量，即不能暴饮暴食，饮食需冷热适中、五味相调。古时，人们认为，如果在饮食上不知节制，就会牵累到自身的健康，于人的长寿有碍。故而，又有“饮食不节，杀人顷刻”“暴饮暴食易生病，定时定量得安宁”等说辞。也有“饮食过饱，促人衰老”之说，这和上面提到的“饮食有节，起居有常”大体相似。因为饮食超过了人的肠胃所能承受的限度就会对肠胃的工作造成压力，导致多余的食物不能被消化吸收，久而久之，就会使肠胃功能受损。而且，这些食物残余会留在大肠中，被大肠中的元素分解，一部分会融入人的血液中，致使人的血管发生病变，使人加速衰老。由于吃饱喝足后，身体血液加快流动，此时洗澡、剃头，会使血液的流动愈发加快，造成身体的损伤，故有“饭饱不洗澡，酒后不剃脑”的说法。人们对饮食的追求与探索，也是在心灵和精神上的一种释放与追求。“静以修身，俭以养德”不仅是指要勤俭节约，更是在观念上引导人们要珍惜粮食，在这一点上，于国人是不言自明的。更有“天地‘粮’心，珍食莫蚀”，“一粥一饭当思来之不易，一丝一缕恒念物力维艰”，“粒米虽小君莫扔，勤俭节约留美名”之说；同时，也有“饭菜穿肠过，礼让心中留”“即使饥肠辘辘，也要风度依然”之说，这些谚语都是在教导我们即使是在非常饥饿或是酒足饭饱的时刻，也要本分守礼，不可逾越。由此可见，“礼”作为中国社会的传统文化，是人们为人处世的基本要求。饮食文化与先贤“礼”的观念结合，应用于教育，渗透到生活之中，教化后世，影响深远。

第九章　食无求饱

——汉水食忌

在数千年的中国文明史中，历代之“士”穷毕生之力，究诘“内圣外王之道”，形成了思辨人文、社会与历史的知识传统，对“工匠术技”都视为末流，鲜见着墨，但于“饮食”却是一个例外。长久以来，围绕人类的食事活动，不仅文人墨客竞相吟咏，还总结出了一系列食物原料的开发利用、食品制作工艺流程和饮食消费过程中的技术、科学、艺术、礼仪，产生了以饮食为基础的习俗、传统、思想和哲学，形成了悠久而丰富的饮食文化、食俗文化。它涉及社会科学、自然科学的交叉研究领域，与文化人类学、民族学、社会学、考古学、历史学、生态学、经济学、艺术学、心理学等学科关系密切。《礼记·礼运》中记载：“饮食男女，人之大欲存焉。”男女之合是种族繁衍之途，渴饮饥食则是人类延续之需。就饮食来说，有喜荤有喜素，有喜酸有喜甜，不同的人对饮食有不同的偏好。从生物学层面上看，在这一差异上人与动物没有什么区别，但就人类的社会属性而言，饮食的好恶表征了一个民族或者区域人群的文化心理，不同的文化心理对饮食选择的偏好与排斥也有重要的影响。文化心理能够在某种形态下支配人们做出一些典型的饮食选择。在好吃和难吃的背后是想吃、能吃、不想吃、不能吃。梳理这类问题是研究饮食与文化关系的重要组成部分，对于促进合理饮食选择与社会文明有着积极的现实意义。饮食好恶的表现有很多种情况，在个体特征上更是不一而足。但是单个个体饮食好恶并不具有宏观的社会意义，也难说全部能与社会文化心理相关联。只有表现为群体特征的饮食偏好与选择才有文化心理定向性特征可供总结。群体特征人群的典型划分维度有宗教、民族、地域、阶层等，由此可以发现很多饮食选择背后的文化心理。

“食无求饱”是指饮食不要求饱，要节制。为《论语》二十篇里的第一篇《学而》里的第十四条，原文是：“子曰：君子食无求饱，居无求安，敏于事而慎于言，就有道而正焉，可谓好学也已。”[①] 意为“君子吃饭不要求能饱，居住不要求舒适，干事情勤劳敏捷，说话却谨慎，到有道的人那里去匡正自己，这样就可以说是好学了”。“食无求饱”是指饮食不要求饱，即饮食要节制。食无求饱恰到好处地反映出汉水流域人们对饮食选择的禁忌习俗文化本质。

中国历来有礼仪之邦的美称，礼仪制度和风俗习惯均始于饮食活动之源。《礼记·礼运》中有“夫礼之初，始诸饮食”[②] 的记载。其中，不少关于饮食的礼仪在后来的发展演变中变成了人们日常生活中的禁忌。如，襄阳地区人生礼仪饮食禁忌强调，孕妇妊娠期间饮食方面多以补品调养，避免孕妇吃辛辣、油腻的东西。此外，旧时还有许多饮食禁忌。如，孕期忌食鳖肉，否则生的小孩会眼斜背驼；忌食兔肉，否则小儿会嘴歪。在出殡那天会把亡者口中、手中的“打狗饼”拿出来，从屋前扔到屋后让狗吃掉。据说这样亡者在阴间见阎王爷的时候就不会被狗咬。此外，丧葬的筵席菜品大部分和上面提到的人生仪礼一样，只是在襄阳某些地方整个筵席菜品里面不会有鸡蛋（鸡蛋圆的形状有圆满之意，在有人去世的场合不适宜）。

一、汉水与食源关联的天象禁忌

禁忌民俗是民间普遍存在且流传久远的一种民俗，即使是人类科技高度发达创造了航天飞机和深海潜艇，能使人类上天入地皆可实现的今天，即使是经历后殖民和后现代淘洗使优秀传统因子渐行渐远的一代代年轻人的心灵，坚守和信笃某些传统风俗人群数量减少的当下，禁忌观念依然在人们灵魂深处占据一席之地，甚至紧跟社会文化心理变迁，人们内心深处不断被填补着新的禁忌。无论是在基础设施落后、信息闭塞甚至观念愚昧依存的乡村，还是在车水马龙、日新月

① （春秋）孔子 . 论语［M］. 杨伯峻，杨逢彬，注译 . 长沙：岳麓书社，2018：11.
② （元）陈澔 . 礼记［M］. 金晓东校点 . 上海：上海古籍出版社，2016：261.

异发展着的繁华文明都市，禁忌的身影一直在人们的脑海里飘忽着，无论你是社会游荡的乞丐还是学富五车的社会精英，有人的地方，就有禁忌，人是禁忌文化的创造主体。人是禁忌行为实施的主体，禁忌普遍地留存于人的生产与生活实践活动中。生产与生活实践是人类最根本的生存实践，如，农作物耕作和饮食物品的制作等。民间禁忌民俗，对人类的生产与生活领域有着广泛而深厚的影响。

汉水流域自古以来就以农业经济发达而闻名，新、旧石器时代稻作遗存在汉水流域文化遗迹中的发现就足以证明。而在汉代的画像石上，就有阉牛的题材，牛这种大型畜力很早被用于农业生产便证明了农业的发达。由于科学技术的落后，虽然这一领域较之全国其他地区觉醒较早和成熟较早，但是现在从远古留存下来的那些颇具迷信色彩和神秘感的农业生产禁忌中，依然可以看出先民们在这样一个不发达的封闭的农业系统里，对农业生产对象的崇敬、依赖、乞求的心理和对自然灾害无可奈何的被动恐惧心理。这种心理是农民对丰收企盼的折射。由于思想认识的局限，这些农业生产上的禁忌在一定程度上对生产产生了消极影响。虽然一些农业生产禁忌有其深厚的历史渊源，但随着科学文化的普及，这些禁忌目前已基本上得到了破除或消解。

在唐白河流域的南阳地区农业生产习俗中，首先，忌讳暮冬打雷。有道是"正月雷声发，大旱一百八（即 180 天）"。天旱缺雨，庄稼就有可能歉收。这种忌讳打雷的风俗之形成，具有远古时代对雷神敬畏遗俗的成分，表现了先民对于自然灾害的畏惧之情。为避免冲犯雷神，就要停止耕田和播种，以示迎接雷神的庄重和严肃。其次，南阳民间一直到现在都认为从正月初一到初五是不能劳动和动土的，否则是不吉利的。因为春节期间是祭祀拜神活动最频繁的时期，如果生产劳动则会被神灵误认为祭祀者不专心或不虔诚，若冲犯了神灵，一年诸事不顺。民众对天象中的日月星辰和风雨雷电都曾存在着禁忌，例如，对流星、彗星等星辰的禁忌就是如此。在汉水流域民众的生活中，为了提示对某些星辰的禁忌，往往给予它以一个世俗化的名称，如称流星为亡星，称彗星为扫帚星、妖星，称摩羯星为克星等。汉水流域民间认为只要流星、彗星一出现，人间就将有灾祸发生。因为"天上一颗星，地上一口丁"，地上添丁一口，天上便增加一颗星星。若地上所添丁口的地位名望显赫，那么天空中的星辰便明亮一些，反之，则灰暗一点。人与天上的星辰是对应的。因此，若天上有一星辰陨落，地上便将有一丁故去；若陨落的是一颗明亮耀眼之星，那将意味着大将、名人死亡，甚至预示皇帝驾崩或国家有难。凡遇流星划曳天空时，为消灾免祸，不可以用手指点，更不可大呼小叫，而应马上朝天吐口唾沫，只有如此，方能祓除不祥。彗星的出现更是汉水流域民间的大忌，认为是战乱、灾荒之兆，颇具神秘感。“彗星东出，有寇兵、旱。”（《占经》）“虹霓、彗星者，天之忌也。”（《淮南子》）《春秋运斗枢·古微书》中则认为，彗星出于东，是“将军谋王”，出于北，则“夷狄内侵”，出于西，“羌胡叛中国”，出于南，“天下兵起”。太岁则具更大的魔力和破坏力，背着或冲着太岁迁徙、行走、建房等则必遭祸殃。因此世人对它尤为敬畏。若见上述诸凶星临头，则需千方百计规避之。星占迷信形成后，人们为求吉星高照，衣、食、住、行、婚、丧、嫁、娶百无禁忌，得求助于巫人作法，拼作“镇物”以消灾除祸。农村，尤其是穷乡僻壤之地，迷信和巫人大有市场，盖出于此因。

对于雨后天霁出现虹的禁忌，可谓源远流长，在《诗经·鄘风·霓蝀》中就有这样的记述：“霓蝀在东，莫之敢指。”就是说在天空的东方若出现彩虹，人们不要用手指它，否则，不吉不祥将会降临。虹，又叫霓，雌雄虹合称虹霓，《说文解字》中将虹又称作螮蝀，形状如虫。《山海经》中说虹有两头，意为雌雄同体相交之意。因此，虹之出现，意味着不吉。在汉水流域民间，如果天空的南面和北面出现彩虹，那么就预示着灾难的来临，世人深以此为忌。而东方和西方若出现彩虹，则预示着天气不风则雨。流传于宛地的俗谚说：“东虹呼雷西虹雨，南虹出来卖儿女，北虹出来大杀大砍。”又说：“东虹风，西虹雨，南虹北虹涨大水。”从流传于宛地的关于虹的谚语中，我们既可以看到汉水流域民众对于虹出现的不同方位对气候的影响变化的经验，同时也可以从中清晰地看出广大民众对于虹的敬畏心理和颇具神秘的态度。雷，亦是南阳民众深深忌讳的天象，人们有感于雷电在自然界中无与伦比的巨大威力而对之存有诚惶诚恐的畏惧心理。尤其是在不该打雷的季节里，若出现雷电，更应讳莫如深，认为是灾难的预兆。这种心态，从流传于宛地的民谚里可窥见一斑。谚语：“正月打雷土谷堆，二月打雷麦谷堆。”“谷堆”，南阳方言，既有“丘”的含义，又有“多”的含义。土谷堆，即多土丘，多坟。正月打雷，预示疫病将流行，死人多，坟头激增。二月和三月正是初春和仲春季节，由于雷电的作用，空气中的氮素激增，随雨入地，能使农作物高产。俗语道：“春雨贵如油。”故而有“二月打雷麦谷堆”之说。这充分表现出民众对正月打雷是很忌讳的。对于不该打雷的季节而打雷，汉水流域民众亦是倍加忌讳的。有谚语:“十月雷,阎王不得闲。”又说:“ 十月雷,人死用耙推。”

农历十月已届冬季,本不该发生雷电这种天气征候,但若发生了雷电,则预兆来年疫病流行,大量死人,所以阎王不得闲,人死用耙推。这对喜生恶死的凡夫俗子而言,其忌讳心态不言自明。

对天象的禁忌,表现了传统农业氛围中的南阳民众在受到天气条件制约而无法排解时,所做出的旨在维持心理平衡的反应。自然环境中的一些天气现象给善良的百姓带来了灾难和痛苦,使得他们惧怕某些天象,因怕而敬,企图用敬的方式来讨好天神,使其不再降灾于民。人们表面是敬它,其实质是怕它,于是就用一些繁文缛节和敬语来讨好它,以求得它的谅解。在南阳汉画像石墓的穹顶上常常绘饰有日月星辰,就是出于这种动机。这种信仰和禁忌完全是由于生产力水平和人们认识能力低下造成的。

天象禁忌在人类的生产生活中得以生动演绎。在汉水下游的孝感,生活上或与饮食有关的禁忌在民间多有流传。如,每日起床后至早餐前,家里人忌说龙、虎、猴、鬼、梦、死及一些不吉祥的言辞。大年初一忌食鸡(鸡与“饥”同音),怕新的一年没饭吃。中元节(汉水流域中元节多为农历七月十五,俗称七月半)吃烧包饭忌添客,怕家里死人。贸易成交吃贯食,忌吃猪头,怕跌本吃亏。生疱疖忌食鲶鱼(鲶与“年”同音),怕年头烂到年尾。生产上的禁忌多与天象物候有关。如,正月初一忌逢辰,龙少则勤,一年多雨。正月初一逢丑,则一年耕地,牛力逸可望丰收。正月十二忌逢辰,十二龙治水,龙多水治水,主旱。正月十二逢丑,十二牛耕地,牛力勤,主歉收。立春忌雨,最宜“立春晴一日,农夫易耕田”。惊蛰宜冷,忌气温高,一阳复始,百虫出洞,冷则虫灾少。清明忌雨,谷雨忌晴,要“晴清明,暗谷雨”,关系全年丰歉。春(雷)打五九尾,油鞋穿破底,雨雪多。八月忌三卯,牛吃烂稻草。白露忌雨,“白露白露,多雨烂路”。白露忌单(日),白露逢双(日),干谷上仓。头九忌雪,“头九下雪,九十九场雪”。冬忌无霜冻,“腊月无霜雪,来年虫害袭”。谷种下泥及旱土作物下种,忌人叫喊,怕遭鸟吃鼠咬。割禾忌早晨放快,怕割了手脚。扮禾忌在田边插扁担,怕收不得工。

二、汉水节庆饮食禁忌

节庆饮食禁忌即逢年过节及喜庆之时的一些与饮食有关的忌讳。此类禁忌不多，但与生产和生活息息相关。以汉水上游的陕南为例。陕南春节期间，忌打破碗、碟、盆及其他器物，忌丢失东西。如果发生这些事情，就认为是不祥之兆。汉阴县吃米饭时，饭里不准泡汤，因担心诸事会“泡汤”之故；忌食圆形锅巴，忌破“团圆”之故。以上禁忌，以初一、初二、初三为最严格。忌在别人家就餐。忌客人登门。不担水。忌蒸馍，因为蒸馍会生汽，以免在新的一年中“生气”。忌打浆糊、搅团，古俗认为初一是鸡的生日，打浆糊和搅团会糊住鸡的眼睛。现今许多人解释为打浆糊会使小孩变糊涂，不聪明；打搅团会使家中是非增多。商洛柞水县忌初一、初二、初三在外面倒水，以免新的一年请人干活时会下雨。正月初五，叫“破五”。破五这一天，一定要吃饱肚子，《延绥镇志》：“五日饱食，谓之‘填五穷’……”此日忌出门，忌来客。现在破五之习俗已经改变了内容，如年气已过，可以恢复往常了。俗谚说“年过初四五，缺肉少豆腐”就是这个意思。正月初八，叫“谷日”，忌阴。正月二十日，叫“天穿节”或“补天补地节”，是陕西特有的民间节日。城固县忌担水，忌扫地，忌锄田。因为担水会惊动水中的龙，扫地扬尘会损害龙的眼睛，锄田能碰伤龙的鳞甲。丹凤县忌烙馍，只能蒸馍。四月初八，叫“浴佛节”，相传是佛祖释迦牟尼的生日，禁屠割一日。五月初五，叫“端午节”“端阳节”“夏节”，人们于此日挂蒲艾、喝雄黄酒，也是为了避邪。六月初六，称“天贶节”“迎女节”“虫王节”“晒衣节”，有俗谚：“六月六日雨，菜根遭虫蛀。”八月十五，称“中秋节”“秋节”。民间于此日夜间祭月、赏月、食月饼，因而忌阴雨。另外有谚语：“中秋有雨，次年元宵必阴”，主年景不好。八月二十七，孔子诞辰，禁屠宰。冬至节，也叫“冬节”，忌不吃饺子，俗信否则会冻掉耳朵；忌吃不饱，俗谚说：“冬至吃饱饭，一冬不咳嗽。”十二月三十，是一年的最后一天，称“除夕”。禁忌与春节大体相同，而商南女子此日忌吃娘家米，俗谚说：“三十吃了娘家米，祖祖辈辈还不起。”蒸年馍时，忌邻家妇女来借东西或生人来家，认为出现这种情况，蒸出的馍皮子不光亮。

陕南其他民族饮食禁忌。饮食文化除了一般所讲的吃喝之外，还包括饮食所具有的文化意识。因民族和宗教信仰的不同，不同的人群形成了不同的饮食习俗和饮食禁忌。在清代陕南地区生活着的人群以汉族为主体，少数民族中以回民的数量为多，在饮食方面汉族没有多大的禁忌，主要表现在敬天和敬祖上，而回族的饮食禁忌较多。首先，我们来看丧葬饮食禁忌。丧葬是对亡者的收敛和祭奠，饮食从简。在居丧戴孝期间，对孝子的饮食有特殊的要求，如，“凡丧三年者，百日薙髮，仕者解任，士子辍考，在丧不饮酒不食肉。”[①]这种在丧禁食酒肉的传统既是一种仪式的体现，也是对亡魂的告慰，在陕南的各府州县都存在。其次，再来看信仰饮食禁忌。人因文化背景和民族传统的不同，信仰也不尽相同。在清代陕南地区，人们有信仰鬼神的，也有信仰宗教的。信仰鬼神在饮食上无多少禁忌和要求，不外乎敬鬼神要虔诚。而在宗教信仰上饮食禁忌比较多，如，佛教和道教对酒肉的禁忌都有自己的要求，不过最为普遍和常见的当属信仰伊斯兰教的回民对饮食的禁忌。陕南居住着大量的回民，且都信仰伊斯兰教（回教），在清代也是如此，各府州县的方志中都有记载，如，《宁羌州乡土志》中记载：“回教人约五十余名。”[②]《砖坪县志》中记载：“城内回民四十余户，俱阿剌伯之清真教。”[③]《镇安县乡土志》中记载：“本境回民一千余户，男女大小五千三百余丁口，悉系真阿剌伯人。”[④]其余各州县或多或少都居住着回民，他们在饮食上有自己的习俗和禁忌。在伊斯兰教中猪被视为秽物，又脏、又懒，是一种不洁净的畜生，且猪肉中含有病菌和寄生虫，食后对人体有害，所以禁止教徒食用。这种饮食禁忌每个穆斯林都遵守，久而久之就演变为民族的饮食习俗沿袭下来，清代陕南回民不仅不食猪肉，还对其他民族盛放过猪肉的器皿也不使用，更有甚者连“猪”字也比较厌恶。除了禁食猪肉外，酒也在禁止之列。“圣训”中规定：“凡是致醉的饮料都是禁物。”[⑤]陈克礼翻译的《圣训经》（中册）中介绍：“……禁酒令已经颁布，共分五类：葡萄酒、枣酒、小麦酒、大麦酒、蜜酒，凡麻醉理性者，皆为酒。”他们认为，饮酒是一种秽行，是恶魔的行为，故当远离。根据此规定，在

---

①（清）光绪《定远厅志》卷16《礼仪志·丧礼》.

② 中华民国《宁羌州乡土志.宗教》.

③ 中华民国《砖坪县志》卷2《宗教》.

④（清）光绪《镇安县乡土志》卷上《人类·宗教》.

⑤［埃及］巴基.圣训珠玑［M］.马贤，译.北京：宗教文化出版社，2002：486.

陕南散居的回民也有不饮酒的习俗。总之，清代陕南的饮食禁忌不是很复杂。汉民族主要是出于对鬼神的敬畏和养生的需要才在一些特殊的场合或时间有饮食禁忌，而散居着的回民一方面是教义教规中规定了一些禁食之物；另一方面则是在长久的生活中已经形成的饮食习俗中有不食之物。

三、汉水食忌与养生

汉水流域人们的养生之道有宜熟忌生、宜热忌冷、宜软忌硬、多素少荤、宜淡忌咸、宜少忌多、宜鲜忌陈、宜温忌寒、多茶少酒的讲究。养生保健是人体健康之要事。关于保健问题涉及许多方面，诸如，忌口（南阳俗称“忌嘴”）、忌药，按时进餐、讲究卫生等，它在很大程度上属于饮食方面禁忌的范畴。饮食男女，乃是人之天性。饮食不仅维系生命，对于人体健康也至关重要。古人说：“百病横生，年命横夭，多由饮食。”所以古往今来，对于饮食有许多禁规。

关于食物的禁忌：凡是野兽自己死亡，身上没有创伤或疮疤的，其肉禁止食用。干肉、鲜肉、鱼肉等，如，发现肉内有红色斑点，禁吃。腹中没有鱼胆的鱼，说明内脏已经腐败，胆汁消融，本身有毒，禁止食用。晚餐不宜太晚、太饱，半夜最忌饱食。因为不运动而不消化，容易积食患病。甜食类食物吃得太多容易使脾胃滞气，产生饱闷感，进而化热、发胖，又易损齿、生虫、生痰，因而禁忌多吃甜食。淀粉类多的食物，如红薯、山药、栗子、菱角等，食用过多会引起气胀便秘，所以忌讳多吃。辛辣类食物，如花椒、辣椒、胡椒等，多吃容易动火，伤阴耗气，因此孕妇、有出血现象的患者、容易发火的人，都应节制食用。

关于忌口问题：所谓忌口，包括两个含义：一是患某种疾病，要忌什么食物；二是服药后，要忌什么饮食。忌口要根据发病原因、发病情况和药物的作用特点而定。例如，心力衰竭、肾炎等病人，要忌食肥肉、鱼子、奶油、动物内脏和鳗鱼等含有高胆固醇的食物。慢性肾炎、肾功能减退的病人，要限制进食含蛋白质丰富的食物。患肝炎、胆囊炎、胆结石症的病人，应忌食高脂肪和油腻食物。患痔疮、肛裂的病人，忌食辛辣食物。

关于服药问题：服中药时的饮食禁忌很多。凡是与药性“相反”“相恶”的食物，皆在禁忌之列。“相反”“相恶”者指服温补药忌食寒性食物，如，服温补的人参、鹿茸丸、参茸卫生丸，忌食螃蟹、海带等寒性食物。服寒凉药忌食热性食物，如，服牛黄清心丸、安宫牛黄丸、黄连上清丸等，忌食羊肉、狗肉。鳖甲忌苋菜。蜂蜜忌葱蒜。荆芥忌鱼蟹。天门冬忌鲤鱼。白术忌桃子和李子。

服西药也有很多饮食禁忌。如，忌酒的药物有甲硝唑、山道年、四氯乙烯、水杨酸制剂、镇静安定药、降血压药和降血糖药等。忌茶的药物有镇静安定药、小苏打、氨基比林、乌洛托品、氯化钙、洋地黄、小檗碱、红霉素、四环素等抗生素药。忌荤食物的药物有氯霉素、链霉素、庆大霉素、卡那霉素、新霉素及呋喃妥因等。忌米汤、牛奶、豆制品的药物有利福平、氯霉素、咖啡因、氨基比林及四环素等。服用呋喃唑酮、帕吉林、异卡波肼及苯乙肼等药物的病人，应禁食或少食豆类、酒类、奶类、香蕉、巧克力等食品。服用驱虫药，如山道年、四氯乙烯、六氯对二甲苯等，应忌油腻饮食。服苦味健胃药，忌同时饮糖水。服用左旋多巴，忌高蛋白饮食等。

关于“相克”问题：在汉水流域民间流传着相克的食物，意为两种食物不能同时进食，否则会引起副作用甚至严重的后果。相克的食物有西瓜忌羊肉，鲜鱼忌甘草，柿子忌螃蟹，狗肉忌绿豆，生葱忌蜂蜜，李子忌鸭肉，兔肉忌芥菜，甲鱼忌花菜等。

道教的养生之道已深入人心。武当道教养生之道在汉水流域影响极大，其饮食禁忌在民间有效仿、有传扬。道教对所摄取的食物有着十分严格的规定，什么食物该吃，什么食物不该吃，什么时候该吃什么，什么时候不该吃什么，身体生病的时候该吃什么和不该吃什么等，均有详细的规定。在良石等主编的《道教与健康》一书中载有：“对于所摄取的食物，道教以米、面为主食，以蔬菜、水果为副食，中间还夹杂有糜粥。所取食物的种类很多，主张食樱桃、葡萄、薤、苜蓿、大麦、芜荑、小麦、稻米、大豆、芜菁，忌食桃、杏、梨等。”[①] 道教最初不主张饮酒，将酒戒定为五戒之一，但不禁止荤辛。后来道教有的派别如茅山上清派就“忌六畜及鱼臊肉，忌食五辛（五辛指葱、蒜、薤、韭、葫、荽）”（《云笈七签·上清黄庭内景经梁丘子注释叙》）。当然，有的派别对食物的选取仍然宽松，如，唐代符度仁的《修真秘录》中即规定道士选取食物必须应四时月令，以

① 良石，杨焕瑞．道教与健康［M］．哈尔滨：黑龙江科学技术出版社，2008：188.

和五味，益利五脏，治疗百病为主，不以持戒为主。该书的《食宜》篇中所取食物大致有白黍米、食粳米、白粱米、粟米、胡麻、绿豆、大麦、小麦、薏苡仁、稗、白豆、饴糖、干枣、栗、柿、橘、乌梅、樱桃、蒲桃、林檎、覆盆子、甘蔗、豆蔻、莲子、藕、鸡头、菱、芋、椹、枸杞、葵、竹笋、苜蓿、荠、蔓菁、萝卜、白苣、蓊白、薤、韭、荏子、紫苏、薄荷、荆芥、兰香、筒篙、香薷、苦菜、蓝菜、生姜、水芹、白蒿、青蒿、野苣、马芹、牛蒡、菠菱、牛苍、羊、犬、牛、鹿、獐、驴、豹、猬、雄鸡、乌雄鸡、乌雌鸡、雁肉、白鸭肉、野鸭肉、鹑等一百多种。在《月宜》篇中，作者还依次列举了上述食物在四时十二月中的宜食时节。符度仁所述食物不仅可供食用，还可以养生治病，体现了道家注重食养食疗的观念。

四、汉水日常生活食忌与其他民俗禁忌

（一）日常食忌与禁忌

在汉水流域的日常生活中，亦有许多禁忌，其中，无论是属于信仰的，还是属于情感道德的，对人都具有不同程度的约束力。吃饭时不论是在自己家里，还是在他人家里，抑或是在公共食堂、饭店，不仅忌讳用筷子敲饭碗，还忌讳用手紧紧地攥着饭碗，因为这是讨饭人常显现的举动。为他人盛饭，忌讳将筷子直插或交叉插在饭食上，这样容易使人联想到供奉死人的方法。不能从窗口或门槛里向外或向内递食物，据说吃了这样递过来的食物有得噎食病之虞。“送客饺子迎客面”，不能在客人进门的第一顿饭就吃饺子，否则就意味着客人不受欢迎。客人食用饭菜时，不可随意移动座位。东汉应劭在《风俗通义》中即有“坐不移樽”的记述。

民间对于鸡、乌鸦、猫头鹰、老鼠、蛇等的禁忌，是远古动物崇拜和图腾崇拜在民俗中的遗存。这些动物在远古时期都曾因充当过原始人的祖先或保护神而受到先民无休止的崇拜，禁忌也就随之滋生了。

在原始民族里，对图腾禁忌之破坏被视为最大的罪恶，全族的人都将参与报复，就像处置一件对全族都有危险或威胁的事情一样。法国学者雷诺在对图腾禁忌进行归纳时更是强调指出，不准杀害或食用图腾，如果在迫不得已的情况下

必须杀害图腾时，则一定要举行请求宽恕的仪式，同时制造各种不同的技巧和借口来试图减轻破坏此禁忌后可能遭受到的报复；在图腾部落内部的人们常深信他们与图腾是同源的，若图腾因意外而死时，必须一如族人死亡那样进行哀悼和埋葬。图腾具有警告和领导其部落的作用，能够赐福，也能够降灾，所以必须万分尊敬并禁忌。鸡、雉（野鸡）在古代是民众崇拜祭祀的对象。汉水流域民间在杀鸡吃其肉前，若是回民，则要求阿訇诵经之后宰杀；若是汉民，则常常在磨刀霍霍向鸡的时候，口中念念有词道："鸡呀鸡呀你别怪，你是俺家一道菜。"以此为借口来减轻杀食祖先图腾崇拜的心理负担，以求内心的平衡。雌鸡如果司晨打鸣，则极为不祥。《尚书·牧誓》中曾做过这样的记载：古人有言，"牝鸡无晨，牝鸡之晨，惟家之索"。意为若雌鸡在清晨打鸣，家里将会死人。人们还相信，公鸡若打鸣过早，亦凶不吉。综上所述，由鸡雉崇拜衍生了对鸡的禁忌。

乌鸦在汉水流域民间也被视为不祥之鸟。由于它通体漆黑，有如丧服，又加之其音质如同木匠以锯解木，喜食腐物，故而被世人视为不祥之物。自古以来，乌鸦都备受世人厌恶。汉水流域民间坚信，若早晨起床后听到乌鸦之鸣则为不吉，若乌鸦绕屋飞行，则此宅主凶。"有灾乌鸦叫"。汉水流域民众对此深信不疑。

猫头鹰，古书上称其为鸮号鸟，汉水流域民间称其为夜猫子。因其叫声凄厉，曾被古人称为"恶声之鸟"，它的出现预示着不祥，"夜猫子进宅，无凶不来"，汉水流域民间如是说。在民间，猫头鹰一直是不祥的化身。《史记·贾生列传》中记载，一只猫头鹰飞入贾谊的屋子里，贾打开占书一查，书上说这种鸟飞来，预示着主人即将亡去。猫头鹰昼伏夜出，栖息于荒岗乱坟间，叫声刺耳怪异，世人觉得它与心目中的鬼的生活习性相同，所以深恶之，生活中十分禁忌它的出现。

在汉水流域，对于养蚕亦有许多禁忌，如，养蚕者禁忌死及其谐音，故而蚕屎不能称为"屎"，而唤其"蚕沙"，戴孝之人不能进入蚕房。忌说蚕长，而要称作蚕高。出蚕后在蚕室方向忌讳动土，蚕室内禁忌睡觉，这是唯恐蚕懒不作茧。

原始的动物崇拜的复杂多样性，导致了目前民间动物禁忌的多样性，除了上述几种动物禁忌之外，在汉水流域民间，还广泛地存在着马、羊、牛、鱼、狗、猫等的动物禁忌。原始动物图腾崇拜在民众意识中的留存导致了人的潜意识中自觉不自觉地将自己的命运与动物的某些行为联系在一起，视动物的某些正常和异常现象为自己某种宿命的兆示，这便是人们对动物禁忌产生的思想认识基础。在这种思想认识之上，又加上人类意识深处的鬼神观念的作用，人们无法排除灵魂中对动物的某些畏惧成分，对动物的禁忌便由此而产生。人们企图用禁忌的形式来表达对动物的崇拜，以此调节与它们的关系。这种对动物的禁忌民俗，在鬼神等超自然观念未被彻底消除之前，恐怕不会很快完全退出历史舞台的，它必将代代繁衍下去，在以后的历史流变中，吐故纳新，获得一些新的资料和内容。

对枝繁叶茂的大树、古树，汉水流域民间常常认为是仙家的藏身之所，对此有许多禁忌。至于桃、柏、槐等树种更被视为神树，丝毫不能亵渎。对这些大树，一不能污言秽语相加；二不能砍伐。因为汉水流域民众朴素地认为，树龄一旦久远，不仅树上住有仙家（鬼神），而且自身亦会成精，任何猥亵性的举动便会有冒犯神灵之嫌。更有许多传说，说得活灵活现，言某县某乡某村为某事急需木材若干，打起了古树的主意，在砍伐时锯得树木流血，而且树倒之时就是参与砍伐的各色人等魂丧九泉之日，遭到了恶报等。此类传说，不仅见于民众口头流传，也广见于古代典籍文献中："景公有所爱槐，令吏谨守之。植木悬之，下令曰：犯槐者刑，伤之者死。"（《晏子春秋》）以政令的形式杜绝砍伐，其缘由乃出自景公之爱槐。爱者，崇拜之谓也。若某人一意孤行，待树以不仁，则"伤之者死"。曹操，这位叱咤风云的英雄人物，其命便丧于此。"建安二十五年正月，魏武在洛阳起建始殿，伐濯龙树而血出。又掘徙梨，根伤而血出。魏武恶之，遂寝疾，是月崩。"（《后汉书·五行志》）树与人同，乃血肉之躯，有知觉和意识，曹操要建宫殿，伐之，不仅流了许多血，而且其命亦被树索去。曹操在树精面前尚且如此，更何况凡人乎？故而世人多不愿向百年老树举刀。正因为树木与鬼神有如此密切的关系，所以民间自汉代始，在坟地种植一些树木如松、柏、银杏、桂等以慰亡灵。在对树种的选择及种植处所上，亦有禁忌。汉水流域民间除了忌讳在墓地种植棕树等树种外，还有"前不栽桑，后不插柳，院子里不栽鬼拍手（小叶杨树）"的禁忌。棕与终、桑与丧音近，墓地种棕为墓地种终，门前栽桑即为门前栽丧，非常难听，故忌之。鬼拍手又名小叶杨，遇风时"啪啪"作响，如同有人拍手。若天气阴霾沉重，听起来更吓人，故常为陵园墓地树种，种在院中则深为人们所忌讳。

在树木的使用上，汉水流域民间也有很多禁忌。汉水流域民间素有厚生重死的传统。生，源自生命的孕育；死，终于墓穴棺椁的营造。所以，在人生两极，民间于用木上有许多讲究。生命的孕育始于青年男女的结合。在婚嫁家具的制作上，汉水流域民间多用楝木、椿木，此类木材系本地所产，木纹美观，强度及性能近似香樟，耐摩擦不怕虫蛀，材质细密均匀，易加工耐使用，物美价廉，深受民间普通人家适龄青年的欢迎，常用成习。在用此类木材制作婚嫁家具时，民众赋予了它优美而富想象力的说辞，辞曰：楝木床（梆），椿木腿，先领（即生育）小伙子（即男孩子）后领女儿（即女孩子）。有儿有女，美满家庭之相也。除此之外，柞木、楸木、桐木等也可用来当作制家具的材料。它们以胀缩性小、不易翘曲开裂的优越性在家具生产中得到广泛使用。楠木、红木，材色黄褐略带浅绿，木纹斜行，富光泽，木质稠密，能耐久，具香气，虽为家具的上乘材料，但因价高而不能为一般家庭青睐。榆木虽然材质优良，纹理细致，坚硬耐用，本为制作家具和棺木的上好材料，但终因其条理不顺，木质顽硬而受到汉水流域民间的摒弃。在汉水流域民间有"榆木疙瘩不开窍"一俗语存焉，故而世人唯恐下辈人不聪明、不知理，心理深处排斥用该木种制作的结婚家具或棺椁。况且，榆木之叶皮可以食用，味微甘滑，易遭虫蛀，民间对榆木的禁忌便更易理解了。

在汉水流域的鄂西北，日常饮食中的禁忌现象很多。在饮食文化生活中，人们禁食自死的鳝鱼、有毒的蘑菇等，还有鱼子与猪肝、花生与黄瓜、韭菜与酒、牛肉与板栗、黄瓜与辣椒、河虾与番茄忌同食等。这些饮食禁忌中，虽然个别禁食现象有着一些迷信色彩，但总的来说，大多是因食物相克而总结出的科学食疗方法。鄂西北民间饮食禁忌是在长期的历史发展过程中形成的。旧时一些偏远山区禁止孕妇吃姜，是因为人们把姜的形状同孩子的手指联系起来，担心生出的孩子会长"六指"；还有一些地方有孕妇禁食鱼肉的习俗，据说犯忌会使婴儿皮肤生出鱼鳞片。现在看来，这些显然是一种错误的联想，没有什么科学依据。旧时鄂西北民间，很多人家不准未上学的小孩吃鸡爪，人们认为小孩吃了以后将来读书时写的字会东倒西歪，形似鸡爪；还会禁止儿童吃鱼子和猪脑，怕吃了连数都数不清或脑子笨得像猪，这些同样是因联想而产生的恐惧与担忧。不过，随着科学知识的普及，人们不再讲究这些没有科学依据的"规矩"了。旧时鄂西北民间，大人经常告诫小孩子说吃饭若将饭粒撒在地上或留在碗底，将来会娶个麻脸媳妇或嫁个麻脸丈夫；逢年过节时，人们也忌讳孩子在灶前指指点点、乱说话，因为大家认为孩子们一插嘴，炸出的肉丸子就不圆，丸子一旦炸不圆，就会有"不团圆"的不祥之兆。这类禁忌表面上有一层迷信色彩，但从另一个角度来看，吃饭不撒饭粒，可以教育孩子自小勤俭节约，不浪费粮食；炸肉丸子时油锅滚烫，热油四溅，如果顽皮的孩子在油锅附近玩耍，很容易被烫伤，所以家长必须早早奉劝孩子们远离灶台。其实饮食禁忌，就是饮食文化生活中的各种禁忌现象。要正确理解饮食禁忌的含义，必须把科学禁食与因迷信而不吃某些食物区别开来。

（二）其他民俗禁忌

1. 商旅禁忌

自汉代以来，汉水流域便是商遍海内之所，商业活动十分发达，与发达的商业相伴而来的，便是无处无时不在的商业禁忌。汉水流域的商业自古便形成两大门类，一类是开店经营的坐商；另一类是挑担走乡串户的行商，其禁忌各有特色。

坐商为求开市大吉，最忌早上打开店门第一个客人不成交，尤其是当这个客人对某个商品舌枪唇剑讨价还价很长时间而最终未能成交时，店主认为最犯忌。所以，为避免带来一天的倒运，店主总是尽力在第一笔交易的价格上做出让步。相反，如果第一笔生意不仅不费多少口舌，而且价格也甚称店主心意，那是再好不过的事情，因为它预示着一天的运势旺盛。在店堂里，不论有客户与否，从店主到伙计都忌伸懒腰、打哈欠、坐门槛、敲击账桌，更忌手把门枋、背脊朝外、反搁算盘，因为这些举动显示出对财神的不恭。在旧时伙计打扫店堂时，忌由里向外，应由外向里，意为聚财。在邓州及其周边各县，扫店堂之人若发现地上掉有零碎钞票，忌讳弯腰拾起放在桌上，应随垃圾倒出，以示店家钱财丰盈。在桐柏、唐河的坐商中，禁忌客户上午退换商品。一来上午客户多生意忙；二来在众人面前退换商品显示出商品质量差，影响销售，所以多把退换商品的事情放在下午或晚上客人较少的时候处理，以避免生意不顺利。店里伙计闲谈时不能跨坐于柜台之上，以免给贮藏钱币货物的地方留下污秽，使财运不旺。店员，旧时也分有等级，分别称作头柜、二柜、三柜等，对不同等级的店员在店中的坐立姿势亦有严格的要求，不得违犯，若不慎犯之，必遭店主重责。

汉水流域民间的行商之人普遍忌讳每月的初七、十七、二十七出门，以三、六、九出行为吉。出门行商时，禁忌遇见的第一只动物是乌鸦，更忌遇见尼姑与和尚。如果不巧遇上，当即折返回家，另择吉日出门。挑担的扁担忌讳别人尤其是妇女从上面跨过，避免染上污秽，影响财运。弹花匠和撑船摆渡艄翁，禁忌对做老衣、寿衣用的棉花收取加工费和过船费，以免遭阴责。卖牲畜禁忌将拴牲畜的绳索连同牲畜一同卖出，以避免将好运一同卖走。

对购买货物的顾客而言，在购买神像时忌讳说买，而应说请。在买棺材时不能讨价还价。

在汉水流域民间，戏剧界的禁忌文化可谓五花八门、异彩纷呈。在旧时的演艺生活中，由于禁忌的存在，戏剧界通常把禁忌的事物称作“块”，禁忌也就是“忌块”。最重要的忌块有“八大块”“七十二小块”。“八大块”一般指龙、虎、梦、牙、鬼、哭、桥、塔，为禁避之而在遇到这些内容时各用隐语称之，如龙称海条子，虎称海嘴子、胡三爷、三太爷等。对以上所列动物，戏剧界人士不仅禁忌直言其名，还要画成图像，逢年过节设香案祭祀。“七十二小块”内容十分庞杂，涉及的品类繁多，好些内容现在已不可详考。除了动物禁忌之外，在江湖艺人中，唱戏的、唱曲艺的和拉琴的等要用隐语行话将所从事的营生表达出来，忌讳直言所做的工作名称，如，称唱戏的为“高柳儿”，称唱道情的为“蓝条儿”，称唱大鼓书的为“团子”，称说相声的为“春口儿”，称拉弦儿的为“抽丝的”，称打梆子的为“扛梁的”，称打鼓的为“捶皮的”，称打大锣的为“腰里响”，等等。对于在演出过程中出现的事故或问题，也要用隐语表达，如戏不好演说成“地硬”，演出中有人找碴儿打架惹是生非叫“地不平”，艺人居住之所业内人士要称“下处”等。各行当的铺位安排也有禁忌，小生、小旦因早期戏班没有女演员，所以他们要住里面边角处，老生、老旦住左边，须生、青衣住右边，花脸住门口，丑角可自由择铺而眠。就寝时，禁忌演员串铺和嬉闹喧哗，更不准外出不归。上床时脱下的鞋忌鞋脸朝外，如向外就意味着想跳班。在旧时不论是进窝班学戏还是跟人拜师学艺，大多师傅都能恪尽职守、尽责尽职，既传道授业，又使学生懂得“学艺先做人”之理，但是传艺时禁忌将艺传尽，要“留一手”，不把技艺全部传授给徒弟。这是因为旧时艺人生活无保障，出于保饭碗考虑，担心一旦将技艺全部传授，徒弟便不再孝敬师傅。

外出禁忌也叫行旅禁忌。家宅居处是人们经常活动的处所。人们待在家中，自然会有一种安全感。而行旅外出则意味着暂时离开自己的家宅，离开自己的安全归宿地，自然会有一种安全失落感。因此，讲究外出禁忌也就有保护自身、一路平安的目的了。过去人们讲究“行要好伴，住要好邻”“一人不进庙，二人不看井”，人们认为“在家千般好，出门一时难”“财不外露”等都包含着一些希冀平安、一路顺风的美好愿望。

离家外出或回家，有“七不出门、八不回家”的禁忌，凡每月的初七、十七、二十七不能外出，因是与“丧事”中的“七”日相符，故避之。初八、十八、二十八不宜回家，因“八”与“爬”是谐音，意必跌倒。

外出乘船，艄公最忌话中带“翻、坎、落、沉”等字。如果乘船者询问艄公：“请问贵姓？”艄公示意：“免贵，本翁姓‘耳东’”。乘者发问：“未曾有此姓啊？”艄公答道：“登岸后你便知。”少时客登岸，艄公笑答，本人姓“陈”。“陈”与“沉”音同，因而避之。

离家外出，择其善日而出行。因此，每月的“杨公忌”日初五、十四、二十三是不宜外出的忌日。而每月的三、六、九日是出发的良辰佳期。谚语：“每月杨公忌，闭门不乱去，遇上三六九，顺利往外走。”有的地方忌讳正月初五出行，认为初五为破五，恐有不吉。还有的地方忌讳黑道日出门远行，因此每逢农历的“五”字日（初五、十五、二十五）都不出远门。许多地方都有“老不留宿”的规矩，认为留老年人住宿在自己家里，万一因身体有病，出了问题不好负责，所以尽量让老年客人当天返回为妥。

上午属阳，下午属阴，看望病人忌讳在下午或晚上，恐使病人的病情加重，同时也有尊重病人之意。“一人不进庙，二人不看井”，意思是说一人外出，进到寺庙里或者某个院落里，恐有意外之事。两个人不能同时看井的深浅或石雕技术等，因为一旦碰到心怀叵测的歹人，容易造成落井之祸。

外出前忌讳与家人争吵，否则情绪烦乱、心神不宁，出门在外一人容易发生差错。忌讳财帛外露，俗话说：“出门不露白，露白会失财。”一旦露出财帛，容易招惹贼人暗算。一人或人少时忌走夜路，特别是忌走生路，因为天黑容易迷路发生意外之事。外出时所带行李或货物不要交给素不相识之人，俗话说：“货不离身，身不离金。”把东西交给别人容易被坏人趁机掠走。外出人忌讳轻易到江河湖沟里游泳，因为“远怕水，近怕鬼”。陌生地方的水深水浅，心里没底，下水游泳、洗澡易出事故。

2. 人生礼仪禁忌

汉水流域的人们迷信福祸，因而产生禁忌，这是文化落后的产物。迷信越深，禁忌越多。几千年来，商州广为流行。随着科学的发展和社会的进步，知识界已多不禁，民间之禁亦明显减少，但在农村老年妇女中仍痼癖难易，“不可全信，不可不信”者大有人在。下列“禁忌”绝大多数为迷信，以资革除。

儿童取名，忌长辈亲属同字同音，同者则认为是冒犯长辈，有损晚辈。12 岁以下的小孩，忌捣鸟蛋、看杀牲。相传违忌者日后写字手必颤抖。喝醪糟时，忌用嘴吹，据说吹醪糟会导致脸上生“酒刺”。小孩晚上临睡前，忌捉迷藏、看黑影，以防做噩梦。雨天忌学口吃，以免自己或将为口吃者。不会说话的幼儿，相互不准亲嘴，相传亲嘴后可能成为“半语子”。有舅之人，忌于正月剃光头发，传说正月剃头死舅父。酒壶里的最后一杯酒叫“空壶酒”，忌年轻人喝，相传男子喝此酒早死岳母，女子喝此酒早死婆母。看望病人忌晚上去，忌拿挂面和梨，因怕患者忌讳晚愈、挂住或离世。清明这天，忌寻菜、拔草、砍柴，相传交节时的毁青者眼睛将会失明。凡送喜庆贺礼，装潢都要有红色，如送豆腐、凉粉，上边要插两枚红辣子或者萝卜。出外赴宴，忌自入上席或首席，自坐者会被讥为“不懂礼”。与客人猜拳，头一下忌出拳头、巴掌，“失拳”应声明，以示礼貌。向客人敬酒不能勉强，特别忌讳把酒倒进他人碗里，传说古代处决死囚时，以酒掺饭让犯人吃，使其麻醉后杀之，故饭后不饮酒，亦含此意。摆饭于桌上，忌把筷子横架于碗上或竖插于碗中，旧时道士设斋醮，曾有以筷子架碗面奠亡灵，插饭中祭鬼魂之仪式。旅途吃饭，忌把筷子摆在碗上，否则要淋雨受阻。与人环坐，忌把脚踩在别人凳子上，相传古时押解犯人驻店进餐时，差役常把犯人的双腿拴在凳子上，并用脚踩住凳子，防其逃跑。春节期间，忌说不吉利的词句，如“烂、死、散”等，故把饺子煮破了说成“饺子挣了”，把酒喝干说成“酒喝起了”。

正月初一不扫地，怕把“财喜”扫跑。正月、六月、腊月忌定亲、搬迁，“正腊不搬家，搬家两头宕。”正月初一不打水。正月不看鹰抓鸡，二月不看狗连蛋，三月不看狗撵兔，四月不看蛇成双，见之不走运，需唾三口。

长辈逝世忌说“死了”，改说“老了”。孝子 7 日内，忌进他人家。给未婚婿、媳散孝忌全白，必于孝头垫红布二尺，以兆外忧内喜。孕妇忌食兔肉，以免胎儿生成豁豁嘴。孕妇送葬要半途而返，忌送至墓坑。妻子怀孕，丈夫忌抬丧。非抬不可时，归时要拿回孝家一双筷子，据说如不这样，孩子出世后，将数月举不起头。欲再婚者忌给亡偶送葬，传云送者若再配亦不能偕老。农家户忌他人夫妇在自家同房过夜。产妇未满月，忌进他人屋，误进者要赠三尺红布，称“搭红”。出嫁结婚日月经来潮忌“拜堂”，可由人转告新郎，免行“拜堂”仪式。出嫁途中与另一出嫁娘相遇，双方忌搭话，由引娘代为交换手帕。女人做针线忌日：女人不忌两个五（正月初五和二月初五），男人一年白受苦。妇女晚上不梳头。俗语：“男人日挣金骨碌，顶不如女人晚上一木梳。”女人裤子不能搭高处，更不能放在男人衣服之上。女儿出嫁，其母不能吃宴席。订媳妇忌属相相克，亦忌比男大一岁。否则，女压男运气。出嫁女头一年忌回娘家吃饭，以免穷了娘家。

家是人们日常生活中的一个相对固定的活动基地，在中国，家的含义是“婚姻居住”的意思。一对男女结婚了，大家就称之为“成家了”。《周礼・地官》上注：“有夫有妇，然后为家。”家是一个社会中的最小单位，有人将其比作是“社会的细胞”。家庭房舍是人们定居的基地，也是人常处的场所，所以中国人最重视之，俗以为建舍立家，犹如植树培根。此一大事处理得妥当贴切，才能老幼健康、家业兴旺，否则便会家运衰败、灾祸横生。其中，虽有不少迷信色彩，但这种希冀安居乐业的思想则是完全可以理解的。

一般在平地建筑的民宅，讲究背风向阳，最忌前高后低，俗谚：“前低后高，世出英豪。”民宅最忌前栽桑（桑与丧同音，寓为不吉），后栽柳（柳与溜同音，寓为溜走），迎门栽棵“鬼拍手”。民宅院中植树栽枣不栽桃，栽桃不栽枣，禁忌栽桃又栽枣，因枣、桃被迷信者喻为“早逃”，预示在劫难逃。

一般在山岗建筑的民宅最忌前宽后窄，谚语：“前宽后窄，必出妖怪。”反之则好，意为“前窄后宽，必定做官。”民宅在岗丘山地建筑时，地基必须深挖见土，最忌建在石板上。民宅最忌“喝风向”（东北方向或正北方向），喝风向则冬进冷风，无阳光。“夹竹桃、夜来香，花虽好看毒气放，庭院最忌种上它，散放毒气人遭殃”，因此民间忌讳在庭院内种植夹竹桃。分家另居最忌乱住。长辈应居上（正屋），晚辈应居偏（偏房）。偏房门、窗、檐最忌高于主房，此谓“小不压大”。窗楣忌高于门楣，此谓“楣高眼低”。邻家房屋高度如超过自家房屋，可在自家屋脊正中竖起一块青砖，象征超过别人。最忌“院中高，屋内低，进屋如同下楼梯。”建房的椽、檩忌用楝木，因“楝”同“殓”。门上过木（横木）以构木为上，寓“吃喝够用”之意。做门忌用桑木（桑与丧同音），喜用杏木，取谐音“幸”字，喻为进出“幸运”。做门、窗、桌、床等家具时应用“五、七、九”的长度，否则要犯忌。门不离五，取“五福临门”之意；床不离七，寓“床有娇妻”；桌不离九,九与酒音谐，寓“吃肉喝酒”之意。“椿木当梁，自找灾殃，蛀虫一吃，架落墙躺。”此为大忌。院门有三忌。直对大路为“路箭”，直对大树为“木箭”，直对纵向墙头为“土箭”。若无法回避，则以“石”或“砖”刻上“泰山石敢当”或“姜太公在此”等字，嵌于对面以镇之。凡公共场所的大树、古树视为官树（公家的树）、神树和风水树，全村保护，禁忌砍毁。新建住房忌讳选在干燥无润处，或太潮湿背阳的地方。宅基地要选在向阳有水的地方，因为阳光和水源都是人们生活中不可缺少的。宅基地的选择要看周围的地理环境，宜散居。因为旧有“居不近市”的习俗。河南一带，也忌讳宅无出路，恐将来遇见红白喜事不好借路。按俗理说，红白喜事皆走公道，忌入私宅。宅基地的形状宜为四方形或南北方向的长方形，忌讳东西方向的长方形。古人认为，子午线为南北线，宜长；卯酉线为东西线，宜短。俗语：“卯酉不足，居之自如；子午不足，居阳之大凶。”又有“当院横着长，必损少年郎”的说法。宅院忌讳呈簸箕形，即左右陪房（厢房、偏房）向外展开，俗以为会失财。所以建左右陪房时，要注意外段向里收三分，俗以为这样可拢财聚宝。宅院忌讳不呈四边形，尤忌三角形，俗谓“三条腿的院子”，因为三条腿意味着不稳定、不平安，也就预兆着不安定、容易出事。

婚姻是人类社会进入到一定时期的产物，它是男女之间建立的一种社会公认的夫妇关系，这种关系是家庭和子嗣合法存在的基础。婚姻属于吉事、喜事、终身大事，因此要讲究章法，要回避忌讳。于是在民间，从择婚、议婚、订婚到嫁娶乃至离婚、再婚等许多方面都形成了繁多驳杂的禁忌事项，唯恐在婚姻这一人生大事、宗族大事上出现差错，从而影响各个方面的发达昌隆，得不到所希冀、所盼望的幸福和美满生活。如果从中摒弃一些封建迷信的因素，这些禁忌的初衷也是至为良好的。

男女婚配讲究属相的穿、冲、刑、破。禁忌歌：“自古白马怕青牛，鼠羊相逢一旦休，虎见青蛇如刀割，猿猴遇猪结冤仇，辰龙见兔泪汪汪，鸡狗相配可到头。”婚嫁时最忌鳏寡之人接近新人，并注意防忌三相：甲子辰相蛇鸡牛，已酉丑相虎马狗，寅午戌相猪兔羊，亥卯未相龙鼠猴。寡妇改嫁忌在娘家白天出门，也不许走正门，一怕违反清规戒律；二怕族人拉扯出丑。

旧时结婚宴宾时，上全鱼时头忌讳直对主客，也不能指向其他客人，而只能指向主客的左上方。其来历是：春秋时吴公子姬光，欲使专诸刺吴王僚，因僚“尤好鱼炙”，专诸遂往太湖学炙鱼三月，尝其味者，皆以为美。姬光请吴王僚过府尝鱼，僚心戒备，街道陈设伏兵，侍席力士百人，庖人献馔，皆从庭下搜检更衣。专诸藏短剑于鱼腹，时鱼头直对吴王僚，近僚执剑径刺其胸，直贯三层坚甲，透出脊背，僚登时气绝。因此，鱼首所向，为服宴者之大忌。但由于习俗演变，如今普遍将鱼头直对主客，则被视为尊重和荣耀。

“姨娘亲，打断筋，侄女当媳姑是婆，近亲害处多又多。”此为大忌。

两个祭日（清明、十月一日），禁忌嫁娶，因为俗称此两节是鬼节。“骨血倒流”，一辈子发愁。意谓外甥女不能嫁给舅家表兄弟。

一个家族内禁忌通婚。在汉族聚居的地区，尤其在南阳一带，本族内是禁止通婚的，因为有违伦理道德。

同姓之间禁忌通婚。因为姓氏学观点认为，同姓之人“五百年前是一家”，同属一个宗祖。直到当今，这种婚俗禁忌在我国许多民族中仍然普遍存在。

异辈通婚是民间最典型的乱伦行为，必在禁忌之列，特别是有直系血亲关系的忌之最甚。实际上这个禁忌也是符合科学道理和社会道德的。个别违反这一婚姻习俗的人不可避免地要受到人们的强烈谴责，甚至要遭到严厉的惩罚。

禁忌婚前性生活。按照中华民族的优良传统观念和我国法律来看，男女在恋爱期间发生性行为被认为是不道德的事，是轻率和幼稚的行为，是见不得人的事。因为汉族强调“童贞”，女子更讲“节操”。如果违犯这一禁忌，会被社会和家庭所鄙视。

禁忌由女方主动要求嫁娶。俗话说：“典当勿催赎，女子勿催嫁。”婚期一般由男方先提出意见，很少由女方主动提出嫁期的，因为这样容易使男方产生疑惑，怀疑女方是否有短处，恐怕时间长了容易败露而迫不及待地出嫁。

送亲忌讳寡妇、孕妇。寡妇、孕妇送亲会被认为“不吉利”，另外孕妇送亲一是不方便；二是容易发生意外事情，招惹麻烦。

结婚送新娘的轿子或车辆不走回头路。中原一带，特别是南阳地区，汉族结婚送新娘子的轿或车不能走回头路。因此有“东来西走，不走重路”的规约，这或许是怕“重”字，担心走重路就意味着重婚。

死亡对于人们来说，是最可怕的凶祸灾难，也是人们极力回避的事情，但是，又是人人最终不可避免的结局。自古以来，迷信者认为人生有阴阳之分，人活着即在阳间生活，人死了即到阴间生活，甚至还认为死了的人有一种无形的但又十分神秘的力量，它能够保佑或危害活着的人们，因而要求讲究丧葬方式，使死者的灵魂得到“安息”，否则就会给活着的人带来灾害。如果抛开迷信成分的话，那么对死去亲友乃至英雄人物进行安葬或悼念则是合情合理的活动了。

做棺材忌用榆木、桑木，一是因榆木与“愚”同音，恐怕后代子孙愚昧无知；二是因桑木与“丧”同音，人最忌讳。寿衣用料忌用缎子，因“缎”与“断”音同，生怕断子绝孙。抬棺材所借用的檩、椽等物，归还原主时，必以红麻相腰，以免主人犯嫌。称亡人忌说死了，应说“老了”“不在了”“享福去了”。而回族为回避“死”字，而说“无常了”。翁、妪一方亡者，必择单日（一、三、五……）出殡。双亡者不拒单日、双日。服孝期间，禁忌亲人穿红挂绿，涂脂抹粉。讣告丧帖，禁用有颜色的纸。发丧帖时的对外称谓很有研究：父亡母在者儿子自称“孤子”，母亡父在者儿子自称“哀子”，父母双亡者儿子自称“孤哀子”。服孝前期最忌戴孝帽、穿孝服进入别人家宅院。给死者穿“殓衣”时，禁止孕妇近前，因恐被死者的亡灵扑着胎儿。死者的“寿衣”忌讳双数，汉族风俗认为以单数为好，一般是五、七、九件不等。忌讳用双数，因为唯恐死亡的凶祸再次（两次，为双数）降临家里。盛殓死人的棺材一般用松柏木，禁忌用柳木，因为松柏象征长寿。柳树不结籽，或以为会导致断绝子嗣。守灵期间，通常是非丧事不谈，面垢禁洗。妇女忌讳涂脂抹粉，男子忌讳理发、剃须，否则显得感情色彩不合。旧时禁忌娼妓、囚徒或暴病、凶死的人葬入祖坟，因为这些人有的有辱祖宗，有的遗祸后人，对这些人只能另找地方草草埋葬了事。

孕育乃生命之“摇篮”，怀孕则生命之开端。在重视子嗣的社会中，怀孕是一件喜事，俗称妇女怀孕为“有喜了”。然而，自从妇女受孕开始，一个个难解之谜便产生了。那个小小的生命是男是女？分娩时是顺利还是困难？孩子长得像父亲还是像母亲？长大后能成为什么样的人？希望和忧虑交织在一起，疑团很难解开。因此，认为生育是一件至关重要的大事情。有鉴于此，人们都讲究一些生育禁忌。

孕妇忌吃兔肉，怕小孩嘴豁；忌吃辣椒，怕小孩烂眼；孕妇忌与丈夫同床，怕小孩生疮。孕妇或产妇禁忌走进打麦场或坐在碾麦的石磙上。孕妇一月产期不满，最忌串邻或外出。孕妇和分娩后一月期间，最忌夫妻房事，以免造成女方身体生病乃至丧命。禁忌冷水洗浴。因为如不注意，一则恐伤胎气；二则恐伤孕妇身体。孕妇忌坐于房檐下面，因为唯恐孕妇和胎儿中风。禁忌孕妇接触嫁娶方面的事物，这是由于孕妇（双人体）不洁和“喜冲喜”忌俗形成的观念。禁忌孕妇接触丧葬方面的各种事物，俗称为“凶冲喜”，将对胎儿不利。孕妇忌食驴、马肉。据说吃了驴、马肉，会使怀孕期延长，将超过10个月而到12个月以致造成难产。这种“食驴马肉，令子延月”的禁忌古已有之，名医孙思邈在其著作中也曾提到过此种忌讳。禁止在娘家或他人家中分娩。原因有二：一是怕在娘家或他人家里分娩，出现差错，人家担不起责任；二是分娩乃“不洁”之事，恐怕血污、秽气给人家带来“血光之灾”。产妇在产期中忌入邻家，因恐怕血气扑门，使邻居不吉。婴儿的尿布忌搭在高处晾晒，怕婴儿招邪受惊。衣物忌置院里过夜，怕沾上邪气。幼儿学走后，一旦跌倒，就在倒的地方去给幼儿“叫魂”，喊着“回来吧！”并由一人在旁答应“回来啦！”如此反复数次才有效果。给婴儿起名时，忌与长辈及亲戚的名字同字重音，以免大、小难分。给婴儿起名时以害（坏音）寓好，如狗娃、石磙、铁蛋等，都寓为结实、长寿。如认石磨为干父，也意为坚硬耐磨之意；认乐队艺人为干父，也意为托吃“百家饭”之福；收集各家碎布拼凑衣物，意“集百家之福于一身”，而且必做“道士”服。

3. 四时节令禁忌

什么时间里会发生什么样的事情？什么时刻会有什么样的变化？这是人们对历法进行研究和探索时所遇到的问题。通过千百万次的观察和试验，人们逐渐认识到其中的变化规律，获得了宝贵的经验和教训。因此在时间节令方面也产生了许多禁忌习俗。了解并掌握这些禁忌，将会对危险的信号有所预防，能够防患于未然，从而使自己更好地与自然界和谐相处，消灾祛祸，平安无恙。

正月初一，忌见扫帚，怕扫兴；忌拿剪刀，怕减（剪）子（儿子）；忌泼掉洗脸水，怕跑财。初一中午，吃饭前先把做成的饭舀一勺，往锅外抛撒一点，寓意吉庆有余。正月初五又叫“破五”。吃饺子时忌说“饺子烂了”，须说“打发了”，意即“大发财”之意。春节五日所集存的垃圾，应在当日夜间倒出院外，并念：“穷土去，富土来，今年一定大发财！”正月十六，忌使驴、马。据传此日是马王爷生日，素有“老驴老马歇十六”之说。早贴对联为忌讨债人上门讨债。正月二十三，古称“老君散丹日”，这天妇女们也不做针线活，曾有“正月二十三，老牛歇一天”的习俗。有的用黄纸剪成“金牛”贴在门的上方，或写“金牛”二字也可。但下边还写有四句顺口溜，以示吉庆，顺口溜的内容较多，如“正月二十三，老君散仙丹，门上贴金牛，四季保平安”，“春日春月春水流，春人路上唱春秋，春堂学生写春字，春女房中绣春牛”。忌讳在无春年（即无立春日之年）里结婚，否则恐有不利的事情发生。

民间认为立春宜晴不宜阴，认为晴则兆丰年，阴则兆灾年，因此民间忌讳立春阴天或雨天。惊蛰日及此后几日内听到雷声是正常的，预兆年景好，风调雨顺，五谷丰登。忌讳惊蛰前听到雷声，认为这样将预兆凶年。春节忌讳吃药，否则认为会常年生病。农历六月、腊月忌搬家，否则认为不祥。春节忌讳打碎器物，俗以为打碎了器物，新的一年内必有凶遇。一旦失手打碎，要赶紧说一声“岁（碎）岁（碎）平安”，或者“越打越发”，“旧的不去，新的不来”，等等，以作禳解。年夜饭：“菜肴中忌用鳖，鳖是‘王八’，不吉利，这是祖祖辈辈传下来的。”[①] 凡此种种，不一而足。

五、汉水食忌的文化价值

饮食禁忌是禁忌文化的一种。徐德明在其《民间禁忌》一书中指出：“禁忌是人类一种有趣的信仰习俗和神秘、消极的精神防卫现象。它像无形的网，在人们身边飘忽，在世界各民族间游荡。”[②] 概括来讲，禁忌是人们为了避免某种臆想的超自然力量或危险事物所带来的灾祸，从而对某种人、物、言、行的限制或自我回避。而饮食禁忌就是人们为了避免或回避因饮食行为不当而带来的灾祸，从而在食源采集、食物制作、食具使用、饮食习惯等方面采取的约束限制行为。

《洛阳伽蓝记》卷三“城南报德寺”条记载：“（王）肃初入国，不食羊肉及

---

① 巫其祥，李明富．陕南民俗文化研究［M］．北京：高等教育出版社，2014：446.

② 徐德明．民间禁忌［M］．广州：广东教育出版社，2003：序 1.

酪浆等物，常饭鲫鱼羹，渴饮茗汁。”[1]而俞为洁的《中国食料史》为我们进行了事例分析：南齐士族王肃叛逃北魏之后，饮食习惯一时难改，“不食羊肉酪浆，常饭鲫鱼羹”，酷爱喝茶（当时茶刚刚开始在士族豪门中流行，尚未普及），常一饮一斗，受北人嘲笑，得了个“漏壶”的绰号，后来在宫廷御宴中，却喝了许多酪浆，魏帝讶问：“茗饮何如酪浆？”肃答：“茗不中，与酪作奴。”如此自贬自辱，显然只是为了融入他并不适应的北人文化。另一个故事是有关食蛙的习俗，秦汉时南北皆不忌食蛙，魏晋后北人渐弃，南人却益发喜爱，常为北人所笑，且屡有禁令，理由是青蛙食虫有利庄稼，该文化冲突在宋室南渡时达到高峰，南渡者力劝高宗严令禁止，这回的理由是青蛙酷似人形，那当然只是个借口。基于此，饮食禁忌的文化功能不言而喻。

饮食禁忌对人们的饮食行为有过规范功能，在法令产生之前，饮食禁忌起着社会契约的作用，约束人们的饮食行为；在法令产生但又不完善时，饮食禁忌又起着一种补充的约束作用。于是在社会生活的一定时期内，通过饮食禁忌的规范使个人饮食行为与他人、与社会协调一致。同时饮食禁忌中的某些内容和条款，在生产、生活、交换、分配中，调整了人与自然、人与社会、人与人之间的关系。如，新冠肺炎疫情以来，野生动物交易与滥食对公共卫生安全构成的重大隐患引发了全社会的高度关注。疫情所暴露出来的现行野生动物保护体系的短板和弱项，亟待在法律法规层面总结经验教训，并及时补充完善。十三届全国人大常委会第十六次会议审议了关于禁止非法野生动物交易、革除滥食野生动物陋习、切实保障人民群众生命健康安全的决定草案。为做好新冠肺炎疫情常态化防控工作，指导重点场所、重点单位、重点人群做好防护，结合季节、天气变化等实际情况，国家卫健委组织中国疾控中心等单位对《重点场所重点单位重点人群新冠肺炎疫情防控相关防控技术指南》进行了修订调整，形成了《低风险地区夏季重点场所重点单位重点人群新冠肺炎疫情常态化防控相关防护指南（修订版）》。规定食品从业人员（加工、销售、服务等）要持健康证上岗。食品企业必须加强员工卫生培训，向员工提供符合要求的个人防护装备，如，口罩、手套和洗手设施等。加强自律，少聚餐、少聚会。食品消费者要保持良好的卫生习惯。购物或就餐时做好个人防护，戴好口罩，保持社交距离，咳嗽或打喷嚏时掩盖口鼻，购

①（北魏）杨炫之．洛阳伽蓝记［M］．长春：时代文艺出版社，2008：65.

物回家要洗手。使用清洁的水和食材。购买食用新鲜的肉、水产品等食材，清洗加工食物、清洁烹饪用具和餐具，以及洗手均应使用清洁的水。家庭制备食物注意关键环节的卫生。特别是处理生的肉、禽、水产品等之后，要使用肥皂和流动的水洗手至少 20 秒。不要在水龙头下直接冲洗生的肉制品，防止溅洒污染。购买、制作过程接触生鲜食材时避免用手直接揉眼鼻。生、熟食品分开加工和存放，尤其在处理生肉、生水产品等食品时应格外小心，避免交叉污染。尽量不吃生的水产品等。煮熟烧透食物，加工肉、水产品等食物时要煮熟、烧透，分别包装、分层存放食物。生的肉、水产品等食物在放入冷冻层之前最好先分割成小块、单独包装，包装袋要完整无破损，生、熟食物分层存放。提倡分餐，使用公勺、公筷。事实表明，在“非典”疫情、“新冠”疫情等特殊时期，饮食禁忌内涵更为细腻丰富，饮食禁忌行为要求更为文明，饮食禁忌功能发挥更为突出。

汉水食忌的文化价值表现为调节功能。一是调节人与自然的关系。禁忌调整着人与自然界的关系，使人们适应自然界，利用自然界，保护自然界，让自然界为人类服务，饮食禁忌更是如此。自然界是人类生存、发展的前提和基础。自然界有其自身的规律，而不受人的任意摆布。人类违反自然界规律就要受到自然的惩罚。人类在对自然界的长期依存过程中，总结出了一些经验教训，其中就包括某些生产、生活禁忌，如饮食禁忌，通过这些禁忌调整着人与自然界的关系。例如，中国大鲵原产地自然分布主要集中在湖南张家界、江永、岳阳和湘西自治州，湖北房县、神农架，陕西汉中、安康、商洛，贵州遵义和四川宜宾、兴文等地。其他零星分布于湖北鹤峰、恩施，江西靖安，广西柳州、玉林，甘肃文县，河南卢氏县、嵩县，贵州黔东南，其中，陕西汉中被农业农村部水生野生动植物保护办公室授予“中国第一大鲵之乡”称号。由于它肉嫩味鲜，所以长期遭到人们大量捕杀。各产地数量锐减，有的产地已濒临灭绝。面临的现实是大鲵这一珍贵野生资源，主要因为人的因素，尤其是生存环境丧失、栖息地被破坏及过度利用对大鲵的生存造成了严重威胁，导致种群急剧下降，分布区成倍缩小，处于濒危状态。现已成为中国珍稀野生两栖动物，入选《世界自然保护联盟濒危物种红色名录》。大鲵是一种传统的名贵药用动物。现代医学临床观察发现，大鲵具有滋阴补肾、补血行气的功效，对贫血、霍乱、疟疾等有显著疗效。同时，大鲵也是一种食用价值极高的经济动物，其肉质细嫩、风味独特、营养价值极高，其肉蛋白中含有17种氨基酸，其中有8种是人体必需的氨基酸。根据《中华人民共和国野生动物保护法》的相关规定，禁止任何人和组织以任何名义猎捕、养殖、贩卖和食用国家一级保护的野生动物。过度捕捞野生娃娃鱼，造成其濒临灭绝，打破了自然界平衡，更是违法行为。禁止捕捞食用娃娃鱼，看似限制了人们的饮食行为，实际上却是对人类自身的健康和安全起着积极作用，调整了人与自然的平衡关系。

二是调节人与社会的关系。有些民间禁忌起着调整人与社会的关系、维护公共秩序的作用。人的生产、生活要与社会保持协调一致。原始社会生产力低下，因而生产需要成群出动，才能显示出强大的力量。生活也要群居，才能保证人生存、自卫的力量。家庭私有制产生以后，人和家庭、社会仍然是一个互相依存的整体。人们为了生产、生活，为了社会发展的共同利益，要有公共秩序。因此，在某些时候，又需要发挥禁忌的作用。忌血亲、近亲通婚，维持了一定的婚姻秩序。邻家有丧事时，忌舂礁、忌歌笑，能在感情上与邻家保持一致，维持了睦邻关系。忌把东西放在路中，忌坐门槛，维持了交通秩序。在商店里，忌敲账桌，以免分散顾客的注意力。店伙计忌朝里坐，免得看不见顾客，避免对顾客不礼貌、不热情，妨碍商品交易。汉水流域民间饮食禁忌丰厚，如在坐席吃饭时，小孩、妇女不上席，长辈及客人没动筷子前，其他人不能开始吃，吃饭的时候不能乱讲话，做到食不言。吃饭的时候不能把脚踩在其他人座上，不能用胳臂顶着餐桌，不能用手掌托着下巴等。这些饮食禁忌，大家都要遵守，因为这是汉水流域就餐文明行为的表现，若有人不遵守，轻者觉得是对长辈及客人的不尊重，重者更是由此出现矛盾，甚至大打出手，不欢而散，引起社会矛盾。可见，饮食禁忌调节人与社会关系的功能十分明显。

三是调节人与人的关系。禁忌还能调整人与人之间的关系。人与人之间应该保持平等、友爱、互助互利的关系。那种不尊重人、不等价交换、坑蒙拐骗等行为必然破坏人际关系的和谐。民间禁忌在这方面也能起到一些约束作用。例如，忌做不义之事（“多行不义必自毙”），忌买卖中的缺斤少两等，对维护人间平等互利的和谐关系是有益的。再如，忌呼长者的名字，忌辱骂别人的父母，忌对别人称老子，忌欺骗嘲笑残疾人（俗语说“笑别人残疾，自己也会残疾”）等，这些有利于人与人之间的友好相处。在饮食禁忌方面，汉水流域十分重视人与人的平等关系，讲究烟酒茶不分家。尤其是在传统社会里，家里客人较多的时候，上烟、上茶、上酒，都要一视同仁，不能因客人身份地位不同而区别对待，对尊贵客人用好烟、好茶、好酒，而一般的客人却用差一点的来招待，这就犯了忌讳。因此，宴客前要充分准备，食料要备充足。

饮食禁忌还能起到自我保护的功能。禁忌就像一种不间断的警铃声响一般，使禁忌事象呈现出一种危险的状态，提醒人们在婚嫁、生育、丧葬、祭祀等仪式甚至日常生活中，必须小心行事，千万不要乱来，否则将导致灾祸，受到惩罚。例如，肠胃不好的人，忌食辣味，否则会拉肚子；感冒时吃了头孢等消炎药后不能饮酒，否则会丧命等。总之，汉水食忌调节人与自然、人与社会、人与人及自我保护等功能，充分折射出禁忌文化的价值，具有一定的普世性，应继承发扬开来。

第十章 细嚼慢咽

——汉水食尚

饮食崇尚习俗受民间宗教信仰的影响而产生，是民间信仰和宗教仪式在人们饮食生活中形成的惯制。我国先民的宗教活动实际上是从人们的饮食活动中发展起来的。早期的宗教仪式主要是祭祀，祭祀总是同人类的某种祈求心理分不开的，而这种祈求又以奉献饮食的形式反映出来。饮食与信仰相互制约、相互促进。

《论语·乡党》中记载："食不厌精，脍不厌细。食饐而餲，鱼馁而肉败，不食。色恶，不食。臭恶，不食。失饪，不食。不时，不食割不正，不食。不得其酱，不食。肉虽多，不使胜食气。唯酒无量，不及乱。沽酒市脯，不食。不撤姜食，不多食。"[①] 并非美食家或专业美食家的孔子，对饮食讲究上升的专业高度被后人传颂。具体来看，孔子首先强调的是饮食过程中的从容，其暗合养生之道。其次，孔子于那个时代追求精细饮食，合乎营养学饮食均衡、不挑不拣之原则。人们要想让食物营养得到充分消化吸收，同时符合养生学和营养学要求之目标，就得从食物烹饪制作和饮用食用等各个阶段进行细节把控。食物烹饪加工过程要精细，饮用食用时还需要细嚼慢咽，这些过程都需要时间来实现，粗枝大叶的快速烹制和狼吞虎咽的食用不符合养生学和营养学的要求，不是孔子所倡导的饮食风尚。孔子时代还没有营养学，养生学恐怕也还在萌芽而不被大多数人认知或认

① （春秋）孔丘．论语［M］．刘琦，译评．长春：吉林文史出版社，2004：83.

可。但是他具有的从容人生哲学仍旧可以使他对饮食养生无师自通，这可能与他平时饮食崇尚及作为圣人而必备的思想等综合素养不无关系。孔子之所以提出“食不厌精”，表面看来可能受到当时食源结构不够丰富，精细粮源不足，粗粮较多等诸多条件的趋同，但上层社会人士顿顿吃精细粮甚至是山珍海味还是能够做到的，但孔子崇尚“不厌”“不食”，无限接近专业养生饮食行为等饮食风尚，大多数人可能还无法做到。尤其是“细嚼慢咽”恐怕还不能在社会上普及流行。明代龚廷贤的《寿世保元·老人》中也有“频慢治（餐），不可贪多，慌慌大咽”（少吃多餐，慢慢进食，不能一次吃得太多，也不能匆匆忙忙地吞咽）之说法，可谓对孔子饮食观念的竭力呼应。

作为成语，“细嚼慢咽”不仅用来形容吃东西时细细咀嚼、缓缓咽下的样子，还暗含大饥莫大食，大渴莫大饮，进食适量等饮食行为的倡导，也可以用来比喻读书时仔细体会。“细嚼慢咽”契合道教、佛教的养生理念，是汉水食尚的精华所系。

一、汉水道教崇尚食俗

道教是中国唯一土生土长的宗教。史学界和道教学界一般认为道教形成于东汉顺帝（126—144年）时期，距今已有一千八百多年的历史。但若追溯到战国时齐、燕沿海一带宣扬神仙方术，即《史记·封禅书》中所谓“形解销化，依于鬼神之事”的方仙道与西汉时托黄帝而言神仙之术、托老子而言修道养寿的黄老道，则这种以神仙信仰为特征的宗教在中国流传已有两千多年的历史了。

（一）汉水流域道教文化概况

作为宗教实体，道教最初的创立脱离不了被压迫者反抗黑暗统治的民众运动。初创的道教有两派，一派是以农民起义领袖张角为首的太平道；一派是张陵创立的五斗米道。太平道以《太平经》为主要教义，以画符念咒治病为主要传教活动。张角于汉灵帝时举行起义，失败后，太平道禁止流传。五斗米道则因张鲁而传承后世。《后汉书选译》中记载：“祖父陵，顺帝时客于蜀，学道鹤鸣山中，造作符书，以惑百姓。受道者辄出米五斗，故谓之‘米贼’。陵传子衡，衡传于鲁，鲁遂自号‘师君’。”[1]张鲁，字公祺，沛国丰县人。汉献帝初平二年（191年），益州牧刘焉以张鲁为督义司马、张修为别部司马，使二人率部攻往汉中。得汉中后，张鲁断绝通往关中的谷道，杀汉使者，并袭杀张修。兴平元年（194年），刘焉死，张鲁脱离刘璋，夺取巴郡，自树一帜，创立了政教合一的新政权，实行一套新的政治、经济、文化政策和社会管理方法。建安二十年（215年），曹操引军西征张鲁，张鲁经南山逃入巴中。曹操入南郑，派人抚慰劝喻，张鲁即率家属出降。曹操拜张鲁为镇南将军，封阆中侯，邑万户。自初平二年至建安二十年，张鲁虽未称王，但实质上脱离汉末朝廷，雄踞汉中，建立了独立政权。其历史意义在于，它是以五斗米教教旨为思想基础、以五斗米教教众和教团为群众基础的政教合一的新政权。第一，政教合一。五斗米道的教义是有鬼论者。认为人无时不受鬼的监督，鬼能根据人的行为而降灾或赐福。张鲁自号“师君”，入道的一般徒众称“鬼卒”。部门首脑和带领徒众者称“祭酒”。其中，统率徒众多者称“治头大祭酒”。负责某部门事务者有“都讲祭酒”“奸令祭酒”等。除祭酒外，不另设其他官员。第二，全民崇教，并以道教民，劳武结合。无论本地和外来者都须入道，不准有例外。张鲁以鬼道之术教化民众，吃饭不要钱，如果吃得太多，鬼道就会让其生病。同时组织道众练武种田，实行劳武结合。平时为民，战时为兵，兵民一体，维护一方社会稳定。第三，和黄巾起义者信奉的太平道类似，五斗米道对道徒也提倡诚信，反对欺诈虚妄。废除一切严刑酷法，务行宽惠。主张先教后刑，有小过者，先自己反省；服罪后罚修路百步的劳役。犯重法者，先原宥三次，然后行刑。春夏禁止杀人，秋冬始能处决犯人。第四，祭酒辖区在交通路衢修筑义舍，备有义米义肉，行人可以量腹取用。第五，禁止造酒、喝酒。市肆百物都保持平常价格，没有暴涨暴跌的现象。第六，力求自主，民族团结。张鲁占领了汉中，改汉中郡为“汉宁郡”，几次杀死汉朝廷派来的使臣，不听朝廷指挥。建安五年便联合川北少数民族进攻刘璋，占领巴郡。各民族平等对待，消除了隔阂，增强了民族团结。由上可知，五斗米道的一些政治、经济措施，如，简化行政机构、废除残酷刑法、主张先教后刑、设置义舍义米、平抑物价、关注民生等，都有一定程度的积极意义。这在古代通过农民起义而建立的政权中也是少见的。张鲁在汉中统治的结果是，“民夷便乐之”“竞共事之”“关西

---

[1]（南朝·宋）范晔．后汉书选译［M］．李国祥，等，译注．成都：巴蜀书社，1990：309.

民从子午谷奔之者数万家”。这里的人民过着比较安定和睦的生活，所以张鲁能够“雄踞巴、汉垂三十年”。由于掌教被尊称为天师，五斗米道又称天师道。归顺曹操后，张鲁及大批汉中道民北迁至三辅（长安、洛阳、邺城），天师道随之向北方传播，并逐渐渗透到社会各阶层。魏初，张鲁之子张盛至鄱阳入龙虎山传扬道教，天师道随后流行江南。

武当道教得到皇帝的青睐始于唐朝，并因此逐步壮大，至明代时达至巅峰。唐贞观中，天下大旱，朝廷诏有司祷于天下名山大川，俱未感应。武当刺史姚简奉命躬诣武当山致祈，建坛之夕，甘雨霈然。太宗降旨在武当山建五龙观，这是武当山中第一座由皇帝敕建的道教宫观。五代时，著名道士陈抟入武当，服气辟谷达 20 余年。宋初，朝廷赐号“希夷先生”，武当山随之声名远播。宣和年间，武当创建紫霄宫，宋徽宗赐“国家祈福之庭”匾额。南宋高宗时，武当道士孙寂然应诏赴阙，以符水称旨。孝宗时，赐武当“五龙灵应观”匾额，理宗时，赐武当道士曹侍德“观妙”之号。元代帝王更为注重对武当道教的扶持。除了诏请武当道人赴阙，还将武当山道观改升宫号。元仁宗时，因自己生日与真武神降辰都是三月三日，就把武当山定为“告天祝寿”专门场所。每年天寿节，就遣使到武当山建醮祝寿。泰定二年（1325 年），遣使代祀龙虎、武当二山。天历二年（1329 年），为资冥福，明宗命道士建醮于玉虚、天宝、太乙、万寿四宫及武当、龙虎二山。至元二年（1336 年），惠宗遣使以香币赐武当、龙虎二山。入明后，成祖朱棣尤其注重武当道教，至此武当山成为真正意义上的皇家道观。建文元年（1399 年）镇守北方的燕王朱棣发动靖难之变，战役期间，反复制造道教玄天上帝真武神显助威灵的神话。建文四年（1402 年），朱棣登基，祭祀北极真武之神，下诏特封为“北极镇天真武玄天上帝”。永乐三年（1405 年），武当榔梅结果，五龙宫高道李素希宣称，这是天下太平的瑞兆。遣人将榔梅进贡朝廷，以助朱棣编造君权神授的神话，得到了朱棣的赏赐。永乐九年，朱棣决定倾其国力，大修武当。从此至永乐二十二年，工程延续 14 年，年均役用丁夫 30 余万人，耗尽南五省之赋，建成中国最大的宗教建筑群落：共建成 9 宫、9 观、36 庵堂、72 岩庙、39 桥、12 亭等 33 座道教建筑群，面积达 160 万平方米。除此外，朱棣将武当山改名为大岳太和山，置于五岳之首。朱棣以后，历代皇帝登基都要派钦差到武当山朝拜真武。正统十年（1445 年），英宗所敕内臣谕中说：“迨至皇祖仁宗昭皇帝、皇考宣宗章皇帝临御之日，克绍先志，特将均州一千户所军余杂派征差及屯田子粒尽行优免，但遇宫观有渗漏损坏之处，随即修理，沟渠道路有淤塞不通之处，随即整治。”弘治二年（1489 年），“帝登极，诏书已罢四方额外贡献，而提督武当中官复贡黄精、梅笋、茶芽诸物。武当道士先止四百，至是倍之，所度道童更倍，咸衣食于官，月给油蜡、香楮，洒扫夫役以千计”。世宗好道教，对武当山倍加礼敬。起初下令，武当金顶所收香钱全部由本山留用，后又拨官银，于嘉靖三十二年（1553 年）重修并扩建武当山，通往武当山金顶的一百四十华里神道两旁“五里一庵十里宫，丹墙翠瓦望玲珑。楼台隐映金银气，林岫回环画镜中”（洪翼圣）。工程完毕，遣英国公张溶往行安神礼，陶仲文偕顾可学建醮祈福。因明代帝王的尊崇扶持，武当道教以第一山的资格雄居道教名山之首，其影响从湖广到全国，继而扩展到日本乃至东南亚地区。明亡后，清朝统治者一贯信奉黄教，不重道教。武当道教也失去了往日皇家道观的辉煌，随同汉水流域道教一起逐渐衰微。

道教与汉水渊源深厚。道教饮食崇尚习俗内涵精妙。道教是在生存意识基础上建立起来的，对生命的尊重是道教思想的根本。《太平经》中说：“夫寿命，天下之重宝也。”[①] 人的生命为什么可贵？道教认为，人是宇宙的精华，体现着天地的神统。“夫人者，乃天地之神统也。灭者，名为断绝天地神统，有可伤败于天地之体，其为害甚深。”[②] 生命一旦消失，就再也不会出现，所以要特别珍重。道教的这些思想既体现着传统的重视现实生存的精神，又带有汉晋之间人口剧减的烙印。

（二）道教饮食崇尚习俗

道教以追求长生为主要宗旨，因此，它在饮食上有自己的一套信仰，其主要表现为。

一是少食以辟谷。道教主张少食，进而达到辟谷的境地。所谓辟谷，亦称断谷、绝谷、休粮、却粒等。谷是谷物蔬菜的简称，辟谷即不进食物。辟谷之术，由来已久。据说辟谷术源于赤松子，赤松子是神农时的雨师，传说中的仙

---

①《太平经》卷 18.

②《太平经》卷 40.

人。《史记·世家（卷 1）》中记载汉初名臣张良欲从赤松子游“乃学辟谷，导引轻身”[①]。后经吕后劝阻，张良不得已，才进食。长沙马王堆汉墓发现的《却谷食气》是我国现存最早的辟谷文献，其内涵很深奥。汉代行辟谷之术的道人较多，据传有着较好的效果，《淮南子》：“单豹倍世离俗，岩居而谷饮，不衣丝麻，不食五谷，行年七十，犹有童子之颜色。”[②]也有人以食枣来辟谷，《后汉书》中记载：“郝孟节能含枣核，不食可至五年十年。”[③]枣子是一种温补的药物，专门吃枣子是可以维持生命的。还有人以食药来辟谷，曹丕《典论》中记载汉末郄俭“能辟谷，饵茯苓”。郄俭到处传授其术。以致“茯苓价暴贵数倍”。曹植在《辩道论》中说：“余尝试郄俭，绝谷百日，躬与之寝处，行步起居自若也。”[④]

晋代盛行辟谷，其方法也多种多样，正如葛洪《抱朴子内篇》：“近有一百许法，或服守中石药数十丸，便辟四五十日不饥，练松柏及术，亦可以守中，但不及大药，久不过十年以还。或辟一百二百日，或须日日服之，乃不饥者，或先作美食极饱，乃服药以养所食之物，令不消化，可辟三年。欲还食谷，当以葵子猪膏下之，则所作美食皆下，不坏如故也。”“余数见断谷人三年二年者多，皆身轻色好，堪风寒暑湿，大都无肥者耳。”南朝梁名医陶弘景也很热衷辟谷，《梁书》中说陶“善辟谷导引之事，年逾八十而有壮容”。陶弘景在其《养性延命录》中收有《断谷秘方》一卷。道教为什么要回避谷物呢？是因为道教认为，人体中有三虫，亦名三尸。《中山玉遗经服气消三虫诀·说三尸》中认为，三尸常居人脾，是欲望产生的根源，是毒害人体的邪魔。三尸在人体中是靠谷气生存的，如果人不食五谷，断其谷气，那么，三尸在人体中就不能生存了，人体内也就消灭了邪魔，所以，要益寿长生，便必须辟谷。辟谷者虽不食五谷，却也不是完全食气，而是以其他食物代替了谷物，这些食物主要有大枣、茯苓、巨胜（芝麻）、蜂蜜、石芝、木芝、草芝、肉芝、菌芝等，即服饵。道教排斥谷物蔬菜，饮食单一，这只能起到摧残人体的作用，所以，辟谷术不值得提倡。

二是忌食荤腥宜食气。道教主张人体应保持清新洁净，认为人察天地之气

① （汉）司马迁．史记：世家（卷 1）［M］．西安：三秦出版社，2008：312.

② （汉）刘安．国学典藏：淮南子［M］．陈广忠校点．上海：上海古籍出版社，2016：471.

③ （南朝·宋）范晔．后汉书［M］．西安：太白文艺出版社，2006：636.

④ （三国·魏）曹操．三曹诗文选注［M］．韩泉欣，赵家莹，选注．上海：上海古籍出版社，1994：112.

而生，气存人存，而谷物、荤腥等都会破坏“气”的清新洁净。所以，陶弘景在《养性延命录》中说：“少食荤腥多食气。”道教把食物分为三六九等，认为最能败清净之气的是荤腥及“五辛”，所以尤忌食肉、鱼荤腥与葱、蒜、韭等辛辣刺激的食物，主张“不可多食生菜鲜肥之物，令人气强，难以禁闭”。此外，《胎息秘要歌诀饮食杂忌》中亦说：“禽兽爪头支，此等血肉食，皆能致命危，荤茹既败气，饥饱也如斯，生硬冷须慎，酸咸辛不宜。”那么，什么样的食物最理想呢？这就是：“餐朝霞之流淦，吸玄黄之醇精，饮则玉酸金浆，食则翠芝朱英。”道教认为只有这种饮食，才能延年益寿。道教信仰食俗在中国古代对一般平民百姓生活影响并不大，如果按照道教的说法，穷苦百姓最有成仙的机会，他们本来就在半饥半饱、与荤腥无缘的状态中生活，然而，直到他们饿死也与神仙无缘。相信辟谷成仙之说的，多是一些既富且贵的统治者，如，汉武帝就曾接受方士之说，饮露餐玉，到处寻求仙药，也不免一死。曹魏正始年间的何晏，官至吏部尚书，为求长生而服五石散，又称寒食散，以炼钟乳石、阳起石、灵磁石、空青石、朱砂等为之。但五石散并没有使何晏长寿，不到五十岁便被诛杀。古代道教的信仰饮食习俗，既有一定的科学内容，如主张节食、淡味、素食，反对暴食、厚味、荤食等，也有许多迷信和无知的糟粕，这些精华与糟粕在道教追求长生的目的下得到了统一，并对后世产生了较大的影响。明清时，许多道教信徒就是遵循这种饮食规则。汉唐是中国道教的兴起和成熟时期，这一时期道教也相应地形成了自己独具特色的饮食习俗。这种饮食习俗是为了让教徒们从最简单、最平常的饮食行为中体悟教义，所以道人及其信徒的饮食也就成了道教思想在饮食生活上的表现形式，虽然这种饮食习俗带有浓郁的宗教特色，但它对丰富中国传统饮食文化也做出了一定的贡献。

二、汉水佛教崇尚食俗

在中华文化漫长的发展历程中，吸纳过多种来源于异国他邦的宗教。在这些宗教当中，尤以来源于南亚次大陆的佛教对中华文化的影响最为深远。佛教不仅包含着深刻的哲理思辨、人生理想、伦理道德、艺术形式，就连人们日常生活中一天也离不开的饮食，也留下了佛教信仰的深深印迹。事实上，在世界各民族的历史上，成熟宗教的出现，无不给予该民族的社会生活以极为巨大的影响。经过一千多年的发展，由佛教信仰而产生的食俗，已成为一种独特的文化现象，它所制作的素菜、素食、素席都闻名于世。这些素馔常以用料与烹制考究，做工精细，菜肴的色、香、味、形独特而深受民众的喜爱和赞赏，所以，有人形容佛教饮食已成为中国饮食文化园地中一朵常开不凋的素洁小花。

（一）汉水流域佛教文化概况

汉水流域佛教文化遗存较多，佛教文化传承根脉清晰。汉中市（今汉台区）的万寿寺始建于明洪武十六年（1303 年），原址在汉中城内南大街，面积 16 亩，建筑雄伟，规模宏大，有大雄宝殿等大殿堂 7 座，有藏经处、售经处、刻经处，房屋百余间，僧尼 200 余人。中华人民共和国成立后，寺院曾组织办小型纺织厂和发动寺中弟子、僧尼开荒种菜，自耕自食。1992 年 6 月 5 日，汉中市佛教协会成立，万寿寺住持释广智被选为会长。当年他用自己几十年的积蓄和寺中弟子捐献的功德款，共计 6 万元，在汉中市西郊沙沿乡重建万寿寺。大院占地 3 亩 8 分，在四方游客信士捐助下，相继建成观音殿（附列十八罗汉）、大雄宝殿、地藏殿、玉佛殿，设有藏经处、售经处、寮房等。1993 年 9 月 5 日举行第一座观音殿千手千眼观音菩萨开光仪式。释广智年高有病后，把衣钵传给弟子释续学法师后，不久圆寂。释续学由成都佛学院毕业后，被寺中弟子推举为万寿寺第二任住持、汉中市佛教协会第一副会长。

襄阳市亦有四大寺院。一是承恩寺。承恩寺位于湖北省襄阳市谷城县东南 45 公里处，是国家重点文物保护单位，省级森林公园。作为全国最古老的寺院之一，被列入《中国佛教百大名寺》一书。该寺始建于隋，初盛于唐，鼎盛于明，至今已有 1400 多年的历史。万斤铜钟制作精细，造型美观。现存的“金刚般若波罗蜜正经”是国家二级保护文物。寺院内外古木参天、泉水潺潺，有玉石碑、卧牛池、龙泉池、玉带水、锁风桥等自然景观。襄宪王墓闻名遐迩，隋炀公主的传说美妙动人。承恩寺的泉水富含多种微量元素，可以健身疗疾，有神水之称。中国人民解放军八一电影制片厂几经挑选，于 1968 年在此设立制片分厂，专门从事胶片洗印工作。许多著名电影在此拍摄外景，包括《闪闪的红星》《飞兵襄阳》《八路军》等。据专家考证，此地聚气藏风，可以激发人体潜能，在这里练功可以产生难得的“金字塔”效应。距离承恩寺 13 公里处的汉江是长江最大的支流，水质清澈，风景如画。二是广德寺。广德寺原名云居寺，位于襄阳县（现襄阳区）城西约 13 公里处，四周呈方形，面积约 3 万平方米，有一条宽约 10 米的小溪环绕，该寺殿宇林立，古树参天，苔藓匝地，异常幽静。广德寺始建于唐贞观年间（627—649 年），名“云居禅寺”，明成化年间（1465—1487 年）由隆中迁至此，因宪宗御笔亲赐“广德禅林”，遂一直沿袭至今。寺内原有天王殿、大雄宝殿、伽蓝殿、韦驮殿、观音殿、藏经楼、方丈房等建筑，现仅存天王殿、藏经楼、方丈房和多宝佛塔。天王殿为硬山顶式，因人为破坏，已改原有风姿，内部完整，外部改成民用建筑。藏经楼为重檐硬山顶式，系清代重修。大雄宝殿重檐九脊，翼角恽飞。多宝佛塔建于明弘治七年（1494 年）至弘治九年间，为砖石仿木结构，通高约 17 米，由塔座、塔峰两部分组成。塔座高 7 米，呈八角形，上叠浅檐，下奠矮基，砖砌角柱，石雕龙首。各墙均设有壁龛，上供石雕趺坐莲台佛像一尊，各壁设有石雕券门 4 个，正门上方石匾横书“多宝佛塔” 4 字，下置 3 个“佛”字，严谨浑厚，苍劲有力。塔峰置 5 座小塔，居中者为喇叭塔，高 10 米，下置须弥座，上置莲台，与覆钵式塔肚承接；上置相轮，顶置铁空盖。主塔四周有四座六角形五层密橹式砖塔，并设有佛龛。塔的上、下、内、外共嵌有石雕坐佛 45 尊，故称多宝佛塔。古塔旁有银杏一株，4 人合抱，高约 35 米。明嘉靖帝曾效汉武帝封松柏故事，赐以“大将军”封号；以后，清乾隆帝又加封为“感应大将军”，树旁尚有碑刻似记其事。多宝佛塔现已被列为全国重点文物保护单位。三是鹿门寺。鹿门寺原名苏岭祠，据县志中记载：“汉建武中，帝（刘秀）与习郁梦见山神，命郁立祠于山，刻二石鹿夹道门口，在姓谓之鹿门庙遂以庙名山。”鹿门山是三国文化的发祥地。当年躬耕于隆中的诸葛亮曾拜庞德公为师，每次来求教，都跪拜在庞公榻前，其虚心为学之状，令后人敬仰。庞公还常邀其侄儿“凤雏”先生庞统、“卧龙”先生诸葛亮、水镜先生司马徽及徐庶、崔州平等人纵议天下大事，商讨治国之策，由此，演绎出脍炙人口的三国故事。位于襄州城南约 15 公里处东津镇的鹿门山始建于东汉建武年间，是汉唐以来的佛教圣地和文人雅士的集聚地。建武年间襄阳侯习郁立神祠于山，因神道口刻有二石鹿，俗称鹿门庙。西晋改名为万寿禅寺，唐复名鹿门寺。汉末名士庞德公、唐代大诗人孟浩然、皮日休皆栖隐于此。明景泰年间（1450—1456 年），在此建“三高祠”，并供其像，以示纪念。明末毁于大火，清初以来，屡有修废。现保存有石鹿、龙头喷泉、瀑雨池、天井、大殿等古建筑和碑刻。四是白水寺。白水寺东邻随州神龙岩，西近襄阳古隆中，被列为襄樊市（现樊阳市）级风景名胜区和外事活动参观点。《枣阳县志》中记载："乡人建，以祀汉光武。明宣德中，僧真隆改以正殿供佛，以西偏三楹祀汉光武，旁列云台诸将木主。"即今白水寺殿堂布局，主要有大雄宝殿、刘秀殿、娘娘殿、兵器殿、关公殿、青龙井、龙井亭等。整座寺庙殿堂古朴典雅，雕塑精美，保持了原有的建筑格调；寺内古木参天，门前石阶壮观，充满着浓郁的梵宇气息，先后被襄樊市、湖北省列为重点文物保护单位。汉水流域佛教文化遗存尚有多处，不一而足，佛教饮食习俗对汉水流域的人们尤其是佛教善男信女的饮食崇尚有一定的影响。

（二）佛教吃素的起源

谈到佛教寺院中的饮食生活，人们都会联想到素菜。素菜是中国传统饮食文化中的一大流派，悠久的历史使它很早就成为中国菜的一个重要组成部分，特殊的用料、精湛的技艺，使这一流派绚丽多姿；新鲜的风味、丰富的营养，使它在中国菜系中独树一帜。然而，素菜的起源本与佛教没有直接的联系。中国素菜的发展历史说明，早在东汉初年佛教传入中国之前，素菜就已出现，并得到了一定程度的发展。不过，随着佛教的传入，素菜开始在寺院中流行起来，并不断有所改进，促进了素菜制作日趋精湛和食素的普及。

早期佛教传入时，其戒律中并没有不许吃肉这一条。僧徒托钵化缘沿门求食，遇肉吃肉，遇素吃素，只要吃的是"三净肉，"即不自己杀生、不叫他人杀生和未亲身看见杀生的肉都可以吃。正如赵朴初先生在《佛教常识答问》中所说："比丘（指受过具足戒之僧男）戒律中并没有不许吃肉的规定。"[①] 到了魏晋南北朝时，佛教盛行一时，中国汉族僧人主要是信奉大乘佛教，而大乘佛教经典中有反对食肉、反对饮酒、反对吃五辛（葱、薤、韭、蒜、兴蕖）的条文。他们认为"酒为放逸之门""肉是断大慈之种"，饮酒吃肉将带来种种罪过，悖逆佛家"五戒"。这一时期译出的《楞枷》《楞严》《涅槃经四相品》等经文，都提倡"戒杀放生""素食清净"等思想，这与中国儒家的"仁""孝"等思想颇为契合，因而深得统治者推崇。特别是南朝梁武帝萧衍，以帝王之尊，崇奉佛教，素食终

① 赵朴初．佛教常识答问［M］．南京：江苏古籍出版社，1988：105.

生，为天下倡。所以，赵朴初先生说："从历史来看，汉族佛教吃素的风习，是由梁武帝的提倡而普遍起来的。"[①] 据记载，梁普通二年（521 年），梁武帝萧衍在宫里受戒，自太子以下跟着受戒的达 48000 余人。他还下了《断酒肉文》诏，认为断禁肉腥是佛家必须遵从的善良行为。为守杀生戒起见，他规定祭祀用的牲牢都改用面制，甚至禁止当时的丝织品上出现鸟兽纹样，以避免裁剪时"破了它们的身体"。在梁武帝的倡导下，南朝的僧徒和香客大增，这使寺院有必要制作出素餐系列，以便自给自足。从此，断酒禁肉，终身吃素，成为佛门子弟的严格戒律。需要指出的是，在中国的蒙古族、藏族地区，由于蔬菜种植不易，不吃肉就难以生活，所以这些地区的佛教徒一般都吃肉，这是属于特殊环境下的"开戒"。

（三）佛教素菜的特点

吃素经过梁武帝提倡以后，素菜在佛寺中得到了迅速发展，其制作也日益精美。据《梁书》中记载，当时建业寺中的一个僧厨对素馔特别精通，掌握了"变一瓜为数十种，食一菜为数十味"的技艺。由于佛寺中不断出现这种技艺高超的僧厨，这就对佛寺素食的发展起到了推波助澜的作用。此后，佛寺素菜经过历代僧厨的不断改进和提高，不仅素菜品种增多，技艺逐步完善，还形成了佛寺素菜清香飘拂的独特风味，成为素菜中的一个主流。它的主要特点有。

一是清鲜淡雅，擅烹蔬菽。佛寺素菜制作的主要原料有三菇六耳、瓜果鲜蔬、菌类花卉、豆类制品等。这些四季蔬果清幽素净，给人以新鲜、脆嫩、清爽的感觉；软糯的面筋豆皮之类，给人以爽口、软滑的感受；香味醇厚的蕈类，给人以鲜嫩馨香的回味。另加以芝麻香油、笋油、蕈油调味，无不独具风味。

二是工艺考究，以素托荤。佛寺素菜使用的原料虽然比较平常，但工艺考究的制作，能使素菜丰富多彩。山珍海味中的参、翅、窝、肚、鲍、筋、掌、峰等，都可用素料来仿制，如，发菜、藕粉制成的素海参软糯而形真；豆油皮制成的素鸡肥嫩而鲜美，食时"鸡丝"可见；玉兰笋制成的素鱼翅，翅筋玉白难辨真伪；冬瓜或白萝卜制成的燕窝莹洁逼真。

三是历史悠久，影响深远。佛寺素菜经历了一个由单一到多样，由纯素到仿

---

① 赵朴初 . 佛教常识答问［M］. 南京：江苏古籍出版社，1988：105.

荤，由寺内到寺外的发展过程。许多名菜，至今仍在烹坛上占有重要地位，为人们所喜食，如，桂花鲜栗羹、罗汉斋、鼎湖上素、半月沉江、糟烩鞭笋、桑莲献瑞、糖醋素鲤、笋炒鳝丝、金钱素里脊、清炒素虾仁、三鲜素海参、松子肥鹅等。

（四）佛寺僧人的饮食的习俗

在佛教戒律中，和素食一起奉行的还有一种“过午不食”的规定，即午后不吃食物。只有病人可以过午以后加一餐，称为“药食”。但中国汉族僧人从古时起就有耕种的习惯，由于劳动，体力消耗较大，晚上不吃不行，所以在多数寺庙中开了过午不食的戒，不过名称仍为“药食”。佛寺僧人用膳一般都在斋堂进行，吃饭时以击磬或击钟来召集僧徒。钟声响后，从方丈到小沙弥，齐集斋堂用膳。佛寺饮食为分食制，吃同样的饭菜，每人一份。只有病人或特别事务者可以另开小灶。每天早斋和午斋前，都要依照《二时临斋仪》的规定念供，以所食供养诸佛菩萨，为施主回报，为众生发愿，然后方可进食。唐人顾少连在《少林寺厨库记》中生动地记述了少林寺的斋食情形，其中说：“每至花钟大鸣，旭日三舍，绷徒总集，就食于堂。莫不咏叹表诚，肃容膜拜，先推尊像，次及有情。泊蒲牢之吼余，海潮之音毕，五盐七菜，重柜香杭，来自中厨，列于广榭，咸造物艺。”佛寺僧人一般早餐食粥，时间是晨光初露，以能看见掌中之纹时为准。午餐大多食饭，时间为正午之前。晚餐“药食”大多为粥。本来“药食”要取回自己房内吃，但由于大家都吃，所以也在斋堂就餐。佛寺中负责管理斋饭的职务为典座饭头、菜头。斋堂中供护侍菩萨像，传为“洪山大至”，元代以后多供奉“紧那罗王”像。一年之中，围绕着纪念释迦牟尼和菩萨的佛教节日名目繁多，饮食活动也多种多样，其中，对后世影响最大者莫过于腊八节吃腊八粥了。

古代将阴历十二月称为腊月，在腊月里，人们祭祀的诸神有八种，因此称为“腊八”，汉代以来行祭的日子就逐渐固定在腊月初八这一天了。另外，根据佛教的传说，佛祖释迦牟尼出家修道，苦行六年，每日仅食一麻一米，后因饥饿劳累昏倒在地。一位牧女给他喂了用泉水熬成的乳糜状的粥后，他恢复了元气，终于在腊月初八这天夜里，悟道成佛。后来，佛教僧侣们为了不忘佛祖成道以前所受的苦难，便仿效牧女的做法，熬粥供佛。所以腊八粥就流行起来了，腊八也成了佛教的节日，称为“佛成道日。”吃腊八粥之俗，始于宋代，至今已有一千多年的历史了。宋人孟元老的《东京梦华录》中记载："十二月初八日，街巷中有僧尼三五人作队念佛，以银、铜、沙罗或好盆器，坐一金铜或木佛像，浸以香水，杨枝洒浴，排门教化。诸大寺作浴佛会，并送七宝五味粥与门徒，谓之'腊八粥'。都人是日，各家亦以果子杂料煮粥而食也。"[①] 这"七宝五味粥"的说法，大概是取法于佛教中的"七菩提分"和"五善""五菩提"之类，实际是以枣、杏仁、核桃仁、莲子、花生和米豆等物煮成的稀粥。开始，吃腊八粥之俗仅流传于佛教徒中，各地佛寺在腊八熬粥除了自己食用外，还以此馈赠四方善男信女，所以腊八粥又称为"佛粥""福寿粥"。后来，此俗流传渐广，民间争相效法，特别是到了清代，吃腊八粥之风更盛。在宫廷中，每逢腊八，皇帝都要向文武百官、侍从宫女赐腊八粥，并向各大寺院发米、果，以供僧侣食用。在民间，更是家家户户熬煮食用，以致腊八粥的花样也越来越多了。

三、汉水民间其他信仰食俗

汉水流域人们的宗教信仰除了道教、佛教外，较有影响的还有伊斯兰教信仰。伊斯兰教在陕南汉中勉县较有影响。勉县是五斗米道教的发源地和祖庭所在地，道教和佛教等宗教自古较兴盛。伊斯兰教自明末清初由回民传入勉县，也得到了较快的发展。据《汉中市地区志》1995年的统计，勉县信仰伊斯兰教者470人，在汉中市所辖的十县一区中，仅次于西乡县、汉中市（汉台区）和城固县，位列第四。[②] 除此，伊斯兰教在汉水流域的安康、南阳等地亦有传播，对汉水流域的饮食崇尚习俗有一定的影响。

据《伊斯兰伦理学》一书中记载，其教徒禁食："暴目者、锯牙者、环喙者、钩爪者、啮生肉者、杀生鸟者、恶者、暴者、贪者、吝者、性贼者、污浊者、秽食者、异形者、异性者、妖者、似人者等。"[③]

清真菜选料严谨，工艺精细，食品洁净，菜式多样，其用料主要取材于牛、羊两大类，特别是对烹制羊肉菜肴极为擅长。早在清代乾隆年间就已经有清真全

① 孟元老.《东京梦华录》卷10（十二月）.

② 勉县志编纂委员会.勉县志［Z］.北京：地震出版社，1989：144.

③ 努尔曼·马贤，伊卜拉欣·马效智.伊斯兰教伦理学［M］.北京：宗教文化出版社，2005：344—345.

羊席。全羊席即以羊肉、羊头、羊尾、羊蹄、羊舌、羊脑、羊眼、羊耳、羊脊髓和羊内脏为原料，可以做出品味各异的菜肴一百余种，体现了厨师高超的烹饪技艺，是清真菜中最高级的代表。全羊席在清代同治、光绪年间极为盛行。《清稗类钞》中说："清江庖人善治羊，如设盛筵，可以羊之全体为之。蒸之、烹之、炮之、炒之、爆之、灼之、燻之、炸之。汤也、羹也、膏也、甜也、咸也、辣也、椒盐也。所盛之器，或以碗、或以盘、或以碟，无往而不见为羊也。多至七八十品，品各异味，号称一百有八品者，张大之辞也。中有纯以鸡鸭为之者。即非回教中人，亦优为之，谓之曰全羊席。同、光间有之。"[①] 后来，由于烹制全羊席过于靡费，遂逐渐演化为全羊大菜。全羊大菜包括八道菜：独脊髓（羊脊髓）、炸蹦肚仁（羊肚仁）、单爆腰（羊腰子）、烹千里风（羊耳朵）、炸羊脑（羊脑子）、白扒蹄须（羊蹄）、红扒羊舌（羊舌）、独羊眼（羊眼）。全羊大菜规模虽然小些，但包含全羊席的精华，是清真菜中的名菜。

汉水食尚文化还体现在民间祭祀、民间俗神信仰等方面。在汉水下游的荆楚大地，古楚民间"信巫鬼、重淫祀"，信仰对象十分广泛。祭祀活动也很频繁：二月初二敬土地，二月十九朝观音，上九日敬玉皇，四月八敬佛祖，三月十五敬财神，六月二十四祭雷祖，腊月二十三敬灶神，正月初八敬米神，以至龟、蛇、鸡、猪、犬、马、牛、羊……都各有生日，连老鼠也有个"嫁女日"，关老爷还有个"磨刀日"，甚至连厕所，都有"紫姑神"专管。是时，或焚香致祭，或望空禀祝，或春祈许愿，或秋报酬神，礼数虽殊，心诚若一。除此之外，还有些地方性神祇，也受到当地民众的隆重祭祀和礼遇。这种民间自发性的祭礼活动，至今香火不断。

在信仰习俗方面，陕南地区与相邻的川鄂两省有很多相同的地方，这是前人早已注意到的事实，中华民国《镇坪县志》中就说："（镇坪）界邻蜀楚，民杂五方，其风尚亦各有不同：蜀人多业农，楚人多贸易。蜀人信巫，家人有患病，必请巫攘解，名曰：打保符。家道顺畅，亦请巫扮演庆神，名曰跳耍神。楚人多醵金迎神赛会，为酒食是仪，无论贫富，丧葬必请火居道士（在家俗人）敲锣击鼓，呼天喊地。"另据清光绪年间的《旬阳县志》中记载："邑界楚蜀，尚巫鬼，重淫祀，其风由来旧矣。更有值亲生日，延巫祝寿，曰接星；祝祷疾名曰观灯；

---

① 徐珂．清稗类钞第47册饮食上［M］．北京：商务印书馆，中华民国七年：47.

丧葬延浮屠作佛事，且属纩时必扶于椅上，曰上马位；含殓时必用术家指弄，曰开咽喉。又或祀古树、怪石、枯木、古墓以为神降。”由此，则知汉水上游地区的信仰习俗深受移民的影响，带有浓厚的荆楚色彩，这一点表现在对吴楚水神杨泗将军的崇拜上尤为突出。

左鹏在其《汉水》一书中考证：“杨泗将军本为长江中下游地区的水神，特别在湖南地区被普遍信仰。而在移民进入之前，汉水上游各地的风俗，包括信仰习俗大致与四川相似，供奉的水神是战国时蜀太守李冰或其子李二郎。后来，这位吴楚之地的水神受到汉水、丹水上游流域人民广泛崇拜，显然得归功于清初的南方移民，尤其是湖南、安徽的移民。杨泗将军庙主要分布在汉水、丹江沿岸，多数是船民为了祈求航运时得到保护而修建并祭祀的。据地方志记载，各地杨泗将军庙的修建时间，几无例外都在康熙以后，而石泉县的则在乾隆年间，这正是吴楚移民大量拥入的时期，大约从侧面显示出杨泗将军崇拜是移民迁入后随之而来的信仰。”[①] 基此可言，因移民而带来的信仰文化的流变并融合后生根流传，是信仰文化传承发展的方式之一，汉水流域信仰食俗文化亦在其移民文化交汇流变中得以融合发展。

① 左鹏．汉水［M］．南京：江苏教育出版社，2006：142.

第十一章　以食为天

——汉水食思

作为饮食文化特殊部分的食俗文化，其思想根源与饮食文化思想同脉。民以食为天。中国精神文化的许多方面都与饮食有着千丝万缕的联系，大到治国之道，小到人际往来都是这样，中国人善于在极普通的饮食生活中咀嚼人生的美好与意义。逢年过节，亲友聚会，喜庆吊唁，迎来送往，乃至办一切有人参加的事情，不管是喜是悲，不论穷富贵贱，似乎都离不开吃。古往今来，各种名目的宴会，都是借以协调国际或人际关系来达到欢乐好合的目的。故《礼记》中说："夫礼之初，始诸饮食。"因为"礼"的原则之一就是强调"让"，而在有群体参加的饮食生活中，例如，"乡饮酒礼"等都以礼让为先。人们能够在同乡或亲族相聚宴饮中学习到"礼"。中国传统文化注重从饮食的角度看待社会与人生。老百姓日常生活中的第一件事就是吃喝，固有"开了大门七件事，柴米油盐酱醋茶"之说。清人郑燮（板桥）在其家书中描写了一种更为简朴的饮食生活：天寒冰冻时，穷亲戚朋友到门，先泡一大碗炒米送手中，佐以酱姜一小碟，最是暖老温贫之具。暇日咽碎米饼，煮糊涂粥，双手捧碗，缩颈而吸之，霜晨雪早，得此周身俱暖。嗟乎！嗟乎！吾其长为农夫以没世乎！

王学泰在其《中国饮食文化思想》一文中指出："研究中国人的饮食生活，不仅是研究中国文化的必要组成部分，甚至可以成为研究中国文化的一把钥匙。”[①] 汉水文化是典型的地域文化，更是中国优秀传统文化的组成部分，秦文化、楚文化、巴蜀文化、道教文化、孝文化等均为汉水文化的传统文化属性增色添彩。汉水食俗文化思想主要承载于楚文化、道教文化和传统孝文化之中，体现出求存、养生、弘德等食俗思想的本质要义。

一、求存——汉水楚文化食俗思想

楚文化是一种以族群命名的区域文化，其研究空间包括古楚的活动范围，楚国疆域所覆盖的地域及其文化辐射区，楚文化研究的时间界限从古楚时期到西汉前期。汉水流域是楚文化的发源地，以江汉平原为中心的楚文化是汉水文化的重要组成部分并对汉文化有独特的贡献。

楚文化在长期的形成和发展过程中，形成了自己的特色，它不同于唯尊儒家的中原文化。远古时期，人类对很多自然现象无法解释，心中充满了恐惧和不安，人们认为万物皆有神灵，于是把许多自然现象解释为神灵鬼魄的超能力，加上统治者的需要，宗教和巫术便兴起了，《汉书・地理志》中记载：“楚人信巫鬼，重淫祀。”至周代，理性主义思维兴起，以中原礼乐文化为代表的北方文化已经摆脱了对宗教和巫术的依赖，中国的广大南方地区还处于蛮荒之境。《吕氏春秋・异宝篇》中记载：“荆人畏鬼而越人信禨。”“畏鬼”“信禨”正是南方早期文化的特征。楚民族具有自强不息、坚韧不屈的民族气节。荆楚地处江汉流域，西周初期这里还是一片荆棘丛生的处女地。以楚民族为代表的南方民族在与自然界和北方民族的斗争中，形成了坚韧不屈、披荆斩棘的民族气节。《左传・昭公十二年》中记载楚令尹子革对楚灵王说：“昔我先王熊绎，辟在荆山，筚路蓝缕，以处草莽；跋涉山林，以事天子。”另外，在中原看来，南方广大地区尚未开发，这里的民族尚未开化，因此，南方民族被统称为“蛮”“蛮夷”或“南蛮”。商周时期对长江中游地区的民族称之为荆蛮、楚蛮或荆楚。西周初年，周成王封熊绎为楚君，荆楚开始跻身于诸侯之列，楚侯国正式诞生。楚国在“战国七雄”中拥有的疆土最广阔。楚国从“筚路蓝缕”到“问鼎中原”，这与楚民族自强不息、坚韧不屈的民族气节是分不开的。

① 王学泰．中国饮食文化思想［J］．传承，2008，11：38—40.

新石器时代，荆楚诸土著文化与中原文化相比，处于明显的低势态。楚人沿丹淅流域南迁至荆山一带，荆楚文化与中原文化处于碰撞融合阶段，中原人以华夏文化为正统，视荆楚人为“楚蛮”“南蛮”“蛮夷”，周初以五等爵制大分封时，仅以较低爵位“子爵”分封楚先王熊绎一块蛮荒之地，而熊绎则要对周王尽守燎以祭天，贡苞茅以缩酒，以及贡桃弧、棘矢以禳灾的职分。楚国建立之初，辟在荆山，筚路蓝缕，以处草莽。跋涉山川，以事天子。居处荒凉，生计维艰，同时还要在诸侯之间的残酷争战和兼并中求生存谋发展。

这样的生存环境和歧视政策激发了楚人“筚路蓝缕”的开拓进取精神，形成了楚文化兴起的原动力。为此，楚人开疆拓土，奋发征战，不断壮大自己的势力。楚人不断向东、向南征战兼并，使楚国掩有南中国，最盛时占据南方半壁河山；向北则问鼎周室，称雄中原，势力渗透中原大地。《晋书》中记载：“蚡冒以筚路蓝缕，用张楚国。”春秋中叶称霸中原的楚庄王，常向国人“训之以若敖、蚡冒筚路蓝缕，以启山林。箴之曰：‘民生在勤，勤则不匮’”（《左传·宣公十三年》）。“三年不蜚，蜚将冲天；三年不鸣，一鸣惊人。”（《史记·世家》）正是楚先民开拓进取性格的写照。从楚先王熊绎直至楚亡，从春秋战国一直延续到近代，这种开拓进取精神一直贯穿始终，渗透到荆楚民族的血液之中，后世或称“九头鸟”精神。

楚人及其文化精髓的根本要义体现在“求得生存和发展”上。在汉水下游的荆楚大地，到处流传着“江西填湖广”的传说。当地居民多称自己的祖先来自江西。地方史志、家族宗谱、碑刻中也充斥着类似的记载。20世纪末，张国雄先生根据其收集的339个湖北家族的家谱统计发现，其中279族属外来移民。而从元末至明初，即元末红巾军起义到朱元璋立国治国之间，又是“江西填湖广”移民运动的高潮所在。迁自此时的家族达到162族（元末26族，明初136族，整个明朝合计196族），约占总数279族的58%。虽然张国雄先生的研究以湖北为单位，部分资料来自不属于汉水流域的鄂东地区，但我们仍可在打折扣的前提下管窥汉水下游移民的大致情况。据其书后所附《移民档案》，汉水下游地区迁自明代的移民家族达43族，占明代湖北移民（196族）的22%。天门县（今天门市）的26族中有16族迁自明代，沔阳县（今仙桃市和洪湖市）的18族中也有12族迁自明代。汉水下游的一些民间习俗也与“江西填湖广”有紧密的联系。据张国雄调查：“文化大革命”前，随州城乡每年祭祖，富者用全猪，次用猪头，再次用猪脖子肉，最穷的用一块豆腐，上面插一根筷子，头对东南方表示祖籍江西，筷子喻迁自江西“大栋树”。这种习俗在鄂东北的今大悟、红安和江汉平原的云梦、黄陂等县也很盛行。[①]可见“江西填湖广”移民运动不仅持续时间很长，人口移民规模庞大，地域分布广泛，而且对汉水流域的文化产生了深刻影响。战乱等人为造成的社会动荡是制造移民的温床。

另据明代朱英的《救荒疏》中记载：“陕西地方灾重民饥，视他处尤甚。民业久废，仓廪尽虚。东北邻境山西、河南皆无可仰之地，所可求活者，惟南山汉中与四川、湖广边境耳。民之有识有力者，挈家先往，采山求食，或幸过活。”[②]可见，不仅仅是江西，山西、河南等地移民均至川、陕、鄂边境山区求存发展，汉水中下游成为近邻移民求存发展的首先之地。“江西填湖广”移民运动对汉水流域尤其是下游地区产生了重要影响。这些移民开辟山林，垦荒耕种，辛勤劳动，使汉水中下游的开发范围迅速扩大、开发程度不断提高，明朝中叶，“苏湖熟天下足”的谚语变成“两湖熟，天下足”，此中虽有夸张成分，但在一定程度上反映出江汉平原的经济实力逐步呈现出超越江浙的强劲势头。元明时期，江西以文化发达著称，素有“翰林多吉水，朝士半江西”的美誉，江西移民的进入极大地丰富了汉水下游和鄂东地区的文化，为该地区的全面繁荣和文化崛起注入了新的活力。移民始迁祖吃苦耐劳、顽强创业的精神，往往成为教育激励后人的精神财富。

无论是古楚居民还是后来移居之民，在汉水中下游的荆楚大地“筚路蓝缕以启山林”，将“苏湖熟天下足”的谚语变成“两湖熟，天下足”的盛况，充分展示出汉水楚文化“求存”之食俗思想。《史记·郦生陆贾列传》中记载：“王者以民人为天，而民人以食为天。”西晋陈寿所著《三国志》中记载：“国以民为本，民以食为天。”《元史·食货志》中记载：“国以民为本，民以食为本，衣食以农桑为本。”后人延伸为：国以民为本，民以食为天，食以安为先，安以质为本，质以诚为根。天，比喻赖以生存的最重要的东西，人民以粮食为自己的生活所系。食，指粮食，并暗示运作粮食所需要的生产资源，扩展为人民群众需要生产粮食等生活必需品的资源来维持生存，就像国家需要人们来做贡献一样重要，指

---

① 张国雄．明清时期的两湖移民［M］．西安：陕西人民教育出版社，1995：41.

②（明）朱英．《救荒疏》．（清）乾隆《桂阳县志》（卷 12）《文艺》．

民食的重要。而易卦解民“以食为天”的意思是：两根筷子，二数先天卦为兑，兑，为口，为吃。筷形直长，为巽卦，巽，为木，为入。组合在一起，就是用筷子吃东西。入口的是什么？是筷头。筷头圆，为乾卦，乾为天，这样吃的岂不是“天”？因此认为“民以食为天”由此而来。“以食为天”折射出人类求存的根本逻辑法则。人类生命的存在根本是食，当食源短缺，无法维持生命时，为了生命继续存在而不得不移民，移至食源丰富或耕种食源自然人文条件优越之地，这一举动是人类生存法则的质朴哲学，是食俗思想的核心要义。楚文化的精神实质，无论是“筚路蓝缕”创业，“抚夷属夏”的开创，还是“一鸣惊人”的创举，“深固难徙”的爱国，都是楚人为生存而积淀的文化精神。“求存”自然成为楚文化最核心的食俗思想。

二、养生——汉水道教文化食俗思想

道教与汉水渊源深厚，尤以武当道教的兴盛使汉水流域的道教文化得以进一步弘扬。道教文化的“养生”食俗思想对汉水食俗文化影响深远。自春秋以来，武当山就是重要的宗教活动场所，从东汉道教正式形成起，经过魏晋南北朝时期、隋唐时期和宋元时期的发展，到了明朝，武当道教就走向鼎盛，成为全国最大的道场和道教活动中心。长期以来，武当道教因其“五岳之冠”的独尊地位，吸引着无数道教信徒来此修炼、养生，连续的传承发展，使得武当道教形成了独具特色的道教养生文化体系，武当丹道、内家功夫、服食辟谷术、道教音乐、道教建筑和道教医药学内涵丰富，认真研究武当道教养生文化的特点，对于我们提高全民健康水平、对于构建湖北特色养生与长寿文化体系，具有十分重要的理论和现实意义。

武当道教养生食俗思想体现出三大特征。一是贵人重生求长寿的养生理念。养生就是保养生命，即根据人体生命发展的客观规律所进行的保养身体、减少疾病、增进健康的物质活动和精神活动。武当道教重视养生文化，重视养生活动在道教发展过程中的重要作用。作为全国著名道教福地和道教活动中心，历代道门高徒在武当修道行医，研习养生之术，使武当道教养生文化世代相传。武当道教养生以延年益寿、羽化登仙为最高追求目标，强调贵人重生的养生理念。《太平经》中说“人居天地之间，人人得壹生，不得重生也”，道门中人认为，生命对人而言是最宝贵的，所以，人应该把追求幸福、健康、长生不老作为不懈地追求目标。《坐忘论》中记载："夫人所贵者，生也。生之所贵者，道也。故养生者慎勿失道，为道者慎勿失生，使道与生相守，生与道相保，二者不相离，然后乃长久。言长久者，得道之质也。"这些都透露出道教贵人重生的养生理念。"贵人重生"不仅体现了武当道教对生命的珍视和热爱，同时，也体现出武当道教十分重视发挥人的主观能动性在养生过程中的重要作用。武当道教提出"我命在我不在天"的养生思想。晋代著名道教学者葛洪在《抱朴子》中提出："我命在我不在天，还丹成金亿万年。"《悟真篇》中有："一粒灵丹吞下腹，我命在我不在天。"武当道教认为：人的身体健康、寿命长短的主动权掌握在自己手里，只要自己积极进取，追求和探索生命的奥秘，就能达到健康长寿的目的。长生不老，表面上看是肉体的长久存在，而其实质是道高德劭的外在表现，通过长生修炼，实现对生命的自主修为，这是养生修炼的最高境界。

二是道法自然求和谐的养生原则。《道德经》中提出："人法地，地法天，天法道，道法自然。"这是道教对于遵循客观规律的表述，从而奠定了"道法自然"的养生根本原则。武当道教养生十分强调顺应和遵循自然界、人类社会和人体本身发展的客观规律，做到遵循春生、夏长、秋收、冬藏的变化规律，这样就能达到养生保健、养生防病的目的。唐代医学家及道人孙思邈在《备急千金要方》中提出，养生要做到积德行善、恬淡寡欲、顺时摄养，以"合于自然"为第一要义。遵循客观规律养生，就可以做到"苛疾不起"，祛病强身。武当道教养生讲究"人以天地之气生，四时之法成"，强调道法自然的养生原则，这不仅体现在武当丹道、服食辟谷术、道教医药之中，同样体现在武当山的道教建筑、武当功之中。武当山道教建筑也蕴含着养生意境，武当山以其气势恢宏的道教宫观闻名于世，保存有我国现存规模最大、等级最高、最为完整的道教古建筑群。1994 年，武当山道教建筑群被评定为世界文化遗产。武当山道教建筑依山势而建，充分利用自然峰峦岩洞和奇峭幽壑，与周围的地形、花木、岩石、溪流相得益彰，交相辉映，俨然一幅天然图画，武当山建筑十分重视保护环境，尽量不破坏自然环境，这种人与自然的和谐统一，能使人心旷神怡，身心健康。而武当功夫中影响最大的武当太极拳同样以道法自然为准则，讲究以"精气神"为核心，通过导引、行气等方法使人的精神和身体都达到一个阴阳平和的状态。

三是兼收并蓄求健康的养生方法。武当道教从不排除异己，从不拘泥于门户之见，各派兼收并蓄，相互汲取，相互学习以求得身心健康。而且，武当道教还汲取了儒、佛教的有益思想，至今，在武当山，还保存有观音岩、佛祖庙、石佛寺等佛教建筑遗址。此外，在地理位置上，武当山地处秦头楚尾，西邻四川，其文化是秦、楚、蜀文化三者的交融。《郧阳府志·风俗篇》中记载："西控巴蜀，东捍唐邓，南制荆襄，北连商洛。群邑雄峙其中，犬牙相错，舟车不止……其往来商贾者，秦人居多，百数十家缘山傍溪，列屋为肆，号曰客民，别土著也。然民多秦音，俗尚楚歌，务农少学，信鬼不药。"① 独特的地理位置和人文习俗影响了武当道教养生文化，使其具有兼收并蓄的特点。

武当道教辟谷术对食俗文化思想的影响更为深远。辟谷又称"却谷""断谷""绝谷""休粮""绝粒"等，即"不食五谷，吸风饮露"。武当道教辟谷的具体方法很多，但归纳起来，主要是两类方法，即"服气辟谷"与"服药辟谷"。"服气辟谷"即以服气与辟谷相配合，并以服气为基础，通过服气达到辟谷的目的；"服药辟谷"即用服食药物来代替谷食。辟谷之术是武当道教养生的重要方法之一。东晋道士葛洪认为辟谷术有健身延年的效果。他在《抱朴子内篇·杂应》中说："余数见断谷人三年二年者多，皆身轻色好。"辟谷之术在武当道教内一直十分流行，孙思邈等名士曾在武当山研习过辟谷术，武当道士在进行辟谷时，不吃五谷，主要服食天麻等药材、茶果，从而达到延年益寿的目的。从现代医学的角度看，道教辟谷之术并非无稽之谈，它和现代的断食疗法如出一辙。当今社会，由于物质生活水平的不断提高，肥胖人群急剧增多，很多人因为营养过剩而患高血压、高血脂、糖尿病等"富贵病"。适当、适时地减少食物或者空腹一段时间，可以起到清理肠胃、防治疾病的作用。目前，美、日、俄、英、德及澳大利亚等国都开始研究断食法，日本已开设了多家断食疗法医院。同时，武当道士以素食为主，公共食堂严禁荤腥食物的饮食习惯也值得我们大力推广。

三、弘德——汉水传统孝文化食俗思想

我国古代有优秀的尊老养老文化，当代人应该以史为鉴，拓宽解决当代养

---

① 贾海燕. 先秦楚地养生文化的特色及影响［J］. 郧阳师范高等专科学校学报，2008，5：26—31.

老问题的思路。中华文明中历来不乏从尊老养老理念到孝老礼制、从家庭礼制到国家制度、从社会体制到法律制度的传统，其中蕴含着中华孝文化绵延不绝的深层逻辑。

我国最早的诗歌经典《诗经·蓼莪》中歌颂父母的养育之恩为“昊天罔极”（像上天那样广大无边），“哀哀父母，生我劬劳”，“哀哀父母，生我劳瘁”。[①]我国流传至今最早的历史文献总汇《尚书尧典》中就定义“克谐”为“孝”（“克谐，以孝烝烝”），尧帝以虞舜孝德厚美而传位于他。[②]可见我国最初定义“孝”就不仅是一般的奉养，态度还要恭敬和美。这与后来孔子《论语·为政》中所说的孝不仅是“能养”，还要“敬”父母是一脉相承的。[③]《尚书·商书·太甲中》已然将“奉先思孝”确定为人的行为准则。[④]到了孔子，则把孝的地位提高到极致：“孝悌也者，其为仁之本与。”[⑤]《孟子·离娄上》说得更具体：“不得乎亲，不可以为人，不顺乎亲，不可以为子。”不尽孝，就没有资格称为人，没有资格做儿子。[⑥]在全部德行中，百善孝为先。先秦的养老经验到《孝经》里则总结为：“夫孝，德之本也；教之所由生也。”《孝经》并不只是讲怎么对待老人、怎么对老人尽孝，它实际上是人的德行或教化的最根本原则。《孝经》把“孝”的内涵分了三个层次。第一层含义：爱惜自己的身体，保护自己的生命，继承父亲的志业，这叫“身体发肤，受之父母，不敢毁伤，孝之始也”。第二层含义：修德学道，增长才干，服务社会，忠君报国。这是大孝。第三层含义是：行道布施，立功于生时，扬名于后世，令父母显得荣耀，这是最高形式的孝。[⑦]

汉水下游的孝感，由于孝子董永而得名，加上此地孝子辈出，孝文化遗存众多，孝俗感人，孝艺丰富，孝文化研究精深，而为中华孝文化重镇。孝感传统孝文化体现出的食俗思想是弘扬孝德，具体蕴含在其古代孝文化的典型代表人物传说故事及其文化内涵里。

---

① 周振甫，译注．诗经译注［M］．北京：中华书局，2013：324—325.

② 李民，王健．尚书译注［M］．上海：上海古籍出版社，2004，7：9.

③ 杨伯峻．论语译注［M］．北京：中华书局，2009：14.

④ 李民，王健．尚书译注［M］．上海：上海古籍出版社，2004：132.

⑤ 杨伯峻．论语译注［M］．北京：中华书局，2009：2.

⑥ 郑训佐，靳永．孟子译注［M］．济南：山东出版集团齐鲁书社，2009：129.

⑦ 汪受宽，金良年．孝经·大学·中庸译注［M］．上海：上海古籍出版社，2012：24.

（一）节食养父、卖身葬父、孝感天地的董永

据《孝感县志》中记载：汉朝时，有一个闻名的孝子，姓董名永，是青州千乘（今山东博兴县）人，早年丧母。汉灵帝中平元年（184—189 年），黄巾起义爆发，渤海周边发生骚乱，为了避乱，董永带着年老的父亲迁来孝感。家道贫困，常常衣食不周，董永只能靠给财主打工耕地来供养父亲，常常是自己饿着肚子节约食物先让父亲吃饱。不久，父亲贫病老死，董永身无长物，竟然穷得连一副棺材也买不起。为了尽到安埋父亲的孝心，董永找到当街姓裴的富人借钱，愿意一辈子卖身为奴来偿还债务。安葬父亲后，董永就径直去姓裴的富人家做家奴。走到路上，意外地遇见了一位青春貌美的女子，拦在路中心，执意请求与他结为夫妻。董永想起家贫如洗，还欠地主的钱，就死活不答应。那女子左拦右阻，说她不爱钱财，只爱他人品好。董永无奈，只好带她去地主家帮忙。那女子心灵手巧，织布如飞。她昼夜不停地干活，仅用了一个月的时间，就织了三百尺细绢，还清了地主的债务。在他们回家的路上，走到一棵槐树下时，那女子便辞别了董永。相传该女子是天上的七仙女。因为董永心地善良，七仙女被他的孝心所感动，遂下凡帮助他。

今孝感市存有董永墓、槐荫树等古迹，建有董永公园，立有董永与七仙女的雕像，有以槐荫、仙女等命名的城区道路，永远纪念着这位古代的孝子。

董永事虽不见正史，但在其他古籍诸如《搜神记》《灵芝篇》《法苑珠林》《太平御览》及一些地方志中均有记载。这位淳朴而憨厚的农夫和美丽的七仙女脍炙人口的故事被编成楚剧、川戏、黄梅戏，乃至拍成影片《天仙配》，可谓家喻户晓，以至今人以“董永故里”作为孝感的代称。

（二）哭竹生笋、感动天地、父母至上的少年孝子孟宗

三国时，在晋朝江夏（今孝昌县，一说今武汉市武昌区）有一个孝子，姓孟，名宗，字恭武，自幼丧父，家境十分贫寒，母子俩相依为命。平日对母亲十分孝敬。长大后，母亲年纪老迈，体弱多病。不管母亲想吃什么，他都想方设法地满足她。一次母亲病重，想吃竹笋煮羹，此时正值冬天，冰天雪地，风雪交加，哪来的竹笋呢？他无可奈何，想不出什么好的办法，就跑到竹林里抱竹痛

哭。哭了半天，只觉得全身发热，风吹过来也是热的。他睁眼一看，四周的冰雪都融化了，草木也由枯转青了，再仔细瞧瞧，周围长出了许多竹笋。原来，他的孝心竟然感动了天地，大地开裂，长出了竹笋。他采了竹笋给母亲吃了，母亲的病就好了。今天，孝昌县双峰山下周巷镇哭竹港据说是孟宗的哭竹之地。

（三）传统孝文化食俗思想蕴含的弘德价值

作为中华民族伦理根基的孝文化是孝道观念、孝道规范、孝道行为方式的总称，其内涵丰富、形式多样、内容深刻。从本质内涵来看，孝从字面上看是由上偏旁和下偏旁两部分构成，上偏旁从老，下偏旁为子。可以理解为下方的子孙搀扶着上方的老人，即子女孝顺父母。孝顺父母不仅有着多重内涵，更有一个顺序递进的程序。首先，《孝经》开宗明义开篇即讲："身体发肤，受之父母，不敢毁伤，孝之始也。"这就告诉人们，一个人对父母最基本的孝在于对自己身体、生命的珍重，轻易不得损伤自己的身体，这一基本要求是行孝最大的保障。其次，物质满足即在生活方面要做到赡养父母，满足父母的基本生活需求，让父母老有所依。再次，对待父母不仅要有物质的保障，还要有精神的供养，即用发自内心的诚挚的爱对待父母，给予他们精神上的关怀。最后，对待父母要进退有度，并非是一味地听从父母之言，《孝经》中指出："父有争子，则身不陷于不义。故当不义，则子不可以不争于父。"面对不当之处，我们应该尽力劝说，不要一味顺从。从外延来看，孝是整个社会政治制度的血脉所在。自古以来，孝和忠君爱国就联系在一起用来维系国家统治，两者相辅相成。古代的小农经济制度决定了中华民族以家庭为纽带将家与国联系在一起，孝是家族血脉联系的体现，孝而爱家，爱家而爱国。孝作为维系家国的重要纽带保障着家族宗亲的延续，是一个民族得以繁荣发展的基因所在，更是中华民族上下五千年灿烂文化得以生存的根基。

孝文化具有十分突出的当代价值。从孝文化的历史际遇中，我们看到：不论时代如何改变和进步，作为根源于人类血缘关系的孝，都在不同程度上发挥着作用。尽管它的具体内容和现实价值会随着时代的变迁而变化，但作为人类一项基本的道德规范，它在当今社会依然有十分突出的存在价值。孝文化不仅可以从属于封建社会，也可以服务于社会主义社会，并且能够在社会主义现代化和小康和谐社会建设中发挥作用。

一是孝文化能提高人们的思想认识，有助于当前的公民道德建设。吴艳荣、王峰认为，2001年中共中央印发了《公民道德建设实施纲要》，对我国的公民道德建设进行了全面部署，其中，弘扬孝亲尊老文化是社会主义公民道德建设的重要组成部分。人性的陶冶，依赖于良好的道德教育，而孝亲尊老教育应该是一切道德教育之基础。因为人生之初，接触最多的是父母，最先从父母那里感受到人间的爱，这种爱必然培养并生发出子女对父母及对人类的爱。滴水之恩当涌泉相报，感恩是做人的基本道德准则。试想，一个连自己的亲生父母都不爱的人，又怎么会去爱他人、爱国家呢？父母为抚养子女操劳终生，为社会做过贡献，当他们年老体衰、丧失劳动能力时，理应得到子女和社会的关心和照顾。孝亲尊老是我们中华民族的传统美德，然而，不孝的现象古今有之，在现代社会依旧屡见不鲜。当前影响家庭伦理道德的障碍，主要有四个方面：其一，子女不尽敬养父母的义务，甚至虐待或遗弃父母；其二，父母对子女只养不教，或教、养皆弃；其三，子女们为争夺家产反目成仇；其四，夫妻之间不能相敬如宾，经常实施家庭暴力。这些都有悖于中华民族敬老养老的优良传统，与社会主义精神文明的要求也是格格不入的。扫除这些障碍的措施很多，如，运用行政、经济、法律等手段，但若运用家庭中传统的孝来调节，则有利于将这些冲突消解在萌芽状态。对老年人的尊重和爱护，是文明社会的重要标志之一，也是现代人的一种美德。“孝道”这一优秀的传统文化在现代社会并不过时，而应该作为社会主义精神文明的新风尚大力提倡。

二是孝文化有助于良好道德风尚的形成，促进社会主义精神文明建设。中华民族历来把忠孝作为重要的道德规范。孝体现在家庭里，首先便是“善事父母者”。善事父母不仅是养亲，更重要的是敬亲。我国的传统养老方式主要是家庭养老，而家庭养老赖以存在的思想基础就是传统的孝道观念。羊有跪乳之恩，牛有舐犊之情。父母辛辛苦苦将子女抚养成人，子女知恩图报是理所当然的。很多时候，人们会把有能力回报父母视作心灵的慰藉和精神上的享受，认为孝亲是福，相反，“子欲养而亲不待”却是子女心头永远无法弥补的缺憾和痛苦。孝不仅仅停留在亲子之间，还贯穿于家庭各成员之间。古人讲以孝治家，要求“父慈子孝，兄爱弟敬，夫和妻柔”，认为“父子笃，兄弟睦，夫妇和，家之肥也”。就中国的现状来看，由几代兄弟和数对夫妻组成的中国传统式“大家庭”模式已不复存在，而较为普遍的家庭模式在农村主要是“三世同堂”，在城市则主要是同父母分而不离的两代人家庭。但不管是哪种家庭模式，其伦理关系不外乎亲子关系、兄弟姊妹关系（独生子女家庭例外）和夫妇关系。家庭道德风貌的优劣、家庭文明程度的高低，全在于这些关系处理得好坏。孔孟提出“人不独亲其亲，不独子其子”及“老吾老以及人之老，幼吾幼以及人之幼”。如果提倡孝道，并推及他人，这对形成尊老、养老和慈幼、抚幼的社会风气，使整个社会文明有序地发展，无疑可以起到积极作用。兄弟相亲则朋友有信，“四海之内皆兄弟也”，要把天下人都当作亲人一样对待。传统孝文化所提倡的父慈子孝、夫和妻顺、兄友弟恭、待友诚信、谦和好礼、尊老爱幼等道德规范虽有为阶级统治忠君治国服务的一面，但在客观上也起到了协调人际关系、净化社会风气、形成优良道德风尚的作用。家家有老人，人人都要老，人人孝敬父母，个个尊老爱幼，社会精神文明建设就有了稳固的基础。不难想象，要是我们每个人都能像爱自己的父母那样去爱他人、爱人民、爱国家，多尽爱的责任，那么整个社会便会少了很多纷争，就会更加团结与和谐。

三是孝文化有助于维护社会稳定，促进经济发展和社会进步。作为德之本，教之所由生，孝在中国古代一直受到统治者的高度重视，不少统治者甚至将孝运用到政治上，公开标榜“以孝治天下”。今天我们辩证地来看，封建统治者“以孝治天下”，一方面其中不乏宣扬“移孝忠君”“绝对服从”等封建思想糟粕；另一方面也确实说明，孝作为一种道德情感，是可以无限延伸和扩大，用来协调、处理一些社会关系与问题的。古人讲“老吾老以及人之老，幼吾幼以及人之幼”，以及今天所提倡的“移小孝为大孝”都是这个道理。“人性化”“人文关怀”是我们提倡的重要文化主题，同时也是在各个领域使用得日趋增多的一个词语，它说明人们已经越来越看重人世间的温情，越来越看重道德情感所发挥的感化作用。和谐社会不可能全指望孝来发挥作用，但充分蕴含亲情、人情的孝，确实可以消解许多社会矛盾，减少许多社会问题。家庭是社会的细胞，孝可以使家庭和睦，而家庭和睦可以推动社会和谐。从当前影响社会稳定的一些事件来看，像贪污盗窃、打架斗殴、嫖娼卖淫、赌博吸毒、坑蒙拐骗等丑恶现象的发生，以及利用邪教组织扰乱社会秩序和卖国投敌等不法分子的出现，往往与家庭的缺失有直接的关系。再则，我国目前还处于社会主义初级阶段，生产力水平不够发达，子女赡养失去劳动能力的老人是不可回避的义务，《中华人民共和国宪法》规定：“父母有抚养教育未成年子女的义务，成年子女有赡养扶助父母的义务。”这种权利与义务的一致性，充分体现了社会主义社会的进步性和优越性，是以往封建社会的愚忠愚孝观念根本不能相比的。随着我国逐渐步入老龄化社会，养老问题已经成为困扰社会发展的问题。老年人曾经对社会做出过贡献，又为抚养子女操劳终生，他们理应得到社会、子女及其家庭成员的尊敬、关心和照顾。而孝文化中善事父母、赡养双亲的道德观念，无疑有助于实现老有所养、老有所终，促进家庭的和谐与安定。子女自觉履行孝敬和赡养老人的义务，不仅能减轻社会的负担，促进生产的发展，还有利于加强社会主义精神文明建设。

四是孝文化有助于培育爱国主义精神，增强民族凝聚力。从历史上看，孝是民族传统凝聚力的核心，也是爱国主义的传统情感基础。孟子指出“天下之本在国，国之本在家，家之本在身”，“人人亲其亲、长其长，而天下太平”。人们由对父母、家庭的爱而推及对祖国的爱的情感升华，必然构成报效祖国的行为基础。如果一个人能爱父母，进而也能够爱兄弟、朋友及社会、国家，自然也会“推恩及四海”，为民族、为国家的振兴而努力，这是水到渠成的逻辑。历史上的巾帼英雄花木兰，在国家受到侵略的时候替父从军、保家卫国不就是一个很好的例子吗？孝意识的现实强化推广，有助于爱国主义精神的发扬光大。试想，希望祖国强大繁荣、渴望祖国统一完整，不正是由爱小家到爱大家的自然升华吗？此外，“忠孝一体”还有助于增强民族凝聚力和民族责任心，使地球上的炎黄子孙在孝文化的陶冶下，更加热爱中华民族，齐心协力地进行社会主义现代化建设，更加自觉地为民族复兴做出贡献。

四、融合——汉水移民文化食俗思想

在我国移民史上，汉水流域移民是学界关注的焦点之一。汉水流域古代移民可上溯到远古时期，移民与汉水流域的社会习俗、地理建制和文化孕育发展关系紧密。一是汉水的名称与移民的关系。汉水最初为漾水，后因尧帝长子监明（字汉）的汉部落（以其字命名）封迁于此，故改漾水为“汉水”；黄帝后裔勉部落的一支迁居汉水上游后，又称“汉水”为“沔水”（勉水）；至于“苍浪水”（沧浪水）“夏水”之说无不与移民有关。二是置地设置与移民的关系。“汉中”或汉川因尧帝长子监明子刘氏（本为姬姓，因居刘地而改姓刘）于汉江上游建立的大汉国地居中央而得名。今汉水中上游的宁强和南郑都是以移民取名的两个古代移民侨居县。汉水流域诸多置地与古老的移民有关。三是汉水流域方国的出现与移民的关系。据蓝哲考证，西周至春秋战国时期，汉水流域方国林立。仅沿汉水中下游及其较大支流分布着大大小小约18个方国，它们既有土著方国、封建方国，也有以麇、罗为代表的迁徙方国。自先秦以来，汉水流域成为移民集中的区域，其原因有六。其一，政治强迫。残酷的政治斗争，胜者为王，败者被迫移民，如羌族部落北移、丹朱避舜于房等。其二，经济原因。由于土地兼并而失去土地的流民，为了生计而流落汉水流域，如明清百万“荆襄流民”运动。其三，战争危害。战争危害是造成汉水中上游大量移民的主要原因，如秦时中原人民来汉水中上游躲避兵祸，东汉末年关中难民因避兵灾而迁徙洋县、西乡等地。其四，自然灾害。中原腹地每遇灾荒，饥民便向较易生存的汉水中上游深山老林迁徙。其五，要地所系。汉水自古乃国家要地，兵家必争之地。各朝各代的政治家、军事家或以此发迹（如刘邦），或在此大量屯兵。其六，大型工程建设。古有子午、党骆、褒针、陈仓、金牛、米仓古道的修筑开通，今有三线建设、水库修建、襄渝铁路开凿、南水北调中线工程建设，这些都伴随着大量的移民潮。汉水流域大规模、持续的移民带来了汉水流域的生产发展、技术改进、经济繁荣、政治倡明、文化高瓴、社会进步的同时，也造成了环境破坏、生态危机。

汉水中上游唐白河流域的南阳和丹江流域的陕南部分地区，在明代移民现象较为集中而明显。据《明代汉江文化史》中记载：“不论是自愿还是强制，大量移民在洪武、永乐年间进入唐白河、丹江流域却是不争的事实。”[①] 这些移民大多来自“山西洪洞大槐树”，汉水下游的明代移民却是“江西填湖广”所至。至清代中叶，汉水上游的四川、陕西、湖北交界之处，亦有大量移民涌入，据《三省山内风土杂识》中描述：“陕西之汉中、兴安、商州，四川之保宁、绥定、夔州，湖北之郧阳、宜昌，地均犬牙相错，其长林深谷往往跨越两三省，难以界划。故一隅有事，边徼悉警。守土之吏，疆域攸分，既能固圉保民，讵能越境而谋。故讲久安之策，必合三省通筹之也。”[②] 关于清代中叶汉水上游移民之因，进一步讲，是“平原地区的宜农土地开垦趋于饱和，‘与山争地’成为新的开发方向，秦巴

---

① 潘世东．明代汉江文化史［M］．北京：九州出版社，2018：115.

②（清）严如熤．三省山内风土杂识［M］．北京：中华书局，1985：1.

山地因其独特的地域特点，成为川楚多省流民选择的新空间”。①

不仅外来移民进驻汉水流域休养生息，还有大量住民外迁，他们把在长期劳动、融合中创造的灿烂汉文明传播到九州大地，甚至播撒到朝鲜半岛、东（南）方诸国。据多位专家（杨洪林、杨万娟、陈志忠等）考据，韩国人及其主流文化与汉水流域文明有着深厚的渊源。首先，地理称谓高度相似。两国汉（韩）文明都发祥于各自的汉江流域，两国的汉江源头都在太白山下（中国为陕西秦岭的太白山，韩国为江原道和庆尚北道连接处的太白山）。两国汉江流域重要城市的命名和分布也高度一致或相似，如丹阳、江陵、襄阳、汉阳（即汉城，今首尔）、洞庭湖等。甚至有学者认为韩国乃是“汉国”的同音异形词。其次，文化生活习俗相近。作为以熊为图腾的族源神话——檀君开国神话里出现有楚人的“风伯”“雨师”“云师”神，并且有着与楚人近似的使用灵艾、大蒜的习俗。韩国神话中关于虎的崇拜，与氐羌、苗巴文化中的虎图腾崇拜近似。在韩国汉江流域与国人一样有端阳节吃粽子、赛龙舟的习俗，甚至韩国国旗类似于中国太极八卦图。再次，韩国姓氏有楚汉的根须。据十堰市汉水文化研究会副会长陈志忠考究，推断韩国的新罗、辰韩来自楚国，其住民是楚人（罗国、卢戎国被楚国所吞并）之后。今天韩国还广泛使用汉字，并使用汉字取名造册（韩国身份证仍用汉字标注姓名）。

汉水流域当代移民，如为丹江口水利枢纽工程与南水北调中线工程建设而移民等在此不赘述。因移民而给饮食文化带来的影响就是融合。据王静《魏晋南北朝的移民与饮食文化交流》一文中研究认为：“魏晋南北朝时期饮食文化取得了跨越式的发展，饮食学成为一门学科被确定下来，这与当时的社会历史状况是分不开的，特别是与当时的人口流动是分不开的。”② 可见，饮食学科的建立源于人口的流动不无道理，移民的会聚和融合必然引起不同风味和特色饮食文化的碰撞，在碰撞融合中推动饮食文化的发展，尤其是推动饮食习俗的融合与发展。

对于汉水流域的移民给该流域带来的影响，尤其是给该地区的饮食习俗带来的变化，现以清代汉水上游的陕南移民为例略做分析。陕南的地理环境特殊，

---

① 刘桂海，马强．流民群体的选择与秦巴山地社会——以《三省山内风土杂识》为中心［J］．三峡论坛，2015，1：41—44.

② 王静．魏晋南北朝的移民与饮食文化交流［J］．南宁职业技术学院学报，2008，4：5—8.

除了汉中盆地等少部分平地外，大多是丘陵高山之地，适宜种植旱地作物，如豆类、高粱、大小麦、玉米等。据《告别贫困的抉择陕南生态移民可持续发展研究》一书研究认为："由于乾嘉时期迁入陕南的移民多为南方各省水稻产区之人，喜食大米，因而将水稻栽培技术带入陕南，在陕南的一些平原、谷地栽培水稻。"[①]基此可知移民的迁入使陕南农作物种植结构多元而立体，由于大量移民迁入，烟草得以传入，棉、茶、蚕桑、苎麻、柑橘等原产经济作物种植面积扩大，种植技术得以广泛推广。同时移民的迁入也引起了风俗文化的变化："移民的入迁在带来新的生产技术的同时，也带来了新的社会风俗、思想观念，不同区域的移民带来的文化与当地的土著文化在不断地冲突和融合中，使得移民带来的当地风俗与土著风俗相整合，风俗文化出现了多元化。"[②]由于移民的迁入或迁出，使得饮食文化在融合下得以不断改进和发展。鄂西和陕南是川菜的发祥地之一。《中国文化全知道》一书研究发现："特别是在清朝，外籍入川的人更多，以湖广、陕西、河南……等省的人也都有移民四川的。他们将家乡的饮食习俗与名馔佳肴带入四川，这些饮食文化都对川菜的发展起到了推动作用。川菜博采众长，'南菜川味''北菜川烹'，继承传统，改进创新，形成了风味独特、具有广泛群众基础的四川菜系。"[③]荆楚风味筵席发展也是如此。据《荆楚风味筵席设计》研究发现："由于黄河流域文化与长江流域文化相互融合，中华民族进入炎黄同尊、龙凤呈祥的新时代；加上汉魏群雄逐鹿和南北朝长期争战，人口迁移，各族交往频繁，古荆州一带城市飞速发展，这给荆菜及荆楚筵席的发展注入了新的活力。"[④]这一发现将荆楚风味筵席发展定型之因剖析得精确到位。其实，饮食习俗文化得以充分融合发展是源于移民造成的人口大规模流动，"背井离乡"是移民的特征之一，移民背的不一定是"井"，而是口粮、炊具、烹饪技法和饮食习惯，是乡音乡土，是原住地的一切，是根脉和灵魂，无论他们迁到哪里，他们都会将自己习惯的、世代沿袭的习俗文化带到哪里。因人口流动而促进饮食习俗文化的

---

① 彭洁，冯明放．告别贫困的抉择——陕南生态移民可持续发展研究［M］．成都：西南交通大学出版社，2015：100.

② 史照鹏，曹敏．试论清代两次迁陕移民对陕西经济社会发展的影响［J］．唐都学刊，2015，1：60—63.

③ 丁雯．中国文化全知道［M］．北京：北京联合出版公司，2015：389.

④ 贺习耀．荆楚风味筵席设计［M］．北京：旅游教育出版社，2016：7.

融合发展，如“蟠龙菜”的北上推广等，此类例证很多，不一而足。总之，汉水流域是我国多移民区域，在不同时代均有不同的移民，移民对于被移民区域涉及食源的粮食作物种植、食型的经典名菜风味推广等饮食习俗文化的传播起着积极作用，其关键的思想为“融合”而后得以创新和发展。

第十二章　天人相应

——汉水食义

“天人相应”指人体与大自然有相似的方面或相似的变化。《灵枢邪客》中说：“此人与天地相应者也。”其主要精神是揭示在预防疾病及诊治疾病时，应注意自然环境及阴阳、四时、气候等诸因素对健康与疾病的关系及其影响。例如，在辨证论治时，必须注意因时、因地、因人制宜等。“天人合一”思想最早由庄子提出并阐述，后被汉代思想家、阴阳家董仲舒发展为天人合一的哲学思想体系，并基于此构建了我国传统文化的主体。但就概念本身而言，董仲舒是以儒家身份最早提出五行之说的，战国以前的儒家只言阴阳而不论五行。而董仲舒将阴阳、五行学说合流并用，更为甚者，他一般还被看作是儒门解易第一人，其代表作为《春秋繁露》。对天人合一思想我国古典文献多有论述。在自然界中，天、地、人三者是相应的。《庄子·达生》中说：“天地者，万物之父母也。”[①]《易经》中强调三才之道，将天、地、人并立起来，并将人放在中心地位，这就说明人的地位之重要。天有天之道，天之道在于“始万物”；地有地之道，地之道在于“生万物”。人不仅有人之道，而且人之道的作用就在于“成万物”。再具体来说：天道曰阴阳，地道曰柔刚，人道曰仁义。天、地、人三者虽各有其道，但又是相互对应、相互联系的。这不仅是一种“同与应”的关系，还是一种内在的生成关系和实现原则。天地之道是生成原则，人之道是实现原则，二者缺一不可。

---

① 萧无陂导读注译．庄子［M］．长沙：岳麓书社，2018：221.

2013年12月30日，习近平总书记在中共中央政治局第十二次集体学习时的讲话中指出："提高国家文化软实力，要努力展示中华文化的独特魅力。在5000多年的文明发展进程中，中华民族创造了博大精深的灿烂文化，要使中华民族最基本的文化基因与当代文化相适应、与现代社会相协调，以人们喜闻乐见、具有广泛参与性的方式推广开来，把跨越时空、超越国度、富有永恒魅力、具有当代价值的文化精神弘扬起来，把继承传统优秀文化又弘扬时代精神、立足本国又面向世界的当代中国文化创新成果传播出去。"[①] 按照天人相应的哲学思想来探研汉水食俗文化当下的意义和价值，合理合义。汉水食俗文化源于汉水流域人们的创造，且能发扬优秀传统文化、民族传统文化和特色汉水文化，能促进汉水流域社会经济发展，应该深入探索、挖掘、传承和开发，让其发挥真正的价值和意义。

一、汉水食俗文化与民族传统

民族传统文化的形成基于该民族所从事的物质生产、所处的生活方式等多种因素。我国传统文化的形成也不例外，它也是建立在一定经济基础之上的，即物质文化发展水平之上的，而由农业产生的饮食正是物质文化的重要内容和社会生活的主要方面。理性地把握我国传统文化，找出它的基础部分，是我们研究中国文化史的关键所在。食俗文化是饮食文化的特色组成部分，汉水食俗文化的演变与中国饮食文化根脉一致。以汉族为代表的中国饮食文化拥有万千余年的悠久历史，具有鲜明的民族特色，在世界上居于先进地位。

孙中山先生说："中国近代文明进化，事事皆落人之后，唯饮食一道之进步，至今尚为文明各国所不及。"[②] 他肯定了我国饮食烹饪技艺发展是我国文明进化的表现之一。孙先生之后，诸如蔡元培、林语堂、郭沫若等文化名人，也不乏此类论点。中国食文化研究在近现代产生了雨森兼次郎的《食物大观》，林已奈夫的《汉代饮食》，筱田统的《中国食物史》《中世食经考》《近世食经考》等诸多成果。20世纪70年代以来，中国饮食文化的研究进入了以中国人自己的研究为

① 习近平．习近平谈治国理政［M］．北京：外文出版社，2014：161.
② 赵毅衡．"新批评"文集［M］．北京：中国社会科学出版社，1986：228.

重心的深化阶段。自20世纪80年代初起，我国陆续出版了一些烹饪专业大中专教材和饮食文化方面的书籍，如饮食史、饮食风俗、饮食艺术等，饮食文化研究呈现繁盛局面。《商洛民俗文化述论》《郧阳民俗文化》等著作是研究汉水流域特定区域民俗文化的有益尝试，其关联到汉水风俗文化的方方面面，但对某些特定民俗文化领域如汉水旅俗、衣俗、居俗、食俗等研究领域的研究却较为零散，没有专门的文章著作产生。譬如，饮食文化关涉万古民生，涉及芸芸众生的衣食住行，就留下了众多空白。基于此，可以说汉水流域诸多文化事相丛生厚重，研究汉水食俗文化可行而又必要。以汉族为代表的、历经万千余年的悠久历史所形成的、进步的中国饮食文化的民族传统体现在食源搭配、食技追求、食仪传承和食俗风尚等方面。

（一）食源搭配

汉水流域食源搭配，讲究“以五谷杂粮为主，主、副搭配”膳食配置的民族传统。对照而言，西方人的祖先是游牧民族，其吃肉喝奶习以为常，没有主、副食之分。中国人的祖先是农耕民族，很早就以粮食及其制品作为一日三餐必不可少的主要食品，以蔬菜、肉、鱼为辅助食品。“以粮为主”含义丰富。一是指“粮”的地位重要，必不可少；二是指“粮”的食用数量较多。依据原料的不同，中国人的主食又有米类、麦类和杂粮类之别。米类包括粳米、籼米、糯米及以其为原料的米制品和米粉制品，如糕、米团、粉点等。麦类则包括小麦、大麦、燕麦及其粉制品，如馒头、面条、烧饼等。杂粮类则有玉米、高粱、豆类、薯类、粟子、西米及其制品。这些主食是中国人体力活动必需热量的主要来源。副食有调剂口味、引发食欲、补充营养成分之功用。没有副食佐餐，主食的食用常常会受到影响。中国人的副食品十分丰富，除了最常见的鸡、鸭、鱼、肉等荤菜外，形形色色的新鲜蔬菜、豆制品、酱菜、咸菜、泡菜、腌腊制品等也是饭桌上常见的菜肴。搭配的方式多种多样，因食、因人、因地、因时而异，总体说来，有“三多三少”的传统，即主、副食配合中，谷食多，菜食少；菜食用料上，蔬菜多，肉品少；肉品选用上，猪肉多，其他肉类少。这种饮食配置与中国的农业生产模式和中医“得谷者昌”的理论有关。

“菜系繁多，流派纷呈”的菜肴风格在汉水流域的食俗文化民族传统中折射明显。常言道："饮食一道如方言，各处不同。"的确，中国菜肴各地不同，风味多样。中国疆域辽阔，民族众多，自然气候、地理条件各地有异。这为中国菜肴风格的多样化提供了便利条件。中国菜肴的地方风味早在西周、春秋战国时代就已初见端倪，至唐宋时期中国的烹饪风格流派已经粗具雏形。明清时期中国菜肴便基本形成了众多较为稳定的风味流派，其中，最具特色的是宫廷风味、官府风味、地方风味、清真风味和寺观风味。在清代形成的众多地方风味流派中，最具代表性的是鲁菜、川菜、淮扬菜及粤菜。而汉水流域的鄂菜、川菜、陕菜及徽菜均有传承。

（二）食技追求

西方人就餐使用刀叉，中国人吃饭使用筷子，这是中西方饮食文化的重大差别之一。西方人使用刀叉的历史很短，300 年前，相当多的西方人仍然用手抓食；中国人使用筷子的历史久远。筷子在中国古代称"箸"或"梾"。《史记》中记载"纣始为象箸"，由此可知，中国最迟在商代就已经使用筷子了。《礼记·曲礼上》说："'羹'之有菜者用梜，其无菜者不用梜。"羹在当时是一种普通食物，可见先秦时期筷子的使用就已经很普遍了。早期的"箸"多为竹、木所制，不易长时间保存，商代遗址已出土有铜箸、象牙箸。出于避忌，宋代将"箸"改称"筷"。这是因为宋代航运业发达，行船时求快求稳，忌"住"忌"翻"。"箸"与"住"谐音，犯忌，故改称为"筷"（"筷"与"快"谐音）。筷子取材广泛，不仅有竹、木所制的竹筷、木筷，还有象牙筷、人造象牙筷、铜筷、银筷、骨筷等。其制作十分经济方便。筷子适应性强，中国人手上只要有了一双筷子，吃什么都不在话下，连吃三天三夜的满汉全席都不必换用。而西餐使用的刀叉，则吃什么菜就要换用相对应的刀叉，一顿饭仅刀叉就能把餐台摆得满满的，菜一道道地上，刀叉一副副地换。中国筷子可谓"以不变应万变"。筷子进食准确自如，成功率高。不管菜食是条、是块，是丝、是片，是丁、是段，用筷子或夹或挑，或拈或拨，都应付自如、无往而不利。筷子造型实用，它上粗下细、上方下圆，持在手中有棱不转，置之台面不滑不滚，夹菜入口不伤唇舌。筷子又是一种技能餐具，必须通过学习和训练才能学会使用。中国人使用筷子的技能无疑是举世无双的，西方人很难效仿。

（三）食仪传承

“用膳循礼，讲究客套”是汉水食俗食仪的核心内涵。中国人很早就形成了饮食讲究礼仪和礼貌的优良传统，如早在夏商时代就已经形成了饮宴座次的重要礼俗。主人按照礼宾次序排定席位，宾客分别在指定的位置落座就餐。十分讲究文明就餐、吃相文雅，比如，菜肴上齐后，主人未说“请”字，客人不可动筷，他人的餐具不可随意代为移动，夹菜忌多，舀汤忌满，不可嘴含食物与人讲话，用筷时不能有游筷（满桌游走）、剔筷（筷剔牙）等动作。中国人在宴会上很讲究客套，比如，入座时，主人会再三邀请大家，客人也会为座位互相礼让。每上一道菜，主人都会招呼大家吃，连声说：“请，请，请。”还常说“慢慢吃”“多吃点”。有时候还会给客人夹菜，在客人的碗里堆满菜。不过客人一般不会把菜吃完，要是那样，主人会很不好意思，觉得自己准备的菜不够。客人对主人的热情款待总是表示礼让，说些“谢谢”“不必麻烦”“不用了”“我自己来”等客套话。中国人的餐桌上一般比较热闹，劝酒、劝菜，客人们可以高声谈笑。中国人喜欢劝酒，总是千方百计地劝客人多喝一点，而主人总是最后一个吃完，他必须陪着客人。

筵席宴会是中国人传统的社交方式，上至国家大典、外事活动，下至婚丧嫁娶、亲朋交往，都少不了举办各种筵席宴会，交流感情。原始社会中氏族部落举行集会典礼之后的聚餐便是古代筵席宴会的雏形。周代，中国筵席宴会的方式已经完备。中国筵席宴会的一个突出特点是讲究排场、奢侈豪华。中国人总是认为，排场是筵宴举办者经济实力、社会地位、自身形象、待客态度的综合显示。所以筵宴要么不办，要办就得排场。中国人“筵宴排场”的主要表现就是，无论是国宴、家宴，还是官宴、私宴，一般菜肴的数量都数倍于就餐者的食量，摆得多、吃得少，花色品种大大超过平时，一席菜点，少则十几道，多则几十道。著名的满汉全席竟有百道菜之多，甚至要分几天才能制作完毕。在配菜方式上，注重山珍海味，美食美器。

汉水流域宴席自清咸丰年间始形成“八大件”“十大碗”“十三花”等筵席。各种筵席菜肴品种及上菜次序前文有述。单单在人生礼仪中就形成了各种酒宴之说，如满月宴、婚宴、寿宴、升学宴等，还有谢师宴、乔迁宴等，各种宴席的菜品、上菜次序、宴饮辞均有历史意蕴和文化寄托，充分体现出汉水食仪的传承本质。

（四）食俗风尚

汉水流域的特色食俗风尚体现在两个方面。一是“先酒后饭”。无论是家庭宴会、亲友聚餐，还是招待宾客、情侣小酌，乃至个人用饭，汉水流域的人们总是习惯“先上酒菜，后用饭食”，这和有些国家、地区、民族就餐时边饮酒边吃饭、菜肴和饭食同作酒肴的习俗有所不同。这种习惯由来已久，据说这种先喝酒后吃饭的习惯是因为如果先吃饭后喝酒，那就要叫先把饭端上来——“上饭”，“饭”与“犯”谐音，“上”与“皇上”的“上”同音，这就有诱导“犯（饭）上作乱”之嫌了。“先上酒菜”便是为了避此嫌疑，这又与我国传统的“谐音”“忌讳”习俗和王权主义有关了。不管这种民间说法究竟有没有充分的根据，这一就餐习俗则是确实的。二是“好饮好客”。汉水流域人们的好酒、好茶、好客习俗氛围浓厚，以至于在汉水流域的中下游有“无酒不成席”的俗语。

二、汉水食俗文化与旅游产业

在旅游活动六大要素中，“食”排第一。旅游与美食形影不离，与旅游发展进程相辅相成，在产业融合发展的背景下，餐饮美食及其习俗文化与旅游产业的关系更为紧密，成为民俗文化、食俗文化与旅游学术界研究的热点。从 1983 年 *Annals of Tourism Research* 探讨饮食与旅游的关系算起，旅游学界对食物的关注已历经近 40 年的时间。在过去的 40 年中，有关饮食与旅游（food and tourism）两个领域的研究并非均衡发展。近 10 年来，美食被确认为核心旅游吸引物，唤起了学界对饮食与旅游研究的持续关注。特别是在流动性、体验经济时代，作为地域文化传统的载体，食物逐渐成为旅游者感触和融入目的地的媒介。如果将“饮食与旅游”视作一个研究领域，必然要关注与之对应的餐旅产业。但国内的饮食与旅游研究却显得相对滞后。相比西方旅游学界，国内的饮食与旅游研究却略显单一而笨拙。在某种程度上，中国辉煌悠久的饮食实践反似成了饮食与旅游研究的束缚。换言之，在旅游学界与餐旅产业实践之关系上，人们关注更多的是食物烹饪技艺的习得与传承、出品的流程与品质把控等经验性知识，而对饮食与旅游现象之内在规律的理论研究则较为欠缺。

我国食俗文化产业基础较为薄弱。我国现有知名的美食旅游产品品牌主要集中于经济较发达的都市地区。北京、上海，以及广东省广州等各大城市的政府部门充分意识到餐饮、美食对城市经济文化的促进作用，重点规划打造风格迥异的美食街、美食城等，形成了都市美食集聚区。四川省成都市、广东省顺德市（顺德区）拥有世界级美食城市的金字招牌。我国每年在全国各地大量举办各种各样的旅游节、美食节、博览会，吸引了大量的客商和游客。这些美食节庆活动以推广本地农副产品、土特产食品为主题，搭建一个交流交易平台以促进本地美食产品的销售。美食节也逐渐发展为我国美食旅游的主要形式。例如，2018 年上海旅游节“饕餮上海”活动，通过一系列美食节活动提升了上海美食旅游的知名度。农家乐餐饮初具美食旅游特征。农家乐是以“吃农家饭、品农家菜、住农家屋、干农家活、享农家乐、购农家品”为特征的特殊乡村旅游活动，近年来受到广大都市游客的偏爱。实质上，农家乐乡土菜很好地满足了都市游客追求生态绿色食材，简单加工制作，保持食物原汁原味的美食体验愿望，到农村去、吃农家饭和享受田园风光成为城市人周末、节假日的主要休闲方式。

汉水流域的食俗文化与旅游产业发展，总体呈现全线推进、重点突破、各有特色、效益不大、发展不够的态势。汉水食俗文化与旅游产业化突出而普遍的不足在于：一是城市的历史印迹和文化记忆渐渐流逝；二是城市形象缺乏地域文化元素；三是丰富的文化资源没有转化成强大的文化力量；四是城市发展进程中对时代精神的塑造和创造不够；五是缺乏宏观关照、整体设计，盲目竞争，无序开发；六是资源透支，重复开发现象严重。七是扭曲历史，罔顾传统，生编硬造，糟蹋资源。基于此，推动汉水食俗文化与旅游产业发展，必须进行战略性思考和研究。

（一）注重汉水食俗文化与旅游产业发展的宣传和教育

烹饪教育是国外美食旅游的重要组成部分之一，各种类型多样的美食培训课程受到了西方游客的偏爱。烹饪教育能够让游客学习美食知识，参与美食制作，让游客在品味自己制作的美食的同时，收获成功的喜悦，欣赏美食制作艺术，激发了游客动手参与，向技艺精湛的厨师学习烹饪技术的强烈愿望，最终能够让游客获得美食烹饪的高质量旅游体验。国外大规模偏好美食的游客将烹饪教育学习作为自己美食旅游的重要内容。美食教育不仅培养了懂美食、能做美食的人群，也培养了美食旅游的忠实客户群体。

（二）注重汉水食俗文化与旅游产业发展进乡村

“乡村 + 美食”的旅游模式由于能够满足游客尤其是都市人追求生态绿色食材，保持食物原汁原味的美食体验愿望，并呼吸乡村空气，欣赏乡村美景，体验乡村慢节奏生活，成为现代美食旅游发展的重要方向之一。此外，我国农家乐作为乡村旅游的一种特色发展模式，也逐渐成为都市游客的绿色乡村美食体验地。基于传统文化和南水北调中线水源区的特色魅力，汉水流域的特色农家乐大有可为。

（三）依托汉水文化推动汉水食俗文化与旅游产业发展

1. 强力推进汉水文化的七大融合

一是汉水文化与城市的高度融合。二是大力推进汉水文化与经济发展的融合。三是强力推进汉水文化与旅游的高度融合。四是强力推进汉水文化与高新科技的高度融合，运用高新技术手段和现代艺术手法，演绎、传承、弘扬汉水文化，使汉水文化更直接、更方便、更有效地融入现代人的生活，成为深入浅出、通俗易懂的大众化精神食粮和智力支持；文化生产力得到充分释放，丰富的文化资源转化为文化发展优势，走出一条“文化 + 科技”“文化 + 创意”“文化 + 旅游”的发展之路。五是强力推进汉水文化与商业的高度融合，将汉水特色性文化注入商品、大幅度倍增商品附加值。六是强力推进汉水文化与文化事业的高度融合，将汉水文化、商业和产业的力量注入文化事业之中，借政策、市场和社会的力量，推动文化事业跨越式发展。七是积极推进汉水文化与国际文化的融合。

2. 大力推进文化产业跨越式发展

文化产业的快速发展是文化经济时代到来的显著特征。早在 20 世纪 70 年代，日本学者日下公人就在《新文化产业论》中指出，基础工业复苏的奇迹不会再出现，日本的产业结构正在转向以最终消费需要产业为主。日本把《新文化产业论》作为立国法宝，据此提出建成“文化经济国家”的战略目标。

就整个中国现代化进程而言，经济实力的迅速跃升和扩大内需战略的实施，居民文化消费需求爆发式释放；国民经济的战略性调整，文化产业作为生产性服务业的重要支撑面临重大机遇；科技的创新与文化的深度融合，催生了新型文化业态；城市的转型发展，为地域性文化资源的开发利用开辟了新的空间。我们有理由相信也应该抓住机遇，把文化产业作为重要的支柱产业来培育。国家政策层面出台有《中共中央关于深化文化体制改革　推动社会主义文化大发展大繁荣若干重大问题的决定》《国家“十二五”时期文化改革发展规划纲要》《文化部办公厅关于印发〈国家级文化产业示范园区管理办法（试行）〉的通知》。根据国家的策略，可从以下几个方面着手。

一是大力推进文化产业集聚发展。八大部类文化产业包括：高科技产业、创意产业、复古仿真产业、古玩古文物产业、传统手工艺、顶级大型旅游娱乐演艺、当地独有技术或资源制品、新闻影视文化出版业。

二是打造汉水文化旅游精品。以鱼梁州个案解读为例，可重点推进“一像”（汉水女神塑像）、“一宫”（华夏汉宫）、“一街”（汉水流域民居、民俗街）、“一心”（汉水文化聚集展示中心）、“一水”（洲内龙河）、“一环”（环洲名人干道）、“一廊”（汉江百里人文景观廊道）、“一带”（一江四水文化生态风光带：汉江、小清河、唐白河、襄水、大李沟）等“八个一”工程。

三是实施创意与科技的双轮推动，大力培育核心竞争力。第一要实施文化复原的策略，将行将湮灭、消失的重大而宝贵文化题材与资源进行恢复性复建，按照原貌重新修建，修旧如旧。第二要运用高科技仿真和创意手段，推出能够凝练汉水文化历史和灵魂的文化演艺剧目，增加园区的吸引力、影响力；第三要着眼汉水文化的历史发展规律，紧扣汉水文化的精神和灵魂，通过创造性设计和开发，实现对汉水文化的再造。第四要强力提升网络媒体技术，如打造数字鱼梁洲汉水文化高地。

四是精心培育鱼梁洲汉水文化品牌。第一是将汉水女神塑像作为国家鱼梁州汉水文化旅游综合试验区地标性建筑，打造汉水文化地标品牌。第二是强力打造汉水文化节会品牌。坚持注重特色、强化功能、扩大影响，高水平举办譬如国际汉水龙舟节、国际河流女神文化论坛、世界水文化论坛、世界流域文化论坛等可以产生国际影响的顶级节会；积极筹划富有襄阳地域文化特色、产业特色和生态特色的文化节会，譬如，诸葛亮文化旅游节、米芾国际书法节，打造在国内外有重要影响的节会品牌。举办各类国际性文博会展、体育赛事、文化论坛、经贸活动和学术会议，提升汉水文化的影响力和吸引力。第三是打造汉水文化里的文艺精品。譬如，以汉水民居古街为背景，拍摄百集汉水文化电视连续剧。著名作家王雄的《汉水文化三部曲》多达100万字，若全部改编为电视剧，可达100余集。如此宏大的电视连续剧选择在襄阳拍摄，并且以鱼梁洲汉水民居古街为主要背景，既可以大大节省拍摄成本，又可以充分展示汉水文化，极大地提升汉水文化的影响力，实现汉水文化资源的滚动开发和利用。而且对于弘扬汉水文化、带动襄阳旅游、刺激城市消费都将起到推波助澜的作用。

可成立跨省区的政府引导、政府部门为主体的流域文化产业协商领导小组；成立跨省区的流域文化产业论坛；成立跨省区的流域文化研究会；成立跨省区的文化产业咨询、合作委员会。以此，促进汉水文化产业化发展。

建立联合协商机制，整体规划，流域联动，联合研究、保护、开发、发展，既因地制宜、各有侧重，又统一协调、互利双赢。

3. 切实加强历史文化名城资源的保护和科学利用

一是加强对历史文化遗产的保护。二是充分挖掘历史名人文化资源，规划建设“襄阳名人堂”“唐诗名流纪念馆”，编撰《襄阳历史文化丛书》。三是构建城市文化标识系统、城市理念识别系统、视觉识别系统、行为识别系统。

4. 建立政策、动力、人才、机制四大保障

一是政策保障，首先要制定相关的产业政策；其次是制定相关的文化政策，更要制定相关的价格政策。二是创新动力保障。三是人才保障，要完善文化人才激励机制，要从“不求我有，但求我用”的理念出发，培养文化人才；要培养、推出一批名家、名师、名医、名厨、名记、名歌手、名导游、名主持人；要发现、培育一批乡土文化能人，开展民间文化传承人命名活动；要充分发挥各类旅游人才的积极作用，壮大旅游志愿者队伍；要加强文化工作者的职业道德建设和作风建设，要积极开展“走、转、改”活动，积极推动旅游文化工作者深入景区、深入游客、深入生活，在旅游产业中汲取素材、提炼主题，以饱满的激情、生动的笔触、优美的旋律、感人的形象创作生产出思想性、艺术性、观赏性相统一，游客喜闻乐见的优秀文艺作品。四是机制保障。唯有如此，汉水文化产业化发展和汉水食俗文化与旅游产业发展方能大有可为。

三、汉水食俗文化传承与开发

我国的食俗文化集中地反映了人民大众的婚丧嫁娶、节日娱乐和人际交往，使之有别于宫廷文化、精英文化和学术文化，也有别于其他民族的食俗文化，用恩格斯的话说，是典型的“这一个”。①

民族文化成为旅游资源与民族本身的本真特征密不可分。随着旅游业的飞速发展，以及旅游者的大量涌入，使得地区食俗文化“商品化”日趋严重。美国旅游人类学家格雷认为：在旅游经济中，出于赚钱的目的，任何可以合法地吸引外来游客的文化因素都可以被包装、被定价，作为商品提供和出售给游客，文化被当作商品来买卖。舞台化是商品的重要形式之一。文化产品在传承开发过程中要力求保存其本真性，而食俗文化的本真性尤为重要，它体现的是一个民族的真正文化。传承与开发汉水流域食俗文化的思路如下。

（一）本色规划

据襄阳汉江网 2013 年 7 月 16 日报道：近日，谷城县文化研究会组织市县文化知名人士就“汉水文化谷”项目进行座谈。与会人士认为，该项目以汉水文化为内涵，以文化创意产业为载体，整合多元文化产业链条，打造一个集文化、旅游、创意、休闲为一体的文化洼地，将推动谷城文化产业提档升级。“汉水文化谷”项目主要以谷城城南为中心点，着力打造三大中心：汉文化中心、楚文化中心、饮水思源文化中心；实施三大举措，即打造一个载体——汉水文化节，创建一个品牌——汉水文化，成立一个集团——汉水文化旅游集团，并形成“一心、两轴、五区”。“一心”为汉水文化中心，在南河大桥南桥头、省道 303 两旁建设汉水文化广场，与桥北粉水广场和滨河体育广场相对应，形成谷城核心文化娱乐休闲区。“两轴”为滨江景观轴、城市印象轴，滨江景观轴即对南河南岸三桥至二桥之间约 2 500 米的防洪河堤进行整体打造，并在三桥上游 20 米处建设二级橡皮坝，拦洪蓄水，让行将枯竭的河床形成 8 万平方米的景观水面。“五区”为汉水文化形胜区、文化创意产业区、食俗文化体验区、休闲娱乐养生区、名人雅士

① 尹伊君，王国武．风俗文化的特征、功能与传承［J］．学术交流，2009，11：204—207.

创作区。

文化名人还建议，项目建设要与推进谷城文化战略、汉水开发利用、汉江湿地公园开发、旅游开发、县城整体规划、国家文化产业政策结合起来。

从报道中可以看出，汉水文化传承与开发需要整体规划、立体观照，汉水风俗作为汉水文化的核心要义之一，其传承与开发显得尤为重要。

因此，要将食俗文化的保护放在首位，以保护为主在风俗旅游开发的过程中，要认识到食俗深刻的人文内涵和丰厚的社会价值。将对食俗的保护纳入本地文化建设体系中，充分认识到食俗的脆弱性和不可再生性，通过开展食俗保护工作，力求将旅游开发对食俗造成的隐形破坏降到最低。对食俗的保护，不仅要在口头上讲，更重要的是要有实际行动，必要时还应借助行政和法律手段。随着时代的发展，有许多和农耕经济、游牧经济联系很紧密的食俗逐渐丧失了其存在的环境和土壤，这些食俗若能得到及时的抢救和保护，也能很好地传承下去。统筹汉水上、中、下流域，进行整体规划，立体观照。

在开发过程中，要力求保持食俗的本色性。风俗食俗旅游是一种高层次的文化旅游，游客的旅游过程也是一个学习的过程，因此要力求将最真实、最精彩的风俗展现在游客面前。风俗旅游的卖点在于“俗”，一定要突出本地的特色。风俗食俗中那些腐朽的、落后的成分应该剔除，但不能随意对风俗进行改造，尤其是将一些现代前卫的概念强加到风俗之上，极易使风俗变味。风俗表演过程中可以增加一些游客参与和互动的活动，但如果一味去迎合游客的爱好，随意改变演出的内容和形式，则很容易使风俗变异。一些宗教和神话传说中的内容可以用来发展风俗食俗旅游，但这些东西并不适合作为主要看点大肆渲染。风俗食俗旅游的灵魂在于体现文化的多样性，但前提是，这种文化必须是真实的。

（二）分段开发

开展食俗旅游开发过程中，要组织相关专家对食俗旅游资源进行科学评估，科学规划旅游接待量，制定文化环境保护规划，把食俗文化环境与社会经济、文化的发展协调起来。食俗旅游开发所需成本与人文景观和自然景观相当，但目前食俗景观的收益还处于很低的水平。因此，单打食俗旅游的风险很大。这就要求食俗旅游开发要有层次、有步骤地开展。对于那些基础设施和客源状况不是很好的食俗旅游资源可以先将其保护下来，等到条件成熟时再开发利用。切忌一哄而上，最终陷入困境，造成环境破坏、资源浪费。各流域段要加强沟通与交流，整合资源，打出各自的特色，避免重复研究。

1. 时间段

汉水流域文化博大精深，汉水风俗作为流域文化颇具特色的成分，人们对其的认识和挖掘需要一个过程。20 世纪 80 年代，汉水文化研究开始起步，而就汉水流域食俗文化研究来看，汉水中游的“鄂西北食俗文化研究经历了 1984—2002 年间的导入期，2003 年开始进入快速成长期；域外作者起到学术带动作用，本地研究队伍迅速壮大；研究重点分布于 6 个专题，民间文学占大部分比重；高校学报是发表论文的主要途径，本地学报成为一个重要窗口；学术视野与研究方法的变化体现风俗学研究的学科性质；学科研究性质基本成熟，具有明显的本省地域特征，全国性的影响还不足，还有很大发展空间”。[①]

汉水食俗文化是汉水民俗文化与汉水饮食文化融合而成的特色凸显的汉水文化组成部分。研究汉水食俗文化要先研究汉水文化和我国饮食文化。汉水文化是我国流域文化中具有典型意义的特殊文化范型，是国内外学术界特别关注的学术焦点。近几十年来，随着汉江流域在国家经济社会发展中地位的不断提升，关于汉水文化的研究已经全面铺开。外围研究（史前考古、农业水利、经济开发、人口演变、历史地理、环境变迁等）的成果比较可观，为其本体研究打下了初步基础。但汉水民俗文化的本体研究还是处于起步阶段，起色不大，进展不快。从研究视角来看，局限于大文化视角和宏观性的浅层次研究；从成果内容来看，重心不突出，成果质量有待提升。作为学术会结晶的系列论文集《汉水文化研究》做出了有益的尝试，涉及汉水文化的基本内涵、历史源流、重要特色等；另有《汉江》《流动的文明》《汉水文化论纲》等书作为通俗性的知识读物，对于汉水流域历史风貌、人文景观作了简约的描述；还有 2000 多篇学术论文及学术专著《明代汉江文化史》《汉水战争史》等对于汉水文化某些重要方面做了一定的探索，但缺乏全面研究、系统把握和深入开掘。各照一隅，鲜观衢路，研究格局偏小，

① 徐永安，张晓莉 . 对鄂西北民俗文化研究学术内涵的量化分析与评估［J］. 湖北社会科学，2010，6：194—198.

视野不够开阔，缺乏应有的学术广度和深度，至今仍不失为汉水文化研究应该勉力突围的一个学术误区。

将饮食明确指出其为“文化”，当首推伟大的中国民主主义革命先行者孙中山先生。这位哲人在他的《建国方略》《三民主义》等文献中，曾对我国饮食文化作了很精辟的论述。他指出：“是烹调之术本于文明而生，非孕乎文明之种族，则辨味不精；辨味不精，则烹调之术不妙。中国烹调之妙，亦只是表明进化之深也。”[①] 肯定我国饮食烹饪技艺发展是我国文明进化的表现之一。孙中山之后，诸如，蔡元培、林语堂、郭沫若等文化名人，也都不乏此类论点。20 世纪 70 年代以来，中国饮食文化的研究进入了以中国人自己的研究为重心的深化阶段。自 20 世纪 80 年代初起，陆续出版了一些烹饪专业大中专教材和饮食文化方面的书籍，如饮食史、饮食风俗、饮食艺术等，饮食文化研究出现繁盛局面。

从时间段来看，汉水食俗文化研究具体情况如表 12—1 所示。

表 12—1　汉水流域食俗文化研究文献统计

序号	作　者	文献名称	出版时间	出版社名称	章节（篇）总数	内容所涉汉水流域的具体区域	食俗文化章节数（篇）	食俗文化章节占总章节数的百分率（%）
1	张建忠	《陕西民俗采风陕南、陕北》	2000 年 4 月	西安地图出版社	122	汉水上游陕南汉中、商洛、安康各县市区	47	38.50
2	黄元英	《商洛民俗文化述论》	2006 年 12 月	三秦出版社	47	汉水上游商洛市	9	19.15
3	潘世东	《汉水文化论纲》	2008 年 8 月	湖北人民出版社	32	汉水全流域	5	15.63
4	谢开支	《安康旅游文化》	2010 年 5 月	西北大学出版社	23	汉水上游安康市	3	13.04
5	吕　农 戴承元	《安康民俗文化研究》	2011 年 12 月	陕西师范大学出版社	37	汉水上游安康市	1	2.70

① 孙中山 . 建国方略［M］. 武汉：武汉出版社，2011：008.

续表

序号	作　者	文献名称	出版时间	出版社名称	章节（篇）总数	内容所涉汉水流域的具体区域	食俗文化章节数（篇）	食俗文化章节占总章节数的百分率（%）
6	杨郧生	《郧阳民俗文化》	2012年1月	湖北人民出版社	318	汉水上游十堰市	35	11.01
7	巫其祥 李明富	《陕南民俗文化研究》	2014年6月	高等教育出版社	207	汉水上游陕南汉中、商洛、安康各县市区	35	16.90
8	夏日新	《汉水文化调查》	2015年12月	湖北人民出版社	108	汉水全流域	9	8.33
9	杨郧生	《汉水流域民俗文化》	2018年5月	湖北人民出版社	75	汉水全流域	5	6.67
10	巫其祥 陈　娅	《陕南民俗旅游文化研究》	2020年10月	三秦出版社	9	汉水上游陕南汉中、商洛、安康各县市区	1	11.11

作者根据“读秀学术搜索”网以“汉水民俗文化”为关键词检索整理。

统计显示，学术界对汉水食俗文化研究起源于21世纪初，主要经历了起步活跃期（2000—2010年）与艰难探索期（2010—2020年）。人们对汉水食俗文化研究主要镶嵌在汉水民俗文化研究著作中，研究的流域范围集中在汉水中上游，聚焦汉水食俗文化比率不高，最高的是《陕西民俗采风陕南、陕北》一书中，汉水食俗文化研究成分占38.50%，其余如《商洛民俗文化述论》《汉水文化论纲》《安康旅游文化》等著作中对汉水食俗文化研究成分占比分别是19.15%、15.63%和13.04%，此4本著作出版时间处于2000—2010年间，可为汉水食俗文化研究起步活跃期；而2011—2020年之间出版的《安康民俗文化研究》《郧阳民俗文化》《陕南民俗文化研究》《汉水文化调查》《汉水流域民俗文化》《陕南民俗旅游文化研究》6本著作中，关注汉水食俗文化的成分比率分别是2.70%、11.01%、16.90%、8.33%、6.67%和11.11%，比率不高，且略有动荡，该时期可为汉水食俗文化研究的艰难探索期。具体来看，每一部汉水民俗文化或历史文化著作，研究汉水食俗文化的都各具特色。如《商洛民俗文化述论》《郧阳民俗文化》等著作是研究汉水流域特定区域民俗文化的有益尝试，其关联考量到汉水风俗文化的方方面面，但对某些特定民俗文化领域如汉水旅俗、衣俗、居俗、食俗等研究领域的研究却较为零散，没有专门的文章著作产生。譬如，饮食文化关涉万古民生，涉及芸芸众生衣食住行，就留下了众多空白。基于此，可以说汉水流域诸多文化事相丛生厚重，研究汉水食俗文化可行而又必要。

汉水食俗文化源于汉水流域人们的创造，分时段对其研究，不仅能清晰发扬优秀传统文化、民族文化和特色汉水文化，能活跃汉水流域旅游经济社会发展，而且可以助力推动国家乡村振兴战略的精准实施，以及鄂西生态文化旅游圈、十堰“三区一中心”及“汉江生态经济带”等国家战略的有效建设。

2. 地域段

汉水流域上游主要传承开发传统的汉水风俗和历史文化，如，三国两汉文化、汉水源头文化、宁强县羌文化等，汉水中游的郧阳区域的抚治文化、沧浪文化、青铜文化、方国文化、人类考古遗址文化和移民文化、武当道教文化、房陵流放文化、民族史诗文化等，南阳的支流文化、医药食俗文化、社旗商贸食俗文化等，下游的荆州三国文化、随州炎帝文化、孝感孝文化、汉派文化等，以及中游的调水文化，全流域的生态文化等。在饮食方面，汉水上游可开发绿色饮食产业，中上游或中游可推广武当道教养生饮食产业，江汉平原可发展特色渔业饮食产业。

汉水上游的陕南地区（汉中、安康、商洛），地处秦岭南麓，是南水北调中线工程的重点水源保护区域，绿色饮食资源丰富，可开发绿色饮食产业。陕南以秦岭和巴山做屏障，形成了陕南独特的小气候，无霜期远比陕北、关中长，冬无严寒，一般气温都在0° C以上，“寒卉冬馥”，夏无酷热，一些绿色植物、绿色蔬菜不但种类多，而且生长、供应时间长，俗语说：“三天不吃青，心里必发空。”绿色蔬菜营养丰富，与人体健康有着密切的关系，绿色是当今食潮时尚。要在陕南绿色物产的基础上，注重开发、总结、创新和提升并丰富陕菜，必定深受消费者欢迎。陕南无污染的山野菜优势明显。陕南秦巴山区有着“八山一水一分田”的地理环境，山野菜资源十分丰富，品种繁多，分布广，储量大，质量好，无污染，天然纯净，营养价值高，保健功能强，风味独特，还能治病疗疾。古话说：“以其充饥则谓之食，以其疗病则谓之药。”我国很早就有利用山野菜保健治病的传统。山野菜是目前风靡世界的健康食品之一，人类食用蔬菜，出现“寻找原始”“返璞归真”的现象，即“回归自然食野蔬”。因此，山野菜备受人们的青睐。山野菜包括森林蔬菜、野生草本食用山菜、野生根草食用山菜、野生食用菌、野生淀粉植物和营养野果等。据初步调查。陕南山野菜有500余种，常采食的150余种，在法律保护范围内可大力开发。[①]

汉水中上游或中游是武当道教文化近源辐射区，道教饮食资源基础牢固且特色鲜明，可推广武当道教养生饮食产业。《黄帝内经》中说：“天食人以五气，地食人以五味。”道教认为，人与自然界息息相关，外界环境中地理、气候的变化，势必影响人体内的阴阳变化。要保持人体内的阴阳平衡，必须做到与自然界的变化相适应。自然界有一年四季的变化，人的生理活动也应随之发生一定的变化，因而应根据季节的变化、体制的差异、疾病的属性来选择食物，这便是道教素食文化的内容。道教先贤们发现人们食肉和过量饮酒会给自身带来心脑血管疾病、肝病及糖尿病等诸多病症。而坚持素食几乎可以防止此类疾病的发生，并且对这类疾病能起到有效的治疗作用，况且豆类就有代替肉类的效果，豆类具有很高的营养价值，其氨基酸含量在所有的素食中排名靠前，多吃豆类既能够为身体补充蛋白质，又能避免因通过肉类补充蛋白质时摄入过多的脂肪，更是美容减肥的佳品。素食还可养身养心。道教素食是道教文化的有机组成部分，并载入道教戒规中，历经千百年，风雨不动安如山。可见素食对修道者来说，冥冥之中早已注定，这是一条通往“道”的路。道教弟子及真正的道教信众应该顺道而行，希望提升自己的命运运势及获得健康等益处的人也应该坚持吃素，基于此，汉水中上游或中游开发道教素食饮食产业可行且有为。

汉水下游的江汉平原渔业产业发达，可发展特色渔业饮食产业。平原河谷地区除禽畜外，以鱼类为重要营养品。山区、平原、丘陵都吃猪、牛、羊肉和野味。至今，在荆楚大地的婚丧喜庆节日宴席中，也是“无鱼不成席”。荆楚是鱼米之乡，鱼的制作和吃法十分丰富，令人眼花缭乱。在传统渔业的发展遇到前所未有的困境时，休闲渔业产业发展成为渔业发展的新路径。其实渔业休闲活动由来已久，但我们现在所谓的休闲渔业是20世纪60年代诞生在拉丁美洲的现代休闲渔业。它随后在一些经济较为发达的沿海国家和地区迅速崛起，逐步从最初的单纯性的“钓鱼比赛”，发展为集休闲、娱乐、健身于一体，有机地结合了渔业、

---

① 巫其祥，李明富．陕南民俗文化研究［M］．北京：高等教育出版社，2014：393.

旅游、餐饮等行业，实现了第一产业与第三产业的完美结合。我国台湾地区是比较早开发休闲渔业的，大概是20世纪70年代，台湾地区由于渔业资源严重衰退，渔业生产受到强烈冲击，于是转而发展休闲渔业。台湾地区在1990年就正式将休闲渔业列为渔业未来发展的方向，休闲渔业的兴起和发展使已经走下坡路的台湾地区渔业逐渐“起死回生”。休闲渔业在我国内地的兴起时间在20世纪90年代初。随着可自由支配的时间和金钱越来越多，人们对休闲娱乐的需求也日益高涨，人们的生活方式需要得到调剂。垂钓娱乐活动已成为一些城镇居民、老人有益身心健康的重要休闲活动，这些人已形成了一个相当规模的社会群体，他们需要社会为其提供环境幽雅并有各种服务设施的休闲场所。此时，国外的休闲渔业已经发展了一二十年，取得了可观的收益，从国外发展休闲渔业的经验来看，休闲渔业的发展既培育了渔业经济的新增长点，保护了渔业资源的可持续发展，又带动了很多相关产业的发展，提供了众多就业机会，促进了经济发展。在上述背景下，休闲渔业在我国得到快速发展。汉水下游江汉平原渔业饮食产业的发展以休闲为主体，可立体探索渔业饮食产业发展的全新路径，打造国内渔业饮食产业发展的新高地。

（三）依效转化

食俗文化在开发的时候做到文化内涵和经济效益相结合。在开发的时候先要想到保护。首先，预防外来文化对食俗文化的冲击，风俗旅游资源的开发意味着本地的对外开放，外来的文化、经济观念会对风俗地造成很大的冲击，容易使风俗地文化同化。要保护食俗文化，就要尽量减弱游客所带来的这种冲击。为保护风俗地文化环境，国外许多景区甚至通过限制景区日接待量、限制游客停留时间、限制游客和当地居民接触等途径，来减弱外来文化对当地社会文化的冲击。我国的文化旅游主管部门应该认识到风俗保护的重要性，积极主动地探索新的途径和方式，将因发展风俗旅游而带来的文化冲击减弱到最小，以保护风俗地文化。

其次，教育风俗地居民自觉保护风俗。居民因发展旅游业收入增加，生活水平提高，价值观念转变，生活方式更趋于现代化和便捷化。这是一个潜移默化的过程，在这一过程中将有大量的口头风俗、服饰风俗和生活风俗被同化。

在当地人的眼中这是一种进步和改善，他们可能会着眼于生活条件的改善，不会意识到这是一种文化被同化的过程，自然不会因为要保护风俗而拒绝接受科技进步带来的便捷。这就要求文化旅游主管部门应向居民传播有关的保护风俗资源的意识，使他们认识到本地风俗的价值，辩证地对待自身传统和生活方式，防止风俗被庸俗同化。

再次是转化。成功地利用有限的文化资源创造出价值无限的文化商品的最典型例子当数美国的迪士尼公司。其利用各国的文化资源，各种童话故事、传说和英雄人物形象，创造出了一个个栩栩如生的动画形象，形成了独特的电影制作产业链，并且将电影业顺利拓展到了产业，如，旅游、音像出版业、传媒业等。

文化资源由于其资源的无限性，开发的多元化、非独占性、可再生性等特点决定了它的开发和运作与一般资源的开发运作有所不同。需要对文化商品的需求满足程度进行市场信息调查，并重新进行文化需求分析及文化商品的再设计。

谷城"汉水文化城"项目在规划上就体现了文化传承与经济效益的结合的理念。该项目规划从广场类、公共建筑类、住宅开发类和商业开发类四个大类进行建设，涉及食俗文化成分的建筑有：

天坛，将建成"巫傩祭祀祈福台，风俗、宗教、巫术文化展示，端午祭祀、巫傩祭祀活动举办地"。地坛，道教八卦坛，展示汉水流域兴起的道教文化。

汉文化博物馆群将建汉族食俗文化展馆。传说古城，将汉水流域的神话传说仓颉造字、女娲补天、大禹治水、后羿射日、嫦娥奔月，以及牛郎织女传说进行展示。汉水大剧院将建成多功能会场，用于汉水流域的音乐、舞蹈、杂技表演。

专门建设汉朝风俗村，为2—5层民居，假两层楼式，白瓦灰墙。全敞式、半敞式、内敞外窄式、交错穿插式门面，红漆横梁，呈"四合院形""三合院形""曲尺形""一字形"布局。天井、封火山墙、翘角、斗拱、吊脚楼、风雨回廊、石雕、木雕、砖雕、灰塑、陶塑、彩绘等，整体以相对纯粹的风俗村模式体现汉文化习俗的居住、展示、体验等功能于一体，如，汉水流域的时令节庆习俗、居住习俗、婚嫁习俗、丧俗、祭祀与信仰习俗、饮食习俗、禁忌习俗，以及楚步、解手、半夜搬家、火烧龙灯等奇异的生活习俗展示体验。

同时注重商业开发。建设汉水文化产业园，将汉代服饰刺绣、汉文物、古代民间器具、工艺品进行展示，将建黄家煮酒研发生产基地；文化创意产业园将汉水流域的音乐、舞蹈、绘画、手工艺品、根雕园艺等民间文艺建成技艺创作基地；文化传媒产业园将《诗经》中“周南”和“召南”部分的25首歌谣，汉水民歌中的山歌、号子、田歌、小调、灯歌、花鼓、孝歌、八歌，以及风俗歌、叫卖调、汉江号子（莫约号子、桡号子、二流摇橹号子、龙船号子、懒大桡号子、起复桡号子、鸡啄米号子、幺二三号子、抓抓号子、蔫泡泡号子、绞船号子、交加号子）等发掘整理并推广销售，还计划建设《金匮银楼》《阴阳碑》《传世古》电影拍摄筹备基地；而汉朝人文酒店，将按照古汉时期的建筑和装饰元素进行建筑造型和内外装修，穿汉服，使用汉代器皿等；大汉养生馆则是集传统中医针灸、推拿、食疗、足浴、指压等健康养生功能于一体的休闲场所；外滩风俗风情街严格按照古汉时期的建筑特点设风雨回廊；钱庄、银楼将银器、银饰展示销售，城内通用古钱币兑换，充分展示汉水流域的商贸风俗。

（四）协同传承

食俗文化的价值不容忽视，汉水流域食俗文化的传承开发必须基于其价值深层转化为前提，必须要高度审视食俗文化、汉水流域食俗文化的原价值。凡有人类聚居的地方，都有各自不同的风尚习俗，这是由聚居的人群共同的社会生活决定的。习俗反映着人们的是非爱憎和伦理道德，习俗又记录着社会制度和经济生活。所以风俗既是历史的凝结，又是文化的体现。从这个意义上说，习俗是历史的活化石，是文化的代码。食俗文化作为地区最具特色的文化，是旅游文化中的一个重要组成部分，开发地区食俗文化旅游，打造食俗文化精品，必然会推动风俗旅游和旅游产业的发展。可见，食俗文化价值转化为风俗旅游是其很好的途径。在传承开发过程中要联动配合，效益均分，协同传承。

1. 流域联动，互利双赢

汉水流域食俗文化的传承与开发，须遵循流域联动、互利双赢的原则进行。要做到开发资金联动、研究队伍联动和开发效益联动，实现多赢，做到协同传承。

汉水上游的安康市，2011年启动汉水风俗风情旅游综合开发项目。该项目区位于紫阳县汉江瀛湖紫阳段库区，水域面积3.2万亩，是规划建设大瀛湖景区的重要组成部分，襄渝铁路复线和包茂高速公路横贯其中，交通便利。项目是以汉江为主线，以紫阳县城为核心，以秦巴汉水风俗风情为主题，以“亲水、民歌、富硒茶”为主要内容的休闲健康养生项目。主要建设紫阳县城任河嘴游客服务中心，汉江豪华观光游船，真人宫中国南派道教文化园、道家养生馆，陕南植物公园，瓦房店紫阳富硒茶体验馆、茶山休闲度假宾馆，中坝岛休闲度假村、沙滩及水上游乐中心、立体示范果园、天然绿色蔬菜基地。

汉水上游的陕西理工大学于2000年5月成立了“汉中师范学院汉水流域人文社会科学研究中心”，以开放的研究姿态，联动全流域的研究队伍，挖掘汉水文化。该中心的学术委员会成员由北京、湖北和陕西三地的高校教授和科研机构的专家组成，凝聚了全流域的汉水文化研究知名专家，同时与各个高校研究中心、研究会及科研机构开发申报完成系列项目，做到效益联动，互利双赢。

2. 挖掘价值，积极传承

（1）挖掘

全面发掘食俗文化，就是运用调查取证等方法，有步骤地对风俗旅游尤其是食俗旅游开发的各个景点或其组成部分进行考察，以掌握大量有利于开发的第一手资料，从全方位的角度了解食俗文化的发展动态。根据人们的需求提高产品的娱乐性和参与性，突出民族特色，改变民族村单一歌舞表演的局面，从宗教、社会、经济、游艺竞技等方面对风俗进行合理、综合开发，赋予风俗旅游及食俗旅游产品更深的内涵，以提高其品位。

现有的游览方式多以风俗食俗设施、风俗食俗陈列为主。如，丹江口市的吕家河民歌村、襄阳谷城“汉水文化城”建设项目，这类文化村具有重要的审美价值和学术价值，可使游客大开眼界，增长见识，有效保护传统文化的完整性，避免了人为破坏。但随着现代旅游的进一步发展，单纯观赏性的游览方式已远远不能完全满足游客求新求奇的心态。因此，动态的、参与性、体验式的游览方式越来越受到人们的欢迎。通过这一类型的游览方式可以使游客从中亲身感受到当地的食俗风情，在别开生面的活动中得到身心的充分愉悦和熏陶，大大提高了游览的趣味性和参与性。

（2）保护

要使食俗文化不受到异地文化的冲击和淡化，可以从旅游地居民、旅游者两方着手采取保护措施：教育并引导旅游地居民自觉保护和传承食俗文化。首先，政府或有关部门要对一些逐渐失传的传统、风俗、习惯、庆典、节日、宗教仪式等进行挖掘和再现，使食俗文化得到完整的保护和流传，并以此作为旅游教育资料。其次，政府或有关部门要与旅游地居民多沟通，让他们知晓本地传统食俗文化的价值，激发他们对自己生活文化的自豪感和文化自觉意识，促使他们主动维护自己的食俗文化，而不是盲目接受外来文化以改变自己的生活。最后，政府及有关部门也可以使用行政或经济手段来鼓励和扶持某些特色的传统食俗文化活动，政府可以为旅游地各种岁时节庆活动提供各种便利条件，甚至可以参与组织协调，营造节日气氛，使食俗文化活动的传承得到巩固和加强。教育并引导旅游者减少对旅游地食俗文化的影响。

（3）提升

食俗作为一种文化资源还有一个突出的特点——可移性。食俗活动除了在本地开展活动，吸引游客，还可以移到自然风情区和其他旅游城市进行表演、交流，从而实现更高的社会效益与经济效益。与自然风光、文物古迹有机结合，可利用已开辟的风俗旅游线和建成的风俗食俗文化村、风俗食俗风情区、风俗食俗博物馆、风俗食俗娱乐城等形式带动民间绝技绝活、民间歌舞、民间小吃、民间蜡染、刺绣、编织等手工艺品的综合开发，将独具特色的风俗旅游项目引进著名自然风景旅游区，以及国内外旅游城市，作为固定或流动性项目，参与到观光旅游和文物古迹游中，使它们相互促进，相得益彰。

要坚持有的放矢供需对应。多开发有市场需求的项目，成立专门的专家部门对旅游客源市场进行有效因素分析。通过电视、广播、网络等多媒体对风俗风情进行宣传和推广，还可以借助一些展览会和博览会将相关的信息展现给大众。

食俗旅游开发要保证具有魅力的民族文化能真正得以弘扬和保护，就必须杜绝肆意亵渎和歪曲旅游地风俗食俗风情资源的现象。因此，高品位开发利用风俗资源是举棋之关键。高品位开发是指旅游地在风俗资源开发上，要正确瞄准本地区的资源特色，结合本地区及周边地区的旅游环境，把独特的风情风俗食俗展示出来，开发建设风俗食俗旅游资源，就应当对当地的风俗食俗资源进行充分调查和研究，在此基础上，选择开发方向，确定文化定位，尽可能挖掘出当地风俗食俗资源的潜力。

后　记

孙中山先生在其《建国方略》中指出：“我中国近代文明进化，事事皆落人之后，唯饮食一道之进步，至今尚为文明各国所不及。”学界更是将先生“以饮食为证”篇中关于饮食论述推确为饮食文化的奠基之论，赞肯为我国文明进化的表现之一。先生的论述读来令人感慨、令人振奋。我国文明的表现何其浩瀚、何其厚重。对于文明的认知和认同催人奋进，传承和发扬文明更是我辈之使命，这恐怕是我研究汉水食俗文化的初衷。

潘世东先生在本书序言中指出：“汉水食俗文化是我国传统饮食文化的重要组成部分，也是汉水文化极具特色的重要板块。”精确界定了汉水食俗文化研究的源泉和范围，也精测了我对汉水食俗文化的认知脉络和研究缘起。

现在细细思来，对于传统饮食文化的了解，竟然浮现出儿时的记忆。那是我八九岁的时候，三姑出嫁，家里长辈选定我和四叔送亲，由于家乡婚嫁习俗所限，送亲贵客辈分不同时不能同堂吃饭，开席吃饭时，我和四叔要分开坐席，四叔被一帮婆家精干陪客簇拥着小心地请到正堂，而我被一帮爷爷、奶奶还有和我差不多大的孩童请到偏屋，只见整洁干净的屋子中间，一张八仙桌上摆满了鸡鸭鱼肉，碗盘盅筷，一应俱全，让人目不暇接，稀里糊涂的我被拉到上席，一位奶奶随我右边陪我一同坐下，随后的感觉一片凌乱，大约只记得，我面前的酒杯一直满着，菜碗也一直满着，尽管我不喝酒，但碗里的菜肉也一直吃不完，总有人一直在我为夹菜、夹肉，一直在为我忙活着。后来上学读书，由于家境所限，老是感觉吃不饱，更是吃不好，于是萌生了“一定要好好读书，将来找个好工作，希望顿顿有肉吃”的现在看来很幼稚的愿望。这恐怕就是我们家乡传统饮食文化的一个剪影，吃什么、怎么吃，尤其是在婚嫁等特殊礼仪场合，其习俗讲究慢慢沉淀到今天乃至传承到将来。

我与汉水文化结缘并全面参与其中且已初步孕花育果，得益于潘世东先生的推荐与教导。由于生于郧阳长于郧阳，从小对郧阳民俗文化有种莫名的热爱，自2006年参加工作，业余自发对郧阳民俗文化事象进行整理，在工作中，有幸结识了时任学校分管科研的校长潘世东先生。先生是学界公认的汉水文化研究大家，凭其《汉水文化论纲》一书，被誉为“汉水文化研究集大成者”。2013年7月，先生荐我到学校，从事湖北省高校人文社会科学重点研究基地汉水文化研究基地筹建工作，我欣然前往，随后随先生一起考察汉水流域，从秦岭南麓到江汉平原，走遍了汉江流域的沟沟坎坎，有幸品尝到了各种风味的美食佳肴，体验了千姿百态的风土人情，收集了大量汉水流域基础文献和汉水文化研究成果，在学校领导的科学筹划下，会聚学校科研团队近30年汉水文化研究成果之力量，2014年6月，学校汉水文化研究基地成功获批为湖北省高校人文社会科学重点研究基地，并进行建设，让我看到了汉水研究的光明前景。先生不辞辛劳，不吝赐教，鼓励我注重积累积淀，积极参与汉水文化研究。在先生的悉心教导下，自2013年以来，我主持完成了校级课题“‘三省山内风土杂识’汉水风俗范本价值解读”，参与完成了2014年湖北省社科基金课题的“汉水民俗文化研究”，参与完成了国家公共文化信息资源中心的“汉水文化多媒体库（民歌、民俗、曲艺）”、国家图书馆的“数字图书馆推广工程数字资源联合建设图书馆公开课”等系列横向科研课题，主持完成了十堰市2018年度软科学课题“十堰市特色小镇文化场馆建设研究”。参与的课题“湖北省高校哲学社会科学研究重大项目‘汉水流域戏剧文化传承与保护研究’”成功获批。同时参与编著了《汉江歌魂（上、下）》等汉水文化著作5部，发表汉水文化相关学术论文10余篇，这些汉水文化研究工作中的成长经历、经验积累和成果的产生，离不开先生的无私推荐、全力教导和扎实严谨的科学研究作风的示范引领，在此向先生致以崇高的敬意和诚挚的谢意！

《汉水食俗文化论略》是我校2015年度汉水文化研究基地招标重点课题成果，在研读《汉水文化论纲》《商洛民俗文化述论》《中国年节食俗》等文献的基础上，通过大量实地调研，采用多学科交叉研究方法，历时近5年，数易其稿，终稿近30万字，基本展现了汉水流域食俗文化界定、食源、食具、食技、食型、食庆、食礼、食语、食忌、食尚、食思、食义等汉水食俗文化的内涵和样貌特征。在课题研究和本书撰写过程中，得到了北京师范大学萧放先生、湖北省社会科院刘玉堂先生、湖北大学黄柏权先生的指导；得到了我校纪光录、喻斌、杨鲜兰、付永昌、周明华、王超、吴冰、陈俊、周进芳、於全收、孙丽平、章平、王进、梁仕新等领导的鼓励，得到了聂在垠、饶咬成、胡忠清、饶军、罗耀松、郝文华、王道国、王洪军、吴慎、曹赟、魏巨学、赵崇璧等老师的支持，还得到了赵盛国、郭顺峰、祝东江、廖兆光、胡文江、付鹏、向磊、袁丽、罗优优、潘龚凌子、潘彦冰、王永均、纪道强、肖军、李攀、欧阳辉等同辈及朋友的关怀和关注。借此机会，让我向他们一并致以诚挚的谢意！

我还要特别感谢我的家人，岳父彭家玉、岳母李静、妻弟彭涛和爱人彭双，是他们分担了大量家务，照料两个孩子，给我创造了好的研究环境，在此向他们表示深深的敬意和诚恳的谢意！对女儿何滋琳、儿子何致东因我研究工作需要而暂时减少了对其陪伴教导的理解和支持，表示深深的歉意和诚恳的谢意！

需要申明的是，拙著参阅了前辈的真知灼见，在文章中均一一注明，在此一并表示感谢！虽然拙著力争展示汉水食俗文化的全貌和特质，然其本质精深义远，尚有汉水流域饮食机构设置管理习俗、饮食店堂装饰习俗、食俗文化产业发展等内容，鉴于学科所限，暂未涉猎，加上本人学识见识有限，难免存在错漏之处，恳请各位方家和读者朋友们批评指正。

何道明于汉江师范学院桐华苑

2022年3月28日